全国高等院校应用型创新规划教材 · 计算机系列

办公软件高级应用

苟 燕 编 著

清华大学出版社
北 京

内 容 简 介

本书主要内容为 Office 办公软件高级功能的应用技巧，具有较强的实践性，需要学生自己动手，强化练习。本书可以帮助学生掌握办公自动化的基本概念以及办公集成软件的高级应用技术，进而理解计算思维在本专业领域的典型应用，为后续专业的学习提供必备的基础；同时本书内容与全国计算机等级考试“MS Office 高级应用”的考试内容紧密结合，有助于提高学生全国计算机等级考试的通过率。

本书内容选取精细、知识结构合理，分为 5 章：第 1 章主要介绍计算机基础知识；第 2 章主要介绍 Word 的高级应用；第 3 章主要介绍 Excel 的高级应用；第 4 章主要介绍 PowerPoint 的高级应用；第 5 章主要介绍 VBA 编程基础。

本书既可作为高等学校各专业办公软件高级应用的教材，又可作为社会各类办公软件培训的高级教材。

图书在版编目(CIP)数据

办公软件高级应用/苟燕编著. —北京：清华大学出版社，2017（2021.8重印）
(全国高等院校应用型创新规划教材·计算机系列)
ISBN 978-7-302-48332-8

Ⅰ. ①办…　Ⅱ. ①苟…　Ⅲ. ①办公自动化—应用软件—高等学校—教材　Ⅳ. ①TP317.1

中国版本图书馆 CIP 数据核字(2017)第 216432 号

责任编辑：秦　甲
封面设计：杨玉兰
责任校对：李玉茹
责任印制：宋　林
出版发行：清华大学出版社
网　　址：http://www.tup.com.cn, http://www.wqbook.com
地　　址：北京清华大学学研大厦 A 座　　邮　　编：100084
社 总 机：010-62770175　　邮　　购：010-62786544
投稿与读者服务：010-62776969, c-service@tup.tsinghua.edu.cn
质量反馈：010-62772015, zhiliang@tup.tsinghua.edu.cn
课件下载：http://www.tup.com.cn, 010-62791865
印 装 者：三河市君旺印务有限公司
经　　销：全国新华书店
开　　本：185mm×260mm　　印　张：18.75　　字　数：435 千字
版　　次：2017 年 10 月第 1 版　　印　次：2021 年 8月第 7 次印刷
定　　价：45.00 元

产品编号：073710-01

前　言

“办公软件高级应用”是我校为非计算机专业学生开设的一门公共必修课程。本课程设计了基于 MOOC(Massive Open Online Course，MOOC)平台的“翻转课堂”教学模式，通过 MOOC 平台呈现课程内容，课下学生可在线完成学习、习题与作业，与教师在线交流、讨论；课上教师检查学生学习情况、答疑、辅导、讨论，实现传统教学与网络教学相结合的混合式教学模式。因此，本书可作为学生线上学习的参考教材。

MOOC 是现代网络和移动技术产生的大规模在线开放课程。MOOC 的特点决定了这种教学理念更适合社会学习。为了使 MOOC 更好地为学校教学服务，内蒙古师范大学计算机公共课教学部将这种先进的教学理念应用于“办公软件高级应用”课程教学，设计与实施基于 MOOC 平台的“翻转课堂”教学模式，将在线学习和线下学习相结合、网络教学和传统教学相结合，弥补了 MOOC 在管理学生学习方面的缺陷。这既能发挥网络学习对学习时间、地点要求低的优势，又能让教师准确掌握学生的学习动态，从而使教师能够更好地引导、辅导学生的学习，极大地提高了教学效率和教学质量。

通过本书基于 MOOC 的网络课程建设可实现以下教学效果。

(1) 提高学生学习主动性。

发挥学生的主观能动性，倡导自主学习。学生利用优质的网络学习资源进行自主学习，不仅能使学生积极地思考，参与讨论，还能培养学生的创新思维能力和团结协作能力。

(2) 减少教师的重复劳动。

减少教师的重复劳动，转变教师的教学观念，使教师由传统讲授者的角色转变为教学的设计者、指导者、监督者、管理者和评价者，使教师从繁重的课堂教学中解脱出来，更好地投入到教学创新当中。

(3) 强化监督过程。

进一步督促学生学习。MOOC 平台可监督学生的学习记录，如视频观看记录、交互式练习完成情况等。利用这些自动化工具，既减少了教师的工作量，同时也解决了传统大班教学与学生互动少、监督薄弱的问题。

(4) 构建开放的在线学习平台。

针对计算机公共基础课程自身的特点，逐步搭建一个支撑大数据的基于 OpenEdx 的学习平台，将教学划分为网络化自主学习和线下辅导两个部分。构建开放的在线学习平台，使教学不再有时间、地域与交流的界限，从而实现随时随地的教学与互动，实时掌握学生的学习情况和学习效果，及时调整教学策略。

(5) 建设优质的教学资源。

为满足学生在平台上完成自主学习和自主测试，需要建设大量的视频资源以及测试题，出版配套的教材，辅助学生完成学习。

本书分为 5 章：第 1 章为计算机基础知识，主要介绍计算机的基本知识和基本概念、计算机的组成和工作原理、多媒体技术、计算机网络的基本概念等基础性内容，由吕生荣编写；第 2 章为 Word 高级应用，主要介绍长文档的编辑与管理、修订及共享文档、邮件合并等相关技术的应用，由苟燕编写；第 3 章为 Excel 的高级应用，主要介绍公式与函数、数据分析与处理、Excel 与其他程序的协同与共享等相关技术的应用，由王莉编写；第 4 章为 PowerPoint 的高级应用，主要介绍幻灯片中的对象编辑、演示文稿外观设计、演示文稿的动画和交互、演示文稿的放映与输出，由王素坤编写；第 5 章为 VBA 基础及应用，主要介绍 VBA 概述、宏的使用、VBA 语言基础等相关技术应用，由刘志国编写。

参加本书编写的作者是多年从事一线教学的教师，具有较为丰富的教学经验。在编写时注重原理与实践紧密结合，注重实用性和可操作性；在案例的选取上注重从读者日常学习和工作的实际需要出发；在文字叙述上深入浅出，通俗易懂。

本书在教学过程中所使用的教学资源与素材可登录内蒙古师范大学的 MOOC 平台——师大学堂课程教学平台下载。

限于编者的学识，尽管编者尽了最大努力，但不足之处在所难免。为便于教材的修订，恳请专家、教师及读者多提宝贵意见。

编　者

目录

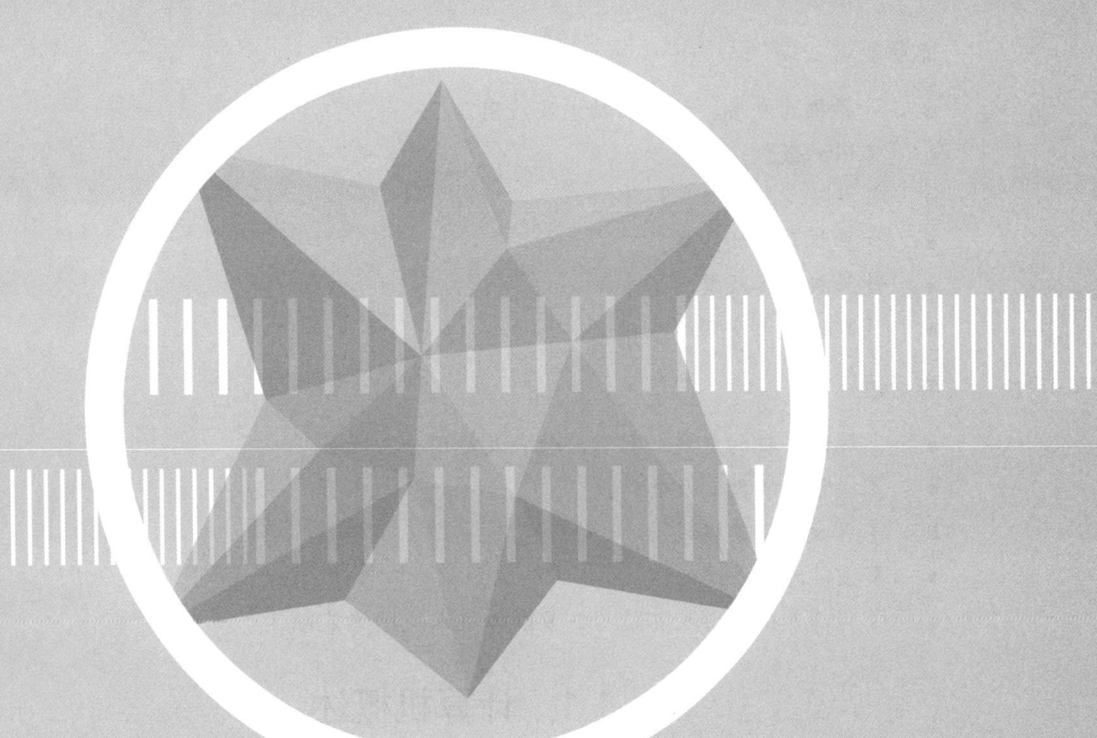

第 1 章

计算机基础

本章要点

- 计算机的发展、种类、特点及应用。
- 常用的数制。
- 数据及其编码。
- 计算机系统的组成。
- 计算机病毒及其防治。
- 多媒体技术及网络基础。

学习目标

- 了解计算机的发展、种类、特点及应用。
- 掌握常用的数制及其转换。
- 掌握数据及其编码。
- 掌握计算机系统的组成。
- 了解计算机病毒及其防治、多媒体技术及网络基础。

1.1 计算机概述

1.1.1 什么是计算机

现代计算机是指一种能够存储数据和程序，并能自动执行程序，从而快速、高效地自动完成对各种数字化信息处理的电子设备。数据和程序存放在计算机的存储器中，通过执行程序，计算机对输入的各种数据进行处理、存储或传送，并输出处理结果。程序是计算机解决问题的有限制令序列，不同的问题只需执行不同的程序即可，因此计算机具有较好的通用性。计算机所处理的对象和结果都是信息，从这一点来看，计算机与人的大脑有某些相似之处，因为人的大脑和五官也是进行信息采集、识别、转换、存储、处理的器官，所以人们常把计算机称为电脑。

随着信息时代的到来，信息高速公路兴起，全球信息化进入了一个全新的发展时期。人们越来越认识到计算机强大的信息处理功能，从而使之成为信息产业的基础和支柱。人们在物质需求不断得到满足的同时，对各种信息的需求也将日益增强，计算机终将成为人们生活中必不可少的工具。

1.1.2 计算机的发展及趋势

1. 计算机的诞生与发展

20 世纪 40 年代中期，正值第二次世界大战进入激烈的决战时期，在新式武器的研究中，日益复杂的数字运算问题需要迅速、准确地解决。于是，1946 年初，在美国宾夕法尼亚大学，由物理学家莫克利等人研制的世界上第一台电子计算机 ENIAC(Electronic

Numerical Integrator And Calculator)正式投入使用。ENIAC 计算机是一台公认的“大型”计算机。它的体积为 90m^3，重 30t，占地约 120m^2，耗电约 150kW，使用了约 18 800 只电子管、70 000 多个电阻、1000 多个电容器、6000 多个开关。它的加法运算速度为 5000n/s，能在 30s 内计算出从发射到击中目标飞行 1 分钟的弹道轨迹，计算速度比人工计算提高了 8400 多倍，比当时最快的机电式计算机要快 1000 倍。这台计算机完全是为了军用而研制的。ENIAC 的问世，在人类科学史上具有划时代的伟大意义，它奠定了计算机发展的基础，开辟了电子计算机科学的新纪元。

ENIAC 虽然极大地提高了运算速度，但它需要在解题前根据计算的问题连接外部线路，而这项工作在当时只有少数计算机专家才能完成，而且当需要求解另一个问题时，必须重新进行连线，使用极不方便。与此同时，对计算机做出巨大贡献的美籍匈牙利著名数学家冯·诺依曼发表了一篇名为《电子计算机装置逻辑初探》的论文，第一次提出了存储程序的理论，即将程序和数据都事先存入计算机中，运行时自动取出指令并执行指令，从而实现计算的完全自动化。根据这一思想，他设计出了世界上第一台“存储程序式”计算机 EDVAC(Electronic Discrete Variable Automatic Computer，电子离散变量自动计算机)，并于 1952 年正式投入运行。尽管事实上实现存储程序设计思想的第一台电子计算机是英国剑桥大学的威尔克斯(M.V.Wilkes)领导设计的 EDSAC(Electronic Delay Storage Automatic Calculator，电子延迟存储自动计算器)，并于 1949 年 5 月研制成功投入运行，但是基于“存储程序”方式工作的计算机习惯地被统称为冯·诺依曼计算机。直到目前，尽管现在的计算机与当初的计算机在各方面都发生了惊人的变化，但其基本结构和原理仍是基于冯·诺依曼理论。

自第一台计算机问世以来，按照计算机所采用的逻辑器件，计算机的发展可以分为 4 个阶段。

第一代计算机(1946—1957)：采用电子管作为逻辑元件，其主存储器采用磁鼓、磁芯，外存储器采用磁带、纸带、卡片等；存储容量只有几千字节，运算速度为每秒几千次；主要使用机器语言编程，用于数值计算。这一代计算机的体积大，价格高，可靠性差，维修困难。

第二代计算机(1958—1964)：采用晶体管作为逻辑元件，其主存储器使用磁芯，外存储器使用磁带和磁盘；开始使用高级程序设计语言；应用领域也由数值计算扩展到数据处理、事务处理和过程控制等方面。相比第一代计算机，这一代计算机的运算速度更高，体积变小，功能更强。

第三代计算机(1965—1970)：逻辑器件采用中、小规模集成电路，其主存储器开始逐渐采用半导体器件，存储容量可达几兆字节，运算速度可达每秒几十万至几百万次。体积更小，成本更低，性能进一步提高；在软件方面，操作系统开始使用，计算机的应用领域逐步扩大。

第四代计算机(1971 至今)：逻辑元件采用大规模和超大规模集成电路，集成度大幅度提高，运算速度可达每秒几百万次至几百万亿次，具有高集成度、高速度、高性能、大容量和低成本等优点。在软件方面，系统软件功能完善，应用软件十分丰富，软件业已成为重要的产业；计算机网络、分布式处理和数据库管理技术等都得到了进一步的发展和应用。

从 20 世纪 80 年代开始，一些发达国家开展了称为“智能计算机”的新一代计算机系统研究，企图打破现有的体系结构，使计算机具有思维、推理和判断能力，被称为第五代计算机。

2. 计算机的发展趋势

计算机为人类做出了巨大的贡献。随着计算机在社会各领域的普及和应用，人们对计算机的依赖性越来越强，对计算机功能的要求越来越高，因此，有必要研制功能更强大的新型计算机。计算机未来的发展趋势可以概括为以下 5 个方面。

1) 巨型化

巨型化是指发展高速、大存储容量和功能更强大的巨型机，以满足尖端科学的需要。并行处理技术是研制巨型计算机的基础，巨型机既能够体现一个国家计算机科学水平的高低，也能反映一个国家的经济和科学技术实力。

2) 微型化

发展小、巧、轻、价格低、功能强的微型计算机，可以满足更广泛的应用领域。近年来，微机技术发展迅速，新产品不断问世，芯片集成度和性能不断大幅度提高，价格越来越低。

3) 网络化

计算机网络是计算机技术和通信技术相结合的产物，是计算机技术中最重要的一个分支，是信息系统的基础设施。目前，世界各国都在规划和实施自己国家信息基础设施计划(National Information Infrastructure，NII)，即一个国家的信息网络。NII 将学校、科研机构、企业、图书馆、实验室等部门的各种资源连接在一起，供全体公民共享，使任何人在任意时间、地点都能够将声音、文字、图像、电视等信息传递给在任何地点的任何人。

网络的高速率、多服务和高质量是计算机网络总的发展趋势。尽管网络的带宽不断大幅度提高，服务质量不断改善，服务种类不断增加，但由于网络用户急剧增多，用户要求越来越高，网络仍不能满足人们的需要。

4) 智能化

智能化是指用计算机模拟人的感觉和思维过程，使计算机具备人的某些智能，能够进行一定的学习和推理(如听、说、识别文字、识别图形和物体等)。智能化技术包括模式识别、图像识别、自然语言的生成和理解、博弈、定理自动证明、自动程序设计、专家系统、学习系统和智能机器人等。

5) 多媒体化

多媒体化是指计算机能够更有效地处理文字、图形、动画、音频、视频等形式的信息，从而使人们更自然、更有效地使用信息。长期以来，计算机只能提供以字符为主的信息，难以满足人们的需要。多媒体技术的发展使计算机具备了综合处理文字、声音、图形和图像的能力，而在现实生活中人们也更乐于接受图、文、声并茂的信息。因此，多媒体化将成为未来计算机发展的一个重要趋势。

硅芯片技术高速发展的同时，硅技术越来越接近其物理极限。为此，人们正在研究开发新型计算机，以使计算机的体系结构与技术产生一次量与质的飞跃。新型计算机包括量子计算机、光子计算机、分子计算机、纳米计算机等。

1.1.3　微型机的种类

目前市场上的微型机种类较多，令人眼花缭乱。但如果从以下三个方面去考察，便可知道它属于哪一种、哪一类。

1. 微型机的生产厂家及其型号

目前，微型机有三个大的产品系列。最大的是 IBM-PC 及其兼容机；其次是一个较小的、与 IBM-PC 不兼容的 Apple-Macintosh 系列，它是由 Apple(苹果电脑)公司制造的；最后是一个更小的系列，即 IBM 公司的 PS/2 系列。

2. 微型机所用的微处理器芯片

微处理器芯片可分为 Intel 系列和非 Intel 系列两类。IBM-PC 机中使用的微处理器芯片就是 Intel 系列芯片，主要有 Intel 8088/8086、80286、80386、80486 以及 Pentium(奔腾)、Pentium Ⅱ、Pentium Ⅲ、Pentium Ⅳ。

3. 微处理器芯片的性能

微处理器芯片有许多性能指标，其中主要是字长(即位数)和主频。

字长较长的微型机有更大的寻址空间，能支持数量更多、功能更强的指令，在相同时间内能处理和传送更多的信息，使机器有更快的速度。Pentium Ⅳ计算机的字长为 64 位。

主频是微处理器主时钟在 1 秒内发出的时钟脉冲数，单位是 MHz 或 GHz。

1.1.4　计算机的主要特点

计算机的发明和发展是 20 世纪最伟大的科学技术成就之一。作为一种通用的智能工具，它具有以下几个特点。

1. 运算速度快

现代的巨型计算机系统的运算速度已达每秒几十亿次乃至几百亿次。

2. 运算精度高

由于计算机采用二进制数制进行运算，因此可以用增大字长和运用计算技术，使数值计算的精度越来越高。

3. 记忆和逻辑判断功能

计算机有内部存储器和外部存储器，可以存储大量的数据，随着存储容量的不断增大，可存储记忆的信息量也越来越大。

4. 通用性强

计算机可以将复杂的信息处理任务分解成一系列的基本算术和逻辑操作，反映在计算机的指令操作中，就是按照各种规律执行的先后次序把它们组织成各种不同的程序，存入存储器中。

5. 自动控制能力

计算机内部操作、控制是根据人们事先编制好的程序自动控制进行的，不需要人工干预。

1.1.5　计算机的应用

计算机具有高速度运算、逻辑判断、大容量存储和快速存取等特性，这决定了它在现代人类社会的各种活动领域都成为越来越重要的工具。人类的社会实践活动从总体上可分为认识世界和改造世界两大范畴。对自然界和人类社会的各种现象和事实进行探索，发现其中的规律，这是科学研究的任务，属于认识世界的范畴。利用科学研究的成果进行生产和管理，属于改造世界的范畴。在这两个范畴中，计算机都是极有力的工具。

计算机的应用范围相当广泛，涉及科学研究、军事技术、信息管理、工农业生产、文化教育等各个方面，概括介绍如下。

1. 科学计算(数值计算)

科学计算是计算机最重要的应用之一。如工程设计、地震预测、气象预报、火箭和卫星发射等都需要由计算机承担庞大复杂的计算任务。

2. 数据处理(信息管理)

当前计算机应用最为广泛的是数据处理。人们用计算机收集、记录数据，经过加工产生新的信息形式。

3. 过程控制(实时控制)

计算机是生产自动化的基本技术工具，它对生产自动化的影响有两个方面：一是在自动控制理论上，现代控制理论处理复杂的多变量控制问题，其数学工具是矩阵方程和向量空间，必须使用计算机求解；二是在自动控制系统的组织上，由数字计算机和模拟计算机组成的控制器，是自动控制系统的大脑。它按照设计者预先规定的目标和计算程序以及反馈装置提供的信息，指挥执行机构动作。生产自动化程度越高，对信息传递的速度和准确度的要求也就越高，这一任务靠人工操作已无法完成，只有计算机才能胜任。在综合自动化系统中，计算机赋予自动控制系统越来越大的智能性。

4. 计算机通信

现代通信技术与计算机技术相结合，构成联机系统和计算机网络，这是微型机具有广阔前途的一个应用领域。计算机网络的建立，不仅解决了一个地区、一个国家中计算机之

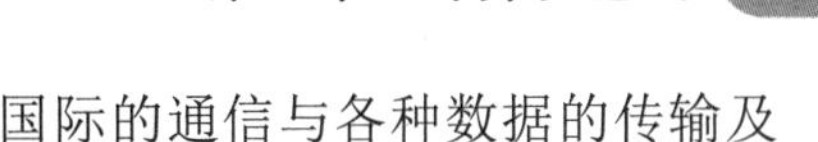

间的通信和网络内各种资源的共享，还可以促进和发展国际的通信与各种数据的传输及处理。

5. 计算机辅助工程

1) 计算机辅助设计(CAD)

利用计算机高速处理、大容量存储和图形处理的功能辅助设计人员进行产品设计的技术，称为计算机辅助设计。计算机辅助设计技术已广泛应用于电路设计、机械设计、土木建筑设计以及服装设计等各个方面。

2) 计算机辅助制造(CAM)

在机器制造业，利用计算机通过各种数控机床和设备，自动完成离散产品的加工、装配、检测和包装等制造过程的技术，称为计算机辅助制造。

3) 计算机辅助教学(CAI)

学生通过与计算机系统之间的对话实现教学的技术，称为计算机辅助教学。

4) 其他计算机辅助系统

利用计算机作为工具辅助产品测试的计算机辅助测试(CAT)；利用计算机对学生的教学、训练和对教学事务进行管理的计算机辅助教育(CAE)；利用计算机对文字、图像等信息进行处理、编辑、排版的计算机辅助出版系统(CAP)；等等。

6. 人工智能

人工智能是利用计算机模拟人类某些智能行为(如感知、思维、推理、学习等)的理论和技术。它是在计算机科学、控制论等基础上发展起来的边缘学科，包括专家系统、机器翻译、自然语言理解等。

1.2　常用的数制

1.2.1　进位计数制的相关概念

1. 数制

数制也称为计数制，是指用一组固定的符号和统一的规则来表示数值的方法。其中的固定符号称为数码。

2. 进位计数制

按进位的方法进行计数，称为进位计数制。在日常生活和计算机中采用的都是进位计数制。

3. 数位、基数和位权

在进位计数制中有数位、基数和位权三个要素。

(1) 数位：是指数码在某个数中所处的位置。

(2) 基数：是指在某种进位计数制中，每个数位上所能使用的数码的个数，例如，十进位计数制中，每个数位上可以使用的数码为 0～9 共 10 个数码，即其基数为 10。

(3) 位权：在某种进位计数制中，每个数位上的数码所代表的数值的大小，等于数码乘上一个固定的数值。这个固定的数值就是此种进位计数制中该数位上的位权。数码所处的位置不同，代表的数值大小也不同。

1.2.2 常用的进位计数制

进位计数制很多，这里主要介绍与计算机技术有关的几种常用进位计数制。

1. 十进制

十进位计数制简称十进制。十进制数具有下列特点。

(1) 有 10 个不同的数码符号：0，1，2，3，4，5，6，7，8，9。

(2) 每一个数码符号根据它在这个数中所处的位置(数位)，按“逢十进一”来决定其实际数值，即各数位的位权是以 10 为底的幂。

如$(321.456)_{10}$，以小数点为界，从小数点往左依次为个位、十位、百位，从小数点往右依次为十分位、百分位、千分位。因此，小数点左边第一位 1 代表数值 1，即 1×10^0；第二位 2 代表数值 20，即 2×10^1；第三位 3 代表数值 300，即 3×10^2；小数点右边第一位 4 代表数值 0.4，即 4×10^{-1}；第二位 5 代表数值 0.05，即 5×10^{-2}；第三位 6 代表数值 0.006，即 6×10^{-3}。因而该数可表示为如下形式：

$$(321.456)_{10}=3\times10^2+2\times10^1+1\times10^0+4\times10^{-1}+5\times10^{-2}+6\times10^{-3}$$

由上述分析可归纳出，任意一个十进制数 S，可表示成如下形式：

$$(S)_{10}=S_{n-1}\times10^{n-1}+S_{n-2}\times10^{n-2}+\cdots+S_1\times10^1+S_0\times10^0+S_{-1}\times10^{-1}+S_{-2}\times10^{-2}+\cdots +S_{-m+1}\times10^{-m+1}+\cdots+S_{-m}\times10^{-m}$$

式中，S_n 为数位上的数码，其取值范围为 0～9；n 为整数位个数，m 为小数位个数；10 为基数，10^{n-1}，10^{n-2}，…，10^1，10^0，10^{-1}，…，10^{-m}，是十进制数的位权。在计算机中，一般用十进制数作为数据的输入和输出。

2. 二进制

二进位计数制简称二进制。二进制数具有下列特点。

(1) 有两个不同的数码符号：0，1。

(2) 每个数码符号根据它在这个数中的数位，按“逢二进一”来决定其实际数值。

例 1.1

$$(1010.101)_2=1\times2^3+0\times2^2+1\times2^1+0\times2^0+1\times2^{-1}+0\times2^{-2}+1\times2^{-3}=(10.625)_{10}$$

任意一个二进制数 S，可以表示成如下形式：

$$(S)_2=S_{n-1}\times2^{n-1}+S_{n-2}\times2^{n-2}+\cdots+S_1\times2^1+S_0\times2^0+S_{-1}\times2^{-1}+S_{-2}\times2^{-2}+\cdots+S_{-m}\times2^{-m}$$

式中，S_n 为数位上的数码，其取值范围为 0～1；n 为整数位个数，m 为小数位个数；2 为基数，2^{n-1}，2^{n-2}，…，2^1，2^0，2^{-1}，…，2^{-m} 是二进制数的位权。

3. 八进制

八进位计数制简称八进制。八进制数具有下列特点。

(1) 有 8 个不同的数码符号 0，1，2，3，4，5，6，7。

(2) 每个数码符号根据它在这个数中的数位，按“逢八进一”来决定其实际的数值。

例 1.2

$$(123.45)_8=1\times8^2+2\times8^1+3\times8^0+4\times8^{-1}+5\times8^{-2}=(83.5625)_{10}$$

任意一个八进制数 S，可以表示成如下形式：

$$(S)_8=S_{n-1}\times8^{n-1}+S_{n-2}\times8^{n-2}+\cdots+S_1\times8^1+S_0\times8^0+S_{-1}\times8^{-1}+S_{-2}\times8^{-2}+\cdots+S_{-m}\times8^{-m}$$

式中，S_n 为数位上的数码，其取值范围为 0～7；n 为整数位个数，m 为小数位个数；8 为基数，8^{n-1}，8^{n-2}，…，8^1，8^0，8^{-1}，8^{-2}，…，8^{-m} 是八进制数的位权。

八进制数是计算机中常用的一种计数方法，它可以弥补二进制数书写位数过长的不足。

4. 十六进制

十六进位计数制简称为十六进制。十六进制数具有下列两个特点。

(1) 它有 16 个不同的数码符号：0，1，2，3，4，5，6，7，8，9，A，B，C，D，E，F。由于数字只有 0～9 共 10 个，而十六进制要使用 16 个数字，所以用 A～F 6 个英文字母分别表示数字 10～15。

(2) 每个数码符号根据它在这个数中的数位，按“逢十六进一”来决定其实际的数值。

例 1.3

$$(3A1.48)_{16}=3\times16^2+A\times16^1+1\times16^0+4\times16^{-1}+8\times16^{-2}=(929.28125)_{10}$$

任意一个十六进制数 S，可表示成如下形式：

$$(S)_{16}=S_{n-1}\times16^{n-1}+S_{n-2}\times16^{n-2}+\cdots+S_1\times16^1+S_0\times16^0+S_{-1}\times16^{-1}+\cdots+S_{-m}\times16^{-m}$$

式中，S_n 为数位上的数码，其取值范围为 0～F；n 为整数位个数，m 为小数位个数；16 为基数，16^{n-1}，16^{n-2}，…，16^1，16^0，16^{-1}，16^{-2}，…，16^{-m} 为十六进制数的位权。

十六进制数是计算机常用的一种计数方法，它可以弥补二进制数书写位数过长的不足。

总结以上 4 种计数制，可将它们的特点概括如下。

(1) 每一种计数制都有一个固定的基数 R(R 为大于 1 的整数)，它的每一数位可取 0～R-1 个不同的符号。

(2) 每一种计数制都有自己的位权，并且遵循“逢 R 进一”的原则。

对于任一种 R 进位计数制数 S，可表示如下。

$$(S)_R=\pm(S_{n-1}\times R^{n-1}+S_{n-2}\times R^{n-2}+\cdots+S_1\times R^1+S_0\times R^0+S_{-1}\times R^{-1}+\cdots+S_{-m}\times R^{-m})$$

式中，S_n 表示数位上的数码，其取值范围为 0～R-1，R 为计数制的基数，n 为数位的编号(整数位取 n-1～0，小数位取-1～-m)。

1.2.3　数制之间的转换

不同进位计数制之间的转换，实质上是基数间的转换。一般转换的原则是：如果两个有理数相等，则两个数的整数部分和小数部分一定分别相等。因此，各数制之间进行转换时，通常对整数部分和小数部分分别进行转换，然后再将转换结果合并即可。

1. 非十进制数转换成十进制数

非十进制数转换成十进制数的方法是：按权展开。即把各个非十进制数码按以下求和公式

$$(S)_p = \pm \sum_{i=n-1}^{-m} S_i R^i$$

展开求和即可。即把二进制数(或八进制数、十六进制数)写成 2(或 8、16)的各次幂之和的形式，然后计算其结果。

例 1.4　把下列二进制数转换成十进制数。

(1)　$(11001)_2$　　　　(2)　$(110.01)_2$

解：(1)　$(11001)_2=1\times2^4+1\times2^3+0\times2^2+0\times2^1+1\times2^0=16+8+0+0+1=(25)_{10}$

(2)　$(110.01)_2=1\times2^2+1\times2^1+0\times2^0+0\times2^{-1}+1\times2^{-2}=4+2+0+0.25=(6.25)_{10}$

例 1.5　把下列八进制数转换成十进制数。

(1)　$(207)_8$　　　　(2)　$(123.456)_8$

解：(1)　$(207)_8=2\times8^2+0\times8^1+7\times8^0=128+7=(135)_{10}$

(2)　$(123.456)_8=1\times8^2+2\times8^1+3\times8^0+4\times8^{-1}+5\times8^{-2}+6\times8^{-3}=64+16+3+0.5+0.03125+0.009765625=(83.541015625)_{10}$

例 1.6　把下列十六进制数转换成十进制数。

(1)　$(1A4B)_{16}$　　　　(2)　$(32D1.48)_{16}$

解：(1)　$(1A4B)_{16}=1\times16^3+A\times16^2+4\times16^1+B\times16^0$

$=4096+2560+64+11=(6731)_{10}$

(2)　$(32D1.48)_{16}=3\times16^3+2\times16^2+D\times16^1+1\times16^0+4\times16^{-1}+8\times16^{-2}$

$=12288+512+208+16+0.25+0.03125=(13024.28125)_{10}$

2. 十进制数转换成非十进制数

把十进制数转换为二、八、十六进制数的方法是：整数部分采用“除 R 取余法”转换，小数部分采用“乘 R 取整法”转换。

例 1.7　将十进制数$(25.125)_{10}$转换为二进制数，其过程如下所示。

```
   0.125
 ×     2
 ─────────
   0.250      0
 ×     2
 ─────────
   0.500      0
 ×     2
 ─────────
   1.000      1

(0.125)10=(0.001)2
```

将十进制小数转为二进制数的步骤如下。

(1) 小数部分乘以 2，将得到的积的整数部分记下来。

(2) 将(1)中得到的积的小数部分取出来，重复(1)。

(3) 重复(1)、(2)直到小数部分全为 0 结束转换。

(4) 将所得的整数序列顺次记录下来，即为对应的二进制小数。

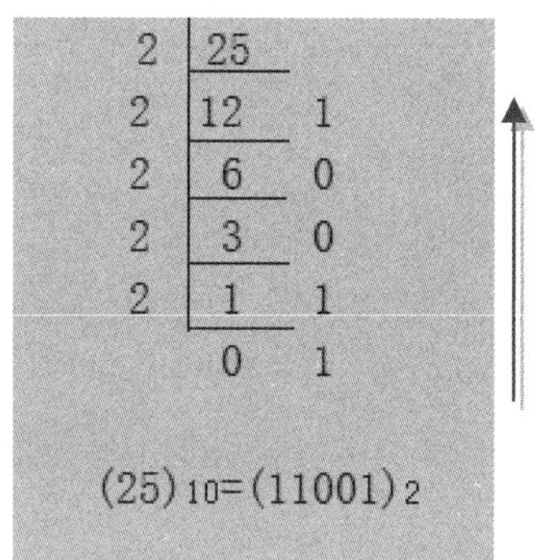

将十进制整数转换为二进制数的步骤如下。

(1) 整数部分除以 2，得到商和余数，将余数部分记下来。

(2) 将(1)所得的商除以 2，得到商和余数，将余数部分记下来。

(3) 重复(2)，直到得到的商为 0，结束转换。

(4) 将上述过程所得的余数序列倒序记录下来，即为对应的二进制整数。

所以$(25.125)_{10}=(11001.001)_2$。

3. 二、八、十六进制数之间的相互转换

由于一位八(十六)进制数相当于三(四)位二进制数。因此，要将八(十六)进制数转换成二进制数时，每一位八(十六)进制数用相应的三(四)位二进制数取代即可。整数部分最高位的零可以省略，小数部分最低位的零可以省略。

二进制数转换成相应的八(十六)进制数，只是上述方法的逆过程。即以小数点为界，整数部分从右向左每三(四)位二进制数用相应的一位八(十六)进制数取代即可，如果不足三(四)位，可在高位用零补足。小数部分从左向右每三(四)位二进制数用相应的一位八(十六)进制数取代即可，小数部分如果不足三(四)位，可在低位(即末尾)用零补足。

例 1.8　将八进制数$(620.235)_8$转换成二进制数。

```
    6    2    0  .    2    3    5
  110  010  000  .  010  011  101
```

即 $(620.235)_8=(110010000.010011101)_2$

例 1.9　将二进制数$(10011101100.11100101)_2$转换成八进制数。

```
010 011 101  100 . 111 110 010 100
 2   3   5    4  .  7   6   2   4
```

即 $(10011101100.11100101)_2=(2354.7624)_8$

例 1.10 将十六进制数$(2AD9.4EC)_{16}$转换成相应的二进制数。

```
  2    A    D    9  .   4    E    C
0010  1010 1101 1001 . 0100 1110 1100
```

即 $(2AD9.4EC)_{16}=(10101011011001.0100111011)_2$

例 1.11 将二进制数$(11001001101010.11000011)_2$转换成相应的十六进制数。

```
0110  0100 1100 1010 .1100  0011
 6    4    C    A   . C     3
```

即 $(11001001101010.11000011)_2=(64CA.C3)_{16}$

1.2.4 二进制与计算机

计算机是对数据信息进行高速自动化处理的机器。这些数据信息是以数字、字符、符号以及表达式等形式来体现的，它们都以二进制编码形式与机器中的电子元件状态相对应。二进制与计算机之间的密切关系，是与二进制本身所具有的特点分不开的。概括起来，有以下几点。

1. 可行性

采用二进制，它只有 0 和 1 两种状态，这在物理上是极易实现的。例如，电平的高与低、电流的有与无、开关的接通与断开、晶体管的导通与截止、灯的亮与灭等两个截然不同的对立状态都可以用来表示二进制。计算机中通常是采用双稳态触发电路来表示二进制数的，这比用十稳态电路来表示十进制数要容易得多。

2. 简易性

二进制数的运算法则简单。例如二进制数的求和法则只有 3 种：

0+0=0

0+1=1+0=1

1+1=10（逢二进一）

而十进制数的求和法则却有 100 种之多。因此，采用二进制可以使计算机运算器的结构大为简化。

3. 逻辑性

由于二进制数符 1 和 0 正好与逻辑代数中的“真(true)”和“假(false)”相对应，所以用二进制数来表示二值逻辑进行逻辑运算是十分自然的。

4. 可靠性

由于二进制只有 0 和 1 两个符号，因此在存储、传输和处理时不容易出错，这使计算机具有的高可靠性得到了保障。

1.3　数据及其编码

1.3.1　数据

数据是可由人工或自动化手段加以处理的那些事实、概念、场景和指示的表示形式，包括字符、符号、表格、声音、图形和图像等。数据可在物理介质上记录或传输，并通过外围设备被计算机接收，经过处理而得到结果。

数据能被送入计算机加以处理，包括存储、传送、排序、归并、计算、转换、检索、制表和模拟等操作，以得到人们需要的结果。数据经过加工并赋予一定的意义之后，便成为信息。

计算机系统中的每一个操作，都是对数据进行某种处理，所以数据和程序一样，是软件工作的基本对象。

1.3.2　数据的单位

计算机中数据的常用单位有位、字节和字。

1. 位(bit)

计算机中数据的表示和存储都采用二进制数。运算器运算的是二进制数，控制器发出的各种指令也表示成二进制数，存储器中存放的数据和程序也是二进制数，在网络上进行数据通信时发送和接收的还是二进制数。显然，在计算机内部到处都是由 0 和 1 组成的数据流。

计算机中最小的数据单位是二进制的一个数位，简称位(bit，比特)。计算机中最直接、最基本的操作就是对二进制位的操作。一个二进制位可表示两种状态(0 或 1)。两个二进制位可表示 4 种状态(00，01，10，11)。位数越多，所表示的状态就越多。

2. 字节(Byte)

为了表示数据中的所有字符(字母、数字以及各种专用符号，大约有 256 个)，需要用 7 位或 8 位二进制数。因此，人们选定 8 位为一个字节(Byte)，通常用 B 表示。1 个字节由 8 个二进制数位组成。

字节是计算机中用来表示存储空间大小的最基本的容量单位。例如，计算机内存的存储容量、磁盘的存储容量等都是以字节为单位表示的。

3. 字(word)

字是由若干字节组成的(通常取字节的整数倍)。字是计算机进行数据存储和数据处理的基本运算单位。

字长是计算机性能的重要标志，它是一个计算机字所包含的二进制位的个数。不同档次的计算机有不同的字长。按字长可以将计算机划分为 8 位机(如 Apple Ⅱ和中华学习机)、

16 位机(如 286 机)、32 位机(如 386 机和 486 机)和 64 位机(奔腾系列微机或巨型机)。

1.3.3 编码

计算机中，对非数值的文字和其他符号进行处理时，要对文字和符号进行数字化处理，即用二进制编码来表示文字和符号。字符编码就是规定用怎样的二进制编码来表示文字和符号。

1. ASCII 码

最常见的符号信息是文字符号，所以字母、数字和各种符号都必须按约定的规则用二进制编码才能在机器中表示。

ASCII 码有 7 位版本和 8 位版本两种。国际上通用的是 7 位版本。7 位版本的 ASCII 码有 128 个元素，其中通用控制字符有 34 个，阿拉伯数字有 10 个，大、小写英文字母 52 个，各种标点符号和运算符号共 32 个。7 位版本 ASCII 码只需用 7 个二进制位(2^7=128)进行编码。当微型计算机上采用 7 位 ASCII 码作为机内码时，每个字节只占后 7 位，最高位恒为 0。

8 位 ASCII 码需用 8 位二进制数进行编码。当最高位为 0 时，称为基本 ASCII 码(编码与 7 位 ASCII 码相同)；当最高位为 1 时，形成扩充的 ASCII 码，它表示数的范围为 128～255，可表示 128 种字符。通常，各个国家都把扩充的 ASCII 码作为自己国家语言文字的代码。

2. 汉字编码

所谓汉字编码，就是采用一种科学可行的办法，为每个汉字编一个唯一的代码，以便计算机辨认、接收和处理。

1) 国标码

《信息交换用汉字编码字符集·基本集》是我国于 1980 年制定的国家标准 GB 2312—80，代号为国标码，是国家规定的用于汉字信息交换使用的代码的依据。这种编码经过加工整理一律以汉语拼音的字母为序，音节相同的字以使用频率为序，其查找方法与一般汉语字典的汉字拼音音节索引查找法相同。

2) 区位码

汉字的区位码由汉字的区号和位号组成。国标码是 4 位十六进制数，但为了便于交流，大家常用的是 4 位十进制的区位码。所有的国标汉字与符号组成一个 94×94 的矩阵。在此方阵中，每一行称为一个“区”，每一列称为一个“位”，因此，这个方阵实际上组成了一个有 94 个区(区号分别为 01～94)、每个区内有 94 个位(位号分别为 01～94)的汉字字符集。一个汉字所在的区号和位号简单地组合在一起就构成了该汉字的“区位码”。在汉字的区位码中，高两位为区号，低两位为位号。在区位码中，01～09 区为 682 个特殊字符；16～87 区为汉字区，包含 6 763 个汉字。其中，16～55 区为一级汉字(3 755 个最常用的汉字，按拼音字母的次序排列)，56～87 区为二级汉字(3 008 个汉字，按部首次序排列)。

在计算机中，每个汉字占两个字节。已知汉字的区位码可以计算其国标码，转换方法如下：

首先将区位码的区号和位号分别转换成十六进制数，然后(区位码的十六进制表示)+2020H=>国标码。

如“中”的区位码 5448D 转换为国标码：

54D=36H

48D=30H

5438D=>3630H

3630H+2020H =5650H

3) 汉字的输入码

汉字输入码(即外码)是为了将汉字通过键盘输入计算机而设计的代码。汉字输入编码方案很多，其表示形式大多用字母、数字或符号。汉字的输入码有以下 3 种。

音码类：全拼、双拼、微软拼音、自然码和智能 ABC 等。

形码类：五笔字型法、郑码输入法等。

其他：语音、手写输入或扫描输入等。

4) 汉字的机内码

汉字的机内码是供计算机系统内部进行存储、加工处理、传输统一使用的代码，又称为汉字内部码或汉字内码。汉字内码：2 个字节存储，每个字节最高位置为“1”，以便与 ASCII 码相区别。机内码与国标码的转换方法是：汉字的国标码+8080H。

如“中”字的国标码转换为汉字内码：

国标码 5650H+8080H＝D6D0H

5) 汉字的字形码

汉字的字形码是汉字字库中存储的汉字字形的数字化信息，用于汉字的显示和打印。通常有两种表示方式：点阵和矢量表示方式。

点阵方式：屏幕显示的汉字其实是由若干个点构成的图形，在字符工作方式下，一般屏幕的显示字体为 16 点阵字体，即一个汉字是由 256 个点组成的图形。如图 1-1 所示为汉字“次”放大后的点阵图形。16 点阵汉字是指纵向和横向均由 16 个点构成的图形，这样表示一个汉字就需要 256 个点。不同的汉字其实就是这些点的分布不同而已。

矢量字库保存的是对每一个汉字的描述信息，比如一个笔画的起始、终止坐标，半径、弧度等。在显示、打印这一类字库时，要经过一系列的数学运算才能输出结果，但是这一类字库保存的汉字理论上可以被无限地放大，笔画轮廓仍然能保持圆滑，打印时使用的字库均为此类字库。Windows 使用的字库也为以上两类，在 FONTS 目录下，如果字体扩展名为 FON，表示该文件为点阵字库；扩展名为 TTF，则表示矢量字库。

6) 汉字地址码

汉字库中存储汉字字形信息的逻辑地址称为汉字地址码。

字形信息是按一定顺序连续存放在存储介质上的，所以汉字地址码大多是连续有序的，与汉字内码有着简单的对应关系，以简化汉字内码到汉字地址码的转换。

输出设备输出汉字时，必须通过它的地址码。

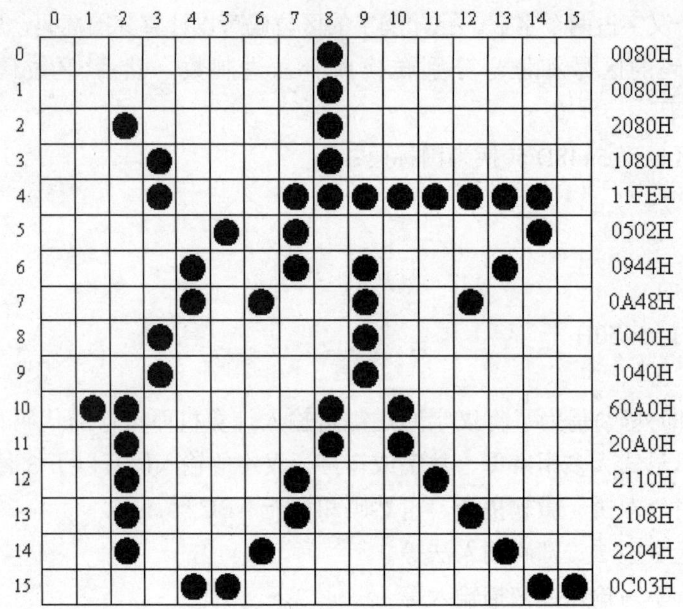

图 1-1 “次”字放大后的点阵图形

7) 其他汉字编码

GBK：扩充汉字内码规范。

UCS：通用多八位编码字符集。

Unicode：国际编码标准。

IG5：繁体汉字编码标准。

3. 汉字的处理过程

通过键盘输入汉字的输入码，将输入码转换为相应的国标码，再转换为机内码，就可以在计算机内存储和处理了；输出汉字时，将汉字的机内码通过简单的对应关系转换为相应的汉字地址码；通过汉字地址码对汉字库进行访问，从字库中提取汉字的字形码，最后根据字形数据显示和打印汉字，如图 1-2 所示。

图 1-2 汉字处理过程

1.4 计算机系统

1.4.1 计算机系统的组成

一个完整的计算机系统包括硬件系统和软件系统两大部分，如图 1-3 所示。

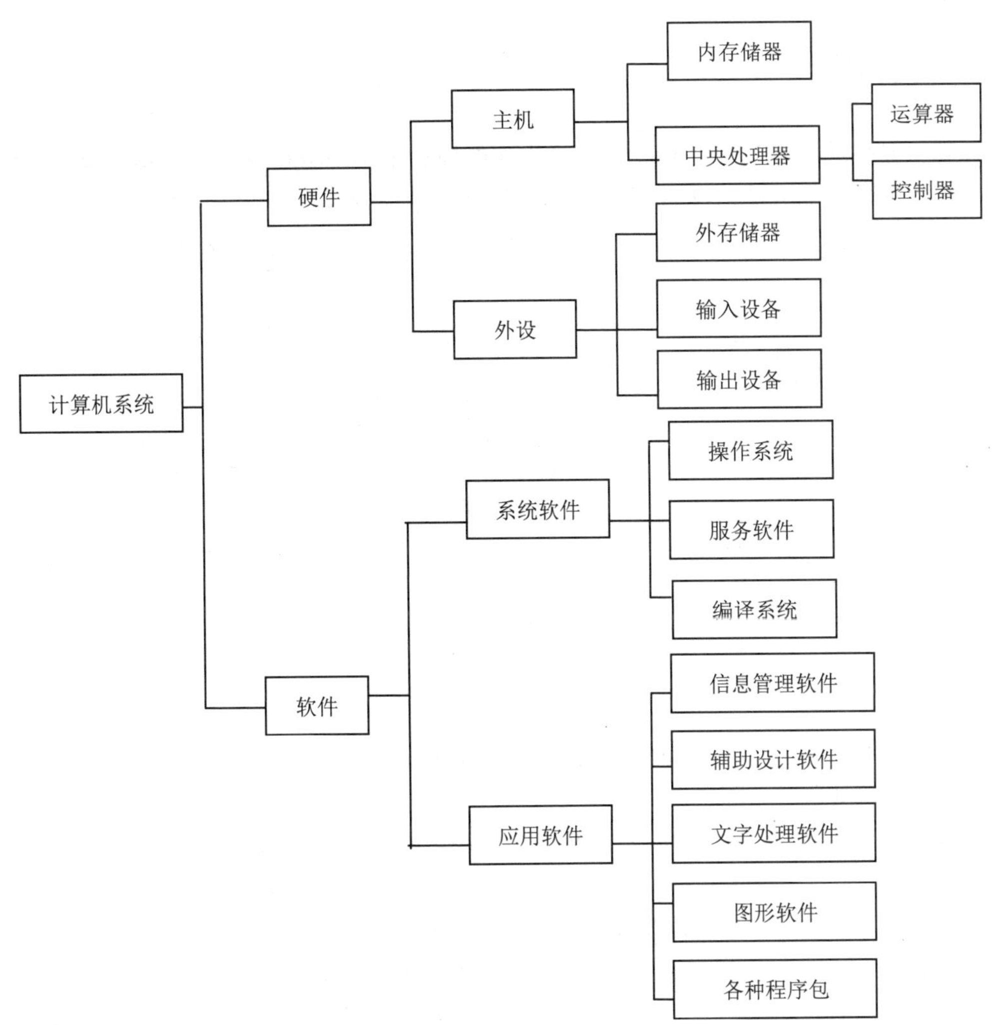

图 1-3　计算机系统

硬件系统一般指用电子器件和机电装置组成的计算机实体。组成微型计算机的主要电子部件都是由集成度很高的大规模集成电路及超大规模集成电路构成的。这里“微”的含义是微型计算机的体积小。微型化的中央处理器称为微处理器，它是微机系统的核心。

微处理器送出三组总线：地址总线 AB、数据总线 DB 和控制总线 CB。其他电路(常称为芯片)都可连接到这三组总线上。由微处理器和内存储器构成微型计算机的主机。此外，还有外存储器、输入设备和输出设备，它们统称为外部设备。

计算机软件是指在硬件设备上运行的各种程序以及有关说明资料的总称。所谓程序实际上是用户用于指挥计算机执行各种动作以便完成指定任务的指令的集合。用户要让计算机做的工作可能是很复杂的，因而指挥计算机工作的程序也可能是庞大而复杂的，有时还可能要对程序进行修改与完善，因此，为了便于阅读和修改，必须对程序做必要的说明或整理出有关的资料。

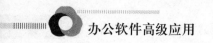

1.4.2 硬件系统

计算机硬件的基本功能是接受计算机程序的控制来实现数据输入、运算、数据输出等一系列根本性的操作。图 1-4 所示为程序在计算机中的处理过程。图中实线代表数据流，虚线代表指令流，计算机各部件之间的联系就是通过这两股信息流动来实现的。

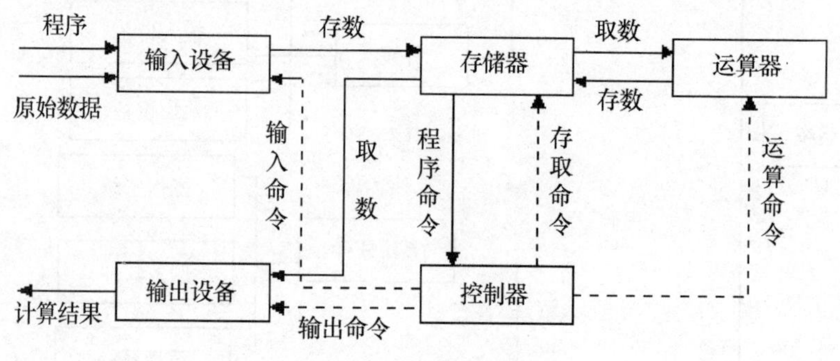

图 1-4 程序执行过程

1. 中央处理器

中央处理器简称为 CPU(Central Processing Unit)，它是计算机系统的核心，中央处理器包括运算器和控制器两个部件。

计算机所发生的全部动作都受 CPU 的控制。其中，运算器全称算术逻辑运算部件(ALU)，主要完成各种算术运算和逻辑运算，是对信息加工和处理的部件，由进行运算的运算器件以及用来暂时寄存数据的寄存器、累加器等组成。

控制器(Controller)是指按照预定顺序改变主电路或控制电路的接线和改变电路中电阻值来控制电动机的启动、调速、制动和反向的主令装置。由程序计数器、指令寄存器、指令译码器、时序产生器和操作控制器组成，它是发布命令的“决策机构”，即完成协调和指挥整个计算机系统的操作。

中央处理器是计算机的心脏，CPU 品质的高低直接决定了计算机系统的档次。CPU 能够处理的数据位数是它的一个最重要的品质标志。

2. 存储器

存储器是计算机的记忆和存储部件，用来存放信息。

关于存储器，常用的术语除了前面介绍的位、字节外，还包括以下几个：

(1) 字长。若干字节组成一个字(Word)，其位数称为字长。字长是计算机能直接处理的二进制数的数据位数，直接影响到计算机的功能、用途及应用领域。常见的字长有 8 位、16 位、32 位、64 位等。

1 字节的位编号如下：

b_7	b_6	b_5	b_4	b_3	b_2	b_1	b_0

2 字节(16 位)组成的字的位编号如下：

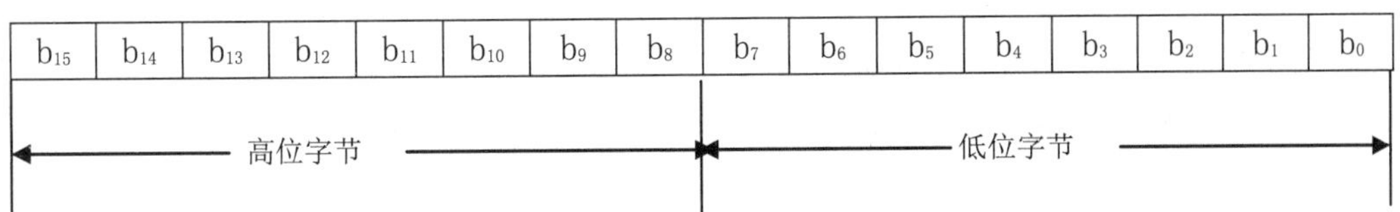

字节最左边的一位称为最高有效位，最右边的一位称为最低有效位。在 16 位字中，左边 8 位称为高位字节，右边 8 位称为低位字节。

(2) 存储单位。存储器(包括内存与外存)的容量及文件的大小通常以多少字节(B)为单位表示。字节这个单位非常小，为便于描述大量数据或大容量存储设备的能力，一般用 KB(千字节)、MB(兆字节)、GB(吉字节)、TB(太字节)、PB(拍字节)和 EB(艾字节)来表示，它们之间的换算关系如下：

1KB=1024B=2^{10}B　　1MB=1024KB=2^{20}B　　1GB=1024MB=2^{30}B

1TB=1024GB=2^{40}B　　1PB=1024TB=2^{50}B　　1EB=1024PB=2^{60}B

(3) 内存地址。内存地址是计算机存储单元的编号。计算机的整个内存被划分成若干存储单元以存放数据或程序代码，每个存储单元可存放 8 位二进制数。为了能有效地存取该单元内存储的内容，每个单元必须有唯一的编号来标识，这个编号称为内存地址。

依据 CPU 是否可以直接访问，将存储器分为内部存储器(简称内存或主存储器)和外部存储器(简称外存或辅助存储器)。对存储器而言，容量越大，存取速度则越快。计算机中的操作，大量的是与存储器交换信息，存储器的工作速度相对于 CPU 的运算速度要低得多，因此存储器的工作速度是制约计算机运算速度的主要因素之一。

1) 内存

内存又称主存，是 CPU 能直接访问的存储空间，由半导体器件制成。内存的特点是存取速率快。

内存是计算机中重要的部件之一，计算机中所有程序的运行都是在内存中进行的，因此内存的性能对计算机的影响非常大。内存(Memory)也被称为内部存储器(内存储器)，其作用是暂时存放 CPU 中的运算数据，以及与硬盘等外部存储器交换的数据。只要计算机在运行中，CPU 就会把需要运算的数据调到内存中进行运算，运算完成后 CPU 再将结果传送出来，内存的运行也决定了计算机的稳定运行。

内存包括只读存储器(ROM)、随机存储器(RAM)以及高速缓冲存储器(CACHE)。

(1) 只读存储器(ROM)。

ROM 表示只读存储器(Read Only Memory)，在制造 ROM 的时候，信息(数据或程序)就被存入并永久保存。这些信息只能读出，一般不能写入，即使机器停电，这些数据也不会丢失。ROM 一般用于存放计算机的基本程序和数据，如 BIOS ROM。其物理外形一般是双列直插式(DIP)的集成块。

(2) 随机存储器(RAM)。

随机存储器(Random Access Memory)表示既可以从中读取数据，也可以写入数据。当机器电源关闭时，存于其中的数据就会丢失。内存条用作扩充计算机的内存，内存条(SIMM)是一小块电路板，它插在计算机中的内存插槽上，以减少 RAM 集成块占用的空间。目前市场上常见的内存条有1GB/条，2GB/条，4GB/条等。

(3) 高速缓冲存储器(CACHE)。

CACHE 也是大家经常遇到的概念，包括一级缓存(L1 CACHE)、二级缓存(L2 CACHE)、三级缓存(L3 CACHE)。它位于 CPU 与内存之间，是一个读写速度比内存更快的存储器。当 CPU 向内存中写入或读出数据时，这个数据也被存储进高速缓冲存储器中。当 CPU 再次需要这些数据时，它就从高速缓冲存储器读取数据，而不是访问较慢的内存，当然，如需要的数据在 CACHE 中没有，CPU 再去内存读取数据。

2) 外存

内存由于技术及价格上的原因，容量有限，不可能容纳所有的系统软件及各种用户程序，因此，计算机系统都要配置外存储器。外存一般采用磁性介质或光学材料制成，用于长期保存各种数据，特点是存储容量大，存储时间长，但存储速度较慢。常用的外存有磁盘、光盘和磁带，磁盘又可以分为硬盘和软盘。

(1) 硬盘。硬磁盘是由若干硬盘片组成的盘片组，一般被固定在计算机机箱内。硬盘的容量大，存取信息的速度也快。现在一般微型机上所配置的硬盘容量通常为几吉字节至几十吉字节。硬盘在第一次使用时，必须首先进行分区和格式化。

(2) 快闪存储器。快闪存储器是一种非易失型半导体存储器 (通常称 U 盘)，即掉电后信息不丢失且存取速度快，采用 USB 接口，支持热插拔。

按照 USB 传输速率，USB 可分为以下几种：USB 1.1，其传输速率可达 12Mbps；USB 2.0，其传输速率可达 480Mbps；USB 3.0，其传输速率可达 5.0Gbps。

(3) 光盘。光盘是利用激光原理进行读、写的，是以光信息作为存储的载体并用来存储数据的另一类存储器设备。根据其制造材料和记录信息方式的不同，一般分为不可擦写光盘(如 CD-ROM、DVD-ROM 等)和可擦写光盘(如 CD-RW、DVD-RAM 等)。

光盘由于有存储容量大、存取速度较快、不易受干扰和价格低廉等特点，可以存放各种文字、声音、图形、图像和动画等多媒体数字信息，所以光盘的应用越来越广泛。

光盘的主要性能指标包括数据传输速度和容量。

我们平常说的 32 倍速、24 倍速等就是指光驱的读取速度。在制定 CD-ROM 标准时，把 150KB/s 的传输率定为标准(即单倍速)。后来，驱动器的传输速率越来越快，就出现了倍速、4 倍速直至现在的 24 倍速、32 倍速或者更高。32 倍速驱动器理论上的传输率应该是：150×32= 4 800KB/s。

3. 输入设备

输入设备是外界向计算机传送信息的装置。在微型计算机系统中，最常用的输入设备是键盘和鼠标。

1) 键盘

键盘由一组按阵列方式装配在一起的按键开关组成。

2) 鼠标

鼠标也是一种常用的输入设备，通过它可以方便、准确地移动光标进行定位。

4. 输出设备

输出设备的作用是将计算机中的数据信息传送到外部媒介，并转化成某种为人们所认识的表示形式。在微型计算机中，最常用的输出设备有显示器和打印机。

1) 显示器

显示器是微型计算机不可缺少的输出设备，它可以方便地查看送入计算机的程序、数据等信息和经过微型计算机处理后的结果，它具有显示直观、速度快、无工作噪声、使用方便灵活、性能稳定等特点。

2) 打印机

打印机是微型计算机另一种常用的输出设备。常见的打印机有针式打印机、喷墨打印机和激光打印机。针式打印机在打印头上装有两列针，打印时，随着打印头在纸上的平行移动，由电路控制相应的针动作或不动作。

3) 绘图仪

绘图仪(Plotter)是一种输出图形的硬拷贝设备。绘图仪在绘图软件的支持下可以绘制出复杂、精确的图形，是各种计算机辅助设计(CAD)不可缺少的工具。

5. 其他外部设备

随着微机的应用领域不断扩大，特别是多媒体技术的应用，外设种类日益增多。在此只介绍声音卡、视频卡和调制解调器。

1) 声音卡(声卡)

声音卡又叫音效卡，有的推销商把新加坡创新公司(Creative Labs)制造的 Sound Blaster 称为声霸卡，或把与之兼容的声音卡也叫声霸卡。

声卡的输入设备可以是音频放大器、话筒、CD 唱机、MIDI 控制器、CD-ROM 驱动器、游戏机等。输出设备可接喇叭。

声卡获取声音的来源可以是模拟音频信号输入和数字音频信号输入。

声卡是置于计算机内部的硬件扩充卡，它安装在计算机主板的扩展槽上。

2) 视频卡(显卡)

视频卡的功能是将视频信号数字化，在 VGA 显示器上开窗口，并与 VGA 信号叠加显示。

3) 调制解调器

调制解调器(Modem)是调制器和解调器(Modulator/Demodulator)的简称。Modem 是计算机通信必不可少的外部设备。

6. 微型计算机总线

总线是连接微型计算机系统中各个部件的一组公共信号线，是计算机中传送数据、信息的公共通道。

微机系统总线由数据总线(Data Bus，DB)、地址总线(Address Bus，AB)和控制总线

(Control Bus，CB)三部分组成。

数据总线 DB：用于微处理器、存储器和输入/输出设备之间传送数据。

地址总线 AB：用于传送存储器单元地址或输入/输出接口地址信息。

控制总线 CB：用于传送控制器的各种控制信号，包括命令和信号交换联络线及总线访问控制线等。

目前微型计算机中使用的总线有：ISA 总线、MCA 总线、EISA 总线、VESA VL 总线、PCI 总线。

1.4.3 软件系统

1. 软件的概念及其分类

软件是相对于硬件而言的。软件和硬件有机地结合在一起就是计算机系统。脱离软件或没有相应的软件，计算机硬件系统不可能完成任何有实际意义的工作。

为了使计算机实现预期的目的，需要编制程序来指挥计算机进行工作。为使编制完毕的程序便于使用、维护和修改，须给程序写一个详细的说明，这个使用说明就是程序的文档，或称软件的文档。

文档一般包括以下内容：

(1) 功能说明。程序解决的问题，要求输入的数据，产生输出的结果，参考文献等。

(2) 程序说明。解决问题方法的详细说明，流程图，程序清单，参数说明中使用的库和外部模块，数值精确度要求等。

(3) 上机操作说明。硬件要求，计算机类型，外围设备等。

(4) 测试和维护说明。测试数据，使用测试数据时的结果，程序中使用的模块的层次。

计算机软件的内容很丰富，要对其进行严格分类比较困难。如果按软件的用途来划分，则大致可以将软件分为以下 3 类：

(1) 服务类软件。这类软件是面向用户，为用户服务的。

(2) 维护类软件。这类软件是面向计算机维护的。它主要包括错误诊断和检查程序、测试程序以及各种调试用软件等。

(3) 操作管理类软件。这类软件是面向计算机操作和管理的。

如果从计算机系统的角度来划分，软件又可以分为系统软件和应用软件两大类：

(1) 系统软件。系统软件指管理、监控和维护计算机资源的软件。它主要包括操作系统、各种程序设计语言及其解释和编译系统、数据库管理系统等。

(2) 应用软件。除系统软件以外的所有软件都是应用软件，它是用户利用计算机及其提供的系统软件为解决各类实际问题而编制的计算机程序。由于计算机的应用已经渗透到各个领域，所以应用软件也是多种多样的，例如科学计算、工程设计、文字处理、辅助教学、游戏等方面的程序。

2. 程序设计语言与语言处理程序

1) 程序设计语言

人们要利用计算机解决实际问题，一般首先要编制程序。程序设计语言就是用户用来编写程序的语言，它是人与计算机之间交换信息的工具，实际上也是人指挥计算机工作的工具。

程序设计语言是软件系统的重要组成部分。一般它可以分为机器语言、汇编语言和高级语言三类。

机器语言：每一条指令都是由 0 和 1 组成的代码串。因此，由它编写的程序不易阅读，而且指令代码不易记忆。

汇编语言：用助记符代替二进制指令的语言。

机器语言和汇编语言都是面向机器的语言，一般称为低级语言。

高级语言：接近自然语言程序设计语言。

2) 语言处理程序

对于用某种程序设计语言编写的程序，通常要经过编辑处理、语言处理、装配链接处理后，才能够在计算机上运行。

程序：汇编程序是将用汇编语言编写的程序(源程序)翻译成机器语言程序(目标程序)，这一翻译过程称为汇编。汇编程序功能如图 1-5 所示。

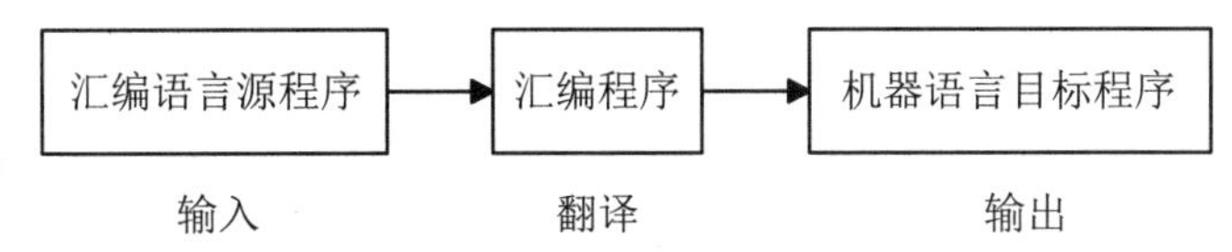

图 1-5　汇编程序功能

编译程序：编译程序是将用高级语言编写的程序(源程序)翻译成机器语言程序(目标程序)。这个翻译过程称为编译。

解释程序：解释程序是边扫描边翻译边执行的翻译程序，解释过程不产生目标程序。

1.4.4　计算机的主要性能指标

衡量计算机性能的好坏，有下列几项主要的技术指标。

1. 主频

主频是指微机 CPU 的时钟频率。主频的单位是 MHz(兆赫兹)。主频的大小在很大程度上决定了微机运算速度的快慢，主频越高，微机的运算速度就越快。

2. 字长

字长是指微机能直接处理的二进制信息的位数。字长越长，微机的运算速度就越快，运算精度就越高，内存容量就越大，微机的性能就越强(因支持的指令多)。

3. 运算速度

运算速度是指微机每秒钟能执行多少条指令，其单位为 Mips(百万条指令/秒)。由于执行不同的指令所需的时间不同，因此，运算速度有不同的计算方法。

以上 3 个参数也是 CPU 的重要性能指标。

4. 内存容量

内存容量是指微机内存储器的容量，它表示内存储器所能容纳信息的字节数。内存容量越大，它所能存储的数据和运行的程序就越多，程序运行的速度就越快，微机的信息处理能力就越强，所以内存容量亦是微机的一个重要的性能指标。

5. 存取周期

存取周期是指对存储器进行一次完整的存取(即读/写)操作所需的时间，即存储器进行连续存取操作所允许的最短时间间隔。存取周期越短，则存取速度越快。存取周期的大小影响微机运算速度的快慢。

1.5 计算机病毒与防治

1.5.1 计算机病毒

计算机技术的迅速发展，计算机应用领域的不断扩大，使计算机在现代社会中占据的地位越来越重要。与此同时，计算机应用的社会化与计算机系统本身的开放性，也带来了一系列新问题。计算机病毒的出现使计算机的安全性遇到了严重挑战，使信息化社会面临严重的威胁。

1. 计算机病毒的概念

计算机病毒(Computer Virus)在《中华人民共和国计算机信息系统安全保护条例》中被明确定义，病毒指“编制者在计算机程序中插入的破坏计算机功能或者破坏数据，影响计算机使用并且能够自我复制的一组计算机指令或者程序代码”。

计算机病毒与医学上的“病毒”不同，计算机病毒不是天然存在的，是人利用计算机软件和硬件所固有的脆弱性编制的一组指令集或程序代码。它能潜伏在计算机的存储介质(或程序)里，条件满足时即被激活，通过修改其他程序的方法将自己的精确拷贝或者可能演化的形式放入其他程序中。从而感染其他程序，对计算机资源进行破坏，所谓的病毒就是人为造成的，对其他用户的危害性很大。

2. 计算机病毒的主要特点

计算机病毒是一段可执行程序。其主要特征有：

(1) 传染性。

(2) 潜伏性。

(3) 激发性。

(4) 破坏性。

3. 计算机病毒的分类

计算机病毒种类繁多而且复杂，按照不同的方式以及计算机病毒的特点和特性，可以有多种不同的分类方法。同时，根据不同的分类方法，同一种计算机病毒也可以属于不同的计算机病毒种类。

计算机病毒可以按照计算机病毒属性的方法进行分类。

1) 根据病毒存在的媒体划分

(1) 网络病毒——通过计算机网络传播感染网络中的可执行文件。

(2) 文件病毒——感染计算机中的文件(如 com，exe，doc 等)。

(3) 引导型病毒——感染启动扇区(Boot)和硬盘的系统引导扇区(MBR)。

还有这三种情况的混合型，例如多型病毒(文件和引导型)感染文件和引导扇区两个目标，这样的病毒通常都具有复杂的算法，它们使用非常规的办法侵入系统，同时使用了加密和变形算法。

2) 根据病毒传染渠道划分

(1) 驻留型病毒——这种病毒感染计算机后，把自身的内存驻留部分放在内存(RAM)中，这一部分程序挂接系统调用并合并到操作系统中去，它处于激活状态，一直到关机或重新启动。

(2) 非驻留型病毒——这种病毒在得到机会激活之前并不感染计算机内存，一些病毒在内存中留有小部分，但是并不通过这一部分进行传染，这类病毒也被划分为非驻留型病毒。

3) 根据破坏能力划分

(1) 无害型——除了传染时减少磁盘的可用空间外，对系统没有其他影响。

(2) 无危险型——这类病毒仅仅是减少内存、显示图像、发出声音等影响。

(3) 危险型——这类病毒在计算机系统操作中会造成严重的错误。

(4) 非常危险型——这类病毒删除程序、破坏数据、清除系统内存区和操作系统中重要的信息。

4) 根据算法划分

(1) 伴随型病毒——这类病毒并不改变文件本身，它们根据算法产生 EXE 文件的伴随体，具有同样的名字和不同的扩展名(.com)，例如 xcopy.exe 的伴随体是 xcopy-com。病毒把自身写入 com 文件而并不改变 exe 文件，当 Dos 加载文件时，伴随体优先被执行，再由伴随体加载执行原来的 exe 文件。

(2) “蠕虫”型病毒——通过计算机网络传播，不改变文件和资料信息，利用网络从一台机器的内存传播到其他机器的内存，计算机将自身的病毒通过网络发送。有时它们在系统存在，一般除了内存不占用其他资源。

(3) 寄生型病毒——除了伴随型和“蠕虫”型，其他病毒均可称为寄生型病毒，它们依附在系统的引导扇区或文件中，通过系统的功能进行传播，按其算法不同还可细分为以下几类。

- 练习型病毒，病毒自身包含错误，不能进行很好的传播，例如一些病毒在调试阶段。
- 诡秘型病毒，它们一般不直接修改 Dos 中断和扇区数据，而是通过设备技术和文件缓冲区等对 Dos 内部进行修改，不易看到资源，使用比较高级的技术，利用 Dos 空闲的数据区进行工作。
- 变型病毒(又称幽灵病毒)，这一类病毒使用的算法较复杂，使自己每传播一份都具有不同的内容和长度。它们一般由一段混有无关指令的解码算法和被演变过的病毒体组成。

1.5.2 计算机病毒的防治

1. 计算机病毒征兆

(1) 屏幕上出现不应有的特殊字符或图像、字符无规则变动或脱落、静止、滚动、雪花、跳动、小球亮点、莫名其妙的信息提示等。

(2) 发出尖叫、蜂鸣音或非正常奏乐等。

(3) 经常无故死机，随机地重新启动或无法正常启动、运行速度明显下降、内存空间变小、磁盘驱动器以及其他设备无缘无故地变成无效设备等。

(4) 磁盘标号被自动改写，出现异常文件，出现固定的坏扇区，可用磁盘空间变小，文件无故变大、失踪或被改乱，可执行文件(exe)变得无法运行等。

(5) 打印异常、打印速度明显降低、不能打印、不能打印汉字与图形等或打印时出现乱码。

(6) 收到来历不明的电子邮件、自动链接到陌生的网站、自动发送电子邮件等。

2. 计算机安全的保护预防

(1) 注意对系统文件、可执行文件和数据写保护不使用来历不明的程序或数据。

(2) 尽量不用软盘进行系统引导。

(3) 不轻易打开来历不明的电子邮件。

(4) 使用新的计算机系统或软件时，先杀毒后使用。

(5) 备份系统和参数，建立系统的应急计划。

(6) 安装杀毒软件。

(7) 分类管理数据。

3. 计算机病毒的检测

病毒是靠复制自身来传染的。计算机染上病毒或病毒在传播的过程中，计算机系统往往会出现一些异常情况，用户可通过观察系统出现的症状，从中发现异常，以初步确定用户系统是否已经受到病毒的侵袭。

4. 计算机病毒的清除

如果发现了计算机病毒，应立即清除。清除病毒的方法通常有两种：人工处理及利用杀病毒软件。

1.5.3　计算机病毒的免杀技术及新特征

免杀是指对病毒的处理，使之躲过杀毒软件查杀的一种技术。通常病毒刚从病毒制作者手中传播出去之前，本身就是免杀的，甚至可以说“病毒比杀毒软件还新，所以杀毒软件根本无法识别它是病毒”，但由于传播后部分用户中毒向杀毒软件公司举报的原因，就会引起安全公司的注意并将之特征码收录到自己的病毒库中，病毒就会被杀毒软件所识别。

病毒制作者可以通过对病毒进行再次保护，如使用汇编加花指令或者给文档加壳就可以轻易躲过杀毒软件的病毒特征码库而免于被杀毒软件查杀。

美国的 Norton Antivirus、McAfee、PC-cillin，俄罗斯的 Kaspersky Anti-Virus，斯洛伐克的 NOD32 等产品在国际上口碑较好，但杀毒、查壳能力都有限，目前病毒库总数量也都仅在数十万个左右。

自我更新性是近年来病毒的又一新特征。病毒可以借助网络进行变种更新，得到最新的免杀版本的病毒并继续在用户感染的计算机上运行。比如熊猫烧香病毒的制作者就创建了“病毒升级服务器”，在最勤时一天要对病毒升级 8 次，比有些杀毒软件病毒库的更新速度还快，所以使杀毒软件无法识别病毒。

除了自身免杀、自我更新之外，很多病毒还具有了对抗它的“天敌”杀毒软件和防火墙产品反病毒软件的全新特征，只要病毒运行后，病毒会自动破坏中毒者计算机上安装的杀毒软件和防火墙产品。如病毒自身驱动级 Rootkit 保护强制检测并退出杀毒软件进程，可以通过主流杀毒软件“主动防御”和穿透软、硬件还原的机器狗，自动修改系统时间导致一些杀毒软件厂商的正版认证作废以致杀毒软件作废，而病毒的生存能力则更加强大。

免杀技术的泛滥使得同一种原型病毒理论上可以派生出近乎无穷无尽的变种，给依赖特征码技术检测的杀毒软件带来很大困扰。近年来，国际反病毒行业普遍开展了各种前瞻性技术研究，试图扭转过分依赖特征码所产生的不利局面。目前比较有代表性的产品是基于虚拟机技术的启发式扫描软件，代表厂商 NOD32、Dr.Web 和基于行为分析技术的主动防御软件，代表厂商中国的微点主动防御软件等。

1.6　多媒体技术

1.6.1　多媒体计算机概述

1. 媒体

所谓媒体是指信息表示和传播的载体。例如，文字、声音、图像等都是媒体，它们向人们传递着各种信息。

2. 多媒体

多媒体(Multimedia)与其说是一种产品，不如说是一种技术，利用这种技术可以实现声音、图形、图像等多种媒体的集成应用。多媒体意味着音频、视频、图像和计算机技术集成到同一数字环境中，由它派生出若干应用领域。

3. 多媒体计算机

多媒体计算机(MPC)是 PC 领域综合了多种技术的一种集成形式，它汇集了计算机体系结构，计算机系统软件，视频、音频信号的获取、处理以及显示输出等技术。

4. 多媒体技术

多媒体技术是指利用计算机技术把文字、声音、图形和图像等多媒体综合一体化，使它们建立起逻辑联系，并能进行加工处理的技术。

5. 多媒体的几个基本元素

(1) 文本：文本是指以 ASCII 码存储的文件，是最常见的一种媒体形式。

(2) 图形：图形是指由计算机绘制的各种几何图形。

(3) 图像：图像是指由摄像机或图形扫描仪等输入设备获取的实际场景的静止画面。

(4) 音频：音频是指数字化的声音，它可以是解说、背景音乐及各种声响。

(5) 视频：视频是指由摄像机等输入设备获取的活动画面。

1.6.2　多媒体

1. 多媒体技术的特征

(1) 集成性：多媒体技术的集成性是指将多种媒体有机地组织在一起，共同表达一个完整的多媒体信息，使声、文、图、像一体化。

(2) 交互性：交互性是指人和计算机能“对话”，以便进行人工干预控制。交互性是多媒体技术的关键特征。

(3) 数字化：数字化是指多媒体中的各个单媒体都是以数字形式存放在计算机中的。

(4) 实时性：多媒体技术是多种媒体集成的技术，在这些媒体中，有些媒体(如声音和图像)是与时间密切相关的，这就决定了多媒体技术必须支持实时处理。

所谓多媒体计算机是指能综合处理多媒体信息，使多种信息建立联系，并具有交互性的计算机系统。

多媒体计算机系统一般由多媒体计算机硬件系统和多媒体计算机软件系统组成。

2. 多媒体计算机硬件系统

多媒体计算机硬件系统主要包括以下几部分：

(1) 多媒体主机，如个人机、工作站、超级微机等。

(2) 多媒体输入设备，如摄像机、电视机、麦克风、录像机、录音机、视盘、扫描仪、CD-ROM 等。

(3) 多媒体输出设备，如打印机、绘图仪、音响、电视机、喇叭、录音机、录像机、高分辨率屏幕等。

(4) 多媒体存储设备，如硬盘、光盘、声像磁带等。

(5) 多媒体功能卡，如视频卡、声音卡、压缩卡、家电控制卡、通信卡等。

(6) 操纵控制设备，如鼠标器、操纵杆、键盘、触摸屏等。

3. 多媒体计算机软件系统

多媒体计算机的软件系统是以操作系统为基础的。除此之外，还有多媒体数据库管理系统、多媒体压缩/解压缩软件、多媒体声像同步软件、多媒体通信软件等。

1.6.3 多媒体技术的应用

专家们预言，在 21 世纪，多媒体技术的发展将进入高潮，多媒体的应用将进入千家万户，渗透到人类社会的各个领域。

多媒体技术的应用主要体现在以下几个方面：

(1) 教育与培训。多媒体技术为丰富多彩的教学方式又增添了一种新的手段。

(2) 商业领域。

(3) 信息领域。

(4) 娱乐与服务领域。

1.7 计算机网络概述

1.7.1 计算机网络

1. 计算机网络的基本概念

随着计算机的广泛应用，特别是家用计算机越来越普及，一方面希望众多用户能共享信息资源，另一方面也希望各计算机之间能互相传递信息。个人计算机的硬件和软件配置一般都比较低，其功能也有限，因此，要求大型与巨型计算机的硬件和软件资源以及它们所管理的信息资源应该为众多的微型计算机所共享，以便充分利用这些资源。基于这些原因，促使计算机向网络化发展，将分散的计算机连接成网，组成计算机网络。

计算机网络是现代通信技术与计算机技术相结合的产物。所谓计算机网络，是由各自具有自主功能而又通过各种通信手段相互连接起来以便进行信息交换、资源共享或协同工作的计算机组成的复合系统。通俗来说，网络就是通过光缆、双绞线、电话线或无线通信等互联的计算机的集合。

计算机网络有许多功能，如可以进行数据通信、资源共享和分布式计算等。

2. 计算机网络的组成

计算机网络是由计算机系统、数据通信系统和网络操作系统组成的。其中，计算机系统是网络系统的基本模块，它提供多种网络资源；数据通信系统是连接网络基本模块的桥梁，它提供多种互接技术和信息交换技术；网络操作系统是网络的组织和管理者，它支持各种网络协议和网络服务。

计算机网络也可分为网络硬件和网络软件两部分。硬件有计算机、网络设备和传输介质。网络软件主要有网络系统软件(网络操作系统、网络通信和协议软件、网络管理和编程软件)和网络应用软件。

3. 网络的分类

计算机网络的分类方式有很多种，可以按地理范围、传输速率、传输介质、拓扑结构等分类。

1) 按地理范围分类

(1) 局域网(Local Area Network，LAN)：局域网的地理范围一般为几百米到几十千米，属于小范围内的联网，如一个建筑物内、一个学校内、一个工厂的厂区内等。局域网的组建简单、灵活，使用方便。

(2) 城域网(Metropolitan Area Network，MAN)：城域网的地理范围可从几十千米到上百千米，可覆盖一个城市或地区，是一种中等规模的网络。

(3) 广域网(Wide Area Network，WAN)：广域网地理范围一般在几千千米左右，属于大范围联网，如几个城市、一个或几个国家，是网络系统中的最大型的网络，能实现大范围的资源共享，如国际性的 Internet 网络。

2) 按传输速率分类

网络的传输速率有快有慢，传输速率快的称高速网，传输速率慢的称低速网。传输速率的单位是 b/s(每秒比特数，英文缩写为 bps)。一般将传输速率在 kb/s～Mb/s 范围的网络称低速网，在 Mb/s～Gb/s 范围的网络称高速网。也可以将 kb/s 网称低速网，将 Mb/s 网称中速网，将 Gb/s 网称高速网。网络的传输速率与网络的带宽有直接关系。带宽是指传输信道的宽度，带宽的单位是 Hz(赫兹)。按照传输信道的宽度可分为窄带网和宽带网。一般将 kHz～MHz 带宽的网称为窄带网，将 MHz～GHz 的网称为宽带网。也可以将 kHz 带宽的网称窄带网，将 MHz 带宽的网称中带网，将 GHz 带宽的网称宽带网。通常情况下，高速网就是宽带网，低速网就是窄带网。

3) 按传输介质分类

传输介质是指数据传输系统中发送装置和接收装置之间的物理媒体，按其物理形态可以划分为有线和无线两大类。

(1) 有线网。

采用有线介质连接的网络称为有线网，常用的有线传输介质有双绞线、同轴电缆和光导纤维。

- 双绞线是由两根绝缘金属线互相缠绕而成的，这样的一对线作为一条通信线路，由 4 对双绞线构成双绞线电缆。双绞线点到点的通信距离一般不能超过 100m。目前，计算机网络上使用的双绞线按传输速率分为三类线、五类线、六类线、七类线，传输速率为 10～600Mbps，双绞线电缆的连接器一般为 RJ-45。

- 同轴电缆由内、外两个导体组成，内导体可以由单股或多股线组成，外导体一般由金属编织网组成。内、外导体之间有绝缘材料，其阻抗为 50Ω。同轴电缆分为粗缆和细缆，粗缆用 DB-15 连接器，细缆用 BNC 和 T 连接器。
- 光缆由两层折射率不同的材料组成。内层由具有高折射率的玻璃单根纤维体组成，外层包一层折射率较低的材料。光缆的传输形式分为单模传输和多模传输，单模的传输性能优于多模传输。所以，光缆分为单模光缆和多模光缆，单模光缆的传送距离为几十千米，多模光缆为几千米。光缆的传输速率可达到每秒几百兆位。光缆用 ST 或 SC 连接器。光缆的优点是不会受到电磁的干扰，传输的距离也比电缆远，传输速率高。光缆的安装和维护比较困难，需要专用的设备。

(2) 无线网。

采用无线介质连接的网络称为无线网。目前无线网主要采用三种技术：微波通信、红外线通信和激光通信。这三种技术都是以大气为介质的。其中微波通信的用途最广，目前的卫星网就是一种特殊形式的微波通信，它利用地球同步卫星作中继站来转发微波信号，一个同步卫星可以覆盖地球 1/3 以上的表面，三个同步卫星就可以覆盖地球上全部通信区域。

4) 按拓扑结构分类

计算机网络的物理连接形式叫作网络的物理拓扑结构。连接在网络上的计算机、大容量的外存、高速打印机等设备均可看作网络上的一个节点，也称为工作站。计算机网络常用的拓扑结构有总线型、星型、环型等。

(1) 总线拓扑结构。

总线拓扑结构是一种共享通路的物理结构。这种结构中的总线具有信息的双向传输功能，普遍用于局域网的连接，总线一般采用同轴电缆或双绞线。总线拓扑结构的优点是：安装容易，扩充或删除一个节点很容易，不需要停止网络的正常工作，节点的故障不会殃及系统。由于各个节点共用一个总线作为数据通路，信道的利用率高。但总线结构也有缺点：由于信道共享，连接的节点不宜过多，并且总线自身的故障会导致系统的崩溃。

(2) 星型拓扑结构。

星型拓扑结构是一种以中央节点为中心，把若干外围节点连接起来的辐射式互联结构。这种结构适用于局域网，特别是近年来连接的局域网大都采用这种连接方式。这种连接方式以双绞线或同轴电缆作连接线路。星型拓扑结构的特点是：安装容易，结构简单，费用低，通常以集线器(Hub)作为中央节点，便于维护和管理。中央节点的正常运行对网络系统来说至关重要。

(3) 环型拓扑结构。

环型拓扑结构是将网络节点连接成闭合结构。信号顺着一个方向从一台设备传到另一台设备，每一台设备都配有一个收发器，信息在每台设备上的延时时间是固定的。这种结构特别适用于实时控制的局域网系统。环型拓扑结构的特点是：安装容易，费用较低，电缆故障容易查找和排除。有些网络系统为了提高通信效率和可靠性，采用了双环结构，即在原有的单环上再套一个环，使每个节点都具有两个接收通道。环型网络的弱点是，当节点发生故障时，整个网络就不能正常工作。

(4) 树型拓扑结构。

树型拓扑结构就像一棵“根”朝上的树，与总线拓扑结构相比，主要区别在于总线拓扑结构中没有“根”。这种拓扑结构的网络一般采用同轴电缆，用于军事单位、政府部门等上、下界限相当严格和层次分明的部门。树型拓扑结构的特点：优点是容易扩展、故障也容易分离处理；缺点是整个网络对根的依赖性很大，一旦网络的根发生故障，整个系统就不能正常工作。

1.7.2 Internet 基础

Internet 究竟是什么东西呢？简言之，Internet 就是利用通信协议和必要的物理设备(如光缆等)把世界上成千上万台计算机连到一起，从而实现资源共享。也就是说 Internet 的含义是将不同类型的计算机，不同技术组成的各种计算机网络，按照一定的协议相互连接在一起，使网中的每一台计算机或终端就像在一个网络中工作，从而实现资源和服务共享。Internet 目前有多种译名，如国际互联网、全球网或网际网等。

Internet 始于 1968 年美国的 ARPANET 网络计划。20 世纪 80 年代，世界先进工业国家纷纷接入 Internet。20 世纪 90 年代是 Internet 迅速发展的时期，互联网的用户数量以平均每年翻一番的速度增长。

中国的 Internet 虽然起步较晚，但发展速度极快。我国于 1994 年 4 月正式接入因特网。1996 年初，中国的 Internet 已经形成了中国科技网(CSTNET)、中国教育和科研计算机网(CERNET)、中国公用计算机互联网(CHINANET)和中国金桥信息网(CHINAGBN)四大具有国际出口的网络体系。下面介绍有关 Internet 的几个概念。

1) 万维网(World Wide Web)

WWW 简称 3W，中文译名为万维网、环球信息网等。WWW 由欧洲核物理研究中心研制，其目的是为全球范围的科学家利用 Internet 进行通信、信息交流和信息查询。

WWW 也简称为 Web，分为 Web 客户端和 Web 服务器程序。WWW 可以让 Web 客户端(常用浏览器)访问浏览 Web 服务器上的页面。WWW 提供丰富的文本和图形、音频、视频等多媒体信息，并将这些内容集合在一起，提供导航功能，使得用户可以方便地在各个页面之间进行浏览。由于 WWW 内容丰富，浏览方便，已经成为互联网最重要的服务。

WWW 的成功在于它制定了一套标准的、易为人们掌握的超文本开发语言 HTML、统一资源定位器 URL 和超文本传送协议 HTTP。

2) 超文本和超链接

超文本是用超链接的方法，将各种不同空间的文字信息组织在一起的网状文本。超文本更是一种用户界面范式，用来显示文本及与文本之间相关的内容。超文本普遍以电子文档方式存在，其中的文字包含可以链接到其他位置或者文档的链接，允许从当前阅读位置直接切换到超文本链接所指向的位置。我们日常浏览的网页上的链接都属于超文本。

超文本技术是一种按信息之间关系非线性地存储、组织、管理和浏览信息的计算机技术。超文本技术将自然语言文本和计算机交互式地转移或动态显示线性文本的能力结合在一起，它的本质和基本特征就是在文档内部和文档之间建立关系，正是这种关系给了文本以非线性的组织。概括地说，超文本就是收集、存储和浏览离散信息以及建立和表现信息之间关联的一门网络技术。

超文本是由若干信息节点和表示信息节点之间相关性的链构成的一个具有一定逻辑结构和语义关系的非线性网络。

WWW 是拥有千万台计算机的大型计算机网，WWW 的信息以 Web 页面的形式提供给用户，在 Web 页面中包含链接到相关页的超级链接，单击超级链接，可以迅速地从服务器的某一页链接到另一页或另一个站点。

超链接在本质上属于网页的一部分，它是一种允许连接其他网页或站点的元素。各个网页链接在一起后，才能真正构成一个网站。所谓的超链接是指从一个网页指向一个目标的连接关系，这个目标可以是另一个网页，也可以是相同网页上的不同位置，还可以是一个图片、一个电子邮件地址、一个文件，甚至是一个应用程序。而在一个网页中用来超链接的对象，可以是一段文本或者是一张图片。当浏览者单击已经链接的文字或图片后，链接目标将显示在浏览器上，并且根据目标的类型来打开或运行。

3) 统一资源定位器(Uniform Resource Locator，URL)

URL 的含义为统一资源地址标识，它是某一信息或目标地址的说明。URL 的形式是：“协议：//计算机域名/路径/文件名”。其中，协议是用于文件传输的 Internet 协议，如超文本传输协议 http、文件传送协议 ftp 等。一般说的 WWW 漫游使用的是 http 协议。

域名(Domain Name)，是由一串用点分隔的名字组成的 Internet 上某一台计算机或计算机组的名称，用于在数据传输时标识计算机的电子方位(有时也指地理位置，地理上的域名，指代有行政自主权的一个地方区域)。引入域名的目的是便于记忆和沟通一组服务器的地址(网站，电子邮件，FTP 等)。

比如内蒙古师范大学的主页：http://www.imnu.edu.cn，也即通常说的网址。其各部分介绍如下。

- http://代表超文本传输协议，通知 microsoft.com 服务器显示 Web 页，通常不用输入。
- www 代表 Web(万维网)服务器。
- imnu 是它的名字。
- edu.cn 表示属于中国国内的域名。

域名的最后一部分称为一级域名或顶级域名，它表示这个网站的性质或地域。比如：.com (商业机构)、.net (从事互联网服务的机构)、.org (非营利性组织)、.gov(国家政府机构)；.com.cn (中国商业机构)、.net.cn (中国互联网机构)、.org.cn (中国非营利性组织)。

4) 浏览器

现在，WWW 服务已经成为网上一个最重要的服务，而网络浏览器是用户用来浏览网上信息的软件程序，浏览器帮助用户导航于千万个站点之间。目前常用的浏览器有 Microsoft 的 Internet Explorer(IE)、Google 公司的谷歌浏览器 Chrome 和北京谋智网络公司的 Firefox(火狐)，以及一些以 IE 为核心的浏览器，如 Avant Browser(前身为 IeOpera)、Maxthon(前身为 MyIE3.2、MyIE2)、360 安全浏览器、腾讯 TT、TheWorld(世界之窗)、搜狗浏览器等。

Internet 连接了全球数亿台计算机用户，这些用户可以使用 Internet Explorer 连接到 Internet 以访问存储在这些计算机上的大量信息。Internet Explorer 原称 Microsoft Internet Explorer(6 版本以前)和 Windows Internet Explorer(7，8，9，10，11 版本)，俗称“IE 浏览器”。Internet Explorer 是一种极为灵活方便的网页浏览器，可以从各种不同的服务器中获得信息，支持多种类型的网页文件，例如，HTML、Dynamic、Active、Java、Layers、CSS、Scripting、Mode 等格式的文件。

5) FTP 文件传输协议

FTP 是 TCP/IP 网络上两台计算机之间传送文件的协议，FTP 是在 TCP/IP 网络和 Internet 上最早使用的协议之一。尽管 World Wide Web(WWW)已经替代了 FTP 的大多数功能，FTP 仍然是通过 Internet 把文件从客户机复制到服务器上的一种途径。FTP 客户机可以给服务器发出命令来下载文件、上传文件，创建或改变服务器上的目录。

FTP 的主要作用，就是让用户连接上一个远程计算机(这些计算机上运行着 FTP 服务器程序)，查看远程计算机有哪些文件，然后把文件从远程计算机上拷到本地计算机，或把本地计算机的文件传送到远程计算机。

1.7.3 Internet 应用

1. FTP 服务

Ftp(File Transfer Protocol)是 Internet 上的重要资源服务，是实现文件传输和资源共享的重要手段。可以利用浏览器或资源管理器进行下载和上传文件，也可以利用专门的工具下载和上传文件(如 CuteFtp、FlashFXP)。

2. 电子邮件

电子邮件是 Internet 提供的最普通、最常用的服务之一，它的特点是传送速度快、使用方便、功能多、价格低廉，不仅可以传送文本信件，还可以传送多媒体信件。

电子邮件的传送过程比较复杂，其中有多个协议，我们简单概括一下。首先要有一个邮件服务器，由这个服务器给网上用户分发账号(邮箱地址)，邮件服务器具有存储功能，它保存了用户发出和接收的信件。用户在任意地方的任意一台联网的计算机上打开信箱，连接到该邮件服务器时，都可以接收电子信件。

1) 邮局协议

客户机从远程邮件服务器邮箱中读取电子邮件所采取的协议称为邮局协议(Post Office Protocol，POP3)。它具有用户登录、退出、读取消息、删除消息的命令。POP3 的关键之

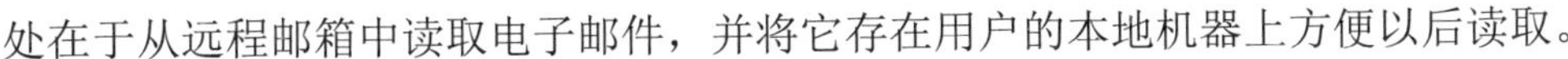

处在于从远程邮箱中读取电子邮件，并将它存在用户的本地机器上方便以后读取。

2) 简单邮件传输协议

邮件服务器的消息传输系统在发件人和收件人之间传递消息，它先在源机器和目的机器之间建立传输连接，然后再发送消息。在 Internet 中，通过在源机器和目的机器之间建立 TCP 连接来传递电子邮件。监听并完成这种连接操作的是一个在邮件服务器上运行的、使用简单邮件传输协议(Simple Mail Transfer Protocol，SMTP)的电子邮件程序，它一般处于后台运行方式。这个程序接收传输来的连接，并将消息复制到合适的邮箱中。如果消息无法递交，包含未传递消息第一部分的错误报告将返回给发送者。

3) 邮箱地址

该地址由两部分组成，即用户名+邮件服务器域名，中间用“@”符号相隔。“@”符号的含义为“at”。比如某人的信箱地址为 xh201401@imnu.edu.cn，意思是此人在内蒙古师范大学的 mail 服务器上有一个名为 xh201401 的邮箱账号。

4) 工作方式

电子邮件服务的工作方式是遵循客户-服务器模式。邮件服务器管理着众多客户的邮箱，它在后台运行服务器方的消息传输系统程序，这个程序接收客户机发来的邮件，负责将邮件传送到目的地。同时，当接收到邮件时，它将邮件放入客户的邮箱；在客户查询邮件时，通知客户，并将邮件传送到客户机上。客户机运行客户方邮件阅读程序，该程序完成邮件的撰写、阅读，向邮件服务器发送和接收邮件等功能。电子邮件的这种工作方式与我们传统的邮政系统工作方式非常相似。

3. 远程登录服务

远程登录是指用户使用 Telnet 命令，使自己的计算机暂时成为远程主机的一个仿真终端的过程。仿真终端等效于一个非智能的机器，它只负责把用户输入的每个字符传递给主机，再将主机输出的每条信息回显在屏幕上。Telnet 是进行远程登录的标准协议和主要方式，它为用户提供了在本地计算机上完成远程主机工作的能力。通过使用 Telnet，Internet 用户可以与全世界许多信息中心图书馆及其他信息资源联系。

随着计算机硬件性能的提升和网络速度的提高，图形化的远程桌面连接登上了历史的舞台。远程桌面连接组件是从 Windows 2000 Server 开始由微软公司提供的，在 Windows 2000 Server 中它不是默认安装的。该组件一经推出就受到很多用户的拥护和喜爱，所以在 Windows XP 或 Windows Server 2003 及更高版本的 Windows 系统中，微软公司将该组件的启用方式进行了改革，即通过简单的勾选就可以完成远程桌面连接功能的开启。

4. 云存储服务

云盘，也称为云存储或网盘，是专业的网络存储工具。云盘是互联网云技术的产物，它通过互联网为企业和个人提供信息的储存、读取、下载等服务。云盘相对于传统的实体磁盘来说更为方便，用户不需要把储存重要资料的实体磁盘带在身上，但可以通过互联网，轻松从云端读取自己所存储的信息。

我们使用云盘存放个人数据，既可避免在公共场所不便使用 U 盘的情况，也可以避免病毒对文件的破坏，甚至可以利用云盘在不同的设备(手机、计算机、平板电脑)之间传输共享数据。

比较知名的云盘服务商有百度云盘、360 云盘、金山快盘、微云、华为网盘等。

1.7.4 网络信息安全与防控

1. 网络信息安全

网络信息安全是一门涉及计算机科学、网络技术、通信技术、密码技术、信息安全技术、应用数学、数论、信息论等多种学科的综合性学科。它主要是指网络系统的硬件、软件及其系统中的数据受到保护，不受偶然的或者恶意的原因而遭到破坏、更改、泄露，系统可以连续、可靠、正常地运行，网络服务不中断。

2. 网络信息安全的防控

1) 防火墙技术

防火墙是网络安全的屏障，配置防火墙是实现网络安全最基本、最经济、最有效的安全措施之一。防火墙是指位于计算机和它所连接的网络之间的硬件或软件，也可以位于两个或多个网络之间，比如局域网和互联网之间，网络之间的所有数据流都经过防火墙。通过防火墙可以对网络之间的通信进行扫描，关闭不安全的端口，阻止外来的攻击，封锁特洛伊木马等，以保证网络和计算机的安全。一般的防火墙都可以达到以下目的：一是可以限制他人进入内部网络，过滤掉不安全服务和非法用户；二是防止入侵者接近你的防御设施；三是限定用户访问特殊站点；四是为监视 Internet 安全提供方便。

2) 数据加密技术

加密就是通过一种方式使信息变得混乱，从而使未被授权的人看不懂它。主要存在两种加密类型：私匙加密和公匙加密。

3) 访问控制

访问控制是网络安全防范和保护的主要策略，它的主要任务是保证网络资源不被非法使用和非常访问。访问控制决定了谁能够访问系统，能访问系统的何种资源以及如何使用这些资源。适当的访问控制能够阻止未经允许的用户有意或无意地获取数据。访问控制的手段包括用户识别代码、口令、登录控制、资源授权、授权核查、 日志和审计。它是维护网络安全、保护网络资源的主要手段，也是对付黑客的关键手段。

4) 防御病毒技术

随着计算机技术的不断发展，计算机病毒变得越来越复杂和高级，对计算机信息系统构成极大的威胁。在病毒防范中普遍使用的防病毒软件，从功能上可以分为单机防病毒软件和网络防病毒软件两大类。单机防病毒软件一般安装在单台 PC 上，即对本地和本地工作站连接的远程资源采用分析扫描的方式检测、清除病毒。网络防病毒软件则主要注重网络防病毒，一旦病毒入侵网络或者从网络向其他资源传染，网络防病毒软件会立刻检测到并加以删除。病毒的侵入必将对系统资源构成威胁，因此用户要做到“先防后除”。很多病毒是通过传输介质传播的，因此用户一定要注意病毒的介质传播。在日常使用计算机的过程中，应该养成定期查杀病毒的习惯。用户要安装正版的杀毒软件和防火墙，并随时升级为最新版本，还要及时更新 Windows 操作系统的安装补丁，尽力不登录不明网站等。

本章小结

本章主要介绍了计算机概述，计算机领域中常用的数制以及数制中的基本概念，进制数之间的相互转换，数据在计算机中的表示——编码，计算机系统的组成，计算机病毒与防治以及在信息时代环境中计算机的应用。

本章的内容相对简单，识记的知识点较多。但是这些都属于计算机的常识，读者结合自己的实际情况即可体会相关内容。

习　题

1. 单项选择题

(1) 世界上公认的第一台电子计算机诞生在(　　)。

A. 中国　　B. 美国　　C. 英国　　D. 日本

(2) 世界上公认的第一台电子计算机诞生的年代是(　　)。

A. 20 世纪 30 年代　　B. 20 世纪 40 年代

C. 20 世纪 80 年代　　D. 20 世纪 70 年代

(3) 按电子计算机传统的分代方法，第一代至第四代计算机依次是(　　)。

A. 机械计算机，电子管计算机，晶体管计算机，集成电路计算机

B. 晶体管计算机，集成电路计算机，大规模集成电路计算机，光器件计算机

C. 电子管计算机，晶体管计算机，小、中规模集成电路计算机，大规模和超大规模集成电路计算机

D. 手摇机械计算机，电动机械计算机，电子管计算机，晶体管计算机

(4) 在冯·诺依曼型体系结构的计算机中引进了两个重要概念，一个是二进制，另外一个是(　　)。

A. 内存储器　　B. 存储程序　　C. 机器语言　　D. ASCII 编码

(5) 如果删除一个非零无符号二进制偶整数后的 2 个 0，则此数的值为原数的(　　)。

A. 4 倍　　B. 2 倍　　C. 1/2　　D. 1/4

(6) CPU 的主要技术性能指标有(　　)。

A. 字长、主频和运算速度　　B. 可靠性和精度

C. 耗电量和效率　　D. 冷却效率

(7) 计算机的系统总线是计算机各部件间传递信息的公共通道，它分为(　　)。

A. 数据总线和控制总线　　B. 地址总线和数据总线

C. 数据总线、控制总线和地址总线　　D. 地址总线和控制总线

(8) 微机硬件系统中最核心的部件是(　　)。

A. 内存储器　B. 输入输出设备　C. CPU　D. 硬盘

(9) 在下列存储器中，访问周期最短的是(　　)。

A. 硬盘存储器　B. 外存储器　C. 内存储器　D. 软盘存储器

(10) 下列叙述中错误的是(　　)。

A. 高级语言编写的程序的可移植性最差

B. 不同型号的计算机具有不同的机器语言

C. 机器语言是由一串二进制数 0,1 组成的

D. 用机器语言编写的程序执行效率最高

(11) 计算机病毒是指能够侵入计算机系统并在计算机系统中潜伏、传播，破坏系统正常工作的一种具有繁殖能力的(　　)。

A. 特殊程序　B. 源程序　C. 特殊微生物　D. 流行性感冒病毒

(12) 计算机网络最突出的优点是(　　)。

A. 提高可靠性　B. 提高计算机的存储容量

C. 运算速度快　D. 实现资源共享和快速通信

(13) 正确的 IP 地址是(　　)。

A. 202.112.111.1　B. 202.2.2.2.2　C. 202.202.1　D. 202.257.14.13

2. 填空题

(1) 人类第一台电子数字计算机的名称是 ____________。

(2) 基于 ________________方式工作的计算机习惯地被统称为冯·诺依曼计算机。

(3) 在计算机中信息的表示和存储采用的数制是 ______________。

(4) 将十六进制数转换为二进制数时，一位十六进制数转换为________位二进制数。

(5) 进位计数制的三要素是数位、基数和 __________________。

(6) __________是计算机中用来表示存储空间大小的最基本的容量单位。

(7) 计算机中最小的数据单位是一个 __________数位。

3. 简答题

(1) 简述计算机的发展史。

(2) 简述计算机的性能指标。

(3) 联系生活实际简述计算机的应用。

4. 计算

(1) 将$(100101000)_2$分别转换为十、八、十六进制数。

(2) 将$(1012)_8$分别转换为十、二、十六进制数。

(3) “中”的区位码为 5448D，计算它的国标码。

第 2 章

Word 的高级应用

本章要点

- 学会在文档中使用 SmartArt 图形美化文档。
- 掌握 Word 中的表格应用。
- 掌握样式的定义与使用。
- 掌握项目符号、编号及目录的应用。
- 掌握题注及交叉引用。
- 掌握邮件合并功能。

学习目标

- 掌握 Word 2010 的基本操作内容。
- 学会使用 SmartArt 图形美化文档。
- 掌握 Word 中的表格应用。
- 掌握样式的定义与使用。
- 掌握项目符号、编号及目录的应用。
- 学会使用“页面设置”对话框设置页面。
- 掌握题注及交叉引用。
- 学会使用公式编辑器编辑公式。
- 学会使用文档修订功能。
- 掌握邮件合并功能。

2.1 Word 2010 基础

Microsoft Office Word 是微软公司推出的系列办公软件之一，广泛应用于生产生活，是目前世界上最流行的文字处理软件。它可以制作书籍、信件、海报、通知等各类文档，也可以编辑发送邮件。与旧版本相比，Word 2010 中的新特性、新功能可以给用户带来全新的操作体验，如屏幕截图、文件共享等，使用更加方便、高效。

2.1.1 Word 2010 基本操作

1. 教学案例：利用 Word 制作宣传海报

小欣是校学生会宣传部成员，她热爱设计，拥有很多创意。“校园文化月”将至，宣传部需要制作一张宣传海报，大家一起来帮她完成任务。

根据小欣的想法，完成精美海报的制作：

(1) 新建空白文档并将其命名为“校园文化.docx”。

(2) 调整海报版面，将页面纸张方向设置为纵向，页边距(上、下、左、右)分别为 0.42 厘米、0.44 厘米、0.6 厘米、0.6 厘米。

(3) 将本章素材中的“背景.jpg”设置为海报背景(MOOC 平台上下载“背景.jpg”

文件)。

(4) 选择喜欢的艺术型边框让海报更漂亮(可参考图 2-1 设置艺术型边框)。

(5) 插入艺术字(内容：“校园文化”)，并根据“图 2-1”调整字体字号以及颜色。

(6) 添加文字，完成海报制作(从 MOOC 平台上下载“2.1.1 文字素材.docx”文件)。

参照样例对文字进行排版，要求：

① 将“奋斗”设置为“华文行楷”“初号”。

② 将内容设置为“华文行楷”“1 号”“加粗”“两端对齐”“单倍行距”。

③ 落款“黑体”“3 号”“加粗”“居中”“1.5 倍”行距。

图 2-1　宣传海报样例 1

【实战步骤】

第一步：打开 Microsoft Word 2010 软件，依次单击“文件”|“新建”|“空白文档”|“创建”选项，创建空白文档；在新创建的空白文档中单击“文件”|“保存”命令，页面将会弹出“另存为”对话框，选择保存位置，这里选择“桌面”；在文件名一栏中输入“校园文化”。

第二步：在“页面布局”选项卡下的“页面设置”组中，单击“纸张方向”；在“纸张方向”下拉列表框中选择“纸张方向”为“纵向”即可。

在“页面布局”选项卡下的“页面设置”组中，单击“页边距”，将“页边距”上、下、左、右分别设置为 0.42 厘米、0.44 厘米、0.6 厘米、0.6 厘米，如图 2-2 所示。

第三步：在“页面布局”选项卡下的“页面背景”组中，单击“页面颜色”，在弹出的下拉列表中选择“填充效果”，将会弹出“填充效果”对话框，选择“图片”选项卡，找到要插入的图片，依次单击“插入”“确定”按钮即可。

第四步：在“页面布局”选项卡下的“页面背景”组中，单击“页面边框”，打开

“边框和底纹”对话框，在“页面边框”选项卡下的“艺术型”中选择自己喜欢的边框，单击“确定”按钮(可以依据个人喜好选择边框，也可参考给定样例 1)。

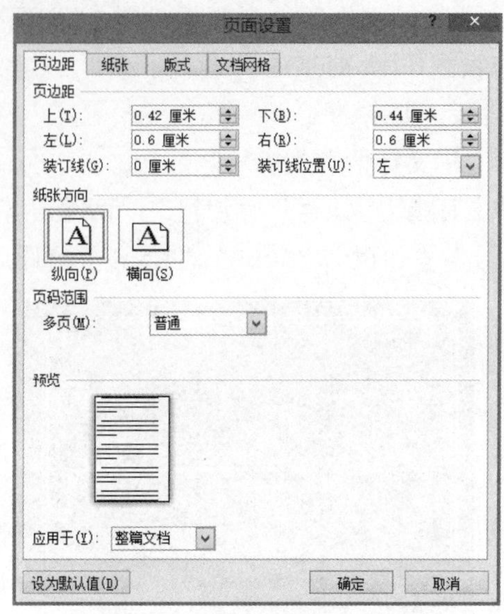

图 2-2 “页面设置”对话框

第五步：在“插入”选项卡下的“文本”组中，单击“艺术字”按钮，在弹出的下拉菜单中选择自己喜欢的样式，将会弹出文本编辑框。输入“校园文化”，单击“确定”按钮，艺术字插入完成。选中“校园文化”，可以对字体、字号进行设置，同时也可以切换到“绘图工具”|“格式”下对形状填充以及文本进行设置。

第六步：

① 在“插入”选项卡下的“文本”组中，单击“文本框”按钮，选择“绘制竖排文本框”，此时鼠标指针变为十字形状，在适当的位置绘制文本框(参考图 2-1)。打开 MOOC 下的“文本素材.docx”，复制标题“奋斗”二字，粘贴于文本框内。选中“奋斗”二字，设置字体为“华文行楷”、字号为“初号”。选中文本框，在“绘图工具”|“格式”下的“形状样式”组中，单击“形状填充”，选择“无填充颜色”；单击“形状轮廓”，选择“无轮廓”。

② 与①操作类似，在“插入”选项卡下的“文本”组中单击“文本框”按钮，选择“绘制竖排文本框”，在适当的位置绘制文本框。在“文本素材.docx”中复制大段文字。选中文字，设置字体为“华文行楷”、字号为“1 号”，单击“加粗”按钮。在“开始”选项卡下的“段落”组中，单击“段落”按钮，在弹出的“段落”对话框中，对齐方式设置为“两端对齐”，行距设置为“单倍行距”。选中文本框，在“绘图工具”|“格式”下的“形状样式”组中，单击“形状填充”，选择“无填充颜色”；单击“形状轮廓”，选择“无轮廓”。

③ 在“插入”选项卡下的“文本”组中，单击“文本框”按钮，选择“绘制文本框”，依照宣传海报样例，在恰当的位置绘制文本框。将落款复制于文本框中，设置字体

为“黑体”、字号为“3 号”，单击“加粗”“居中”按钮，在段落设置中，将行距改为“1.5 倍”。选中文本框，在“绘图工具”|“格式”下的“形状填充”中选择填充色。

2. 知识点详解

1) 文字格式化

对于字体的格式化设置，所有的操作均在“开始”选项卡的“字体”组中完成，如图 2-3 所示。

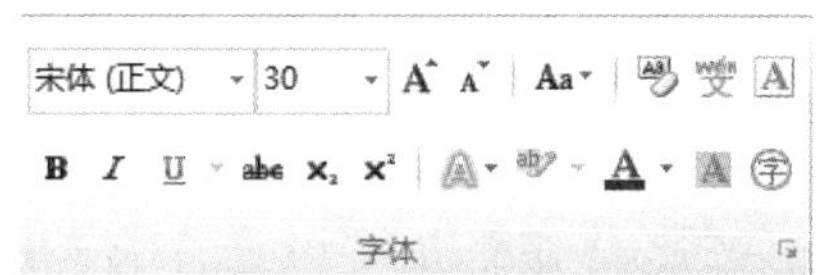

图 2-3　“字体”组

对于文字的格式化处理，一般是对字体、字号、字形、颜色等的设置。

在 Word 2010 的字体高级设置中，用户可以对文本字符间距、字符缩放以及字符位置等进行调整。在“开始”选项卡下单击“字体”组中右侧的下三角按钮，弹出“字体”对话框。选择“高级”选项卡，在“字符间距”选项组中进行设置，如图 2-4 所示。

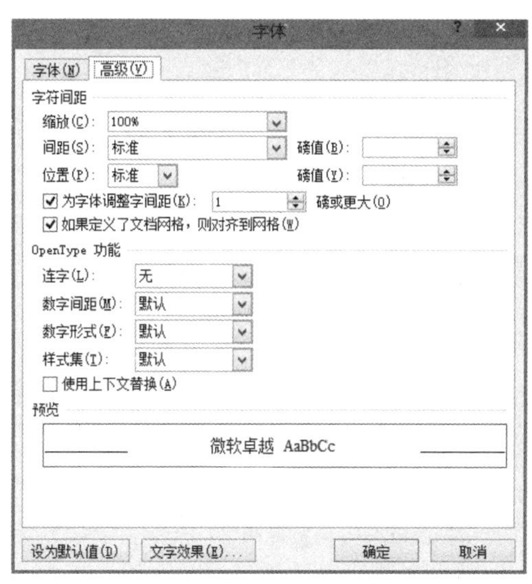

图 2-4　“字体”对话框

2) 段落格式化

段落格式应在“开始”选项卡的“段落”组中设置，如图 2-5 所示。

图 2-5　“段落”组

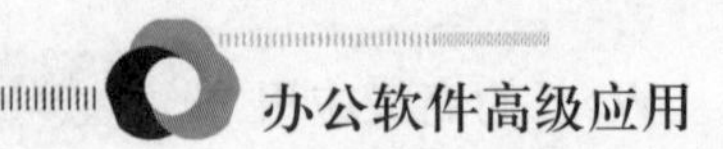

段落格式化包括对齐方式、缩进方式、首行缩进、行距、段前段后等。在段落设置时应该注意，先选择要修改的段落，然后对其进行设置。

“段落”组中“下框线”按钮下的“边框和底纹”常常用来给文档设置边框或底纹，使文档变得更清晰、漂亮，如图 2-6 和图 2-7 所示。

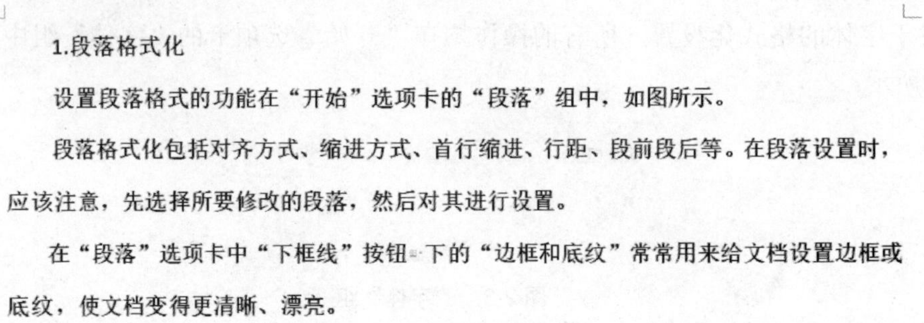

1.段落格式化

设置段落格式的功能在“开始”选项卡的“段落”组中，如图所示。

段落格式化包括对齐方式、缩进方式、首行缩进、行距、段前段后等。在段落设置时，应该注意，先选择所要修改的段落，然后对其进行设置。

在“段落”选项卡中“下框线”按钮下的“边框和底纹”常常用来给文档设置边框或底纹，使文档变得更清晰、漂亮。

图 2-6　无边框

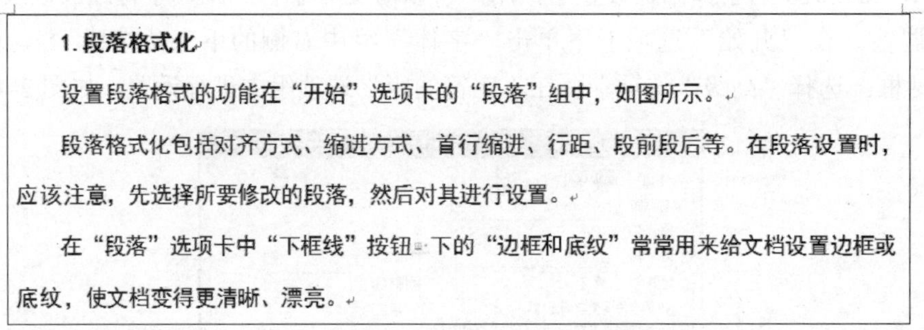

1. 段落格式化

设置段落格式的功能在“开始”选项卡的“段落”组中，如图所示。

段落格式化包括对齐方式、缩进方式、首行缩进、行距、段前段后等。在段落设置时，应该注意，先选择所要修改的段落，然后对其进行设置。

在“段落”选项卡中“下框线”按钮下的“边框和底纹”常常用来给文档设置边框或底纹，使文档变得更清晰、漂亮。

图 2-7　添加边框

3) 图片格式化

图文混排是 Word 的一大特色，也就是说，在 Word 文档中可以插入图片、文本框、艺术字以及数学公式等，这些都是作为图形对象进行处理的。

首先将光标移至需要插入的位置，单击“插入”选项卡下“插图”组中的“图片”按钮；在弹出的“插入图片”对话框中，选择图片放置的路径并找到图片；最后单击“插入”按钮即可。

要对插入的图片进行编辑时，首先需选中图片。在“图片工具”|“格式”选项卡(如图 2-8 所示)进行相应的操作。

图 2-8　“图片工具”|“格式”选项卡

在 Word 2010 编辑文档的过程中，为了制作比较专业的图文混排式的文档，往往需要按照版式需求安排图片位置。

首先打开 Word 2010 文档页面，选中想要设置文字环绕的图片。

然后在“图片工具”选项卡的“排列”组中单击“自动换行”按钮。

在菜单中可以选择“四周型环绕”“紧密型环绕”“穿越型环绕”“上下型环绕”“衬于文字下方”和“浮于文字上方”六个选项之一，设置图片的文字环绕，如图 2-9 所示。

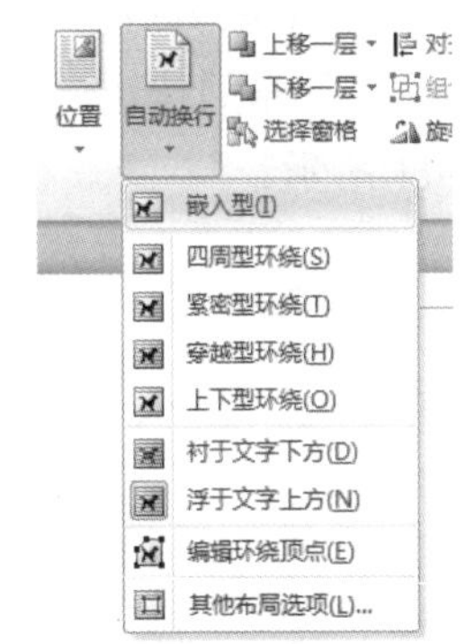

图 2-9　文字环绕列表框

4) 调整页面设置

文档的页面设置是一项最基础的操作，可以设置页面的方向、页边距和版式等，还可以设置页面背景、添加水印、指定每页字数等。对于页面的设置，所有操作都集中在“页面布局”选项卡下。

指定每页字数：在 Word 操作过程中，设置文档网格就是设置页面的行数以及每行的字数。单击“页面布局”选项卡下“页面设置”组右下角的 按钮，在弹出的“页面设置”对话框中，选择“文档网格”选项卡。根据自己的实际情况进行选择，在排版过程中以及图文混排的长文档中，一般会选中“指定行和字符网格”，如图 2-10 所示。

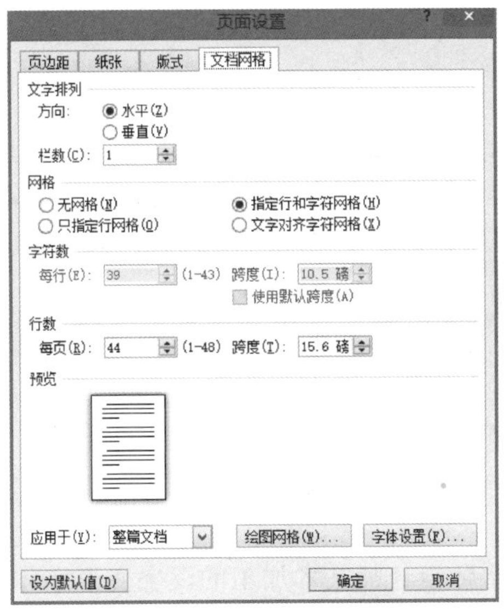

图 2-10　“文档网格”选项卡

5) 在文档中使用文本框

Word 2010 中提供了一种可以移动位置、可以调整大小的文字或图形容器，称为文本框。

(1) 插入文本框。

用户可对文本框中的文字进行设置，方法与新页面中文本的设置相同。文本框分为横排文本框和竖排文本框两种，两者没有实质性的差别，只是排列方式不同。

① 在“插入”选项卡的“文本”组中单击“文本框”按钮，在编辑区绘制文本框。

② 在文本框中输入文本。

③ 选中编辑后的文本框，选择“绘图工具”中的“格式”选项卡，单击“文本框样式”组右下角的按钮，即可在弹出的“设置文本框格式”对话框中对文本框进行设置，如图 2-11 所示。

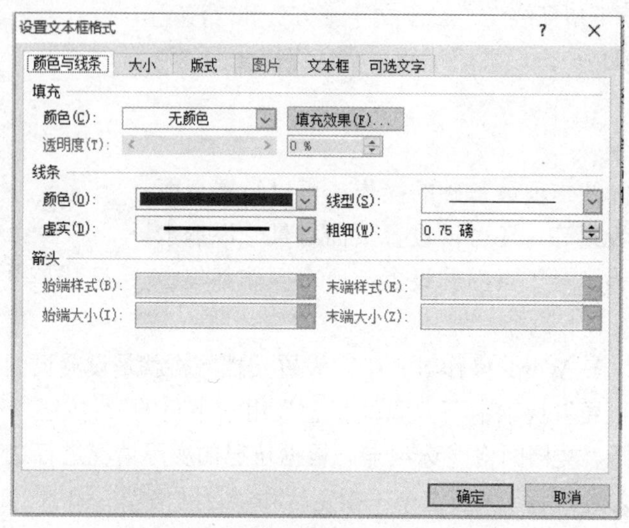

图 2-11 “设置文本框格式”对话框

(2) 文本框链接。

将两个以上的文本框链接在一起称为文本框链接。若文字在上一个文本框中已排满，则会在链接的下一个文本框中接着排下去。注意：横排和竖排文本框不可创建链接。横排文本框只可以与横排文本框链接，竖排文本框与竖排文本框链接，不可以混合链接。

① 创建多个文本框后，选择其中一个。

② 在“绘图工具”的“格式”选项卡中单击“文本”组中的“创建链接”按钮，鼠标指针变为“水杯”形状。

③ 在想要链接的文本框中单击，即可完成创建。

④ 按 Esc 键可退出文本链接模式，即鼠标指针恢复。

6) 艺术字设置

艺术字是经过专业的字体设计师艺术加工的汉字变形字体，具有美观有趣、易认易识、醒目张扬等特性，是一种有图案意味或装饰意味的字体变形。艺术字能从汉字的义、形和结构特征出发，对汉字的笔画和结构做合理的变形装饰，书写出美观的变体字。在一些文档中，我们会在大标题或者需要重点强调的位置使用艺术字。

(1) 在“插入”选项卡下单击“艺术字”按钮，选择要应用的艺术字效果。

(2) 在文档工作区中出现的图文框内输入文字内容，将鼠标指针放在图文框的边框上，可以拖动艺术字到合适的位置，也可以拉动图文框边框中间的调节按钮调节图文框的大小。

(3) 设置艺术字字体格式。选中图文框内的文字，单击“开始”选项卡下的“主题字体”按钮，在下拉菜单中选择字体。

(4) 设置艺术字的效果。

① 选中图文框，单击“格式”选项卡下的“文本效果”按钮，选择转换菜单里的样式即可转换艺术字的形状。

② 选中图文框内的全部文字，单击“格式”选项卡下的“文本效果”按钮，选择“阴影”子菜单里的样式即可添加阴影。

③ 选中图文框内的全部文字，单击“格式”选项卡下的“文本效果”按钮，选择“发光”子菜单里的发光样式即可添加效果。

(5) 修改文本轮廓。选中图文框内的全部文字，单击“格式”选项卡下的“文本轮廓”按钮，选择颜色，即可修改文本轮廓，完成艺术字的制作。

2.1.2　在文档中使用 SmartArt 图形

1. 教学案例：使用 SmartArt 美化宣传海报

小欣做完海报后，感觉海报虽然漂亮，但是缺乏创意。灵光一闪，她想到了 SmartArt。(需要插入的图片放在第 2 章的 Word 素材包中，样例如图 2-12 所示。)

校
园
文
化
校学生会宣传部宣
二零一六年四月

图 2-12　宣传海报样例 2

(1) 创建空白文档，将其命名为“校园文化 SmartArt.docx”。

(2) 设置页面大小，宽 17 厘米，高 20 厘米，设置“页边距”上、下、左、右分别为 0.42 厘米、0.44 厘米、0.6 厘米、0.6 厘米。

(3) 插入 SmartArt 图形(“关系”中的“六边形集群”)。

(4) 设置的 SmartArt 图形大小，宽 15.82 厘米，高 16.3 厘米；参照“校园文化样例 2”为图形“更改颜色”。

(5) 结合校园文化样例 2，输入文字；为图形“添加形状”。

(6) 结合校园文化样例 2，插入图片。

(7) 利用文本框，完成落款(“黑体”“3 号”“加粗”“居中”“1.5 倍”行距)。

【实战步骤】

第一步：打开 Microsoft Word 2010 软件，单击“文件”|“新建”|“空白文档”|“创建”选项，此时空白文档创建完毕；在新创建的空白文档中单击“文件”|“保存”命令，将会弹出“另存为”对话框，将文档保存在桌面，文件名改为“校园文化 SmartArt.docx”。

第二步：在“页面布局”选项卡下的“页面设置”组中，单击“纸张大小”按钮，在下拉列表框中选择“其他页面大小”，在弹出的“页面设置”对话框中，设置纸张宽 17 厘米、高 20 厘米。在“页面布局”选项卡下的“页面设置”组中，单击“页边距”按钮，在下拉列表框中选择“自定义边距”，设置“页边距”上、下、左、右分别为 0.42 厘米、0.44 厘米、0.6 厘米、0.6 厘米。

第三步：在“插入”选项卡的“插图”组中，单击 SmartArt 按钮，在最左侧列表框中选择“关系”，在中间列表框中选择“六边形集群”，单击“确定”按钮。

第四步：选中 SmartArt 图形，在“SmartArt 工具”|“格式”中的“大小”组中设置长 15.82 厘米、高 16.3 厘米。

选中 SmartArt 图形，在“SmartArt 工具”|“设计”中单击“更改颜色”按钮，此时图形整体做修改。如需单独对某个色块修改，可以选中该色块，在“SmartArt 工具”|“格式”中设置。

第五步：在写有“文本”的六边形中输入汉字，在标有图片样式的六边形中插入图片。依次输入“校”“园”“文”，插入素材中的图片。选择书写有“文”的色块，在“SmartArt 工具”|“设计”下的“创建图形”组中，单击“添加形状”按钮，选择“在后面添加形状”。单独对某个色块修改，在“SmartArt 工具”|“格式”中设置。若改变色块形状，选中后单击鼠标右键，选择“更改形状”即可。

第六步：在“插入”选项卡下的“文本”组中，单击“文本框”按钮，选择“绘制文本框”，此时鼠标指针变为十字形状，在适当的位置绘制文本框(参考图 2-12)，按题目要求对文档进行排版。设置字体为“黑体”“3 号”“加粗”，在“段落”选项卡下设置段落格式为“居中”“1.5 倍”行距。

2. 知识点详解

SmartArt 图形是信息和观点的视觉表现，能够快速、轻松、有效地传达信息。Word 2010 中新增的 SmartArt 图形包括列表、流程、循环、层次结构、关系、矩阵、棱锥图和图片等。

1) 插入 SmartArt 图形

插入 SmartArt 图形的操作步骤如下。

(1) 打开 Word 2010 文档窗口，切换到“插入”选项卡。在“插图”组中单击 SmartArt 按钮。

(2) 在打开的“选择 SmartArt 图形”对话框中，单击左侧的类别名称，选择合适的类别，然后在中间的列表框中单击所需的 SmartArt 图形，并单击“确定”按钮，如图 2-13 所示。

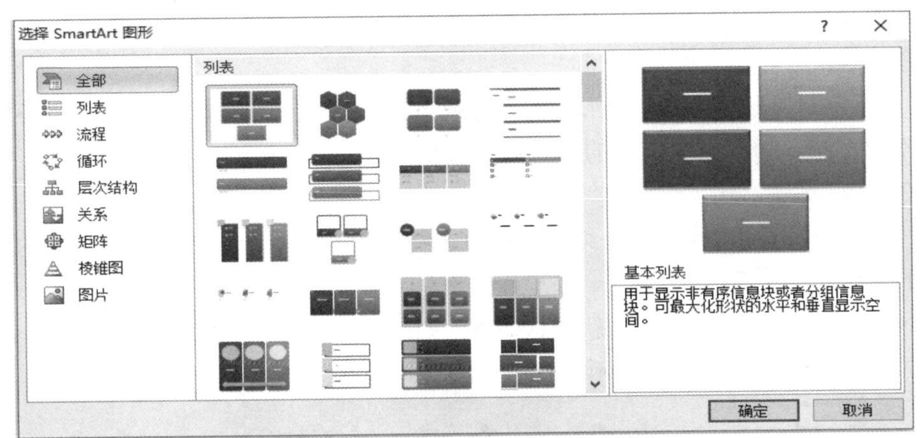

图 2-13　“选择 SmartArt 图形”对话框

(3) 返回 Word 2010 文档窗口，在插入的 SmartArt 图形中单击文本占位符输入合适的文字(也可在右侧的窗格中输入文字)，如图 2-14 所示。

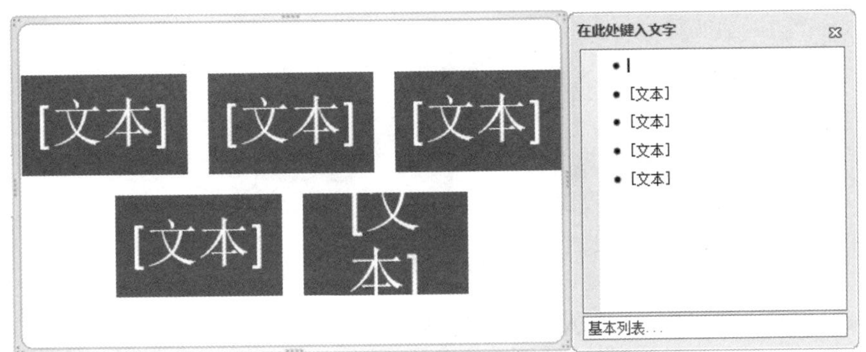

图 2-14　SmartArt 图形

2) 设计 SmartArt 图形样式

默认情况下，Word 2010 中的每种 SmartArt 图形布局均有固定数量的形状，用户可以根据实际工作需要删除或添加形状，操作步骤如下。

(1) 打开 Word 2010 文档窗口，在 SmartArt 图形中选中与新形状相邻或具有层次关系的已有形状。

(2) 在“SmartArt 工具”|“设计”选项卡的“创建图形”组中，单击“添加形状”右侧的下拉三角按钮，如图 2-15 所示。“添加形状”下拉菜单中包含 5 种命令，分别代表不同的意义。

① 在后面添加形状：在选中形状的右边或下方添加级别相同的形状。

② 在前面添加形状：在选中形状的左边或上方添加级别相同的形状。

③ 在上方添加形状：在选中形状的左边或上方添加更高级别的形状。如果当前选中的形状处于最高级别，则该命令无效。

④ 在下方添加形状：在选中形状的右边或下方添加更低级别的形状。如果当前选中的形状处于最低级别，则该命令无效。

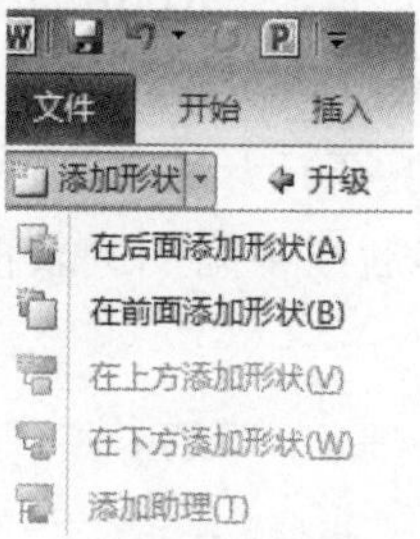

图 2-15 “添加形状”下拉菜单

⑤ 添加助理：仅适用于层次结构图形中的特定图形，用于添加比当前选中的形状低一级别的形状。

(3) 根据需要添加合适级别的新形状即可，如图 2-16 所示。

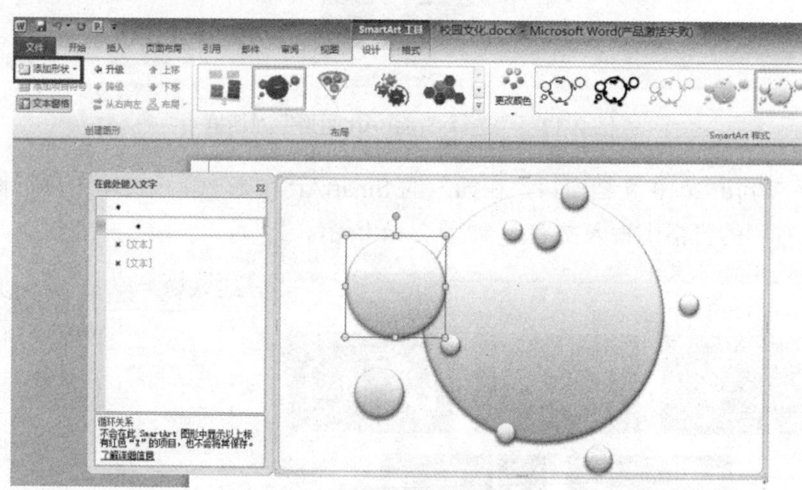

图 2-16 添加形状

用户可以根据需要设置 SmartArt 图形在 Word 2010 文档中的位置。用户不仅可以使用 Word 2010 提供的预设位置选项设置 SmartArt 图形的位置，还可以在“布局”对话框中精确设置其位置。

如果使用预设位置选项设置 SmartArt 图形的位置，可以选中 SmartArt 图形，然后在“SmartArt 工具”|“格式”选项卡中单击“排列”组中的“位置”按钮。在打开的位置列表中选择合适的预设位置选项(例如选中“顶端居中，四周型文字环绕”)，如图 2-17 所示。

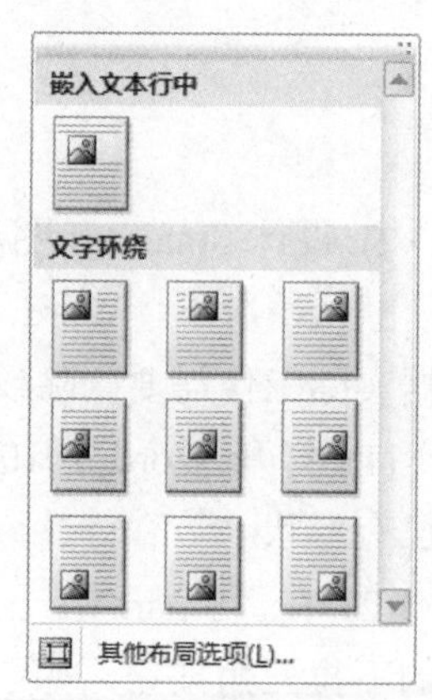

图 2-17 “文字环绕”列表

如果用户希望对 SmartArt 图形进行更详细的位置设置，则可以在“布局”对话框中进行操作，具体步骤如下。

(1) 打开 Word 2010 文档窗口，单击选中 SmartArt 图形。

(2) 在“SmartArt 工具”|“格式”选项卡中单击“排列”组中的“位置”按钮。在打开的位置列表中选中除“嵌入文本行中”以外的任意位置选项，然后选择“其他布局选项”命令，打开“布局”对话框，如图 2-18 所示。

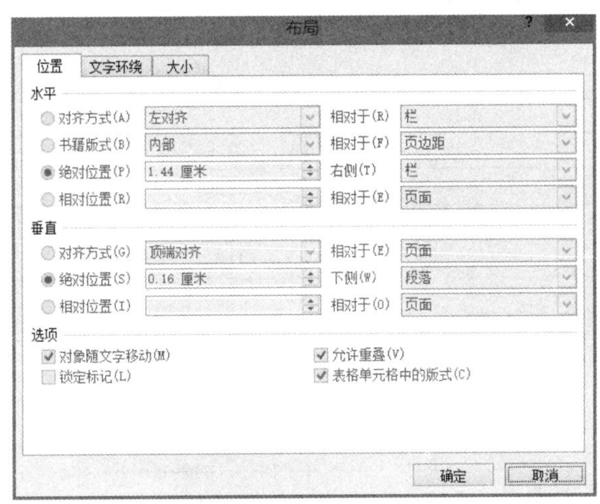

图 2-18　“布局”对话框

(3) 在“位置”选项卡中可以分别设置 SmartArt 图形的水平对齐方式和垂直对齐方式。其中，水平对齐方式包括“左对齐”“居中”和“右对齐”，垂直对齐方式包括“顶端对齐”“居中”“下对齐”“内部”和“外部”几种方式。除此之外，用户还可以设置书籍版式、绝对位置和相对位置。选中“对象随文字移动”复选框，在 SmartArt 图形周围文字的位置发生变化时，SmartArt 图形的位置也做相应变化，从而使其与文字的相对位置关系保持不变。完成设置后单击“确定”按钮。

除以上的添加、删除、设置位置之外，我们还可以对其样式、颜色等进行修改。

(1) 选择“SmartArt 工具”下的“设计”选项卡，在“SmartArt 样式”组中单击“其他”按钮，在弹出的下拉列表中选择一种样式。

(2) 单击“SmartArt 样式”组中的“更改颜色”按钮，在弹出的下拉列表中选择一种颜色。

2.1.3　Word 中的表格

1. 教学案例：使用表格制作海报花费清单

按照下面要求制作花费总计表，如图 2-19 所示。

(1) 图 2-19 中的表是一张不完整的表格，利用“函数”计算每一项的花费“总计”。

(2) 插入一个 5 行 2 列的名称总计表，从图 2-19 中复制名称和总计两列，如图 2-20 所示。

(3) 设置表格格式，行高为 1 厘米，列宽为 4 厘米；表头“名称”“总计”字体设置为“黑体”，字号设置为“小二”，同时表头填充颜色为浅蓝色；表格内容为“楷体”

“小四”；所有文本水平对齐和垂直对齐方式为“居中”，最终效果如图 2-21 所示。

代码	名称	单价（元）	数量	总计
0001	海报喷绘	15	190	
0002	胶带	2	5	
0003	计算机租用	210	2	
0004	其他	70	5	

图 2-19　账目清单

名称	总计
海报喷绘	2850
胶带	10
计算机租用	420
其他	350

图 2-20　名称总计表

名称	总计
海报喷绘	2850
胶带	10
计算机租用	420
其他	350

图 2-21　名称总计表效果

(4) 将表格转换为图表。图表样式为“复合条饼图”；无图例；数据标签包括“类别名称”和“值”，“标签位置”设为“数据标签外”；设置数据系列格式，“系列分割依据”设为“位置”，将“第二绘图区包含最后一个”设为“1”，如图 2-22 所示。

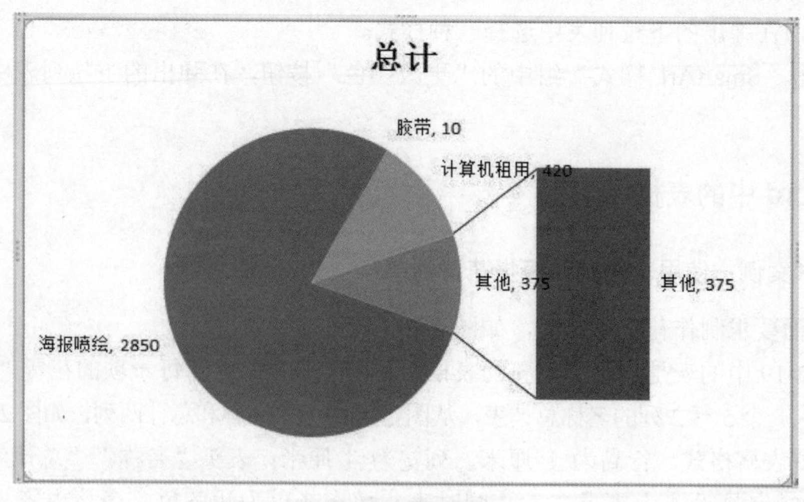

图 2-22　图表样例

【实战操作】

第一步：从 MOOC 平台上下载“样例 3.docx”文件，双击打开该文件。将光标定位在“代码 0001”的“总计”处，选择“表格工具”|“布局”选项卡，在“数据”组中单击“公式”按钮，弹出“公式”对话框，在“粘贴函数”下拉列表框中选择“PRODUCT”函数，“公式”栏会显示“=PRODUCT()”，以及在括号中输入英文“Left”，如图 2-23 所示。单击“确定”按钮，单元格中出现结果。同理，将光标定位于各行的“总计”处，重复以上操作即可。

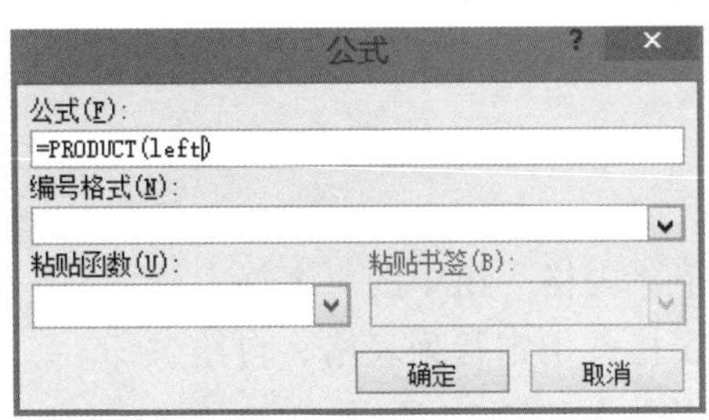

图 2-23　“公式”对话框

第二步：在“插入”选项卡下的“表格”组中，单击“插入表格”按钮，在“行”与“列”中分别输入 5 行、2 列；第一行分别输入“名称”“总计”，复制图 2-19 所示表中的名称列，将光标定位当前表中的第二行第一列并右击，选择“粘贴选项”|“覆盖单元格”选项，同理总计列可完成。

第三步：选中表格，在“表格工具”|“布局”选项卡下的“单元格大小”组中，设置其高度为 1 厘米、宽度为 4 厘米。

选中表头，在“开始”选项卡下设置字体为“黑体”、字号为“小二”，同时在“表格工具”|“设计”选项卡下的“表格样式”组中单击“底纹”按钮，选择填充颜色为“浅蓝”。

选中表格中的其他文字，在“开始”选项卡下的“字体”组中设置字体为“楷体”、字号为“小四”。

选中表格，在“表格工具”|“布局”选项卡下的“对齐方式”组中，单击“水平居中”按钮。

第四步：

① 将光标定位在“名称总计”表格的下方，在“插入”选项卡的“插图”组中单击“图表”按钮，弹出“插入图表”对话框，选择“饼图”中的“复合条饼图”，单击“确定”按钮。

② 将名称总计表中的数据复制到饼图的数据表里，在 Excel 表格中，选择 A1 单元格，单击鼠标右键，粘贴，匹配目标格式，然后关闭 Excel 表格即可。

③ 选中饼图，切换到“图表工具”下的“布局”选项卡，在“标签”组中单击“图例”下拉按钮，在下拉列表中选择“无”。

④ 选中饼图，切换到“图表工具”下的“布局”选项卡，在“标签”组中单击“数

据标签”按钮，在弹出的下拉列表中选择“其他数据标签选项”命令，弹出“设置数据标签格式”对话框。在“标签包括”选项组中，勾选“类别名称”“值”复选框，单击“关闭”按钮。同样在“数据标签”选项组下将标签位置设为“数据标签外”。

⑤ 选中饼图中的数据，单击鼠标右键，在弹出的快捷菜单中选择“设置数据系列格式”命令，弹出“设置数据系列格式”对话框，将“系列分割依据”设为“位置”，将“第二绘图区包含最后一个”设为“1”，单击“关闭”按钮。

2. 知识点详解

1) 表格格式化

单击“插入”选项卡下“表格”组中的“表格”按钮，可插入多种类型的表格：指定行列表格、自绘表格、Excel 表格和内置表格，如图 2-24 所示。

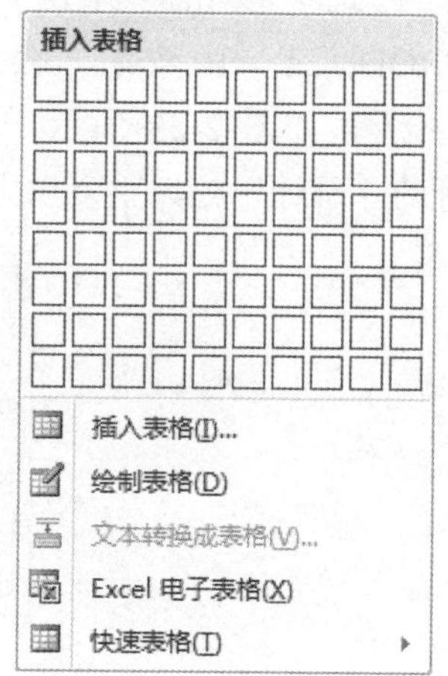

图 2-24 “插入表格”下拉列表

编辑表格：选中插入的表格，使用功能区出现的“表格工具”下的“布局”选项卡可以对插入的表格进行编辑，包括插入单元格、删除单元格、合并单元格和拆分单元格，设置行高、列宽以及单元格中的文字对齐方式。

2) Word 表格中的排序

在 Word 表格中，可以依据某列对表格进行排序。对于数值型数据，还可以对其按从大到小或从小到大的方式进行排序。

对表格进行排序的操作如下。

(1) 选择将要进行排序的行或列，注意此处的行或列必须具有相同属性，即有可比性才能进行排序。

(2) 选择“表格工具”|“布局”选项卡。

(3) 单击“排序”按钮，如图 2-25 所示，会出现“排序”对话框，根据需要选择关键字、排序方式，如图 2-26 所示。

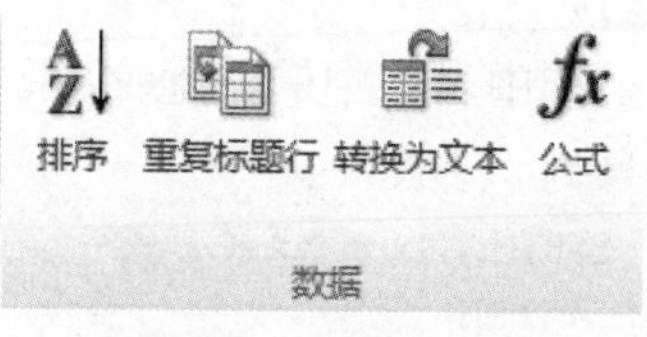

图 2-25 “数据”选项组

(4) 单击“确定”按钮，即可实现排序。

3) Word 表格中的公式

可以对表格中的数据执行一些简单的运算，如求和(SUM)、求平均值(AVERAGE)、求最大值(MAX)等。所用到的函数可单击“粘贴函数”按钮进行选择。

表格的计算操作如下。

(1) 将光标放在需要计算结果的单元格内。

(2) 选择“表格工具”|“布局”选项卡。

(3) 单击“公式”按钮，会出现“公式”对话框，如图 2-27 所示。

(4) 单击“粘贴函数”下拉按钮，选择所需要的函数。如果知道用哪个函数，也可直接输入，将光标定位在“=”后，输入法设为英文状态。如求单元格左侧的和，可写为“SUM(LEFT)”或“sum(left)”。

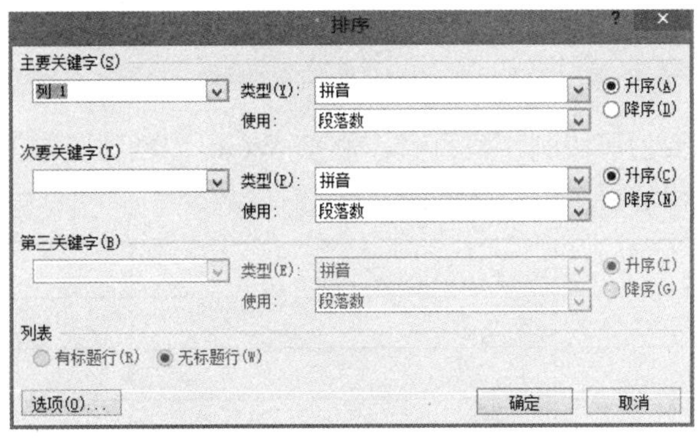

图 2-26　“排序”对话框

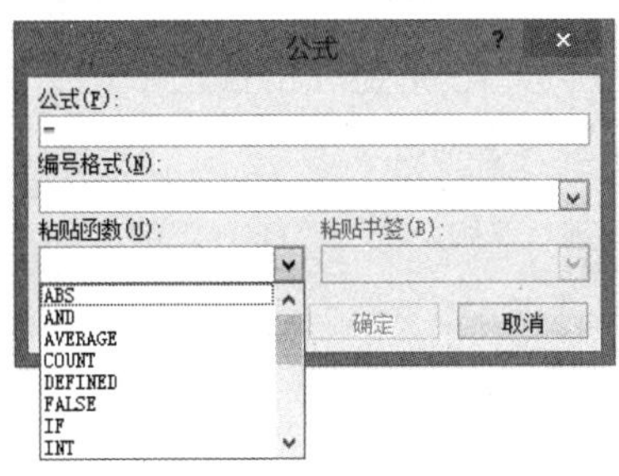

图 2-27　“公式”对话框

4) 重复标题行

使用 Word 制作和编辑表格时，若同一张表格需要在多个页面中显示，往往需要在每一页的表格中都显示标题行。

重复标题行的操作步骤如下。

(1) 选中表格标题行。

(2) 选择“表格工具”|“布局”选项卡。

(3) 在“数据”组中单击“重复标题行”按钮。

5) 文本与表格的转换

(1) 将文本转换为表格：选择需要转换为表格的文本。单击“插入”选项卡中的“表格”按钮，在弹出的下拉列表中选择“文本转换成表格”命令，然后可以根据实际需求对“表格尺寸”“自动调整”以及“文字分隔位置”进行设置。设置完成后单击“确定”按钮。

(2) 将表格转换为文本：选择需要转换为文本的表格。单击“表格工具”|“布局”选项卡下“数据”组中的“转换为文本”按钮，弹出“表格转换成文本”对话框，如图 2-28 所示。

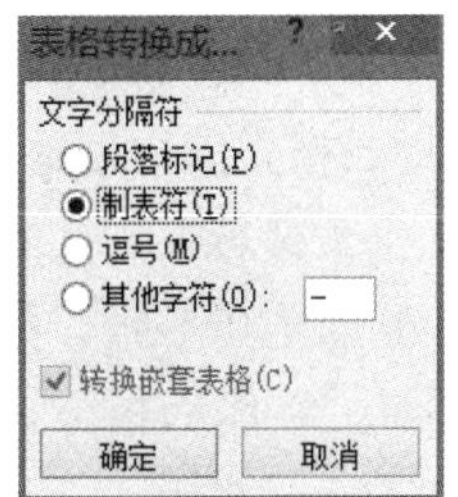

图 2-28　“表格转换成文本”对话框

在“文字分隔符”选项组中选择作为文本分隔符的选项，单击“确定”按钮即可转换为文本。

2.1.4 巩固练习

某中学学生刘星要为班级制作值日表。他在 Word 中创建了如下所示的“值日表”工作文档，根据老师提出的要求进行文档的制作。

甲 组	乙 组	丙 组
张扬阳	李文雅	李君昊
刘希梦	刘京瑶	刘璎
李国艳	张嘉萱	张靖阳
张熙阳	王恩德	刘熠一

请将文档中的表格进行外观美化设置，包括文字的大小、字体、居中以及表格的底纹、边框。制作好的表格如图 2-29 所示。

甲组	乙组	丙组
李国艳	张嘉萱	张靖阳
刘希梦	刘京瑶	刘璎
张熙阳	王恩德	刘熠一
张扬阳	李文雅	李君昊

图 2-29　值班表样例

具体要求如下：

① 将表格的行高、列宽分别设置为 1 厘米、3 厘米。

② 设置表格边框，不显示两侧边框。

③ 表头文字为“黑体”“小三”，姓名为“楷体”“5 号”，所有文字的对齐方式为“居中”。

④ 将表格中每组人员的名字按照升序进行排列。

⑤ 隐藏表格的段落标记符，如图 2-30 所示(左侧图片表格中的文字后有段落标记符，右侧图片表格中的段落标记符已被隐藏)。

⑥ 将表格转换为文本，如图 2-31 所示(文字分隔符为制表符)。

⑦ 制作电子小报，如图 2-32 所示。将页面设置为纸张 A4，页面边框为艺术型。添加水印文字，字体为楷体，字号为 96，斜体。添加页眉“电子小报”，对齐格式为“居中”。标题为艺术字“绿色小报”，字号为“初号”。插入形状：圆形，设置轮廓为“无”，设置填充为绿色；在形状上方放置文本框，无轮廓、无填充；设置字体为“楷

体”“小四”“加粗”。插入 SmartArt 图形，将其放置在小报的右上角。将图 2-31 中的文字插入电子小报中，插入图片，将图片放置适当的位置，并衬于文字下方，设置其高为 8 厘米、宽为 10 厘米(所需文字、图片材料，请从 MOOC 平台下载)。

甲组	乙组	丙组
李国艳	张嘉萱	张靖阳
刘希梦	刘京瑶	刘璎
张熙阳	王恩德	刘熠一
张扬阳	李文雅	李君昊

甲组	乙组	丙组
李国艳	张嘉萱	张靖阳
刘希梦	刘京瑶	刘璎
张熙阳	王恩德	刘熠一
张扬阳	李文雅	李君昊

图 2-30 隐藏段落标记

甲组	乙组	丙组
李国艳	张嘉萱	张靖阳
刘希梦	刘京瑶	刘璎
张熙阳	王恩德	刘熠一
张扬阳	李文雅	李君昊

图 2-31 表格转换为文本

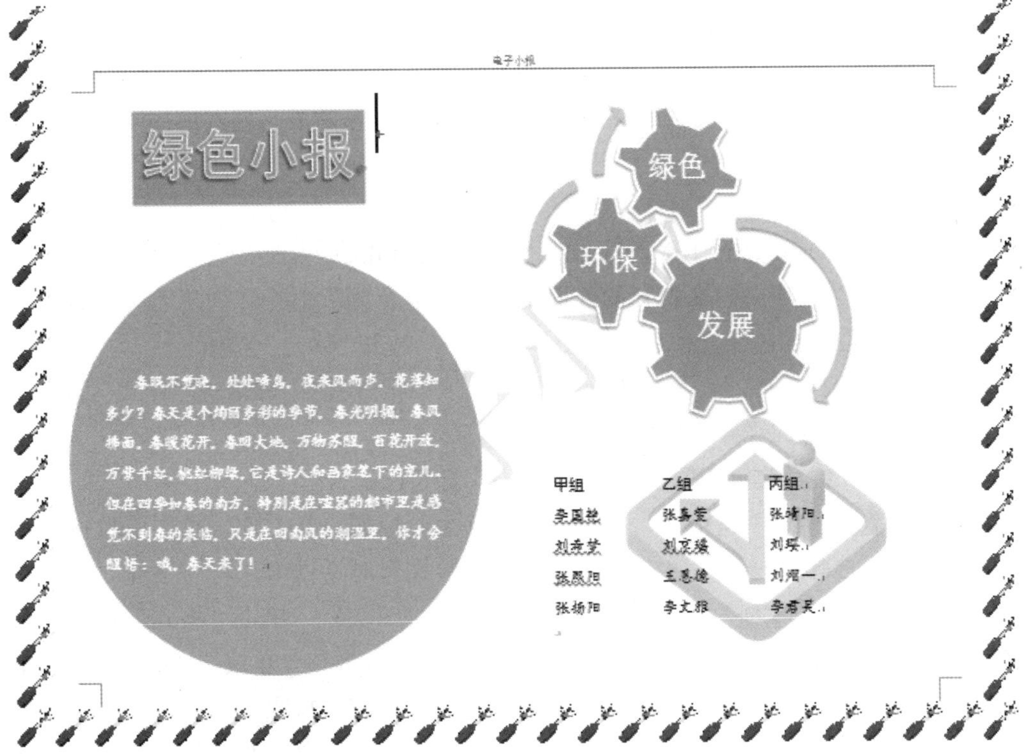

图 2-32 电子小报样例

本题为综合型习题，学生可根据自己的喜好，适当地修改颜色位置，但是关键性的知识点不能忽略。

2.2　长文档的编辑与管理

2.2.1　样式的定义与使用

1. 教学案例：给财务报表修改样式

财务部助理小王需要协助公司管理层制作本年度的财务报告，要求按照如下需求完成制作工作。

(1) 打开“Word_素材.docx”文件，将其另存为“财务报表.docx”，之后所有的操作均在“财务报表.docx”文件中进行。

(2) 查看文档中带有绿色标记的标题，例如“致我们的股东”“财务概要”等，应用本文档样式库中的“标题 1”。

(3) 修改“标题 1”样式，设置其字体为“黑色”“黑体”“一号”，并为该样式添加 0.5 磅的黑色、单线条边框线。

(4) 将文档中所有含有蓝色标记的标题文字例如“战略要点”“财务要点”等段落应用样式库中的“标题 2”，修改第一个“标题 2”，格式为“楷体”“橙色”“小一号”，更新所有“标题 2”段落。

(5) 新建样式并命名为“重点内容”，将其大纲级别设置为“3 级”，字体为“紫色”“仿宋”，字号为“三号”。将文档中含有红色标记内容的段落格式应用“重点内容”样式。

【实战步骤】

第一步：从 MOOC 平台下载素材文件“Word_素材.docx”。

选择“文件”选项卡，在打开的界面中选择“另存为”命令，弹出“另存为”对话框，将文档保存在桌面，在文件名中输入“Word”，单击“确定”按钮。

第二步：打开样式库，在“开始”选项卡下的“样式”组中，单击“样式”按钮，将会出现如图 2-33 所示的“样式”窗格。

将光标定位在绿色文字中间，单击“标题 1”即可。

第三步：在“样式”窗格中，将鼠标指针移至“标题 1”右侧，单击下拉按钮，如图 2-34 所示。选择“修改”，在弹出的“修改样式”对话框中，将“字体”设为“黑体”，“字体颜色”设为“黑色”，“字号”设为“一号”；单击“格式”按钮，选择“边框”，在弹出的“边框和底纹”对话框中，选中“方框”“单线”“0.5 磅”，单击“确定”按钮，回到“修改样式”对话框，再次单击“确定”按钮。

第四步：按住 Ctrl 键用鼠标选中所有蓝色标题文字，选择“样式”窗格中的“标题 2”选项，对其应用“标题 2”样式。任意选中一个应用“标题 2”样式的蓝色标题，将其字体改为“楷体”“橙色”“小一号”。保持选中状态，将鼠标指针指向“样式”窗格中“标题 2”的右侧，单击下拉按钮，选择“更新标题 2 以匹配所选内容”，此时所有应用“标题 2”的蓝色标题将全部更新。

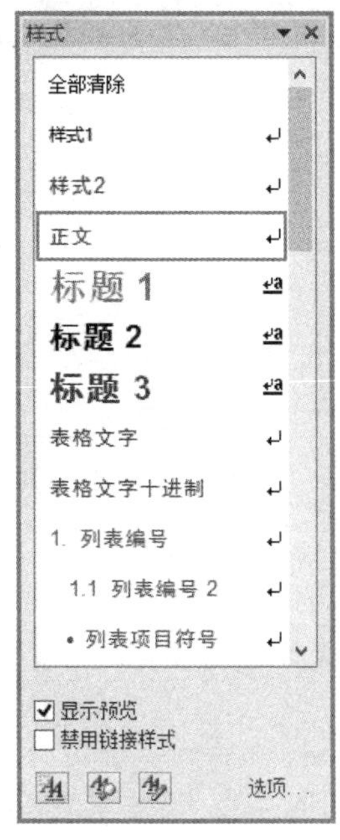

图 2-33 “样式”窗格

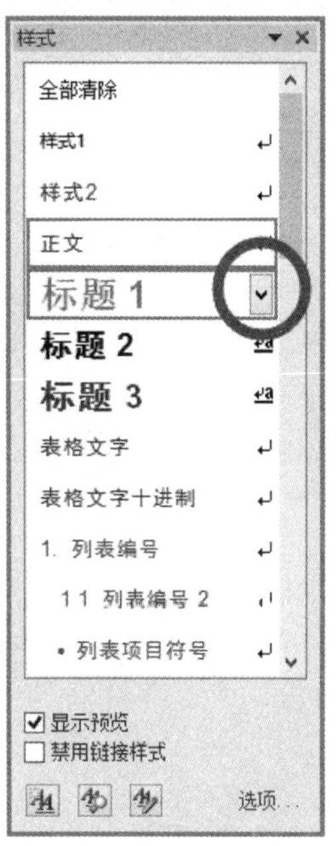

图 2-34 设置样式

第五步：在“样式”窗格中单击“新建样式”按钮，在弹出的“根据格式设置创建新样式”对话框中修改名称为“重点内容”，字体设置为“紫色”“仿宋”，字号设置为“三号”，在左下角的“格式”下拉列表中选择“段落”，将“大纲级别”设置为“3 级”，单击“确定”按钮即可。

选择所有红色标记的标题文字，单击样式中的“重点内容”，应用样式。

2. 知识点详解

样式是一组已经命名的字体和段落格式。

运用 Word 的样式可以方便地设置和修改字体、段落格式。在 Word 文档中，自带了许多内置样式，用于文档的编辑排版工作，如图 2-35 所示。

图 2-35 “样式”组

在实际应用中，常常需要其他样式，我们可以自行设置或修改样式。

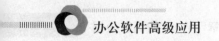

1) 创建样式

单击“开始”选项卡下“样式”组中的“样式”按钮，打开“样式”窗格，如图 2-36 所示。单击窗格底部的“新建样式”按钮，打开“根据格式设置创建新样式”对话框进行设置，如图 2-37 所示。在“格式”下拉列表框中可以设置字体、段落、制表位、图文框等。

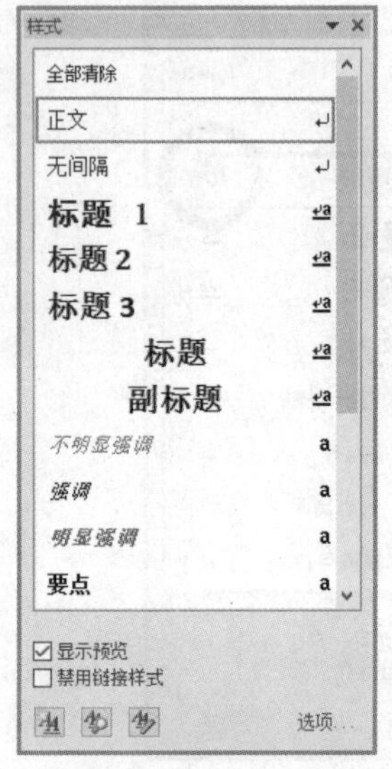

图 2-36　“样式”窗格

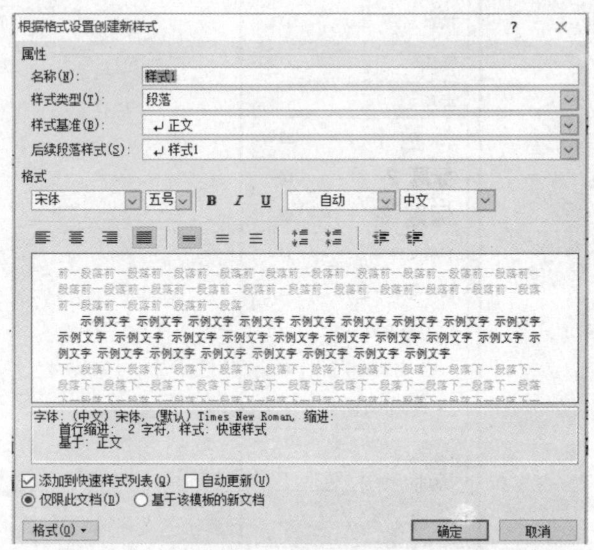

图 2-37　“根据格式设置创建新样式”对话框

在“根据格式设置创建新样式”对话框中，有“样式基准”“后续段落样式”等属性，其具体含义如下。

- 样式基准：是指当前创建的样式以哪个样式为基础来创建。换句话说，当前样式将以“样式基准”中所选的样式为格式设置起点来继续设置。当要创建的样式与某个已有样式具有相似格式时，将“样式基准”设置为那个样式即可。当修改基础的格式属性时，以基础格式为基准的样式也会随之改变。
- 后续段落样式：是指在套用当前样式的段落后按 Enter 键，下一个段落将自动套用那个样式。这样可以在按 Enter 键后自动为下一个段落设置样式。
- 添加到快速样式列表：若选中该复选框，则新建样式出现在“开始”选项卡下“样式”组中的“快速样式列表”中。
- 自动更新：当文档中应用该样式的文本或段落格式发生改变后，该样式中的格式也随之自动改变。需要指出的是，“正文”样式没有自动更新功能。
- 仅限此文档、基于该模板的新文档：是指样式的应用范围。

2) 修改样式

在“快捷样式列表”或“样式”窗格中，选中需要修改的样式，单击鼠标右键，在弹出的快捷菜单中选择“修改”命令，即可打开“修改样式”对话框，对样式属性进行设置。

当修改样式后，应用该样式的文字和段落均会自动修改。

3) 使用样式

对某段文字应用样式时，只需选中该段文字，在“快捷样式列表”或“样式”窗格中单击样式，即可设置成功。

4) 删除样式

用户只有权限删除应用于所有文档的自定义样式。在“样式”窗格中选择要删除的样式，单击鼠标右键，在弹出的快捷菜单中选择“删除”命令。

5) 样式复制

在处理一些规格要求相同的图片时，可以采用批量处理。而在 Word 中，如果两个文档的格式要求一致，就可以将编辑好的文档中的格式应用到另一个文档中。

下面以把文档“1.docx”中的格式应用到文档“2.docx”中为例做进一步讲解。

(1) 打开需要应用格式的文档，这里打开“2.docx”。选择“文件”选项卡，在展开的界面中选择“Word 选项”命令。

(2) 在弹出的“Word 选项”对话框中，选择“加载项”选项卡，在“管理”列表框中选择“模板”选项，然后单击“转到”按钮。

(3) 在弹出的“模板和加载项”对话框中，选择“模板”选项卡，单击“管理器”按钮。

(4) 在“管理器”对话框中，选择“样式”选项卡，单击“关闭文件”按钮。

(5) 继续在“管理器”对话框中单击“打开文件”按钮。

(6) 在弹出的“打开”对话框中，首先在“文件类型”列表框中选择“Word 文档(*.docx)”选项，然后选择要打开的文件，这里选择文档“1.docx”，最后单击“打开”按钮。

(7) 回到“管理器”对话框中，在“在 1 中”的列表框中选择需要复制的文本格式，单击“复制”按钮即可将所选格式复制到文档“2.docx”中。最后单击“关闭”按钮即可。

6) 清除样式

已应用样式或设置格式的文字，可清除样式或格式。选中需要清除样式或格式的文字，执行“开始”|“样式”|“其他”中的“清除格式”命令，或执行“样式”窗格中的“全部清除”命令。

2.2.2　项目符号、编号及目录

1. 教学案例：使用多级列表添加编号并生成目录

(续 2.2.1 案例：给财务报表修改样式)

(1) 利用多级列表为标题 1、标题 2 添加标题标号。

(2) 在文档的第 1 页与第 2 页之间，插入新的空白页，并将文档目录插入该页。文档目录要求包含页码，并包含“标题 1”和“标题 2”样式所示的标题文字，如图 2-38 所示。

(3) 将标题“目录”设置为“居中”“黑体”“一号”“加粗”。

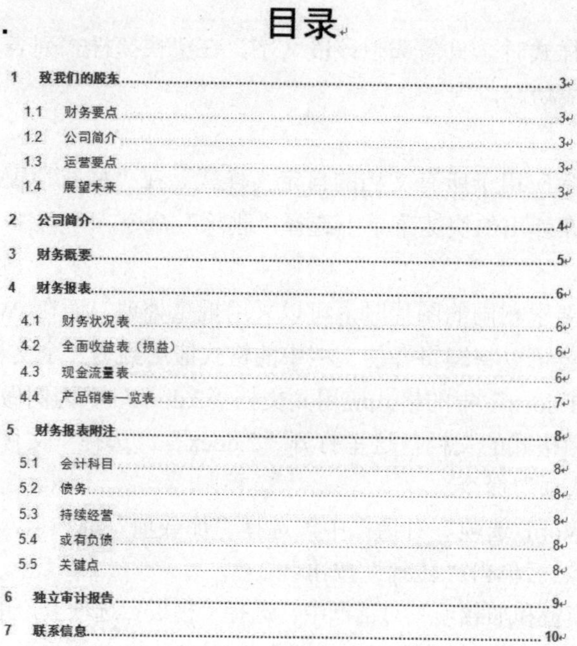

目录

1 致我们的股东 3
1.1 财务要点 3
1.2 公司简介 3
1.3 运营要点 3
1.4 展望未来 3
2 公司简介 4
3 财务概要 5
4 财务报表 6
4.1 财务状况表 6
4.2 全面收益表（损益） 6
4.3 现金流量表 6
4.4 产品销售一览表 7
5 财务报表附注 8
5.1 会计科目 8
5.2 债务 8
5.3 持续经营 8
5.4 或有负债 8
5.5 关键点 8
6 独立审计报告 9
7 联系信息 10

图 2-38 生成目录

【实战步骤】

第一步：在“开始”选项卡下的“段落”组中单击“多级列表”，在下拉菜单中选择“定义新多级列表”。打开“定义新多级列表”对话框，如图 2-39 所示。单击“更多”按钮，在“单击要修改的级别”列表框中选择“1”，在“将级别链接到样式”下拉列表框中选择“标题 1”。在“单击要修改的级别”列表框中选择“2”，在“将级别链接到样式”下拉列表框中选择“标题 2”，如图 2-40 所示。

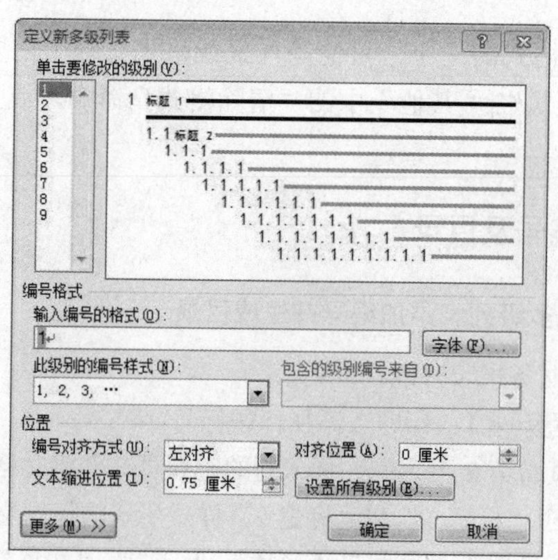

图 2-39 “定义新多级列表”对话框

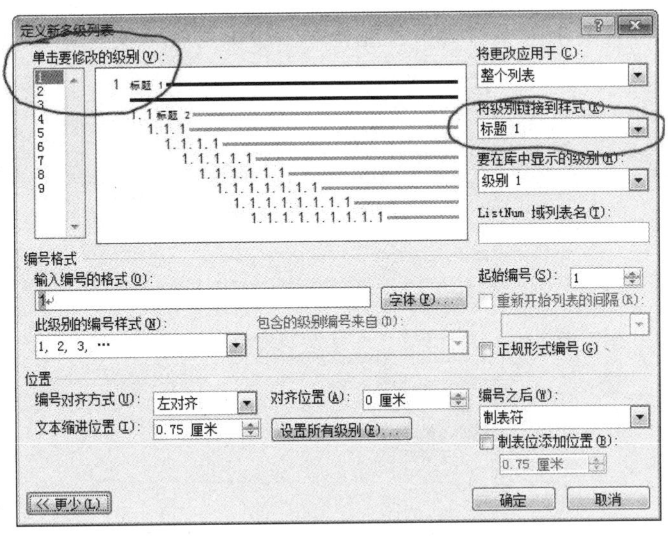

图 2-40　编号级别链接相应标题样式

第二步：把光标放在第 2 页“致我们的股东”最前面，切换到“插入”选项卡，在“页”组中单击“空白页”按钮，即可插入一张空白页，在此空白页中，选中自动应用“标题 1”的段落，将其应用正文即可。输入“目录”二字，按 Enter 键。将选项卡切换到“引用”，在“目录”组中单击“目录”下拉按钮，在下拉列表中选择“插入目录”选项，弹出“目录”对话框，将“显示级别”设为“2”，格式设置为“正式”，单击“确定”按钮。

第三步：选中“目录”二字，将其设置为“居中”“黑体”“一号”“加粗”。

2. 知识点详解

1) 使用编号列表

在使用 Word 2010 编辑文档的过程中，很多时候需要插入多级列表编号，以更清晰地标识出段落之间的层次关系。

(1) 先输编号再输文档内容。

打开 Word 2010 文档页面，在“段落”组中单击“编号”下三角按钮，如图 2-41 所示。

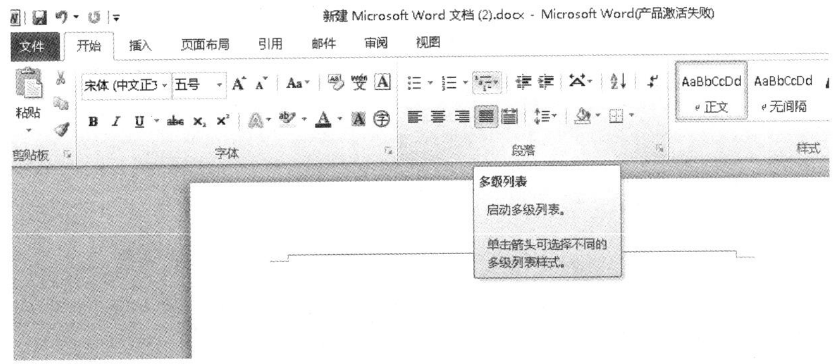

图 2-41　单击“编号”下三角按钮

在列表中选择符合要求的编号类型就能将第一个编号插入文档中，如图 2-42 所示。

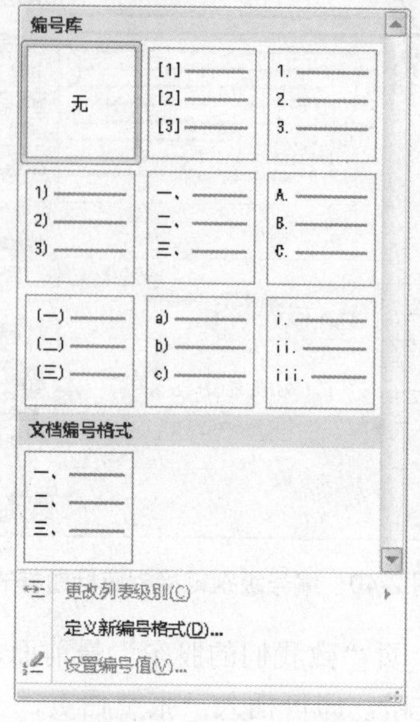

图 2-42　编号下拉列表

在第一个编号后面输入文本内容，按 Enter 键将自动生成第二个编号。

(2) 先有内容再加编号。

打开 Word 2010 文档页面，选中需要插入编号的段落。在“段落”组中单击“编号”下拉三角按钮，在列表中选中合适的编号。

(3) 取消编号。

当不再需要自动输入编号时，只需连着按两次 Enter 键就行了。

我们还可以在“段落”组中单击“编号”下拉三角按钮，在列表中选择“无”选项取消自动编号。

(4) 开启自动输入编号的功能。

打开 Word 2010 文档页面，选择“文件”选项卡，如图 2-43 所示。

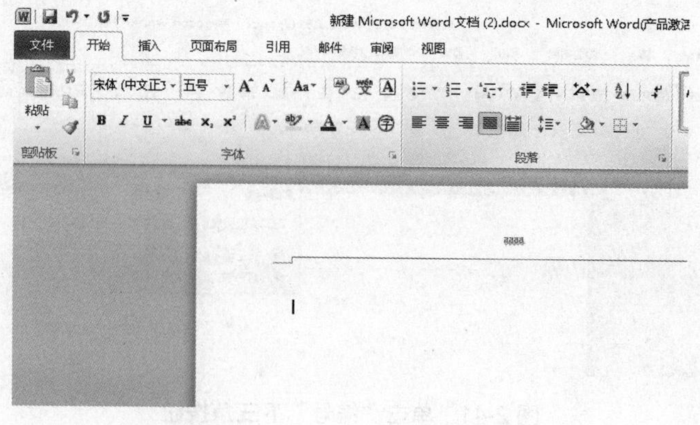

图 2-43　“文件”选项卡

在展开的界面中选择“选项”命令，如图 2-44 所示。

图 2-44　“选项”命令

在“Word 选项”对话框中选择“校对”选项。

单击“自动更正选项”按钮。

在“自动更正”对话框中选择“键入时自动套用格式”选项卡。

在“键入时自动应用”区选中“自动编号列表”选项，单击“确定”按钮。

在 Word 2010 文档页面输入一个数字，接着按一下 Tab 键。在该行输入一些文字，当按 Enter 键时将自动出现下一个编号。

(5) 重新编号。

打开 Word 2010 文档页面，将光标放在想要重新编号的位置。

在“段落”组中单击“编号”下拉三角按钮，选择“设置编号值”选项。接着在“起始编号”对话框中选中“开始新列表”选项，在“值设置为”编辑框中输入数值，最后单击“确定”按钮。

回到 Word 2010 文档页面，可以看到编号列表已经重新进行编号。

2) 使用项目符号

(1) 自定义项目符号。

项目符号是指放在文本之前以添加强调效果的符号，在 Word 2010 中，用户可以根据需要自定义项目符号。下面介绍具体的操作步骤。

要自定义项目符号，只需单击“项目符号”下拉按钮，执行“定义新项目符号”命令，如图 2-45 所示。

在弹出的“定义新项目符号”对话框中，单击“符号”按钮。在弹出的“符号”对话框中，选择要作为项目符号的符号，并单击“确定”按钮，如图 2-46 所示。返回“定义新

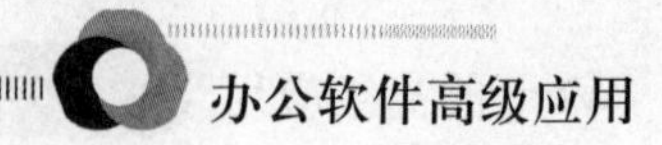

项目符号”对话框，单击“确定”按钮。

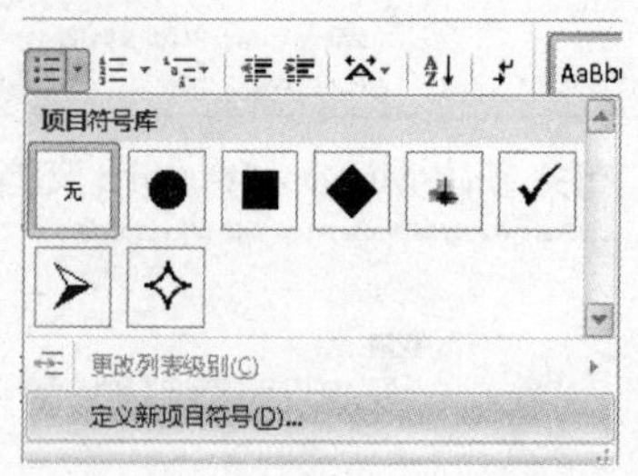

图 2-45　定义新项目符号

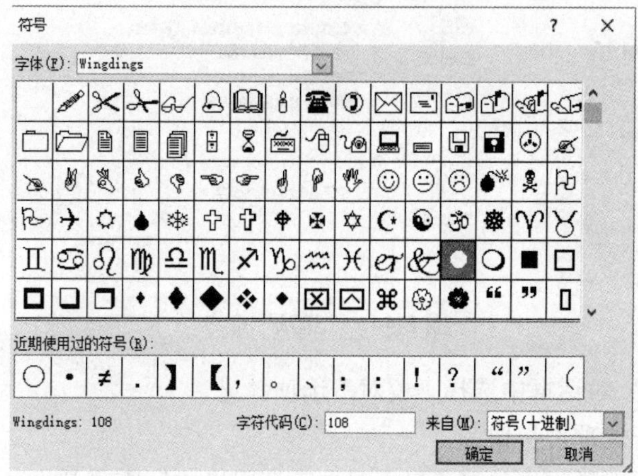

图 2-46　“符号”对话框

(2) 输入项目符号。

项目符号主要用于区分 Word 2010 文档中不同类别的文本内容，可以使用圆点、星号等符号表示项目符号，并以段落为单位进行标识。在 Word 2010 中输入项目符号的方法如下：

打开 Word 2010 文档窗口，选中需要添加项目符号的段落。在“开始”选项卡的“段落”组中单击“项目符号”下拉三角按钮，在下拉列表中选中合适的项目符号。

在当前项目符号所在行输入内容，当按 Enter 键时会自动产生另一个项目符号。如果连续按两次 Enter 键将取消项目符号输入状态，恢复到 Word 的常规输入状态。

3) 创建目录

(1) 自动生成目录准备：大纲索引。

① 要想让 Word 自动生成目录，就必须建立系统认识的大纲索引，这是自动生成目录的前提。首先选中标题，如图 2-47 所示。

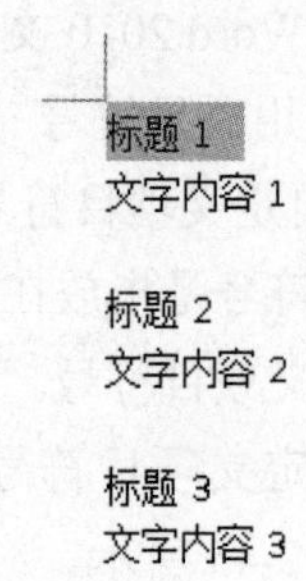

图 2-47　选择标题

② 在“开始”选项卡的“格式”组中选中所需的目录格式，如图 2-48 所示。

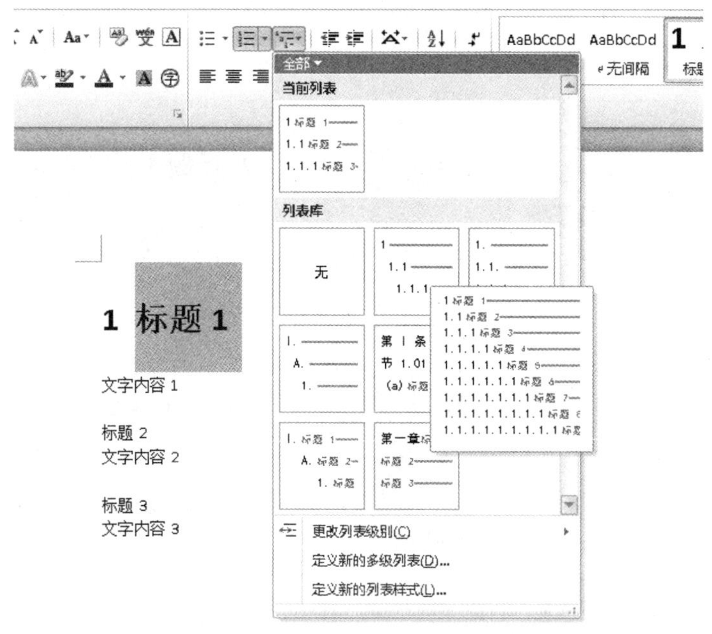

图 2-48　选择目录格式

③ 选择之后，标题就会建立大纲索引，同时，也会具有 Word 默认的标题格式。逐级建立“标题 2”“标题 3”等目录结构索引，如图 2-49 所示。

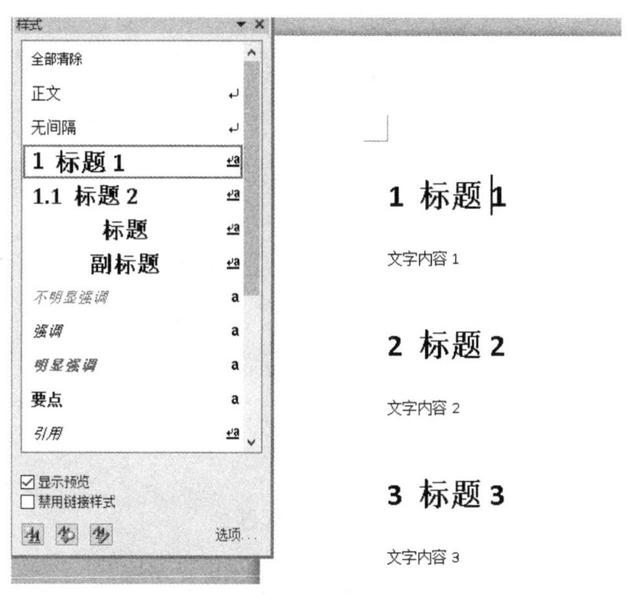

图 2-49　应用样式

④ 同理，把整个文档中的所有标题都建立大纲索引，如图 2-50 所示。

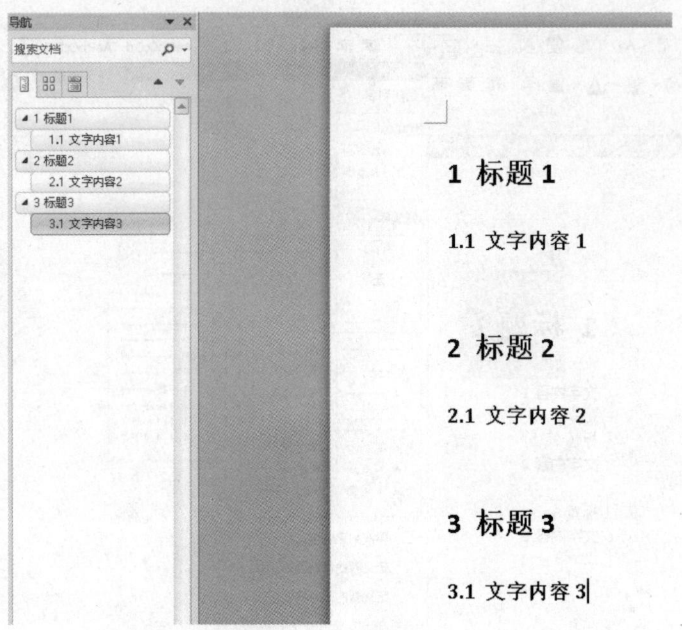

图 2-50　生成大纲索引

(2) 自动生成目录及更新目录。

① 前提准备完成，就可以生成目录了。首先，将光标定位到存放目录的位置，然后单击“引用”选项卡的“目录”按钮，选择“自动目录 1”或“自动目录 2”，如图 2-51 所示，即可自动生成目录，如图 2-52 所示。

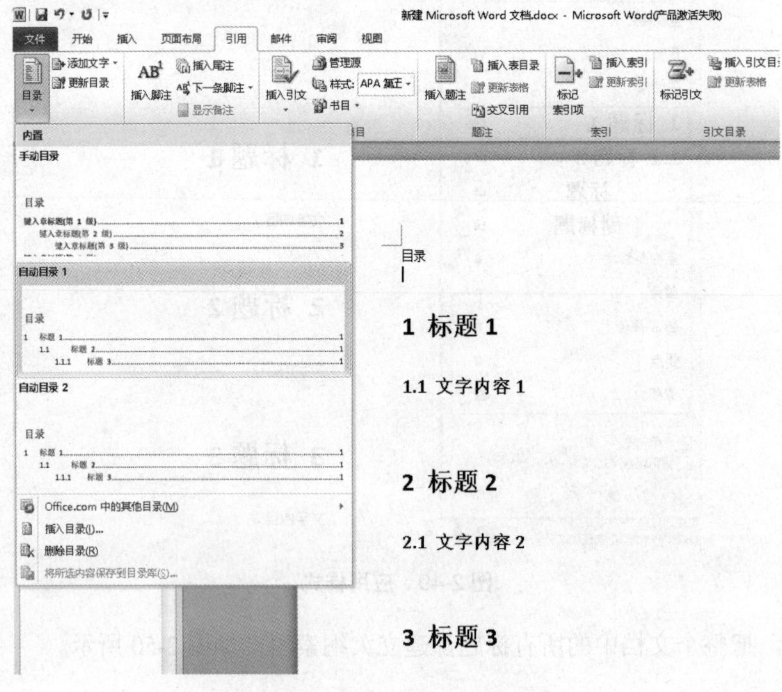

图 2-51　选择自动目录

图 2-52　生成目录样例

② 如果文章进行了更新，或者目录结构进行了调整，那么就需要对目录进行更新域，单击“目录”按钮，在弹出的快捷菜单中选择“更新域”命令。

③ 建议选择更新整个目录，这样就不会有漏掉的内容。然后单击“确定”“更新”按钮即可。

(3) 自定义目录格式。

如果对系统的默认目录格式不满意，需要自定义，也是可以的。如图 2-53 所示，在“引用”选项卡下单击“目录”按钮，选择“插入目录”命令，打开“目录”对话框，如图 2-54 所示，其中有很多目录格式的选项可以设置，如要不要显示页码，页码是否右对齐，是否显示制表符，显示几个级别等。

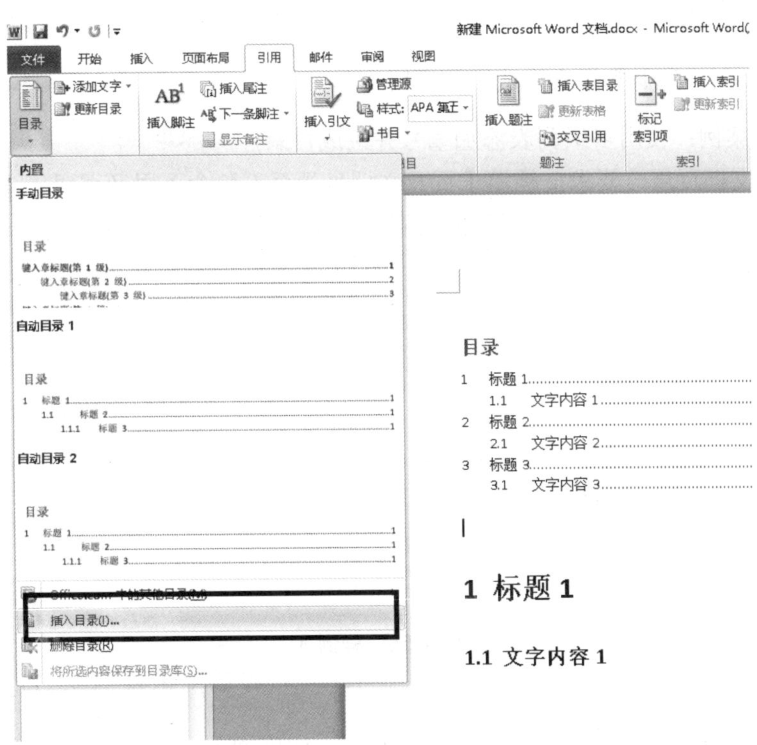

图 2-53　插入目录

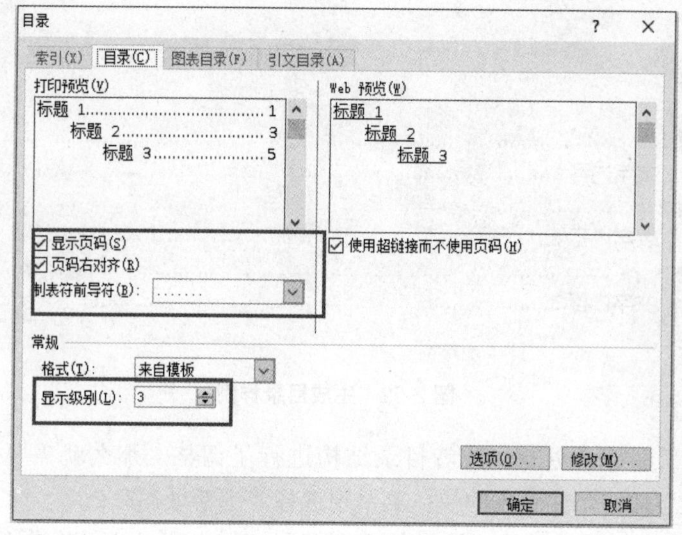

图 2-54 “目录”对话框

同时还可以设置目录的字体大小与格式，单击“修改”按钮选择要修改的目录，单击“修改”就看到相关的字体、间距等相关格式的调整，自定义修改之后，确定即可。

当所有的自定义设定之后，单击“确定”按钮，就会在目录的位置出现替换的提示框，单击“是”，即可完成自定义设置。

2.2.3 页面设置

1. 教学案例：为财务报表生成页眉页脚

(续 2.2.2 案例：使用多级列表添加编号并生成目录)

(1) 修改文档页眉，要求文档第 1 页及文档目录页不包含页眉及页码。

(2) 从文档第 3 页开始，在页眉的右侧区域自动填写该页中“标题 1”样式的标题文字，如图 2-55 所示。

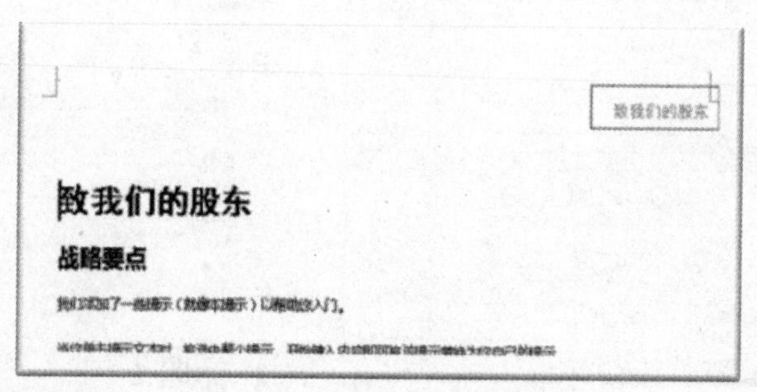

图 2-55 样例 3

【实战步骤】

第一步：将光标置于“致我们的股东”左侧，切换到“页面布局”选项卡，在“页面

设置”组中单击“分隔符”按钮，在下拉列表中选择“分节符”|“连续”。

双击第 3 页页眉位置，使其处于编辑状态，切换到“页眉和页脚工具”下的“设计”选项卡，在“导航”组中单击“链接到前一条页面”按钮，使其取消选中链接。将第 1 页页眉中的所有内容删除。

第二步：切换到第 3 页，双击页眉位置，进入编辑页眉状态，切换到“插入”选项卡，在“文本”选项组中单击“文档部件”按钮，在其下拉列表中选择“域”选择，弹出“域”对话框，将“域名”设为“StyleRef”，将“域属性”|“样式名”设置为“标题 1”。选中标题，设置右对齐，如图 2-56 所示。

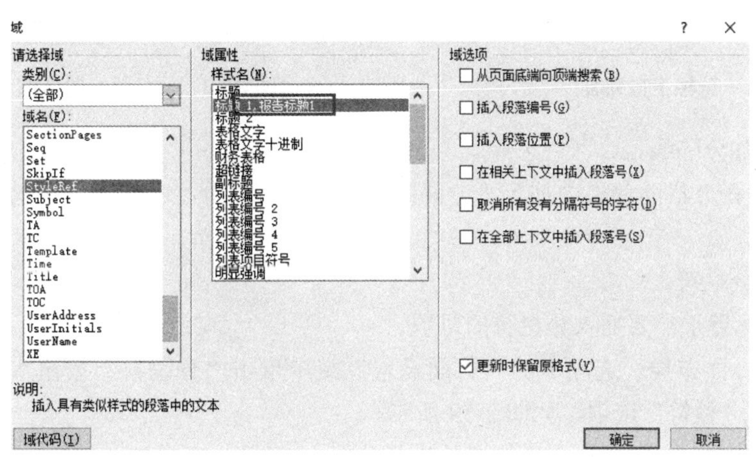

图 2-56　“域”对话框

2. 知识点详解

1) 文档分栏

分栏是指将文档中的文本分成两栏或多栏，是文档编辑中的一种基本方法，一般用于排版。

(1) Word 2010 分栏设置方法。

① 若需要给整篇文档分栏，应先选中所有文字；若只需要给某个段落分栏，那么就只选择那个段落。

② 单击进入“页面布局”选项卡，在“页面设置”组中单击“分栏”按钮，在分栏列表中可以看到有“一栏”“两栏”“三栏”“偏左”“偏右”和“更多分栏”，可以根据自己想要的栏数来选择，如图 2-57 所示。

任意设置多栏，如果可选择的分栏数目不是自己想要的，可以选择“更多分栏”命令，在弹出的“分栏”对话框中的“栏数”微调框中设定数目，最高上限为 11。

注意： 如果在第 1 栏的“宽度”“间距”中选择所需的字符数，则各栏将采用相同的宽度和间距。如果需要设置不同的栏宽，可撤选“栏宽相等”复选框，此时各栏的“宽度”和“间距”微调框变为可用，即可输入宽度和间距，如图 2-58 所示。

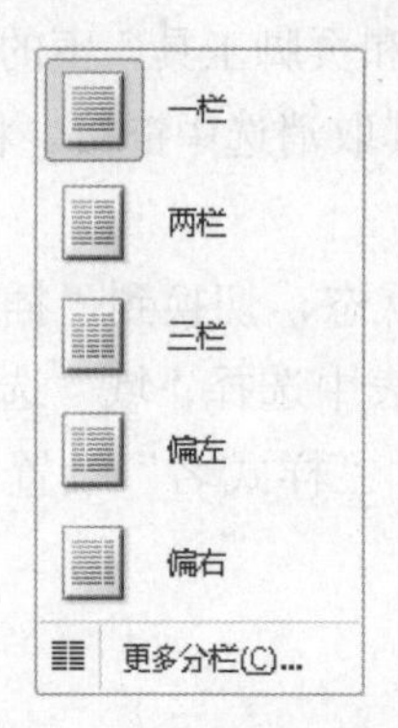

图 2-57　分栏下拉列表

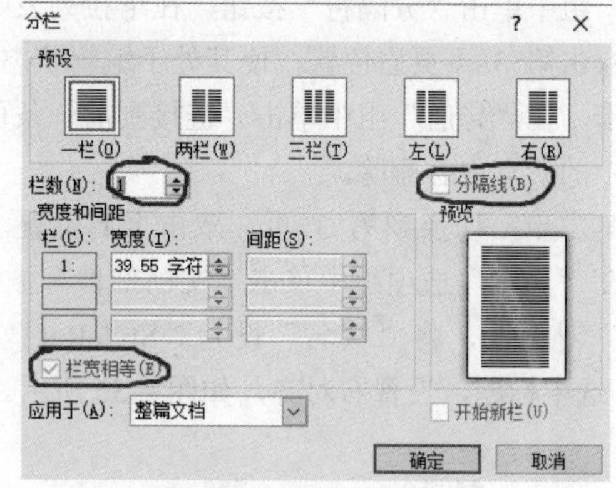

图 2-58　“分栏”对话框

(2) 分栏加分隔线。

如果想要在分栏的效果中加上“分隔线”，可以在“分栏”对话框中勾选“分隔线”复选框。

(3) 插入分栏符。

① 将光标置于需要插入分栏符的位置。

② 在“页面布局”选项卡的“页面设置”组中单击“分隔符”按钮，在弹出的下拉列表中选择“分栏符”选项，如图 2-59 所示。

③ 设置完成后，即可在光标位置处进行分栏。

2) 文档分页及分节

在对 Word 文档进行排版时，经常会要求对同一个文档中的不同部分采用不同的版面设置，例如要设置不同的页面方向、页边距、页眉和页脚，或重新分栏排版等。这时，如果通过“页面布局”选项卡下的“页面设置”命令来改变其设置，就会引起整个文档所有页面的改变。此时用分节符即可达到目的。

分页符和分节符的区别是什么？

(1) 分页符。

分页符是分页的一种符号，上一页结束以及下一页开始的位置。分页符分为软(自动)分页符和硬(手动)分页符。

在普通视图下，分页符是一条虚线。又称为自动分页符。在页面视图下，分页符是一条黑灰色宽线，用鼠标单击后，变成一条黑线。

操作步骤：在“页面布局”选项卡下的“页面设置”组中的“分隔符”下有分页符、分栏符和自动换行符。手动插入分页符后，上一页与新一页格式元素保持一致(前后元素一样，用分页符)。

当文字或图形填满一页时，Microsoft Word 会插入一个自动分页符，分页符在上一页结束以及下一页开始的位置。要在特定位置插入分页符，可手动插入分页符。

例如，可强制插入分页符以确认章节标题总在新的一页开始。

如果处理的文档有多页，并且插入了手动分页符，则在编辑文档时，有可能经常需要重新分页。此时，可以设置分页选项，以控制 Word 插入自动分页符的位置，也可防止在段内或表格行内分页，或确认不在两段落之间(如标题和其后续段落之间)分页，如图 2-60 所示。

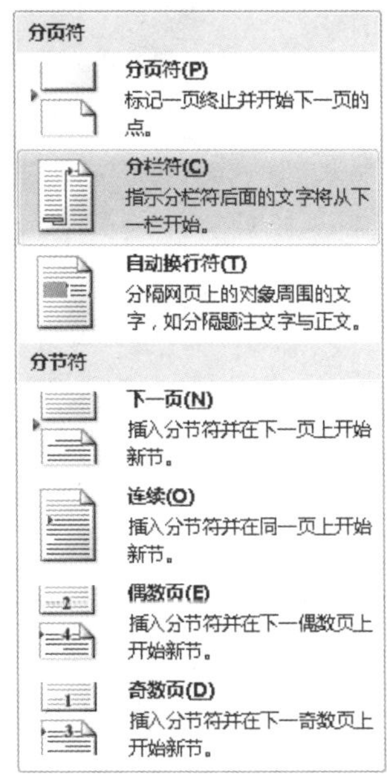

图 2-59　选择“分栏符”选项

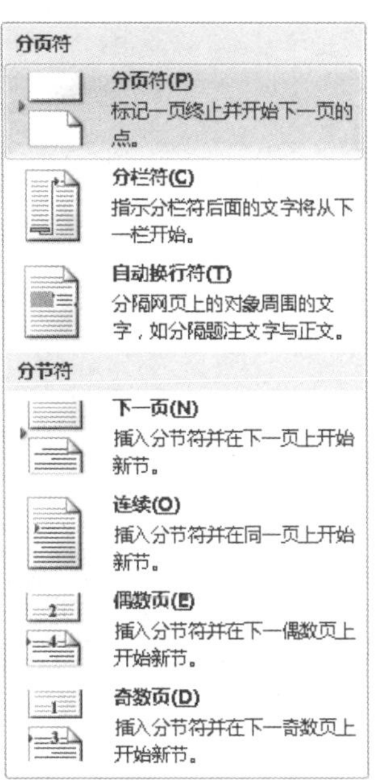

图 2-60　“分页符”选项

(2) 分节符。

默认方式下，Word 将整个文档视为一“节”，故对文档的页面设置是应用于整篇文档的。若需要在一页之内或多页之间采用不同的版面布局，只需插入“分节符”将文档分成几“节”，然后根据需要设置每“节”的格式即可。

分节符是指为表示节的结尾插入的标记。分节符包含节的格式设置元素，例如页边距、页面的方向、页眉和页脚以及页码的顺序。

切记分节符控制其前面文字的节格式。例如，如果删除某个分节符，其前面的文字将合并到后面的节中，并且采用后者的格式设置。

操作步骤：在“页面布局”选项卡下的“页面设置”组中的“分隔符”下拉列表中有下一页、连续、奇数页、偶数页等选项。手动插入分节符后，将新建一个可以独立设置格式元素的节(前后元素不一样，用分节符)。

在打开的分隔符列表中，“分节符”区域列出 4 种不同类型的分节符。

① 下一页：插入分节符并在下一页上开始新节。

② 连续：插入分节符并在同一页上开始新节。

③ 偶数页：插入分节符并在下一偶数页上开始新节。

④ 奇数页：插入分节符并在下一奇数页上开始新节。

选择合适的分节符即可。

显示分节符：选择“文件”选项卡，在展开的界面中选择“选项”命令，在“Word

选项”对话框中选择“显示”选项，勾选“显示所有格式标记”，即可在屏幕上始终显示“分节符”。如需隐藏，可将此项勾选撤销，如图 2-61 所示。

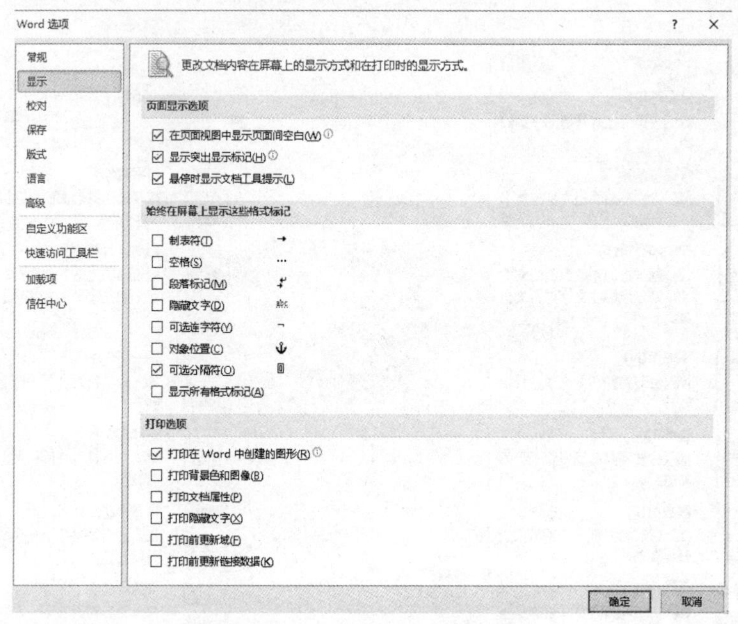

图 2-61 “Word 选项”对话框

3) 设置文档页眉及页脚

页眉和页脚通常显示文档的附加信息，常用来插入时间、日期、页码、单位名称、图标等。其中，页眉在页面的顶部，页脚在页面的底部。

通常页眉也可以添加文档注释等内容。页眉和页脚也用作提示信息，特别是其中插入的页码，通过这种方式能够快速定位所要查找的页面，如图 2-62 所示。

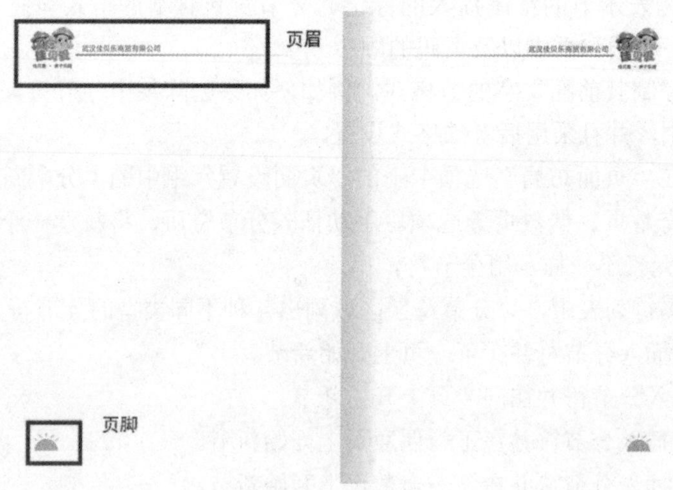

图 2-62 样例

页眉页脚还分为静态页眉页脚和动态页眉页脚。

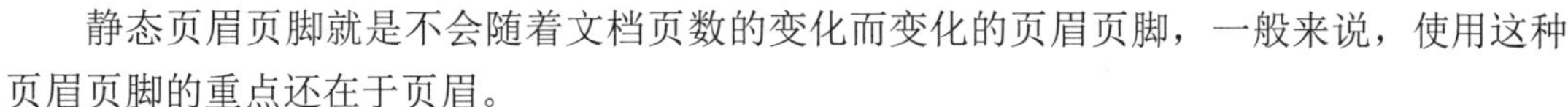

静态页眉页脚就是不会随着文档页数的变化而变化的页眉页脚，一般来说，使用这种页眉页脚的重点还在于页眉。

(1) 插入页面页脚。

① 打开 Word 2010 文档，在“插入”选项卡的“页眉和页脚”组中单击“页眉”按钮，在展开的下拉菜单中选择“空白”项，如图 2-63 所示。

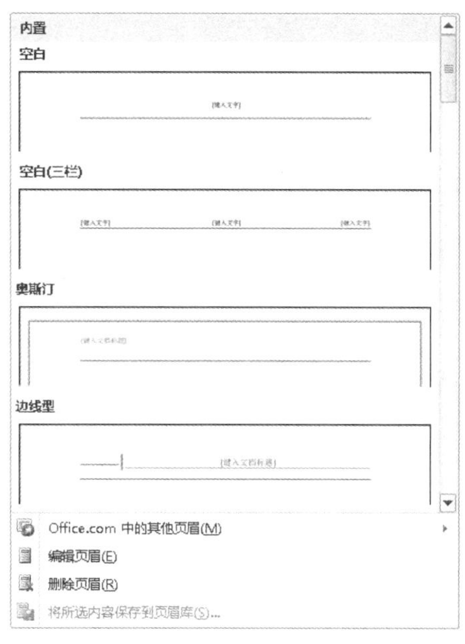

图 2-63　插入页眉

② 在 Word 2010 文档中，页眉区域已激活，并显示了“键入文字”提示文本，可以输入需要的页眉内容如“××单位×××××报告”，如图 2-64 所示。

图 2-64　页眉区域激活状态

③ 输入页眉内容后可以对页眉进行设置，如设置页眉的字体、字号及颜色等。设置完毕后单击“确定”按钮。

④ 在 Word 2010 文档中编辑页眉的状态下按下方向键，切换至页脚区域中，输入需要的页脚内容。例如，在此输入“第 1 页”，向下拖动 Word 2010 窗口右侧的垂直滚动条，可以看到其他页面的页脚仍然显示为“第 1 页”，由此可知设置的静态页脚内容不会随页数的变化而变化。

经过以上 4 步，就在 Word 2010 文档中插入了静态页眉和页脚。

但是，一般是不会向 Word 文档中添加静态页脚的，需要页码随着 Word 2010 文档页数的变化而变化。因此，我们需要向 Word 2010 中添加动态的页脚，以便让页码自动编号。

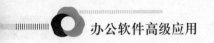

① 打开一个 Word 2010 文档，在“插入”选项卡下的“页眉和页脚”组中单击“页脚”按钮，在展开的下拉菜单中选择“空白”选项。

② 此时 Word 2010 文档页面下面的页脚区域已经激活，在“页眉和页脚”组中单击“页码”按钮，在展开的下拉菜单中将指针指向“页面底端”选项，在展开的下拉菜单中选择“普通数字 2”选项。

③ 这时文档页面页脚处出现页码，但是这个时候还没有完成，还需要对页码进行设置。首先在“段落”组选择页码的显示位置；其次选择“页眉和页脚工具”的“设计”选项卡，在“页眉和页脚”组中单击“页码”按钮，如图 2-65 所示，在展开的下拉菜单中选择“设置页码格式”选项，弹出的“页码格式”对话框，如图 2-66 所示，单击“编号格式”下三角按钮，在展开的下拉列表中选择需要的格式。至此，动态页脚设置完成。

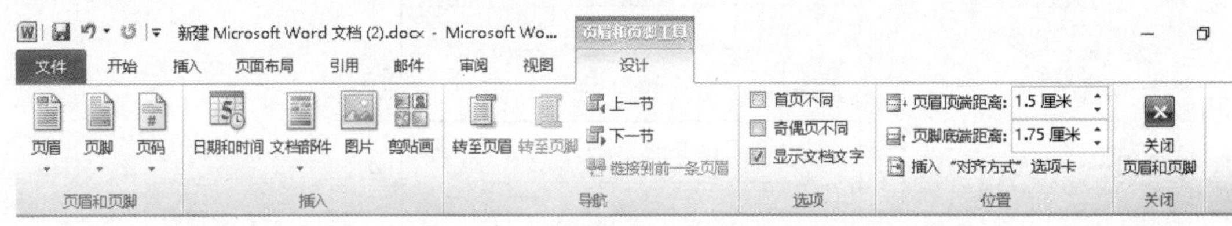

图 2-65　“页眉和页脚工具”选项卡

(2) 删除页眉页脚。

① 双击页眉区域，选中页眉。

② 选择“页面布局”选项卡，单击“页面边框”。

③ 在“边框和底纹”对话框中选择“边框”，在“应用于”中选择“段落”，单击“确定”按钮。

④ 单击“确定”按钮后，我们可以看到页眉横线已经消失，然后删除页眉中的文字，就完成了页眉的删除工作。

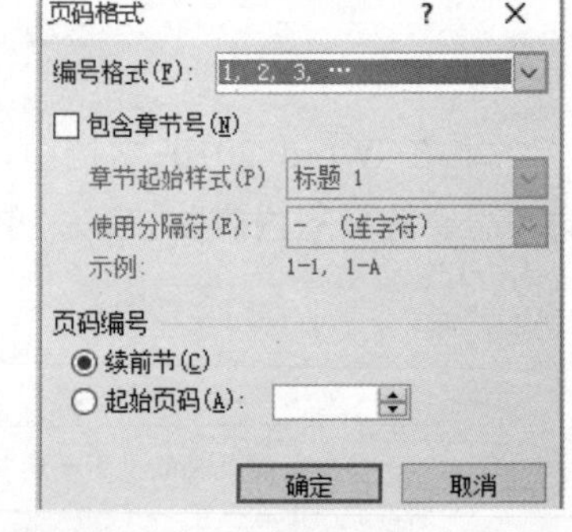

图 2-66　“页码格式”对话框

2.2.4　题注及交叉引用

1. 教学案例：为图表添加题注及交叉引用

(续 2.2.3 案例：为财务报表生成页眉页脚)

(1) 在“产品销售一览表”段落区域的表格下方，插入一个产品销售分析图，并将图表调整到与文档页面宽度相匹配，如图 2-67 所示。给“产品销售分析图”添加题注及交叉引用。

(2) 插入新的图片，并添加题注和引用，观察编号的变化情况。

(3) 为“财务报表”中的表格添加题注及交叉引用。

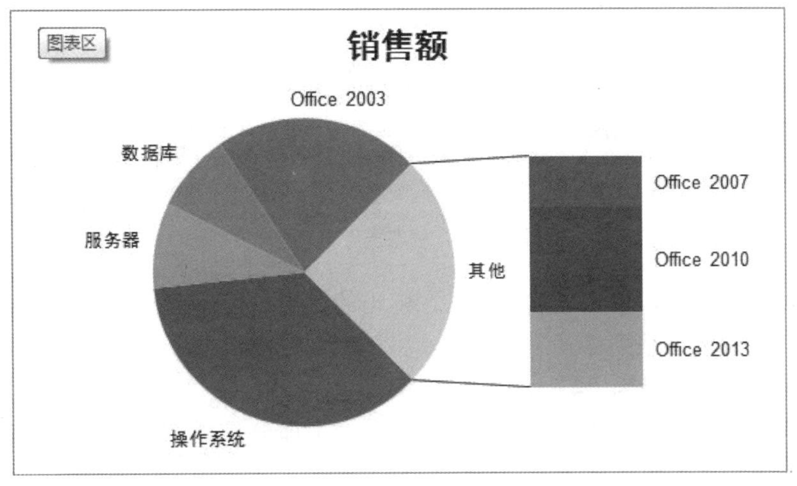

图 2-67　样例

【实战步骤】

第一步：将鼠标指针定位在“产品销售一览表”段落区域的表格下方，在“插入”选项卡的“插图”组中单击“图表”按钮，弹出“插入图表”对话框，选择“饼图”中的“复合条饼图”，单击“确定”按钮。

将表格数据复制到饼图的数据表里，关闭 Excel 表格，如图 2-68 所示。

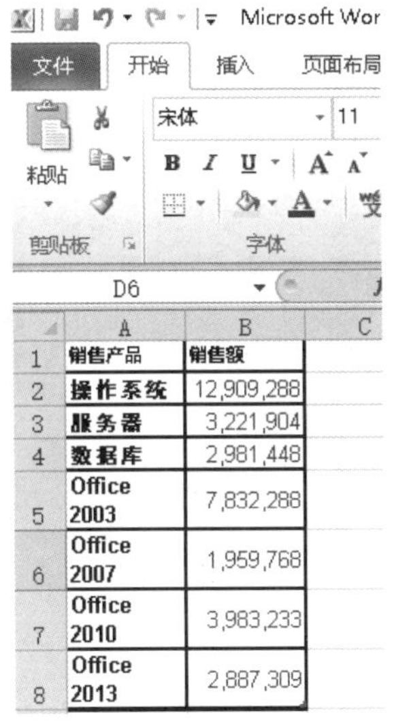

	A	B
1	销售产品	销售额
2	操作系统	12,909,288
3	服务器	3,221,904
4	数据库	2,981,448
5	Office 2003	7,832,288
6	Office 2007	1,959,768
7	Office 2010	3,983,233
8	Office 2013	2,887,309

图 2-68　样例

选中饼图，切换到“图表工具”下的“布局”选项卡，如图 2-69 所示，在“标签”组中单击“数据标签”按钮，在弹出的下拉列表中选择“其他数据标签选项”命令。

弹出“设置数据标签格式”对话框，在“标签包括”选项组中，勾选“类别名称”复选框，取消勾选“值”复选框。将标签位置设为“数据标签外”，单击“关闭”按钮。

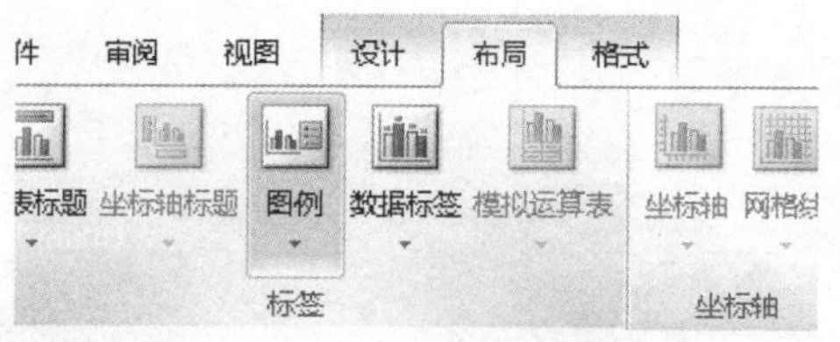

图 2-69 “布局”选项卡

选中饼图中的数据，单击鼠标右键，在弹出的快捷菜单中选择“设置数据系列格式”命令，弹出“设置数据系列格式”对话框，将“系列分割依据”设为“位置”，将“第二绘图区包含最后一个”设为“4”，单击“关闭”按钮。

选中饼图，切换到“图表工具”下的“布局”选项卡，在“标签”组中单击“图例”下拉按钮，在下拉列表中选择“无”。

适当调整图表位置与文档页面宽度相匹配。

选中图表，在“引用”选项卡下的“题注”组中，单击“插入题注”按钮。如标签中不含图表标签，需单击新建标签，在“新建标签”对话框中，添加图表标签；如标签中含有图表，依次选择“图表”|“确定”即可，如图 2-70 所示。

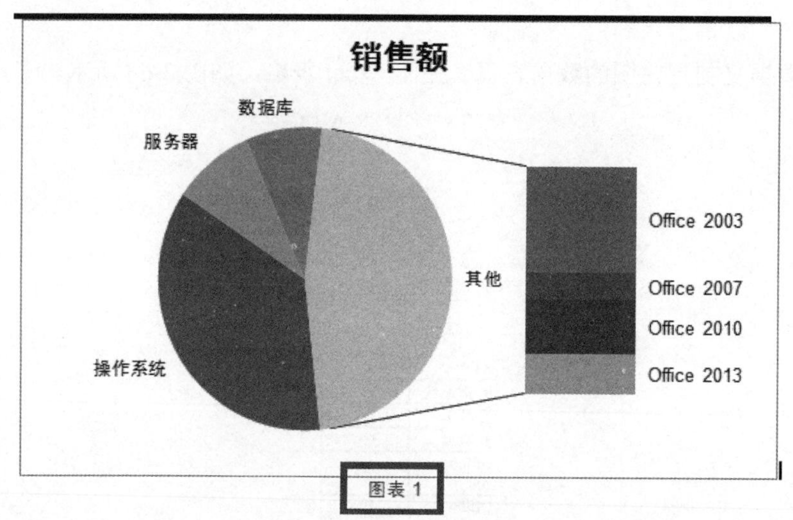

图 2-70 添加题注

将光标定位“产品销售一览表”上方的正文中，单击“引用”选项卡下的“交叉引用”选项，打开“交叉应用”对话框，依次选择“引用类型”为“图表”，“引用内容”为“只有标签和编号”“引用哪一项题注”即可。

第二步：用同样的方法为文档中新插入的图片添加题注和交叉引用，具体操作参照教学案例视频。

第三步：用同样的方法为文档中的表格添加题注和交叉引用，具体操作参照教学案例视频。

2. 知识点详解

针对图片、表格、公式一类的对象，为它们建立的带有编号的说明段落即称为“题注”。例如，在书本中常常会看到的图片下方的“图 1、图 2”等文字就称为题注，通俗的说法就是插图的编号。

为插图编号后，还要在正文中设置引用说明，比如“如图 1 所示”等文字，就是插图的引用说明。很显然，引用说明文字和图片是相互对应的，我们称这一引用关系为“交叉引用”。

(1) 图片、表格等元素题注的插入。

在很多文档中，都要求在插入图片或者表格后还要显示相应的标号以及一些简短的描述，如图 2-71 和图 2-72 所示。

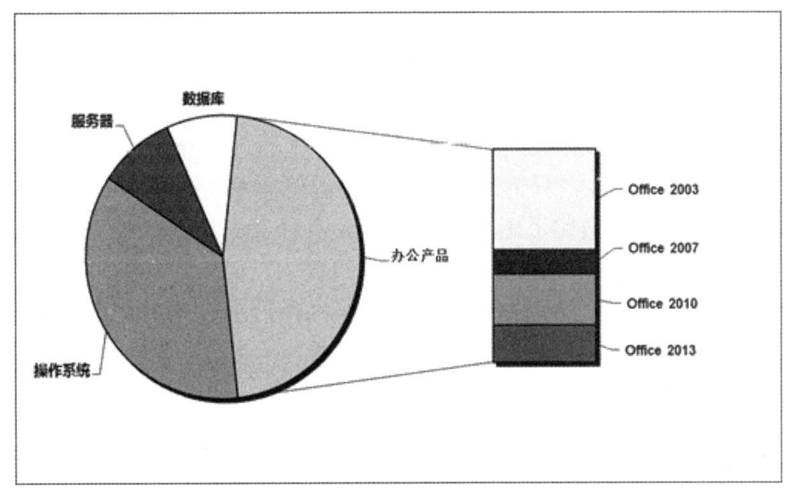

图 1 统计图

图 2-71　题注

销售产品	销售额
操作系统	12,909,288
服务器	3,221,904
数据库	2,981,448
Office 2003	7,832,288
Office 2007	1,959,768
Office 2010	3,983,233
Office 2013	2,887,309

表格 1 销售统计表

图 2-72　题注

一种方法是在插入图片或者表格之后，另起一行，设置和图片或表格同样的对齐方式，然后手工输入所有信息。

另一种方法是将图片插入文档后，用鼠标右键单击图片，选择“插入题注”命令，出现如图 2-73 所示的对话框。

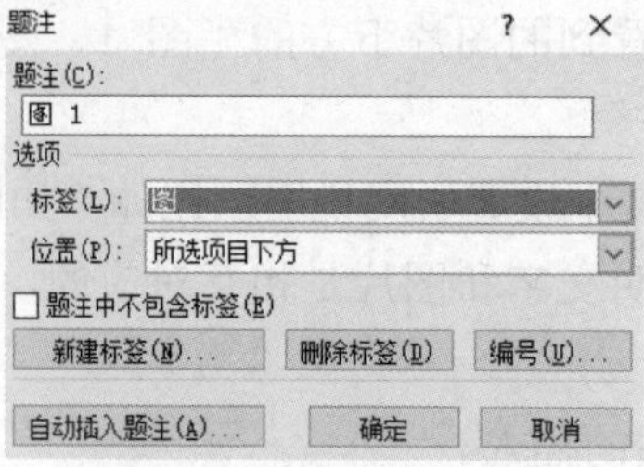

题注 ? ×
题注(C):
图 1
选项
标签(L): 图
位置(P): 所选项目下方
题注中不包含标签(E)
新建标签(N)... 删除标签(D) 编号(U)...
自动插入题注(A)... 确定 取消

图 2-73 “题注”对话框

“题注”文本框显示的是插入后的题注的内容。“标签”下拉列表框可以用于选择题注的类型，例如如果插入的是图片，可以选择“图表”，或者根据插入的内容类型选择“表格”“公式”。如果 Word 自带的几种标签类型不能满足需求，单击“新建标签”按钮即可新建所需标签。可以在“位置”下拉列表框中选择题注出现的位置，可选的位置是项目的上方或下方。上述设置完成后，单击“确定”按钮，Word 就会自动创建题注。

如果是表格需要插入题注，只需选中整个表格，然后单击鼠标右键，进行设置。

为什么要这样做？这样做比手工输入还麻烦，有什么必要？如果你创作的是短文档，页数不超过 10 页，其中没有插图或者只有很少的插图，确实没必要这样做。但如果有上百张插图，由于需要，在两张图片中需增加图片，在所有插图都使用题注进行标识的前提下，新插入的图片以及后面图片的题注中的图片编号都会被自动更新。也就是说，如果在“图 10”前面插入一张图片，那么原来的“图 10”就会自动变为“图 11”，后面的图片一样会自动更新。

(2) 元素的交叉引用。

书中常常会看到“关于×××的详细信息，请参考本书第×页×××节的相关内容”，这时为方便起见，可以使用交叉引用功能。在编辑长文档时，每部分内容的页数以及节编号都有可能发生改变，因此直接手工输入很不方便，这时候可以使用交叉引用。

在正文中输入“关于×××详细信息，请参考本书第”字样后，在“插入”选项卡的“链接”组中单击“交叉引用”按钮，可以看到如图 2-74 所示对话框。

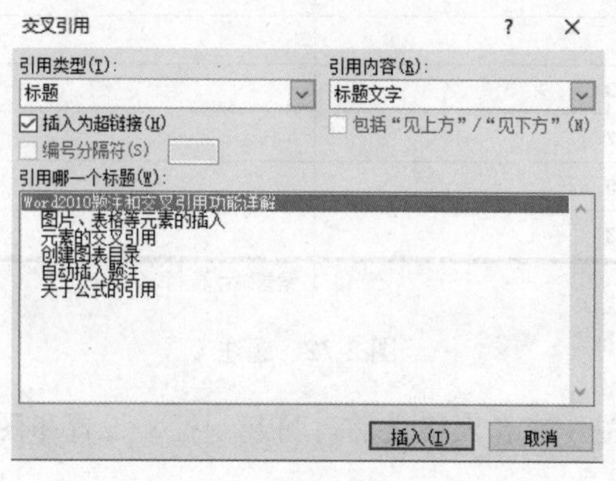

图 2-74 “交叉引用”对话框

根据需求选择“引用类型”“引用内容”以及“引用哪一个标题”，然后单击“插入”按钮即可。

注意图 2-75 中灰色背景的内容，这就是交叉引用的“域”。这些内容会随着文档结构的变化而产生变化。

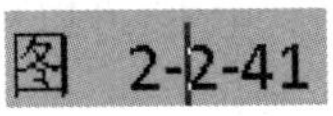

图 2-2-41

图 2-75　交叉引用的“域”

(3) 创建图表目录。

文档编写完，还需要在文档的末尾对文中出现的所有图片和表格或者其他内容列一个目录，以方便读者快速定位。如果图片或表格都按照上文介绍的方法添加了题注，那么创建图表目录就非常简单。

将光标放置在需要创建图片或表格目录的位置，在“引用”选项卡的“题注”组中单击“插入图表目录”按钮，可以看到图 2-76 所示的对话框。

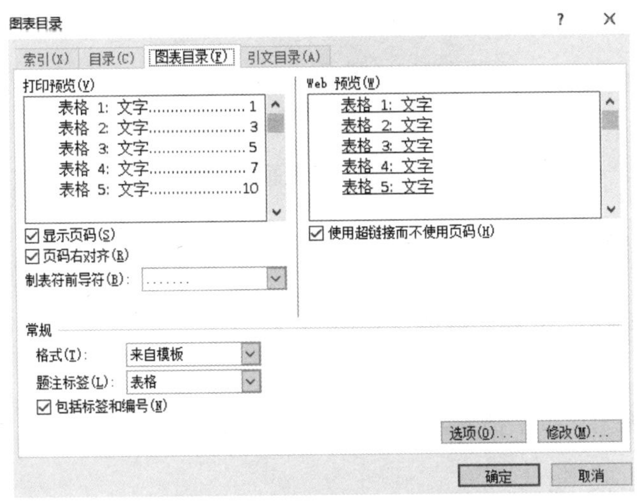

图 2-76　“图表目录”对话框

首先从“题注标签”下拉列表框中选择要创建索引内容的题注标签，如“图表”“图”或者其他按照上文方法插入的题注，然后选择其他选项，最后单击“确定”按钮。

(4) 自动插入题注。

在“引用”选项卡下的“题注”组中单击“插入题注”按钮，在弹出的“题注”对话框中单击“自动插入题注”按钮，在“插入时添加题注”列表框中勾选“Microsoft Word 图片”复选框，然后选择“使用标签”为“图”，默认的编号输入为“1、2、3”，如果要更改编号数字，可以单击“编号”按钮，在弹出的对话框中进行设置。设置完成后，单击“确定”按钮。以后插入图片时，Word 就会自动为图片添加编号了。同理，若文档中的表格、公式需要自动编号，在复选框中勾选即可，如图 2-77 所示。

在正文中需要添加图 1 的引用说明的位置输入“( )”，然后将光标定位其中，依次执

行“插入”|“链接”|“交叉引用”命令，打开“交叉引用”对话框，在“引用类型”下拉列表框中选择“图表”，在“引用内容”下拉列表框中选择“只有标签和编号”，然后在“引用哪一个题注”列表框中选中“图 1”，单击“确定”按钮后，就设置好了“图 1”的引用说明。

此时“交叉引用”对话框并没关闭，我们可以把插入点定位于需要添加“图 2”的引用说明的位置，然后选中“引用哪一个题注”列表框内的“图 2”，单击“插入”按钮即可为“图 2”添加引用说明。

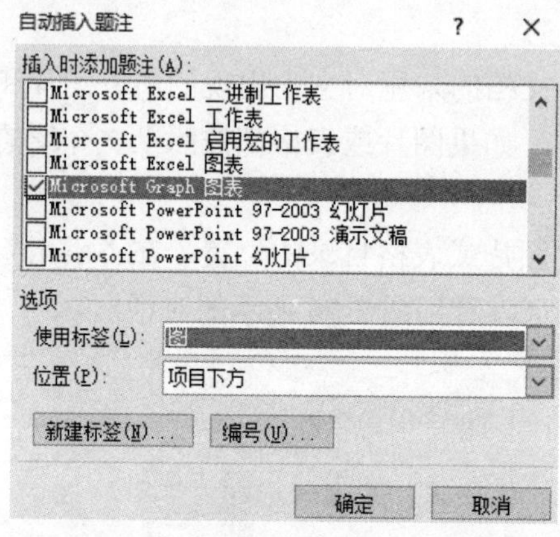

图 2-77 “自动插入题注”对话框

2.2.5 公式编辑器

1. 教学案例：利用公式编辑器插入公式

(续 2.2.4 案例：为图表添加题注)

在“独立审计报告”页中插入公式，如图 2-78 所示。

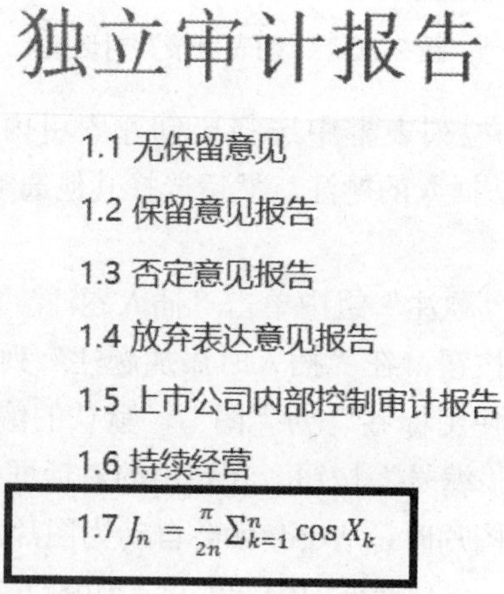

独立审计报告

1.1 无保留意见

1.2 保留意见报告

1.3 否定意见报告

1.4 放弃表达意见报告

1.5 上市公司内部控制审计报告

1.6 持续经营

1.7 $J_n = \frac{\pi}{2n}\sum_{k=1}^{n}\cos X_k$

图 2-78 插入公式

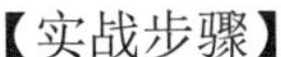

【实战步骤】

在“插入”选项卡下的“符号”组中单击“公式”按钮，在下拉菜单中选择“插入新公式”命令。按图 2-78 输入公式，具体操作参照教学案例视频。

2. 知识点详解

1) 公式编辑器

要在文档中插入专业的数学公式，需使用 Word 中的公式编辑器，这样不但可以输入符号，而且可以输入数字和变量。

2) 插入公式

在文档中插入公式的操作步骤如下。

(1) 把光标移到要插入公式的位置，然后单击“插入”选项卡中“符号”组中的“公式”按钮。

(2) 在弹出的下拉列表中选择“插入新公式”命令。

(3) 文档中显示“在此处键入公式”编辑框，同时功能区中出现“公式工具”的“设计”选项卡，其中包含大量的数学结构和数学符号。

(4) 用鼠标单击选择结构和数学符号进行输入。如果结构含占位符，则在占位符内单击，然后输入所需的数字和符号。公式占位符是指公式中的小虚框。

3) 输入公式

创建公式时，功能区会根据数学排版惯例自动调整字号、间距和格式。

在数学公式编辑环境中输入普通文字的操作方法与在 Word 文档中输入文字的操作方法基本相同。

(1) 把光标移到要插入公式的位置，然后单击“插入”选项卡下“符号”组中的“公式”按钮，在弹出的下拉列表中选择“插入新公式”命令。

(2) 在功能区“符号”组中选择所需的数学符号，或者按键盘上的字母或符号，输入所需的字符。

(3) 输入完成后，单击公式编辑框以外的任何位置即可返回文档。

4) 将公式添加到常用公式库中或将其删除

(1) 单击“插入”选项卡下“符号”组中的“公式”按钮，选择要添加的公式。

(2) 单击“公式工具”|“设计”选项卡下“工具”组中的“公式”按钮，出现下拉列表，选择“将所选内容保存到公式库”命令。

(3) 弹出“新建构建基块”对话框，在“名称”文本框中输入名称，在“库”下拉列表框中选择“公式”选项，在“类别”下拉列表框中选择“常规”选项，在“保存位置”下拉列表框中选择 Normal.dotm 选项，然后单击“确定”按钮。

(4) 如果在公式库中删除该公式，可选择“公式工具”|“设计”选项卡中的“工具”组，单击“公式”按钮，在弹出的下拉列表中用鼠标右键单击该公式，在弹出的快捷菜单中选择“整理和删除”命令。

(5) 在弹出的“构建基础管理器”对话框中选择基块名称，单击“删除”按钮。

5) 关于公式的引用

公式一般要求编号在其右侧，基本步骤如下。

(1) 用公式编辑器创建一个公式，然后将光标定位在公式右侧。

(2) 和设置图片题注的方法一样，在“插入”|“引用”|“题注”下，选择增加一个新的题注。

(3) 由于 Word 自动地把一整行当作一个域，因此在文中应用的时候，会把编号左边的公式也一起加进来。为了避免这个问题，在公式和编号之间插入一个分隔符，将编号和公式分隔开。

2.2.6 巩固练习

小李是某出版社新入职的编辑，刚受领主编提交给她的关于《计算机与网络应用》教材的编排任务。

请你根据 MOOC 平台上的“《计算机与网络应用》初稿.docx”和相关图片文件的素材，帮助小王完成编排任务，具体要求如下。

(1) 依据素材文件，将教材的正式稿命名为“《计算机与网络应用》正式稿.docx”。

(2) 设置页面的纸张大小为 A4 幅面，页边距上、下设为 3 厘米，左、右设为 2.5 厘米，设置每页行数为 36 行。

(3) 将封面、前言、目录、教材正文的每一章、参考文献均设置为独立的 Word 文档。

(4) 教材内容的所有章节标题均设置为单倍行距，段前、段后间距设为“0.5 行”。其他格式要求为：章标题(如“第 1 章 计算机概述”)设置为“标题 1”样式，字体为“三号”“黑体”；节标题(如“1.1 计算机发展史”)设置为“标题 2”样式，字体为“四号”“黑体”；小节标题(如“1.1.2 第一台现代电子计算机的诞生”)设置为“标题 3”样式，字体为“小四号”“黑体”。前言、目录、参考文献的标题参照章标题设置。除此之外，其他正文字体设置为“宋体”“五号”，“段落格式”为“单倍行距”，“首行缩进”为“2 字符”。

(5) 将素材文件夹下的“第一台数字计算机.jpg”和“天河 2 号.jpg”图片文件，依据图片内容插入正文的相应位置。图片下方的说明文字设置为“居中”“小五号”“黑体”。

(6) 根据图 2-79“教材封面样式”的示例，为教材制作一个封面，图片为素材文件夹下的“Cover.jpg”，将该图片文件插入当前页面，设置该图片为“衬于文字下方”，调整大小使之正好为 A4 幅面。

(7) 为文档添加页码，编排要求为：封面、前言无页码，目录页页码采用小写罗马数字，正文和参考文献页页码采用阿拉伯数字。正文的每一章从奇数页开始编码，第一章的第一页页码为“1”，之后章节的页码编号续前节编号，参考文献页续正文页页码编号。页码设置在页脚中间位置。

(8) 在目录页的标题下方，以“自动目录 1”方式自动生成本教材的目录。

图 2-79　教材封面样式

2.3　修订及共享文档

2.3.1　文档修订基础操作

1. 教学案例：利用批注修订文档

马老师对一篇文章阅读以及审阅发现一些问题后，不想直接对其进行修改，而使用修订以及批注，使修改结果一目了然，如图 2-80 所示。

春天是一个充满诗情画意的季节，古往今来人们几乎用尽了所有美好的词语诗句来形容和赞美春天。春天踏着轻盈的脚步来了，它给大地穿上了一层绿色的服装衣服，使大地焕然一新。满园春色，春天给人们带来了无限的欢乐和希望，给人们带来了勃勃的生机和活力，催促我们奋发向上。我爱这迷人的春天。

春天，它就好象像一个天真活泼的小姑娘，拿着一只彩色的神笔，到处欢快地画着。画出了一幅幅幸福美好的生活画面，画出了人生的美好梦想和前景。画出了你的追求和理想……

春天，是暖人心脾的，暖暖的春风吹来了，让人们在经历了冬天的寒冷后，感觉到了它那特别的温暖。温暖了你的身体，温暖了你的心扉……

春风吹过大地，大地变成一幅清新美丽的图画：各种花草树木在春风的吹拂下慢慢地生长起来了。大地变绿了，柳树发芽了，衬托着红的、白的、黄的、紫的……五颜六色的野花，多美呀！春风吹来，那清新的花草气息，沁人心肺，无论是谁，都会深深的吸上一口，像痛饮甘露一样畅快。春天是一幅多么美妙的图画啊，我用一生赏析你。

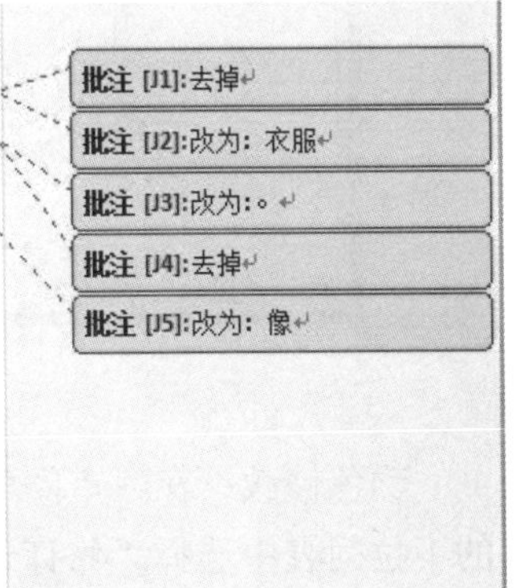

图 2-80　样例 1

(1) 根据样文对文章素材(素材.docx)进行适当的修订和批注。

(2) 对批注的内容进行修改，包括审阅人以及颜色等选项(审阅人改为“马老师”，批注边框颜色改为“绿色”)。

(3) 接受所有的修订，去掉所有的批注。

(4) 快速比较修改前后的素材。

【实战步骤】

第一步：打开 MOOC 中“第二章第三节的素材.docx”文件。选中需要添加批注的文本，在“审阅”选项卡下的“批注”组中单击“新建批注”按钮。在光标处，输入修改意见即可。

第二步：修改审阅人。在“审阅”选项卡下的“修订”组中，单击“修订”下三角按钮，在弹出的下拉列表中选择“更改用户名”命令，在“缩写”文本框中将“1”改为“马老师”，如图 2-81 和图 2-82 所示。

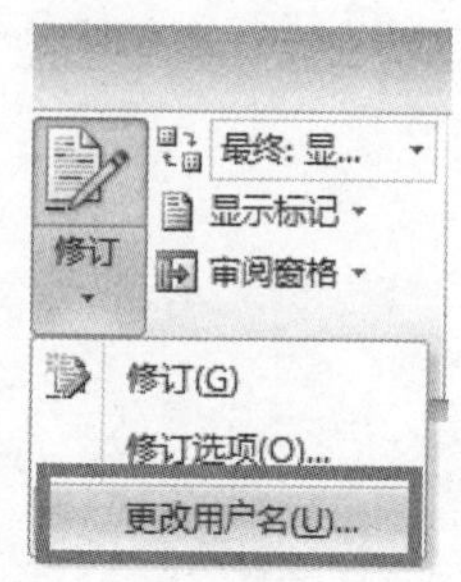

图 2-81　更改用户名

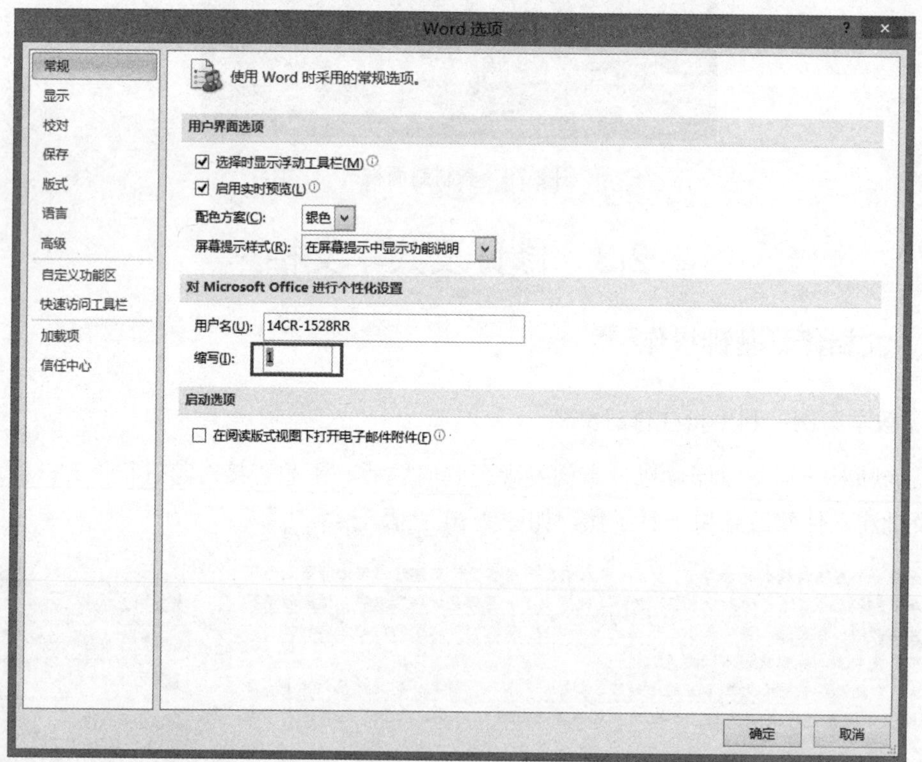

图 2-82　“Word 选项”对话框

颜色修改：在“审阅”选项卡下的“修订”组中，单击“修订”下三角按钮，在弹出的下拉列表中选择“修订选项”命令，在弹出的“修订选项”对话框中，将批注的颜色改为“鲜绿”，如图 2-83 所示。

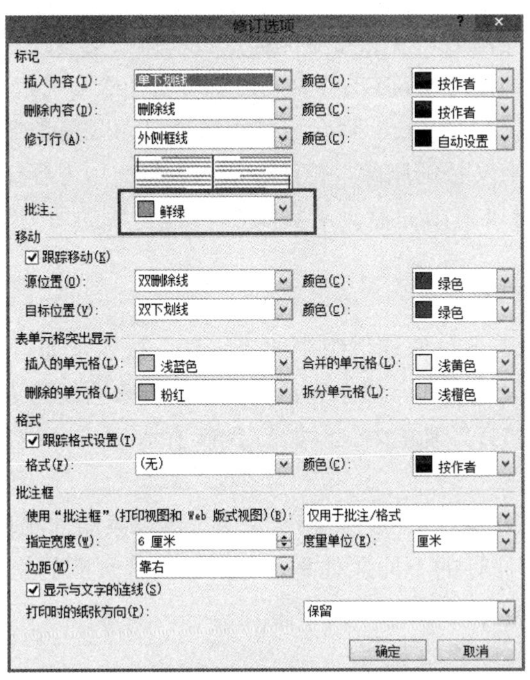

图 2-83　“修订选项”对话框

效果如图 2-84 所示。

春天是一个充满诗情画意的季节，古往今来人们几乎用尽了所有美好的词语诗句来形容和赞美春天。春天踏着轻盈的脚步来了，它给大地穿上了一层绿色的服装，使大地焕然一新，满园春色，春天给人们带来了无限的欢乐和希望，给人们带来了勃勃的生机和活力，催促我们奋发向上。我爱这迷人的春天。

春天，它就好象一个天真活泼的小姑娘，拿着一只彩色的神笔，到处欢快地画着。画出了一幅幅幸福美好的生活画面，画出了人生的美好梦想和前景。画出了你的追求和理想……

春天，是暖人心脾的，暖暖的春风吹来了，让人们在经历了冬天的寒冷后，感觉到了它那特别的温暖。温暖了你的身体，温暖了你的心扉……

春风吹过大地，变成一幅清新美丽的图画：各种花草树木在春风的吹拂下慢慢地生长起来了。大地变绿了，柳树发芽了，衬托着红的、白的、黄的、紫的……五颜六色的野花，多美呀！春风吹来，那清新的花草气息，沁人心肺，无论是谁，都会深深的吸上一口，像痛饮甘露一样畅快。春天是一幅多么美妙的图画啊，我用一生赏析你。

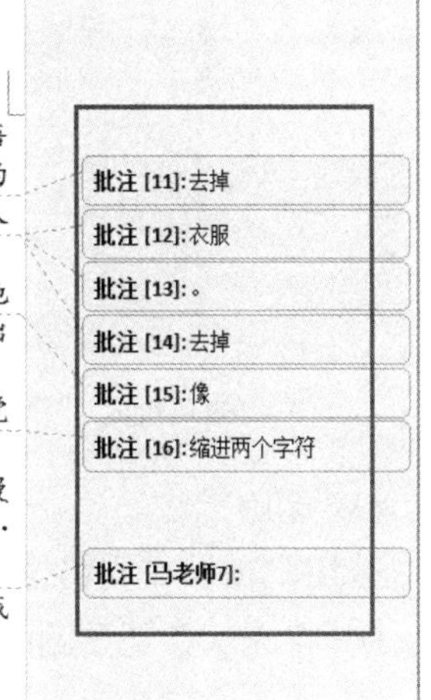

图 2-84　样例 2

第三步：在 Word 功能区中单击“审阅”选项卡下“比较”组中的“比较”按钮，在弹出的“比较文档”对话框中选择原文档和修订后的文档。

2. 知识点详解

1) 基础操作

在文档提交之前，一般可能会邀请老师对文档做一个完善或是修改，可是又希望能够知道老师究竟修改了哪些地方，并且希望能够自主选择接受修改或是拒绝修改。那么如何实现这样的功能呢？我们使用 Word 的修订功能就可以轻松实现。

在修订状态下修改文档，Word 后台应用程序会自动跟踪全部内容的变化情况，并且会将用户在编辑状态下对文档的删除、修改、插入等每一项内容详细地记录下来。利用文档的修订和批注功能可以清晰完整地看到文档自创建后的所有修改以及进行修改的操作人。

(1) 修订文档。

单击“审阅”选项卡下“修订”组中的“修订”按钮，即可开启文档的修订状态。“修订”按钮的背景色发生变化，显示它已打开，接下来的任何更改将标记为修订，直到再次单击该按钮关闭“修订”功能为止，如图 2-85 所示。

(2) 添加批注。

在 Word 中，用户若要对文档进行特殊说明，可以添加批注对象(如文本、图片等)对文档进行审阅。批注和修订的不同之处是，它是在文档页面的空白处添加相关的注释信息，并且用带颜色的方框括起来。

添加批注的具体操作步骤如下。

① 将光标移至要进行批注的文本位置。

② 选择功能区的“审阅”选项卡，在“批注”组中单击“新建批注”按钮，然后在批注框中或在“审阅窗格”中输入批注文本，即可添加批注，如图 2-86 所示。

图 2-85 “修订”按钮

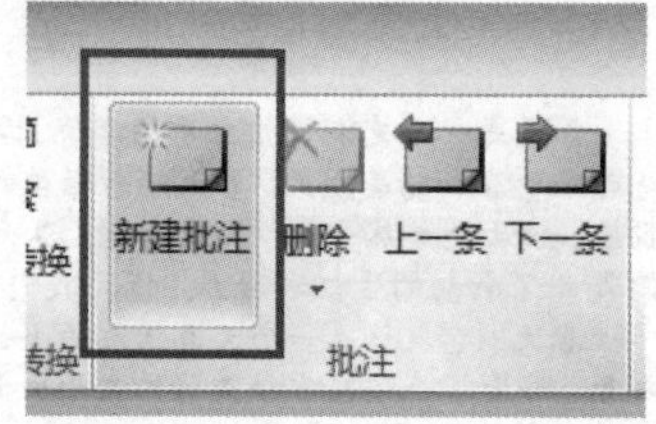

图 2-86 “新建批注”按钮

(3) 删除批注。

若用户在操作文档过程中需要删除批注，按以下步骤进行操作：

① 将光标移至要删除批注的文本框中。

② 在“审阅”选项卡中单击“批注”组中的“删除”按钮，即可删除所选的批注文本框，如图 2-87 所示。

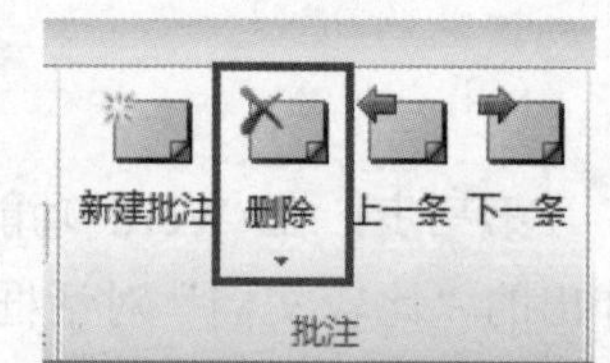

图 2-87 “删除”按钮

(4) 审阅修订文档。

用户可对完成后的文档进行最后的审阅修订，具体操作步骤如下：

① 在“审阅”选项卡下的“修订”组中单击“修订”按钮，将文档更改为修订状态，文档中会显示用户在操作中所做的所有修改。单击“审阅”选项卡中“更改”组中的“上一条”或“下一条”按

钮，即可定位到文档中的上一条或下一条修订或批注。

② 单击“审阅”选项卡下“更改”组中的“接受”或“拒绝”按钮，可以选择接受或拒绝当前修订对文档的修改，如图 2-88 所示。

图 2-88　“审阅”选项卡

③ 如果文档中存在批注信息，可以在“批注”组中单击“删除”按钮将其删除。

④ 重复步骤①～③，直到文档中的批注和修改不再存在。

⑤ 如果用户想要拒绝或接受所有的修订，可直接选择“更改”组中的“拒绝”|“拒绝对文档的所有修订”或“接受”|“接受对文档的所有修订”命令。

2) 快速比较文档

在平常的学习或工作中，有时我们需要对同一篇文章进行多次修改，或者不同人对同一篇文章进行修改，修改的次数多了，难免会杂乱。有没有简单的方法可以比较两个 Word 文档的差异呢？可以使用 Word 中的“比较”功能。

“比较”功能能够自动对文档进行对比，对比完成后，就会在一个新的窗口给出详细的对比结果，显示出原文档与修订文档之间的具体差异。

(1) 在 Word 功能区中单击“审阅”选项卡下“比较”组中的“比较”按钮，在弹出的“比较文档”对话框中选择原文档和修订后的文档，如图 2-89 所示。

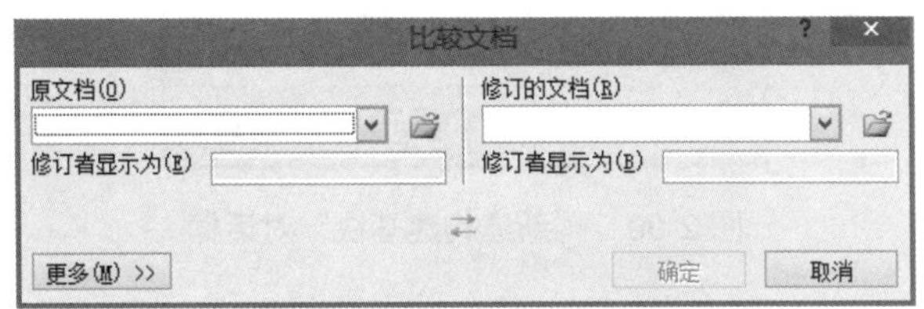

图 2-89　“比较文档”对话框

(2) 单击“确定”按钮后，两个文档的不同之处将突出显示在文档的中间位置，以供用户随时查看。在文档比较视图左侧的审阅窗格中，自动统计原文档与修订文档之间的具体差异。

2.3.2　Word 中的文档部件

1. 教学案例：利用 Word 中的文档部件实现重复输入

(续 2.3.1 案例)

将“春天”定义为文档部件，在第四自然段末尾的“你”字后使用文档部件，插入

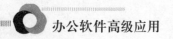

"春天"。

【实战步骤】

第一步：选中"春天"二字，在"插入"选项卡下的"文本"组中，选择"文档部件"下的"将所选内容保存到文档部件库"，在弹出的"新建构建基块"对话框中，单击"确定"按钮。

第二步：将光标定位在第四自然段末尾的"你"字后，单击"插入"选项卡下的"文档部件"下拉列表，在"常规"中选择"春天"即可。

2. 知识点详解

在 Word 中输入文章时，经常遇到需要反复输入的句子或者段落，我们可以利用 Word 中的文档部件，将经常用到的大段文字存储为文档部件，然后通过文档部件的插入来快速录入重复的文字。

具体操作步骤如下。

(1) 选择可以再次使用的文件。

(2) 在"插入"选项卡的"文本"组中单击"文档部件"按钮，在弹出的下拉列表框中选择"将所选内容保存到文档部件库"，在弹出的"新建构建基块"对话框中设置新建文件部件的"名称"属性，在"库"下拉列表框中选择所需的类型，如图 2-90 所示。

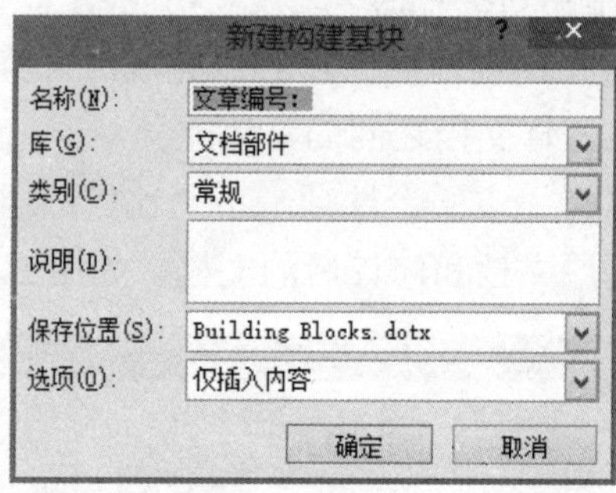

图 2-90 "新建构建基块"对话框

(3) 单击"确定"按钮，完成创建部件操作。

(4) 在一个新建的文件中，将光标移至需要插入文档部件的位置。

(5) 在"插入"选项卡下"文本"组的"文档部件"下拉列表中可找到新建的文档部件。

2.3.3 文档的状态及个人信息

1. 教学案例：删除文档中的个人信息并标记文档为最终状态

(续 2.3.2 案例)

(1) 删除文档中的个人信息。

(2) 标记文档为最终状态。

【实战步骤】

第一步：在“文件”选项卡中选择“信息”|“检查问题”|“检查文档”命令。

第二步：在弹出的“文档检查器”对话框中选择“文档属性和个人信息”，然后单击“检查”按钮。

第三步：检查完成后，在“文档检查器”对话框中审阅检查结果，单击所需删除的内容类型右侧的“全部删除”按钮。

第四步：在“文件”选项卡中打开后台视图，然后选择“保护文档”|“标记为最终状态”命令，即可完成设置。

2. 知识点详解

1) 文档中的个人信息

文件编辑完成后，文档的属性中可能存在隐藏信息。为了保护用户隐私不被泄露，Word 中提供了“文档检查器”工具，用以帮助查找并删除隐藏在文档中的个人信息。

具体操作步骤如下。

(1) 打开要检查个人信息的文件。

(2) 在“文件”选项卡中打开后台视图，选择“信息”|“检查问题”|“检查文档”命令，如图 2-91 所示。

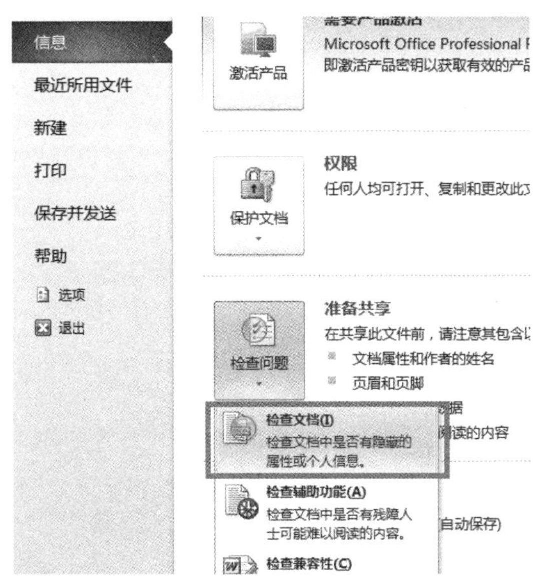

图 2-91　检查文档

(3) 在弹出的“文档检查器”对话框中选择要检查的隐藏内容类型，然后单击“检查”按钮。

(4) 检查完成后，在“文档检查器”对话框中审阅检查结果，单击所需删除内容类型右侧的“全部删除”按钮，如图 2-92 所示。

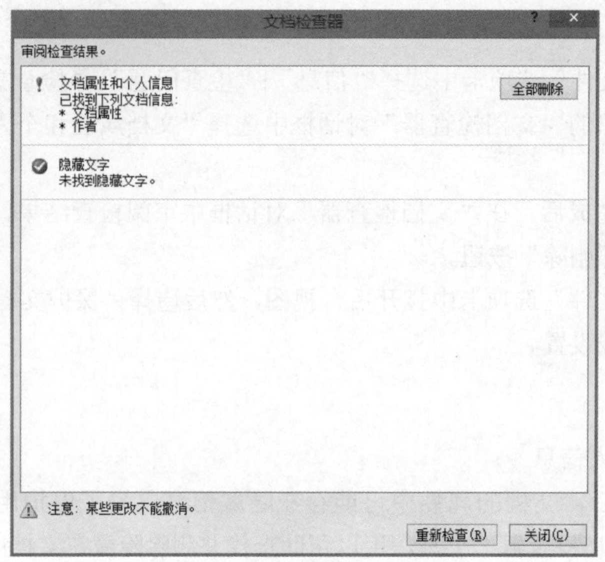

图 2-92　“文档检查器”对话框

在使用“文档检查器”时，一定要注意保存当前的文档，因为通过“文档检查器”删除的一些内容是无法通过撤销操作来恢复的。

2) 标记文档为最终状态

文件编辑完成后，用户可以为文档标记最终状态来标记文档的最终版本，并将文档设置为只读。

具体操作步骤如下。

在“文件”选项卡中打开后台视图，然后选择“保护文档”|“标记为最终状态”命令，即可完成设置，如图 2-93 所示。

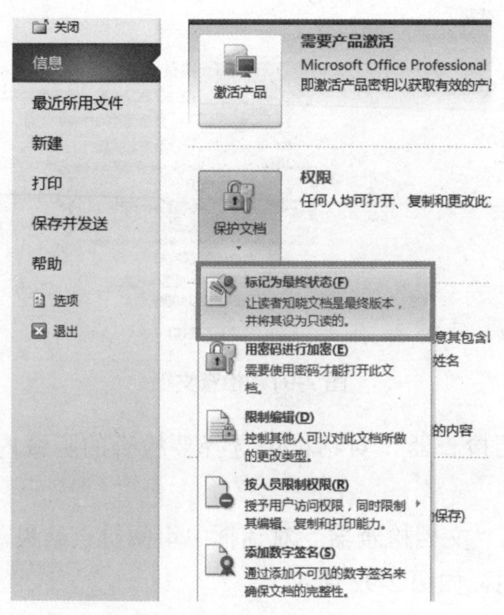

图 2-93　选择“标记为最终状态”命令

2.3.4　共享文档

1. 教学案例：使用电子邮件共享文档

(续 2.3.3 案例)

(1) 使用电子邮件共享 2.3.3 节中案例的.docx 格式文档。

(2) 使用电子邮件共享 2.3.3 节中案例的.pdf 格式文档。

【实战步骤】

第一步：在“文件”选项卡中打开后台视图，然后选择“保存并发送”|“使用电子邮件发送”命令。

第二步：单击“作为附件发送”命令。

2. 知识点详解

在 Word 中可以通过电子化的方式进行文档的共享。

1) 使用电子邮件进行共享

在“文件”选项卡中打开后台视图，然后选择“保存并发送”|“使用电子邮件发送”|“作为附件发送”命令，如图 2-94 所示。

图 2-94　使用电子邮件共享文档

这种共享文档方式，必须在配置完成 Microsoft Outlook 的前提下进行。依次选择“开始”|“控制面板”|“邮件”|“显示配置文件”|“添加”命令，输入 Outlook，单击“确定”按钮，输入自己的邮箱地址和密码，单击下一步，链接到邮箱即可。

2) 将文档以 PDF 格式发送给对方

具体的操作步骤为：在“文件”选项卡中打开后台视图，选择“保存并发送”|“创建 PDF/XPS 文档”命令，然后在展开的视图中单击“创建 PDF/XPS”按钮，在弹出的对话框中输入文件名后单击“发布”按钮，即可完成 PDF 文档的创建，如图 2-95 和图 2-96 所示。

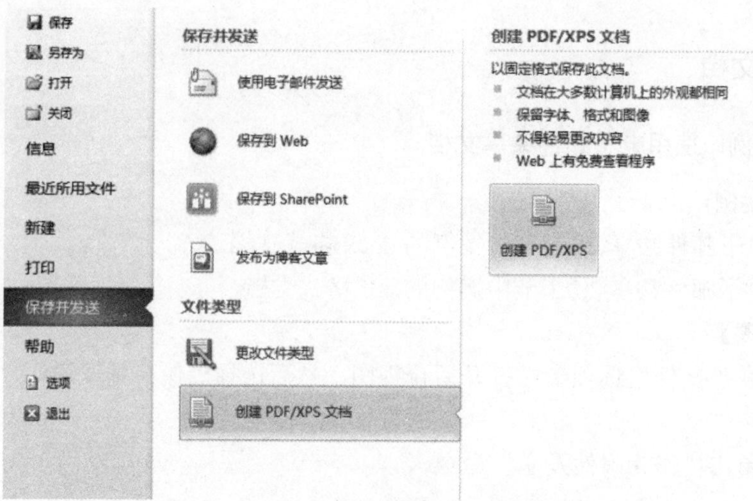

图 2-95　创建 PDF 文件

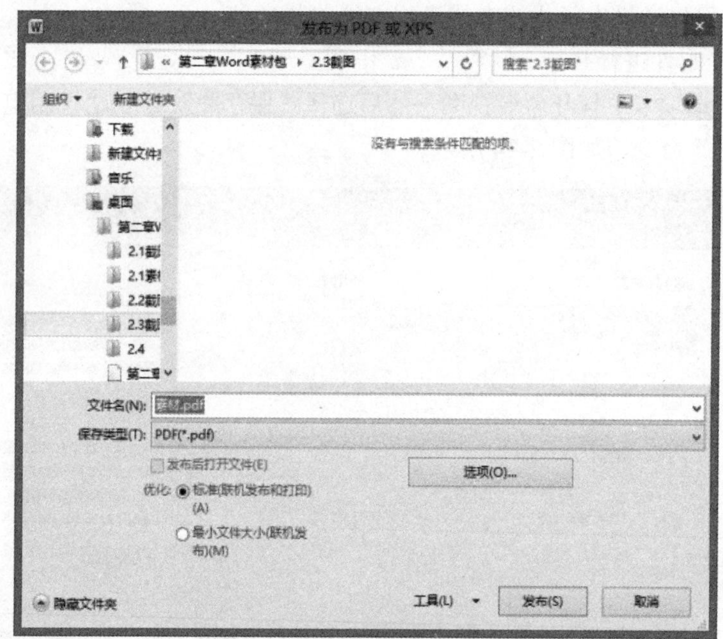

图 2-96　发布 PDF

2.3.5　巩固练习

(1) 按照图 2-97 中的批注，利用文档修订功能对素材进行修改。

(2) 接受所有的修订，去掉所有的批注。

(3) 快速比较修改前后的素材。

(4) 将“南方的春天”存为文档部件，并在文档末尾使用文档部件插入“南方的春天”。

(5) 删除文档中的个人信息，如图 2-98 所示。

(6) 将最终文档保存为 PDF 格式，如图 2-99 所示。

春眠不觉晓，处处啼鸟，夜来风雨声，花落知多少？春天是个绚丽多彩的季节，春光明媚，春风拂面，春暖花开，春回大地，万物苏醒，百花开放百花齐放，万紫千红，桃红柳绿，它是诗人和画家笔下的宠儿。但在四季如春的南方，特别是在喧嚣的都市里是感觉不到春的来临，只是在回南风的潮湿里，你才会醒悟：哦，春天来了！

南方的回潮天气，薄雾笼罩，烟雨潇潇，水气弥漫，路面泥泞，楼道湿漉，仰望天空，朦胧飘渺，夜色深浓，灯火迷漫。阴雨绵绵的日子终日难见阳光，阳台的衣服散漫着一股怪味，房间的窗户不敢轻易打开。你才会醒悟：哦，春天来了！

南方的春天是最郁闷最压抑的季节，潮湿的空气让人周身无力，懒洋洋的想打瞌睡，时冷时热的天气是流感发生的最敏感诱因，心情也随着灰灰的天空一样沉重。乍暖还寒时候最难将息，夜里总是睡得不好，清晨起床头脑昏沉沉的，这次第，又怎一个愁字了得？

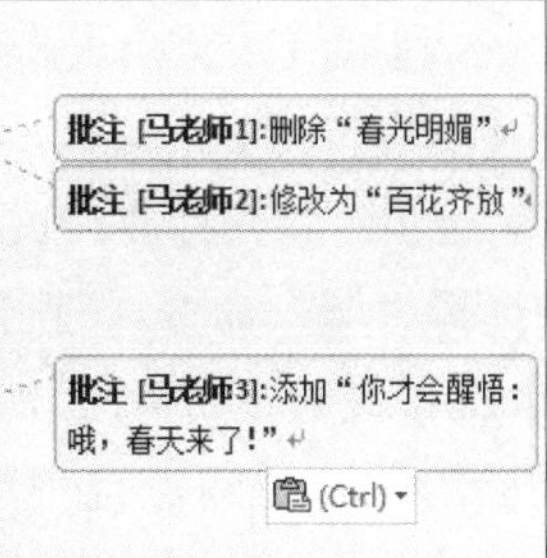

图 2-97　样例

图 2-98　删除个人信息

图 2-99　PDF 文件

2.4　邮 件 合 并

2.4.1　域的使用

1. 教学案例：利用域在 Word 中插入信息

(1) 利用域在文档页眉处插入文档创建时间。

(2) 利用域在文档末尾插入作者信息。

(3) 利用域在文档页脚处插入页码及页数，格式如：第？页(共？页)。

【实战步骤】

第一步：将光标放在页眉插入点，执行“插入”|“文本”|“文档部件”命令，在下拉菜单中选择“域”命令，打开“域”对话框，“类别”选择“日期和时间”，“域名”选择CreateDate，在“域属性”中选择一种日期格式，单击“确定”按钮。此时，页眉处出现当前文档的创建时间。选中创建时间，右击并在弹出的快捷菜单中选择“切换域代码”命令，可以看到创建时间的域代码如下：

```
{CREATEDATE  \@  "yyyy\M\dd"  \MERGEFORMAT}
```

第二步：将光标放在文档末尾，执行“插入”|“文本”|“文档部件”命令，在下拉菜单中选择“域”命令，打开“域”对话框，“类别”选择“文档信息”，“域名”选择Author，在“域属性”中选择一种格式，单击“确定”按钮。此时，文档末尾处出现当前文档作者信息。

第三步：将光标放在文档页脚处，执行“插入”|“文本”|“文档部件”命令，在下拉菜单中选择“域”命令，打开“域”对话框，“类别”选择“编号”，“域名”选择page，在“域属性”中选择一种格式，单击“确定”按钮，输入其余文字。此时，文档末尾处出现当前页码。再次打开“域”对话框，“类别”选择“文档信息”，“域名”选择NumPages，在“域属性”中选择一种格式，单击“确定”按钮，输入其余文字。此时，文档末尾处出现文档总页数。

2. 知识点详解：域的使用

域是文档中的变量，是可以引导 Word 在文档中自动插入文字、图形、页码或其他信息的一组代码。

域可以在没有人工干预的条件下自动完成任务，例如，编排文档页码并统计总页数，按不同格式插入日期和时间并更新，自动编制目录，实现邮件的自动合并和打印。

用 Word 排版时，若能熟练使用 Word 域，可增强排版的灵活性，减少许多烦琐的重复操作，提高工作效率。

域分为域代码和域结果。它由花括号、域名(域代码)及选项开关构成。域代码类似于公式，域选项开关是特殊指令，在域中可触发特定的操作。域代码是由域特征字符、域类型、域指令和开关组成的字符串；域结果是域代码所代表的信息。域结果根据文档的变动或相应因素的变化而自动更新。域特征字符是指包围域代码的大括号“{}”，它不是从键盘上直接输入的，按 Ctrl+F9 组合键可插入这对域特征字符。域类型就是 Word 域的名称，域指令和开关是设定域类型如何工作的指令或开关。

例如，域代码{ DATE * MERGEFORMAT }，表示在文档中，每个出现此域代码的地方插入当前日期，其中“DATE”是域类型，“* MERGEFORMAT”是通用域开关。

如当前时间域：

域代码：{DATE\@“yyyy\mm\dd”\MERGEFORMAT}

域结果：2009 年 2 月 1 日 (当天日期)

常见的域主要包括：自动编页码、图表的题注、脚注、尾注；按不同格式插入日期和时间；通过链接与引用在活动文档中插入其他文档的部分或整体；实现无须重新输入即可使文字保持最新状态；自动创建目录、关键词索引、图表目录；插入文档属性信息；实现邮件的自动合并与打印；执行加、减及其他数学运算；创建数学公式；调整文字位置等。

1) 插入域

(1) 打开 Word 文档，单击要插入域的位置。

(2) 选择功能区的“插入”选项卡。

(3) 在“文本“组中单击“文档部件”按钮，在弹出的下拉菜单中选择“域”命令，如图 2-100 所示。

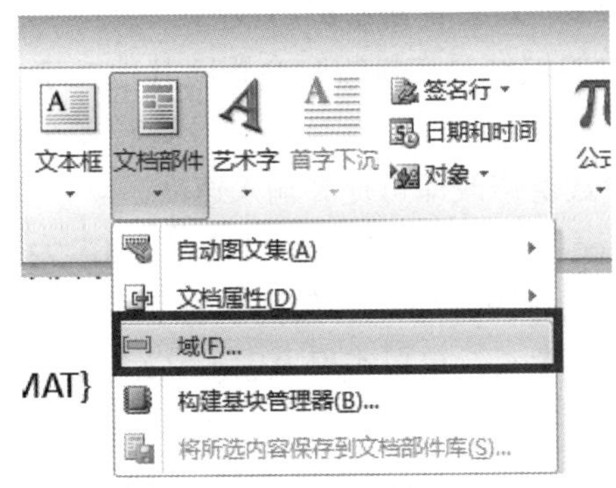

图 2-100　“文本”组中的“域”命令

(4) 弹出“域”对话框，单击“类别”下拉按钮，选择所需的类别，在“域名”列表框选择所需的域名，然后对域属性和域选项进行设置，最后单击“确定”按钮保存修改。

2) 更新域

当 Word 文档中的域没有显示出最新信息时，可以对域进行更新，以获得新的域结果。

(1) 更新单个域：首先单击需要更新的域或域结果，然后按下 F9 键。

(2) 更新一篇文档中的所有域：执行“编辑”菜单中的“全选”命令，选定整篇文档，然后按下 F9 键。

3) 显示或隐藏域代码

(1) 显示或者隐藏指定的域代码：单击需要显示域代码的域或其结果，然后按下 Shift+F9 组合键。

(2) 显示或者隐藏文档中的所有域代码：按下 Alt+F9 组合键。

4) 锁定/解除域操作

(1) 锁定某个域，以防止修改当前的域结果：单击此域，然后按下 Ctrl+F11 组合键。

(2) 解除锁定，以便对域进行更改：单击此域，然后按下 Ctrl+Shift+F11 组合键。

5) 解除域的链接

选择有关域内容，然后按下 Ctrl+Shift+F9 组合键即可解除域的链接，当前的域结果会变为常规文本(即失去域的所有功能)。

6) 用域创建上划线

在“插入”选项卡的“文本”组中单击“文档部件”按钮，在弹出的下拉菜单中选择“域”，在“域代码”处输入“EQ 开关参数”，确定。注意在“EQ”和开关参数之间有一个空格，例如输入 Y 平均值(Y 带有上划线)，插入域为“EQ \x\to(Y)”，然后单击“确定”按钮即可。

7) 用域输入分数

分数通常是用 Word 的公式编辑器来输入，但用域输入更简单易行。例如，要输入分数“a/b”，首先将光标定位在要输入分数的地方，按 Ctrl+F9 快捷键插入域定义符，然后在“{ }”中输入表示公式的字符串“eq \f(a,b) ”，注意 eq 和后面的参数之间有空格。然后按 Shift + F9 快捷键就会产生域结果“a/b”。对于带分数的情况，只需把“eq \f(a,b)”换成“eq c\f(a,b)”，就能得到“c 又 b 分之 a”。

用这种方法输入的分数的域结果在排版时会跟随其他文字一同移动，不会像使用公式编辑器插入的对象那样因排版而错位。如果输入的分数较多，可以先输入一个分数的域代码，然后复制、粘贴再进行数值修改即可提高输入速度。

在“eq \f(a,b)”中，“eq”表示创建公式的域名，“\f”为创建分式公式的开关选项。其他常用开关选项还有创建根式的“\r”、创建上标下标的“\s”以及建立积分的“\i”等。关于域代码和公式的对应关系，可以查看 Word 中关于域的“帮助”信息。

8) 用域统计文档字数

(1) 将光标定位到需要字数统计处(如文档末尾)，输入关于提示字数统计结果的文字(如“本文总字数：”)。

(2) 在“插入”选项卡的“文本”组中选择“文档部件”|“域”命令，进入“域”对话框。

(3) 在“域”对话框中，首先选择“类别”列表中的“文档信息”选项，然后从“域名”列表框中选择 NumWords 选项，该项用于统计文档总字数。也可以根据需要选择 NumChars 项来统计文档总字符数，选择 NumPages 项来统计文档的总页数。再使用左键单击“选项”按钮，进入“域选项”对话框。

(4) 在“域选项”对话框中，首先在“格式”列表框中选择“1，2，3，…”项，然后单击“添加到域”按钮，将所选择的格式添加到域格式中，再单击“确定”按钮返回到“域”对话框中。

(5) 在“域”对话框中单击“确定”按钮，即可关闭所有对话框，并返回到文档编辑状态，此时可以看到在当前光标处显示出了“本文总字数：××××”的字样。

(6) 插入上述域之后，如果对文档进行了修改，将光标定位在域代码上(此时颜色会变为灰色)，然后按下 F9 键，Word 会自动更新该域，并显示出更新后的总字数。

(7) 为了方便，我们可以在每篇文档中都插入字数统计结果。

方法：打开 Word 模板(Normal.dot)，按照上述方法将有关字数统计的域插入该文件中，以后用该模板所建立的每一篇文档中就会自动带有字数统计功能。

2.4.2　邮件合并

1. 教学案例：利用邮件合并功能制作请柬

李华是海明公司的前台文秘，她的主要工作是管理各种档案，为总经理起草各种文件。公司定于 2016 年 1 月 12 日下午 2:00，在中关村海龙大厦办公大楼五层多功能厅举办一个产品发布会，重要客人名录保存在名为“重要客户名录.docx”的文档中，公司联系电话为 010-66668888。

根据上述内容制作请柬，具体要求如下。

(1) 制作一份请柬，以“董事长：王海龙”的名义发出邀请，请柬中需要包含标题、收件人名称、联谊会时间、联谊会地点和邀请人。

(2) 对请柬进行适当的排版，具体要求：标题部分(“请柬”)为“黑体”“小初”，正文部分(以“尊敬的×××公司×××职务×××先生/女士”开头)采用“宋体”“二号”；加大行间距和段间距(间距为“50 磅”，段前、段后各为“0.5 行”)；对必要的段落改变对齐方式，适当设置左右及首行缩进(题目居中，正文首行缩进 2 字符，落款右对齐)，以美观且符合中国人阅读习惯为准。

(3) 在请柬的左下角位置插入一张图片(请柬.png)，并调整大小及位置，使其不影响文字排列、不遮挡文字内容。

(4) 进行页面设置，加大文档的上边距，设置为 4 厘米；为文档添加页眉，要求页眉内容包含本公司的联系电话。

(5) 运用邮件合并功能制作内容相同、收件人不同(收件人为“重要客户名录.docx”中的每个人，采用导入方式)的多份请柬，要求先将合并主文档以“请柬 1.docx”为文件名进行保存，再进行效果预览后生成可以单独编辑的单个文档“请柬 2.docx”。

【实战步骤】

第一步：打开 Microsoft Word 2010，新建空白文档。

按照题意在文档中输入请柬的基本信息，如图 2-101 所示。

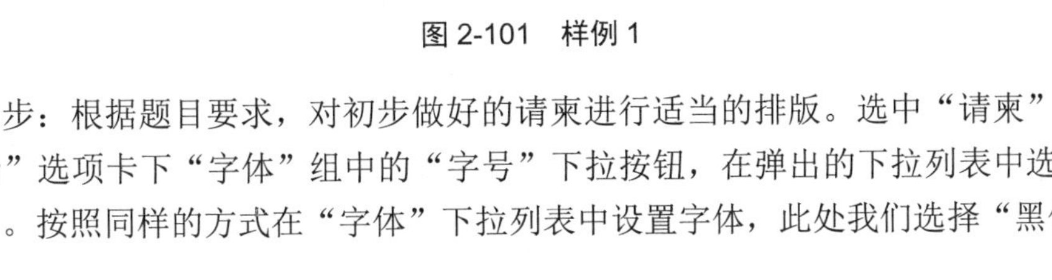

请柬↵
尊敬的 xxx 公司 xxx 职务 xxx 先生/女士↵
公司定于 2016 年 1 月 12 日下午 2：00，在中关村海龙大厦办公大楼多功能厅举办一个产品发布会。↵
敬邀你参加。↵
董事长：王海龙↵

图 2-101　样例 1

第二步：根据题目要求，对初步做好的请柬进行适当的排版。选中“请柬”二字，单击“开始”选项卡下“字体”组中的“字号”下拉按钮，在弹出的下拉列表中选择字号为“小初”。按照同样的方式在“字体”下拉列表中设置字体，此处我们选择“黑体”。

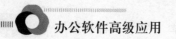

选中除了“请柬”以外的正文部分，单击“开始”选项卡下“字体”组中的“字体”下拉按钮，在弹出的列表中选择适合的字体，此处我们选择“宋体”。按照同样的方式设置字号为“二号”。

选中正文(不包括“请柬”和“董事长：王海龙”)，单击“开始”选项卡下“段落”组中的对话框启动器按钮，弹出“段落”对话框。在“缩进和间距”选项卡下的“间距”组中，单击“行距”下拉列表，选择合适的行距，此处选择“固定值”，“设置值”为“50 磅”；在“段前”和“段后”微调框中分别选择合适的数值，此处分别设为“0.5 行”。

在“缩进”组中，设置合适的“左侧”微调框以及“右侧”微调框缩进字符，此处都选择“1 字符”；在“特殊格式”中选择“首行缩进”，在对应的“磅值”微调框中选择“2 字符”；在“常规”组中，单击“对齐方式”下拉按钮，选择合适的对齐方式，此处选择“左对齐”。

设置完毕后，效果如图 2-102 所示。

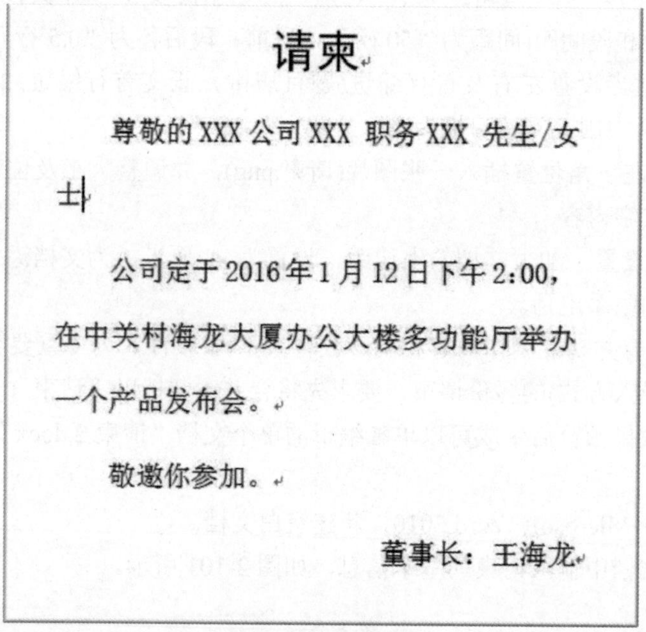

请柬

尊敬的 XXX 公司 XXX 职务 XXX 先生/女士

公司定于 2016 年 1 月 12 日下午 2:00，在中关村海龙大厦办公大楼多功能厅举办一个产品发布会。

敬邀你参加。

董事长：王海龙

图 2-102　样例 2

第三步：插入图片。根据题意，将光标置于正文下方，单击“插入”选项卡下“插图”组中的“图片”按钮，在弹出的“插入图片”对话框中选择合适的图片，然后单击“插入”按钮。

选中图片，将鼠标指针置于图片右上角，此时鼠标指针变成双向箭头，拖动鼠标即可调整图片的大小。将图片调整至合适大小后，再利用光标插入点移动图片在文档中的位置，如图 2-103 所示。

第四步：进行页面设置。单击“页面布局”选项卡下“页面设置”组中的“页边距”下拉按钮，在下拉列表中选择“自定义边距”命令。

请柬

尊敬的 XXX 公司 XXX 职务 XXX 先生/女士

公司定于 2016 年 1 月 12 日下午 2:00，在中关村海龙大厦办公大楼多功能厅举办一个产品发布会。

敬邀你参加。

董事长：王海龙

图 2-103　样例 3

在弹出的“页面设置”对话框中选择“页边距”选项卡。在“页边距”选项组中的“上”微调框中选择合适的数值，以适当加大文档的上边距，此处我们选择“3 厘米”。

单击“插入”选项卡下“页眉页脚”组中的“页眉”按钮，在弹出的下拉列表中选择“空白”选项。

在光标显示处输入本公司的联系电话“010-66668888”，单击“关闭页眉和页脚”按钮，如图 2-104 所示。

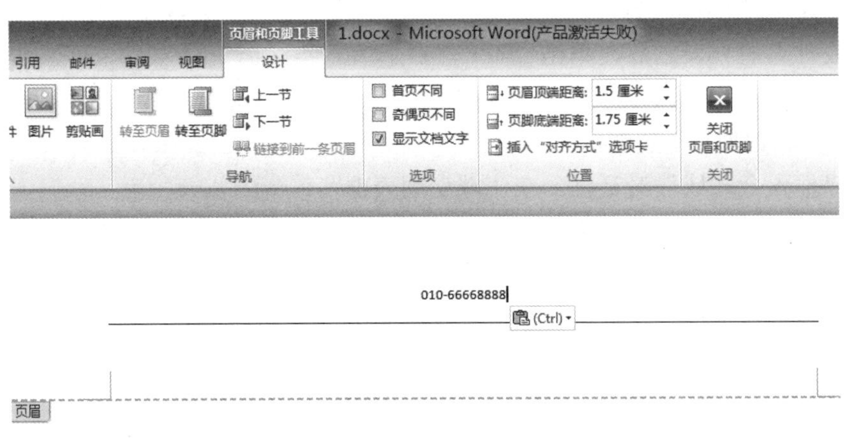

图 2-104　样例 4

第五步：将光标定位在“尊敬的”后面，在“邮件”选项卡下的“开始邮件合并”组中，选择“开始邮件合并”下的“邮件合并分步向导”命令，如图 2-105 所示。

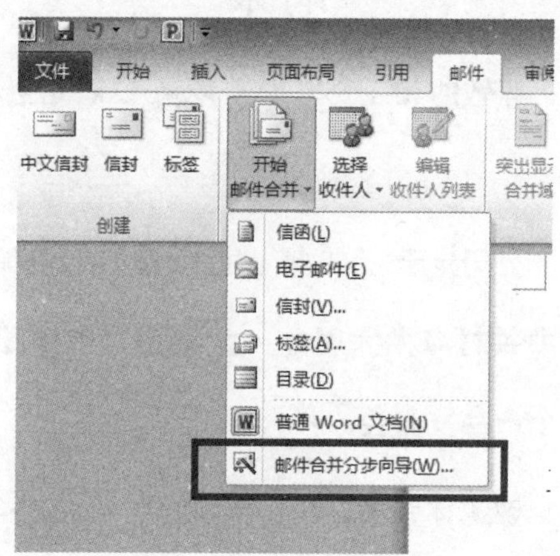

图 2-105　样例 5

打开“邮件合并”任务窗格，进入“邮件合并分步向导”的第一步。在“选择文档类型”选项区域中选择一个希望创建的输出文档的类型，此处我们选中“信函”单选按钮。

单击“下一步：正在启动文档”超链接，进入“邮件合并分步向导”的第二步，在“选择开始文档”选项区域中选中“使用当前文档”单选按钮，以当前文档作为邮件合并的主文档。

接着单击“下一步：选取收件人”超链接，进入第三步，在“选择收件人”选项区域中选中“使用现有列表”单选按钮。

然后单击“浏览”超链接，打开“选取数据源”对话框，选择“重要客户名录.docx”文件后单击“打开”按钮。此时将打开“选择表格”对话框，选择默认选项后单击“确定”按钮即可。

进入“邮件合并收件人”对话框，单击“确定”按钮完成现有工作表的链接工作。

选择收件人的列表之后，单击“下一步：撰写信函”超链接，进入第四步。在“撰写信函”选项区域中单击“其他项目”超链接。

打开“插入合并域”对话框，在“域”列表框中，按照题意选择“姓名”域，单击“插入”按钮。插入完所需的域后，单击“关闭”按钮，关闭“插入合并域”对话框。文档中的相应位置就会出现已插入的域标记。

在“邮件合并”任务窗格中，单击“下一步：预览信函”超链接，进入第五步。在“预览信函”选项区域中，单击“<<”或“>>”按钮，可查看具有不同邀请人的姓名和称谓的信函，如图 2-106 所示。

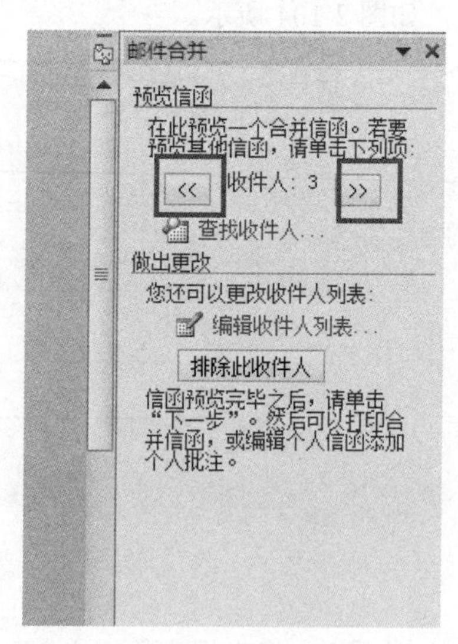

图 2-106　示例 6

预览并处理输出文档后，单击“下一步：完成合并”超链接，进入“邮件合并分步向导”的最后一步。此处，我们单击“编辑单个信函”超链接。

打开“合并到新文档”对话框，在“合并记录”选项区域中，选中“全部”单选按钮。

最后单击“确定”按钮，Word 就会将存储的收件人的信息自动添加到请柬的正文中，并合并生成一个新文档，如图 2-107 所示。

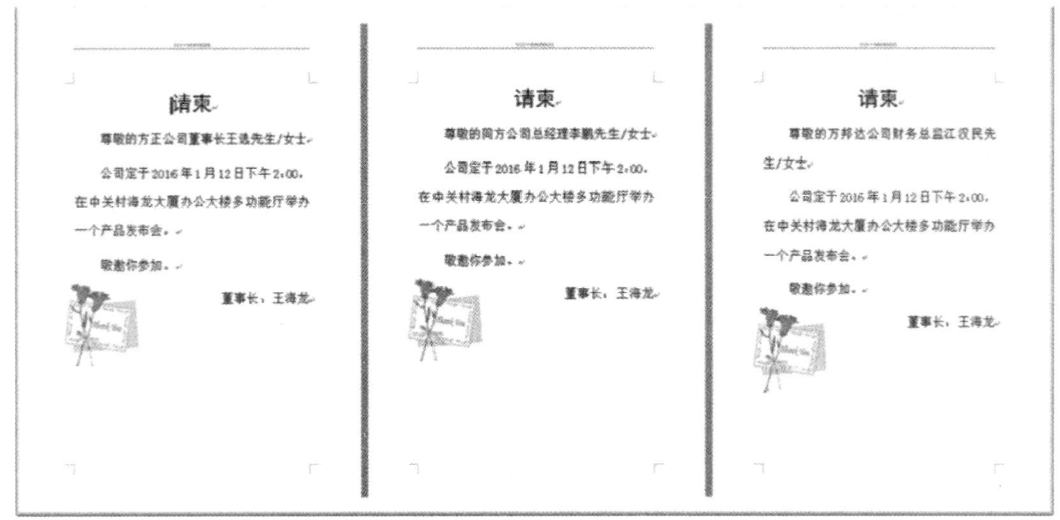

图 2-107 样例 7

将合并文档以“请柬 1.docx”为文件名进行保存。

进行效果预览后，生成可以单独编辑的单个文档，并以“请柬 2.docx”为文件名进行保存。

2. 知识点详解

邮件合并是多条记录的相同内容的一次性打印。

在日常工作中，我们经常会遇见这种情况：处理的文件的主要内容基本相同，只是具体数据有变化。在编辑大量格式相同的文档时，只修改少数相关内容，其他文档内容不变，我们可以灵活运用 Word 的邮件合并功能，这样不仅操作简单，而且可以设置各种格式，且打印效果好。

邮件合并的应用领域如下。

(1) 批量打印信封。按统一的格式，将电子表格中的邮编、收件人地址和收件人打印出来。

(2) 批量打印信件。主要是从电子表格中调用收件人，换一下称呼，信件内容基本固定不变。

(3) 批量打印请柬。同(2)。

(4) 批量打印工资条。从电子表格调用数据。

(5) 批量打印个人简历。从电子表格中调用不同字段数据，每人一页，对应不同信息。

(6) 批量打印学生成绩单。从电子表格成绩中取出个人信息，并设置评语字段，编写不同评语。

(7) 批量打印各类获奖证书。在电子表格中设置姓名、获奖名称和等级，在 Word 中设置打印格式，可以打印众多证书。

(8) 批量打印准考证、明信片、信封等个人报表。

总之，只要有数据源(电子表格、数据库)等，只要是一个标准的二维数表，就可以很方便地按一个记录一页的方式从 Word 中用邮件合并功能打印出来。

1) 制作电子信函

“邮件合并向导”是域的一种应用，帮助用户在 Word 2010 文档中完成信函、电子邮件、信封、标签或目录的邮件合并工作。其操作步骤如下。

(1) 打开 Word 2010 文档编辑窗口，切换至“邮件”选项卡。在“开始邮件合并”组中单击“开始邮件合并”按钮，在打开的下拉菜单中选择“邮件合并分步向导”命令，如图 2-108 所示。

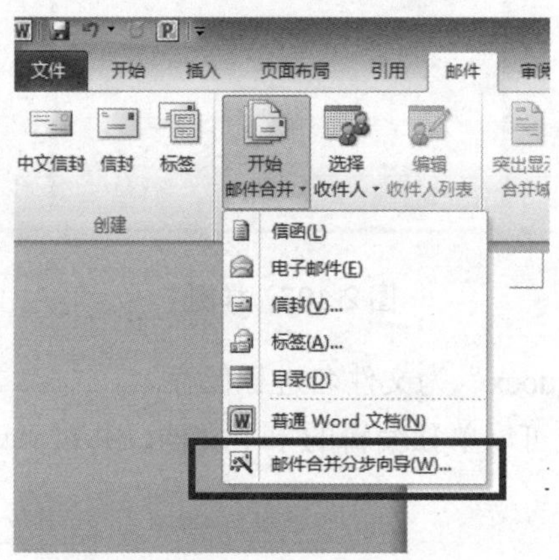

图 2-108 “开始邮件合并”组中的“邮件合并分布向导”命令

(2) 打开“邮件合并”任务窗格，在“选择文档类型”选项区域中选中“信函”单选按钮，并单击“下一步：正在启动文档”超链接，如图 2-109 所示。

(3) 在打开的“选择开始文档”选项区域中，选中“使用当前文档”单选按钮，并单击“下一步：选取收件人”超链接，如图 2-110 所示。

(4) 打开“选择收件人”选项区域，选中“从 Outlook 联系人中选择”单选按钮，并单击“选择‘联系人’文件夹”超链接，如图 2-111 所示。

(5) 在打开的“选择配置文件”对话框中选择事先保存的 Outlook 配置文件，然后单击“确定”按钮，如图 2-112 所示。

(6) 打开“选择联系人”对话框，选中要导入的联系人文件，单击“确定”按钮，如图 2-113 所示。

(7) 在打开的“邮件合并收件人”对话框中，可以根据需要取消选中联系人。如果需要合并所有收件人，直接单击“确定”按钮，如图 2-114 所示。

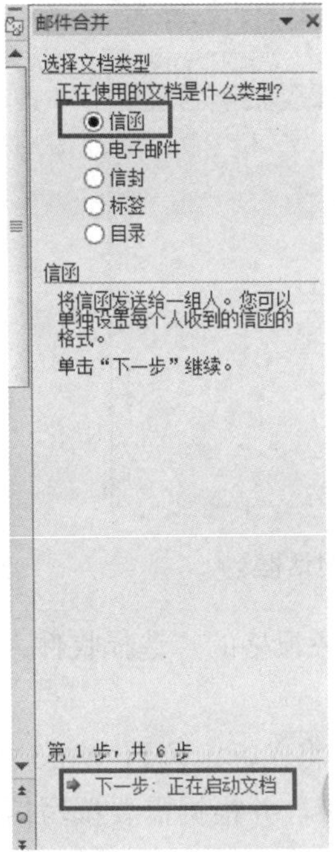

图 2-109　文档类型向导

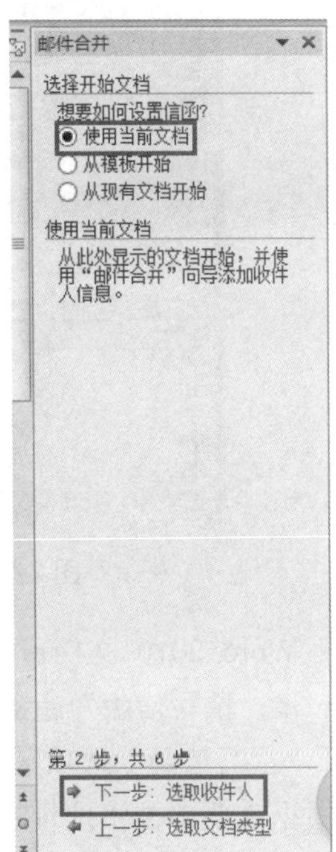

图 2-110　选择开始文档

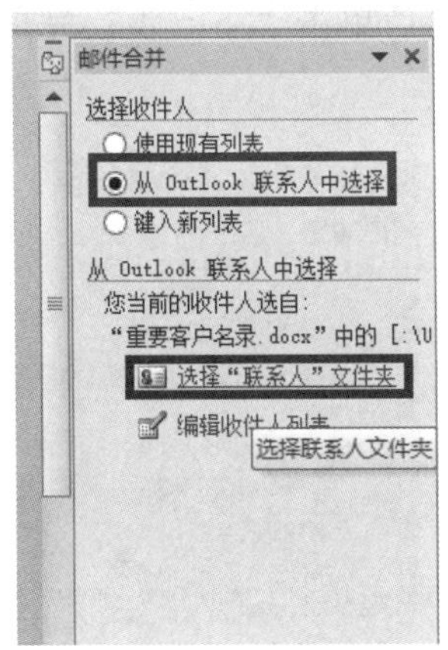

图 2-111　选择收件人

图 2-112　“选择配置文件”对话框

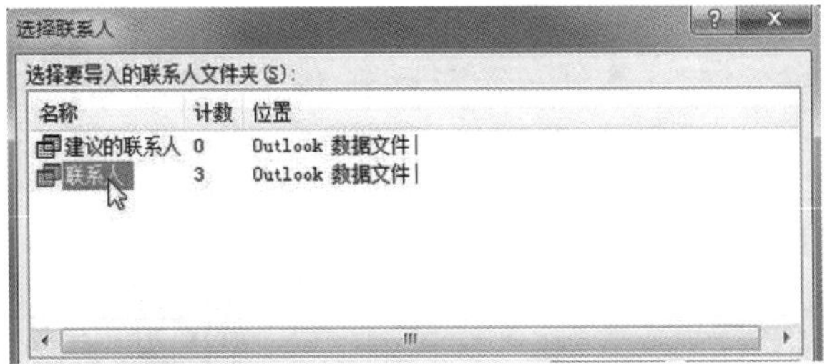

图 2-113　“选择联系人”对话框

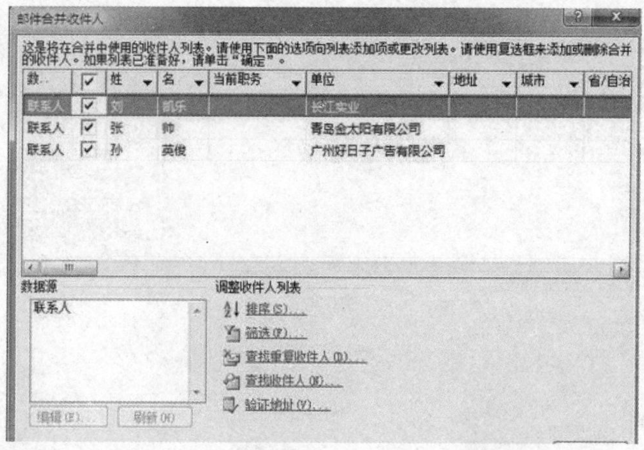

图 2-114 “邮件合并收件人”对话框

(8) 返回 Word 2010 文档窗口，在“邮件合并”任务窗格的“选择收件人”选项区域中单击“下一步：撰写信函”超链接。

(9) 打开“撰写信函”选项区域，如图 2-115 所示。将光标定位到 Word 2010 文档的顶部，然后根据需要单击“地址块”“问候语”等超链接，并根据需要撰写信函内容。撰写完成后单击“下一步：预览信函”超链接。

(10) 在打开的“预览信函”选项区域中可以查看信函内容，单击“上一个”或“下一个”按钮可以预览其他联系人的信函。确认没有错误后单击“下一步：完成合并”超链接，如图 2-116 所示。

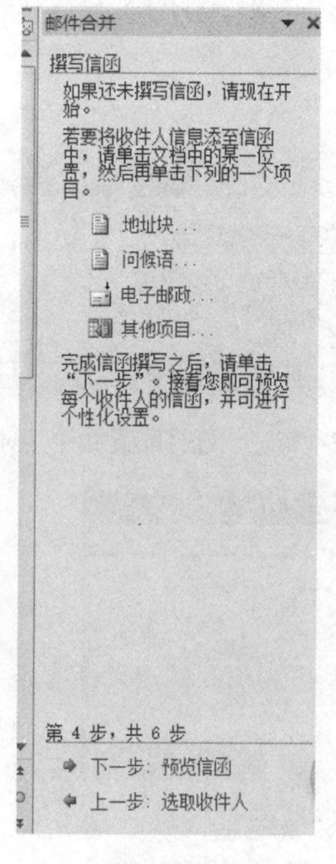

图 2-115 “撰写信函”选项区域

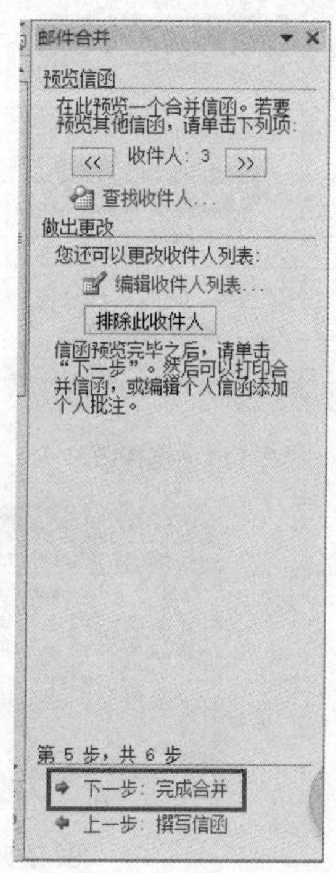

图 2-116 “预览信函”选项区域

(11) 打开“完成合并”选项区域，用户既可以单击“打印”超链接开始打印信函，也可以单击“编辑单个信函”超链接针对个别信函进行再编辑，如图 2-117 所示。

图 2-117　“完成合并”选项区域

2) 制作电子信封

使用合并技术制作信封的步骤如下。

(1) 选择“邮件”选项卡，在“创建”组中单击“中文信封”按钮，如图 2-118 所示。

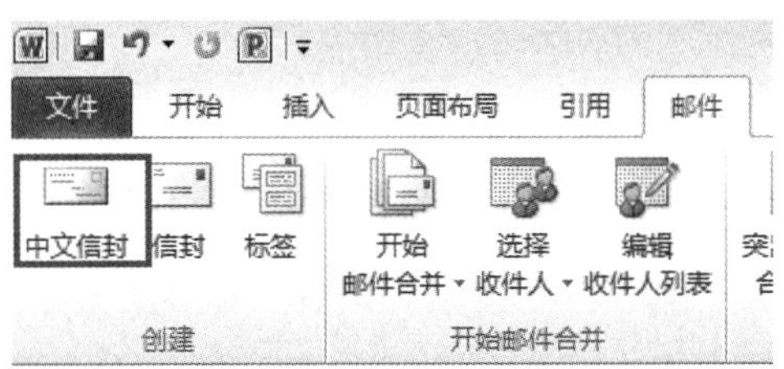

图 2-118　“创建”组中的“中文信封”按钮

(2) 在弹出的“信封制作向导”对话框的左侧有一个树状的制作流程，当前步骤以绿色显示，如图 2-119 所示。

(3) 单击“下一步”按钮，打开“选择信封样式”界面，在“信封样式”下拉列表框内选择所需的信封样式。通过选中或者取消选中“打印右上角处贴邮票框”等复选框可以设置自己想要的信封样式，如图 2-120 所示。

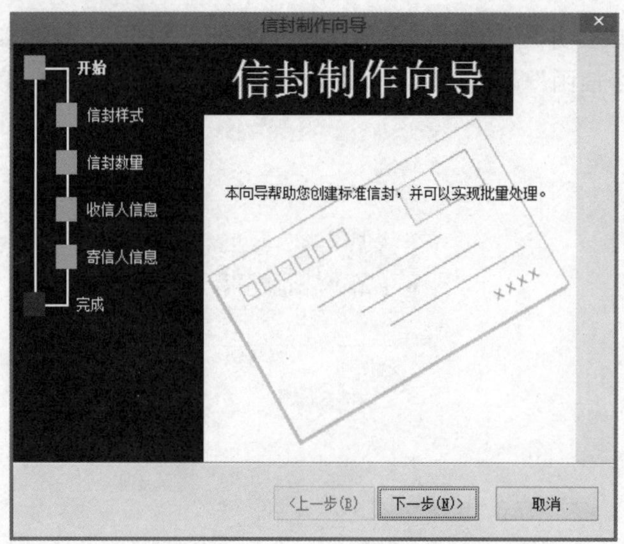

图 2-119 “信封制作向导”对话框

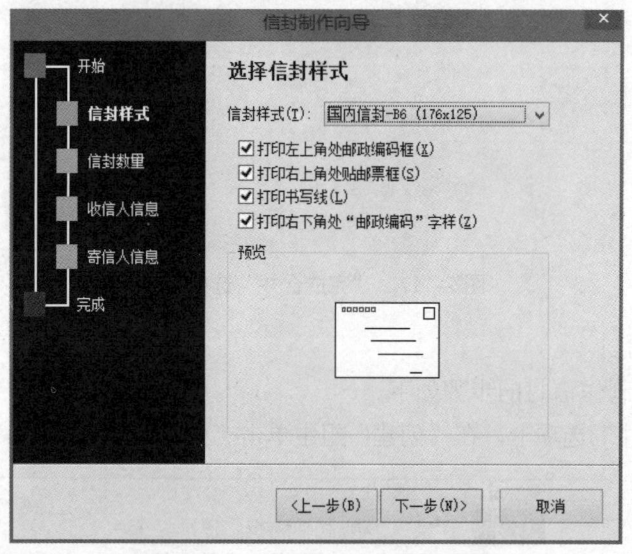

图 2-120 “选择信封样式”界面

(4) 设置完成后，单击“下一步”按钮。选择“键入收信人信息，生成单个信封”单选按钮即可，如图 2-121 所示。

单击“下一步”按钮，打开“键入收信人信息”对话框，在“姓名”“称谓”“单位”和“邮编”等文本框内输入收件人的信息。

单击“下一步”按钮，打开“键入寄信人信息”对话框，在“姓名”“称谓”“单位”和“邮编”等文本框内输入寄件人的信息。

输入完成后，单击“下一步”按钮，再次打开“信封制作向导”对话框，单击“完成”按钮即可。如图 2-122 所示为制作的信封样式。

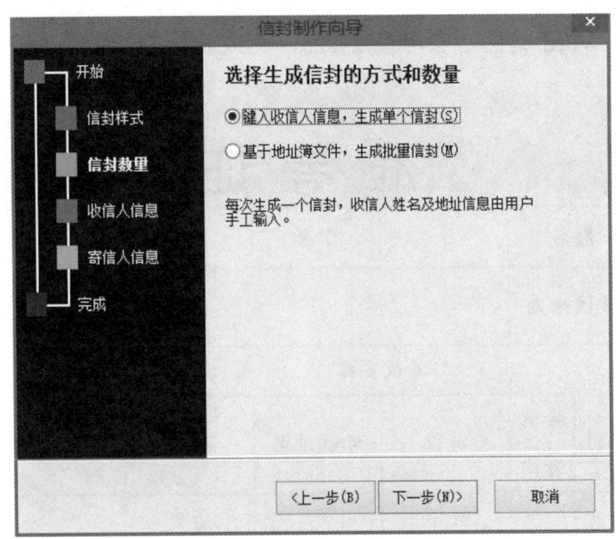

图 2-121　“信封制作向导”对话框

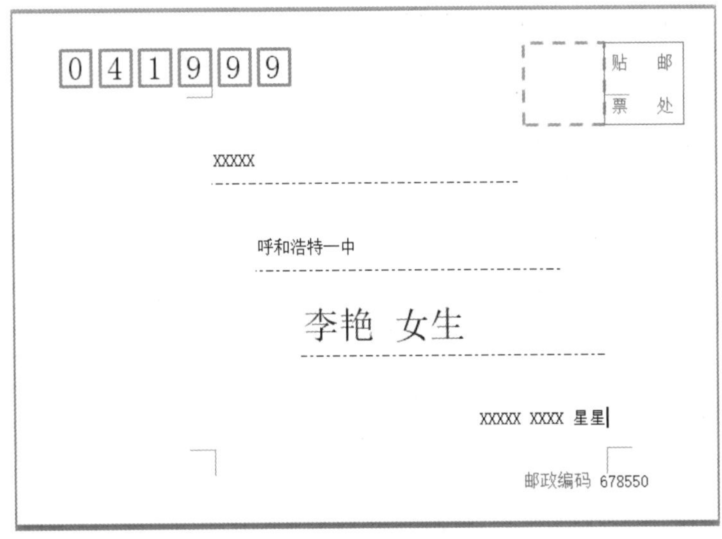

图 2-122　信封样式

2.4.3　巩固练习

批量打印带照片的准考证。

学校教务处每年都要打印带照片的毕业证、准考证，政教处每学期都要打印上千份的校牌(胸卡)、学生证和荣誉证，班主任每学期都要填写学生的成绩通知书和学生档案……若每一份都用手工填写打印，不仅需要花很多时间，还易出错。若利用 Word 的邮件合并功能，这些问题就可迎刃而解了。

利用 Word 的邮件合并功能将 Excel 数据、照片合并到 Word 中。

(练习素材 MOOC 平台中已给出，根据提示完成准考证制作。)

(1) 新建空白的 Word 文档，参考图 2-123，完成表格制作。

准 考 证

姓名		学号			
考试地点					
考试安排					
科目	考试时间	科目	考试时间	科目	考试时间
语文		外语		历史	
数学		政治		地理	

图 2-123　样例

(2) 利用邮件合并功能完成部分数据填充，如图 2-124 所示。

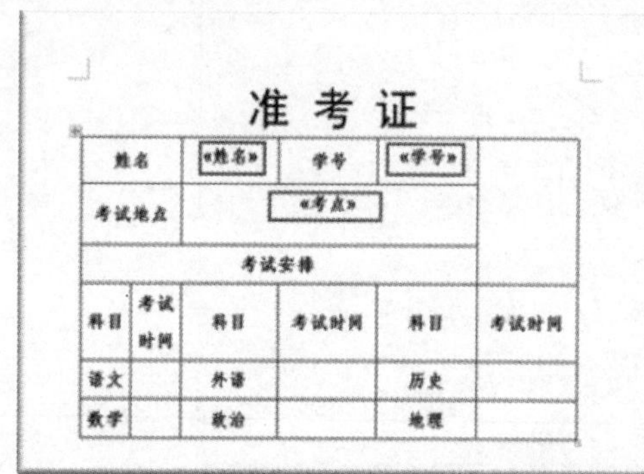

准 考 证

姓名	«姓名»	学号	«学号»		
考试地点	«考点»				
考试安排					
科目	考试时间	科目	考试时间	科目	考试时间
语文		外语		历史	
数学		政治		地理	

准 考 证

姓名	李娜	学号	20120001		
考试地点	云星三中				
考试安排					
科目	考试时间	科目	考试时间	科目	考试时间
语文		外语		历史	
数学		政治		地理	

图 2-124　样例

(3) 实现批量打印照片。

2.4.4　Word 综合练习

1. 综合练习一

【习题要求】

北京××大学信息工程学院讲师张××撰写了一篇名为“基于频率域特性的闭合轮廓描述子对比分析”的学术论文，拟投稿于某大学学报，根据该学报相关要求，论文必须遵照该学报论文样式进行排版。请根据 MOOC 素材文件中的“论文.docx”和相关图片文件等素材完成排版任务，具体要求如下。

(1) 将 MOOC 素材文件“论文.docx”另存为“论文正样.docx”，保存于桌面，并在此文件中完成所有要求，最终排版不超过 5 页，样式可参考综合练习一文件夹下的“论文正样 1.jpg”～“论文正样 5.jpg”。

(2) 论文页面设置为 A4 幅面，上、下、左、右边距分别为 3.5 厘米、2.2 厘米、2.5 厘米和 2.5 厘米。论文页面只指定行网格(每页 42 行)，页脚距边距 1.4 厘米，在页脚居中位置设置页码。

(3) 论文正文前面的内容，段落不设首行缩进，其中论文标题、作者、作者单位的中英文部分均居中显示，其余为两端对齐。文章编号为“黑体”“小五号”字；论文标题(红色字体)大纲级别为“1 级”、样式为“标题 1”，中文为“黑体”，英文为 Times New Roman，字号为“三号”。作者姓名的字号为“小四”，中文为“仿宋”，西文为 Times New Roman。作者单位、摘要、关键字、中图分类号等中英文部分字号为小五，中文为“宋体”，西文为 Times New Roman，其中摘要、关键字、中图分类号等中英文内容的第一个词(冒号前面的部分)设置为“黑体”。

(4) 参考“论文正样 1.jpg”示例，将作者姓名后面的数字和作者单位前面的数字(含中文、英文两部分)，设置正确的格式。

(5) 自正文开始到参考文献列表为止，页面布局分为对称 2 栏。正文(不含图、表、独立成行的公式)为“五号字”(中文为“宋体”，西文为 Times New Roman)，首行缩进“2 字符”，行距为“单倍行距”；表注和图注为“小五号”(表注中文为“黑体”，图注中文为“宋体”，西文均用 Times New Roman)，居中显示，其中正文中的“表 1”“表 2”与相关表格有交叉引用关系(注意：“表 1”“表 2”的“表”字与数字之间没有空格)，参考文献列表为“小五号”字，中文为“宋体”，西文均用 Times New Roman，采用项目编号，编号格式为“[序号]”。

(6) 素材中黄色字体部分为论文的第一层标题，大纲级别为“2 级”，样式为“标题 2”，多级项目编号格式为“1、2、3、…”，字体为“黑体”、黑色、“四号”，段落行距为“最小值 30 磅”，无段前、段后间距；素材中蓝色字体部分为论文的第二层标题，大纲级别为“3 级”，样式为“标题 3”，对应的多级项目编号格式为“2.1、2.2、…、3.1、3.2、…”，字体为“黑体”、黑色、“五号”，段落行距为“最小值 18 磅”，段前、段后间距为“3 磅”，其中参考文献无多级编号。

【实战步骤】

第一步：打开素材文件综合练习一文件夹下的“论文.docx”文件。

单击“文件”按钮，选择“另存为”命令，保存于“桌面”，将名称设置为“论文正样.docx”。

第二步：切换到“页面布局”选项卡，在“页面设置”组中单击对话框启动器按钮，打开“页面设置”对话框，在“页边距”选项卡中的“页边距”区域中设置页边距的“上”和“下”分别为 3.5 厘米、2.2 厘米，“左”和“右”边距设置为 2.5 厘米。

切换到“纸张”选项卡，将“纸张大小”设置为 A4。

切换到“版式”选项卡，在“页眉和页脚”组中将“页脚”设为1.4厘米。

切换到“文档网格”选项卡，在“网格”组中选中“只指定行网络”单选按钮，在“行数”组中将“每页”设为42行，单击“确定”按钮。

选择“插入”选项卡，在“页眉和页脚”组中单击“页脚”下拉按钮，在下拉列表中选择“编辑页脚”命令；切换到“开始”选项卡，在“段落”组中单击“居中”按钮。

切换到“页眉和页脚工具”下的“设计”选项卡，在“页眉和页脚”组中单击“页码”下拉按钮选择“当前位置”|“颚化符”选项，单击“关闭页眉和页脚”按钮，将其关闭。

第三步：选择正文之外的内容(包括论文标题、作者、作者单位的中英文部分)，切换到“开始”选项卡，在“段落”组中单击对话框启动器按钮，弹出“段落”对话框，选择“缩放和间距”选项卡，在“缩进”组中将“特殊格式”设置为“无”，单击“确定”按钮。

选中论文标题、作者、作者单位的中英文部分，在“开始”选项卡的“段落”组中单击“居中”按钮。

选中正文内容，在“开始”选项卡的“段落”组中单击“两端对齐”按钮。

选中“文章编号”部分内容，切换到“开始”选项卡，在“字体”组中将“字体”设为“黑体”、“字号”设为“小五”。

选中论文标题中文部分(红色字体)，在“开始”选项卡的“段落”组中单击对话框启动器按钮，弹出“段落”对话框，在“缩进和间距”选项卡的“常规”组中将“大纲级别”设为“1级”，单击“确定”按钮。在“开始”选项卡的“样式”组中对其应用“标题1”样式，并将字体修改为“黑体”，字号设置为“三号”。

选择论文标题的英文部分，设置与中文标题同样的“大纲级别”和“样式”，并将字体修改为Times New Roman，字号设置为“三号”。

选中作者姓名中文部分，在“开始”选项卡中将“字体”设置为“仿宋”，“字号”设置为“小四”。

选中作者姓名英文部分，在“开始”选项卡中将“字体”设置为Times New Roman，“字号”设置为“小四”。

选中作者单位、摘要、关键字、中图分类号等中文部分，在“开始”选项卡的“字体”组中选择字体为“宋体”，其中冒号前面的文字部分设置为“黑体”，“字号”都为“小五”。

选中作者单位、摘要、关键字、中图分类号等英文部分，在“开始”选项卡中将“字体”设置为Times New Roman，其中冒号前面的部分设置为“黑体”，“字号”设置为“小五”。

第四步：选中作者姓名后面的“数字”(含中文、英文两部分)，在“开始”选项卡下的“字体”组中单击对话框启动器按钮，弹出“字体”对话框，在“字体”选项卡下的“效果”组中，勾选“上标”复选框。

选中作者单位前面的“数字”(含中文、英文两部分)，按上述同样的操作方式设置正确的格式。

第五步：选中正文文本及参考文献，切换到“页面布局”选项卡，在“页面设置”组中单击“分栏”下拉按钮，在其下拉列表中选择“两栏”选项。

选择正文第一段文本，切换到“开始”选项卡，在“编辑”组中单击“选择”下拉按钮，在弹出的下拉菜单中选择“选择格式相似的文本”命令。选择文本后，在最后一页，按住 Ctrl 键选择“参考文献”的英文部分，在“字体”组中将“字号”设置为“五号”、“字体”设置为“宋体”，然后再将“字体”设置为 Times New Roman。

确定上一步选择的文本处于选择状态，在“段落”组中单击对话框启动器按钮，弹出“段落”对话框，选择“缩进和间距”选项卡，在“缩进”组中将“特殊格式”设为“首行缩进”、“磅值”设为“2 字符”，在“间距”组中将“行距”设为“单倍行距”，单击“确定”按钮。

选中所有的中文表注，将“字体”设为“黑体”，“字号”设为“小五”，在“段落”组中单击“居中”按钮。

选中所有的中文图注，将“字体”设为“宋体”，“字号”设为“小五”，在“段落”选项组中单击“居中”按钮。

选中所有的英文表注与图注，将“字体”设为 Times New Roman，“字号”设为“小五”，在“段落”组中单击“居中”按钮。

选中所有的参考文献，将“字体”设为“宋体”，再将“字体”设为 Times New Roman，“字号”设为“小五”。

确认参考文献处于选中状态，在“段落”组中单击“编号”按钮，在其下拉列表中选择“定义新编号格式”命令，弹出“定义新编号格式”对话框，将“编号格式”设为“[1]”，并单击“确定”按钮。

第六步：选中第一个黄色字体，切换到“开始”选项卡，在“样式”组中选中“标题 2”样式，单击鼠标右键，在弹出的快捷菜单中选择“修改”命令，弹出“修改样式”对话框，将“字体”设为“黑体”、“字体颜色”设为“黑色”、“字号”设为“四号”。

单击“格式”按钮，在弹出的下拉菜单中选择“段落”命令，弹出“段落”对话框。选择“缩进和间距”选项卡，在“常规”组中将“大纲级别”设为 2 级，在“间距”组中将“行距”设为“最小值”、“设置值”设为“30 磅”、“段前”和“段后”都设为“0 行”，并对余下黄色文字应用“标题 2”样式。

选中第一个蓝色字体，切换到“开始”选项卡，在“样式”组中选中“标题 3”样式，单击鼠标右键，在弹出的快捷菜单中选择“修改”命令，弹出“修改样式”对话框，将“字体”设为“黑体”、“字体颜色”设为“黑色”、“字号”设为“五号”。

单击“格式”按钮，在弹出的下拉菜单中选择“段落”命令，弹出“段落”对话框。选择“缩进和间距”选项卡，在“常规”组中将“大纲级别”设为“3 级”，在“间距”组中将“行距”设为“最小值”、“设置值”设为“18 磅”、“段前”和“段后”都设为“3 磅”，并对余下蓝色文字应用“标题 3”样式。

选择应用“标题 2”样式的文字，切换到“开始”选项卡，在“段落”组中单击“多级列表”按钮，在弹出的下拉列表中选择“定义新的多级列表”命令，弹出“定义新多级列表”对话框，单击要修改的级别“1”，单击“更多”按钮，将“级别链接到样式”设为“标题 2”。

单击要修改的级别“2”，将“级别链接到样式”设为“标题 3”，单击“确定”按钮。

2. 综合练习二

【习题要求】

在综合练习二文件夹下打开文本文件“word 素材.txt”，按照要求完成下列操作并以文件名“word.docx”保存结果文档。

张静是一名大学本科三年级学生，经多方面了解分析，她希望在下个暑期去一家公司实习。为获得难得的实习机会，她打算利用 Word 精心制作一份简洁而醒目的个人简历，示例样式如“简历参考样式.jpg”所示，要求如下：

(1) 调整文档版面，要求纸张大小为 A4，页边距(上、下)为 2.5 厘米，页边距(左、右)为 3.2 厘米。

(2) 根据页面布局需要，在适当的位置插入标准色为橙色与白色的两个矩形，其中橙色矩形占满 A4 幅面，文字环绕方式设为“浮于文字上方”，作为简历的背景。

(3) 参照示例文件，插入标准色为橙色的圆角矩形，并添加文字“实习经验”，插入一个短划线的虚线圆角矩形框。

(4) 参照示例文件，插入文本框和文字，并调整文字的字体、字号、位置和颜色。其中“张静”应为标准色橙色的艺术字，“寻求能够……”文本效果应为跟随路径的“上弯弧”。

(5) 根据页面布局需要，插入考生文件夹下的图片“1.png”，依据样例进行裁剪和调整，并删除图片的剪裁区域；然后根据需要插入图片“2.jpg”“3.jpg”“4.jpg”，并调整图片位置。

(6) 参照示例文件，在适当的位置使用形状中的标准色橙色箭头(提示：其中横向箭头使用线条类型箭头)，插入 SmartArt 图形，并进行适当编辑。

(7) 参照示例文件(综合练习二文件夹下)，在“促销活动分析”等 4 处使用项目符号“对钩”，在“曾任班长”等 4 处插入符号“五角星”、颜色为标准色红色。调整各部分的位置、大小、形状和颜色，以展现统一、良好的视觉效果。

【实战步骤】

第一步：打开综合练习二文件夹下的“word 素材.txt”素材文件。

启动 Word 2010 软件，并新建空白文档。

切换到“页面布局”选项卡，在“页面设置”组中单击对话框启动器按钮，弹出“页面设置”对话框，切换到“纸张”选项卡，将“纸张大小”设为“A4”。

切换到“页边距”选项卡，将“页边距”的上、下、左、右分别设为 2.5 厘米、2.5 厘米、3.2 厘米、3.2 厘米。

第二步：切换到“插入”选项卡，在“插图”组中单击“形状”下拉按钮，在其下拉列表中选择“矩形”，并在文档中进行绘制使其与页面大小一致。

选中矩形，切换到“绘图工具”下的“格式”选项卡，在“形状样式”组中分别将“形状填充”和“形状轮廓”都设为“标准色”下的“橙色”。

选中黄色矩形，单击鼠标右键，在弹出的快捷菜单中选择“自动换行”级联菜单中的“浮于文字上方”命令。

在橙色矩形上方按步骤 1 的方式创建一个白色矩形，设为“浮于文字上方”，“形状填充”和“形状轮廓”都设为“主题颜色”下的“白色”。

第三步：切换到“插入”选项卡，在“插图”组中单击“形状”下拉按钮，在下拉列表中选择“圆角矩形”，参考示例文件，在合适的位置绘制圆角矩形，将“圆角矩形”的“形状填充”和“形状轮廓”都设为“标准色”下的“橙色”。

选中绘制的圆角矩形，在其中输入文字“实习经验”，并选中“实习经验”，设置“字体”为“宋体”、“字号”为“小二”。

根据参考样式，再次绘制一个“圆角矩形”，并调整此圆角矩形的大小。

选中此圆角矩形，选择“绘图工具”下的“格式”选项卡，在“形状样式”组中将“形状填充”设为“无填充颜色”，在“形状轮廓”列表框中选择“虚线”下的“短划线”，“粗细”设置为“0.5 磅”，“颜色”设为“橙色”。

选中圆角矩形，单击鼠标右键，在弹出的快捷菜单中选择“置于底层”级联菜单中的“下移一层”命令。

第四步：切换到“插入”选项卡，在“文本”组中单击“艺术字”下拉按钮，在下拉列表中选择“填充-无”|“轮廓-强调文字颜色 2”的红色艺术字；输入文字“张静”，并调整好位置。

选中艺术字，设置艺术字的“文本填充”为“橙色”，并将其“字号”设为“一号”。

切换到“插入”选项卡，在“文本”组中单击“文本框”下拉按钮，在下拉列表中选择“绘制文本框”，绘制一个文本框并调整好位置。

在文本框上右击，选择“设置形状格式”命令，弹出“设置形状格式”对话框，选择“线条颜色”为“无线条”。

在文本框中输入与参考样式中对应的文字，并调整好字体、字号和位置。

切换到“插入”选项卡，在页面最下方插入艺术字。在“文本”组中单击“艺术字”下拉按钮，选中艺术字，并输入文字“寻求能够不断学习进步，有一定挑战性的工作”，并适当调整文字大小。

切换到“绘图工具”下的“格式”选项卡，在“艺术字样式”组中单击“文本效果”下拉按钮，在弹出的下拉列表中选择“转换”|“跟随路径”|“上弯弧”。

第五步：切换到“插入”选项卡，在“插图”组中单击“图片”按钮，弹出“插入图片”对话框，选择考生文件夹下的素材图片“1.png”，单击“插入”按钮。

选择插入的图片，单击鼠标右键，在弹出的快捷菜单中选择“自动换行”|“四周型环绕”，依照样例利用“图片工具”|“格式”选项卡下“大小”组中的“裁剪”工具进行裁剪，并调整大小和位置。

使用同样的操作方法在对应位置插入图片“2.png”“3.png”“4.png”，并调整好大小和位置。

第六步：切换到“插入”选项卡，在“插图”组中单击“形状”下拉按钮，在下拉列表中选择“线条”中的“箭头”，在对应的位置绘制水平箭头。

选中水平箭头后单击鼠标右键，在弹出的快捷菜单中选择“设置形状格式”，在“设置形状格式”对话框中设置“线条颜色”为“橙色”，在“线型”选项界面中“宽度”微调框中输入线条宽度为“4.5 磅”。

切换到“插入”选项卡，在“插图”组中单击“形状”下拉按钮，在下拉列表中选择“箭头总汇”中的“上箭头”，在对应样张的位置绘制三个垂直向上的箭头。

选中绘制的 “箭头”，在“绘图工具”|“格式”选项卡中设置“形状轮廓”和“形状填充”均为“橙色”，并调整好大小和位置。

切换到“插入”选项卡，在“插图”组中单击 SmartArt 按钮，弹出“选择 SmartArt 图形”对话框，选择“流程”|“步骤上移流程”。

输入相应的文字，并适当调整 SmartArt 图形的大小和位置。

切换到“SmartArt 工具”下的“设计”选项卡，在“SmartArt 样式”组中，单击“更改颜色”下拉按钮，在其下拉列表中选择“强调文字颜色 2”组中的“渐变范围”|“强调文字颜色 2”。

切换到“SmartArt 工具”下的“设计”选项卡，在“创建图形”组中单击“添加形状”按钮，在其下拉列表中选择“在后面形状添加”选项，共添加四个。

在文本框中输入相应的文字，并设置合适的“字体”和“大小”。

第七步：在“实习经验”矩形框中输入文字，并调整字体大小和位置。

分别选中“促销活动分析”等文本框的文字，单击鼠标右键选择“项目符号”，在“项目符号库”中选择“对钩”符号，为其添加“对钩”符号。

分别将光标定位在“曾任班长”等 4 处位置的起始处，切换到“插入”选项卡，在“符号”组中选择“其他符号”，在列表中选择“五角星”。

选中插入的“五角星”符号，在“开始”选项卡中设置颜色为“标准色”中的“红色”。

以文件名“word.docx”保存结果文档。

3. 综合练习三

【习题要求】

在综合练习三文件夹下新建 word.docx 文件，按照要求完成下列操作并以该文件名(word.docx)保存文档。

吴明是某房地产公司的行政助理，主要负责开展公司的各项活动，并起草各种文件。

为丰富公司的文化生活，公司决定于 2017 年 10 月 21 日下午 15:00 时在会所会议室举办以爱岗敬业“激情飞扬在十月，创先争优展风采”为主题的演讲比赛。比赛需邀请评委，评委人员保存在名为“评委.docx”的 Word 文档中，公司联系电话为 021-66668888。

根据上述内容制作请柬，具体要求如下。

(1) 制作一份请柬，以“董事长：李科勒”的名义发出邀请，请柬中需要包含标题、收件人名称、演讲比赛时间、演讲比赛地点和邀请人。

(2) 对请柬进行适当的排版，具体要求：改变字体、调整字号，且标题部分(“请柬”)与正文部分(以“尊敬的×××”开头)采用不同的字体和字号，以美观且符合中国人的阅读习惯为标准。

(3) 在请柬的左下角位置插入一张图片(图片自选)，调整其大小及位置，要求不影响文字排列、不遮挡文字内容。

(4) 进行页面设置，加大文档的上边距；为文档添加页脚，要求页脚内容包含本公司的联系电话。

(5) 运用邮件合并功能制作内容相同、收件人不同(收件人为“评委.docx”中的每个人，采用导入方式)的多份请柬，要求先将合并主文档以“请柬 1.docx”为文件名进行保存，进行效果预览后生成可以单独编辑的单个文档“请柬 2.docx”。

【实战步骤】

第一步：启动 Word 2010，新建一个空白文档。

根据题目要求在空白文档中输入请柬必须包含的信息。

第二步：根据题目要求，对初步做好的请柬进行适当的排版。选中“请柬”二字，单击“开始”选项卡下“字体”组中的“字号”下拉按钮，在弹出的下拉列表中选择合适的字号，此处我们选择“小初”。按照同样的方式在“字体”下拉列表中设置字体，此处我们选择“隶书”。

选中除了“请柬”以外的正文部分，单击“开始”选项卡下“字体”组中的下拉按钮，在弹出的列表中选择适合的字体，此处选择“黑体”。按照同样的方式设置字号为“五号”。

第三步：插入图片。单击“插入”选项卡下“插图”组中的“图片”按钮，在弹出的“插入图片”对话框中选择合适的图片，此处选择“图片 1.jpg”。插入图片后，拖动鼠标适当调整图片的大小以及位置。

第四步：进行页面设置。单击“页面布局”选项卡下“页面设置”组中的“页边距”下拉按钮，在下拉列表中选择“自定义页边距”。

在弹出的“页面设置”对话框中选择“页边距”选项卡。在“页边距”选项的“上”中选择合适的数值，以适当加大文档的上边距，此处我们选择“3 厘米”。

单击“插入”选项卡下“页眉和页脚”组中的“页眉”按钮，在弹出的下拉列表中选择“空白”选项。

在光标显示处输入本公司的联系电话“021-66668888”。

第五步：在“邮件”选项卡下的“开始邮件合并”组中，选择“开始邮件合并”下的

“邮件合并分步向导”命令。

打开“邮件合并”任务窗格，进入“邮件合并分步向导”的第一步。在“选择文档类型”中选择一个希望创建的输出文档的类型，此处我们选中“信函”单选按钮。

单击“下一步：正在启动文档”超链接，进入“邮件合并分步向导”的第二步，在“选择开始文档”选项区域选中“使用当前文档”单选按钮，以当前文档作为邮件合并的主文档。

接着单击“下一步：选取收件人”超链接，进入第三步，在“选择收件人”选项区域中选中“使用现有列表”单选按钮。

然后单击“浏览”超链接，打开“选取数据源”对话框，选择“评委.xlsx”文件，单击“打开”按钮，进入“邮件合并收件人”对话框，单击“确定”按钮完成现有工作表的链接工作。

选择收件人的列表之后，单击“下一步：撰写信函”超链接，进入第四步。在“撰写信函”选项区域中单击“其他项目”超链接。打开“插入合并域”对话框，在“域”列表框中，按照题意选择“姓名”域，单击“插入”按钮。插入完所需的域后，单击“关闭”按钮，关闭“插入合并域”对话框。文档中的相应位置就会出现插入的域标记。

在“邮件合并”任务窗格中，单击“下一步：预览信函”超链接，进入第五步。在“预览信函”选项区域中，单击“<<”或“>>”按钮，可查看具有不同邀请人的姓名和称谓的信函。

预览并处理输出文档后，单击“下一步：完成合并”超链接，进入“邮件合并分步向导”的最后一步。此处，我们单击“编辑单个信函”超链接，打开“合并到新文档”对话框，在“合并记录”选项区域中选中“全部”单选按钮。

最后单击“确定”按钮，Word 就会将存储的收件人的信息自动添加到请柬的正文中，并合并生成一个新文档。

将合并主文档以“请柬 1.docx”为文件名进行保存。

进行效果预览后，生成可以单独编辑的单个文档，并以“请柬 2.docx”为文件名进行保存。

习　题

1. 单项选择题

(1) Word 具有的功能是(　　)。

A. 表格处理　　B. 绘制图形　　C. 自动更正　　D. 以上三项都是

(2) 通常情况下，下列选项中不能用于启动 Word 2010 的操作是(　　)。

A. 双击 Windows 桌面上的 Word 2010 快捷方式图标

B. 单击“开始”|“所有程序”| Microsoft Office | Microsoft Word 2010

C. 在 Windows 资源管理器中双击 Word 文档图标

D. 单击 Windows 桌面上的 Word 2010 快捷方式图标

(3) 在 Word 2010 的编辑状态中，能设定文档行间距的功能按钮位于(　　)中。

A. "文件"选项卡　　B. "开始"选项卡

C. "插入"选项卡　　D. "页面布局"选项卡

(4) 在 Word 2010 的编辑状态下，"开始"选项卡下"剪贴板"组中"剪切"和"复制"按钮呈浅灰色不能用时，说明(　　)。

A. 剪贴板上已经有信息存放　　B. 在文档中没有选中任何内容

C. 选定的内容是图片　　D. 选定的文档太长，剪贴板放不下

(5) 在 Word 2010 文档中，每个段落都有自己的段落标记，段落标记的位置在(　　)。

A. 段落的首部　　B. 段落的结尾处

C. 段落的中间位置　　D. 段落中，但用户找不到的位置

(6) Word 2010 文档的默认扩展名为(　　)。

A. txt　　B. doc　　C. docx　　D. jpg

(7) 在 Word 2010 中，要新建文档，第一步操作应该选择(　　)选项卡。

A. "视图"　　B. "开始"　　C. "插入"　　D. "文件"

(8) 在 Word 2010 中，"段落"格式设置中不包含设置(　　)。

A. 首行缩进　　B. 对齐方式　　C. 段间距　　D. 字符间距

(9) 在 Word 2010 编辑状态下，绘制文本框的命令按钮所在的选项卡是(　　)。

A. "引用"　　B. "插入"　　C. "开始"　　D. "视图"

(10) 在 Word 2010 的编辑状态中，如果要输入希腊字母Ω，需要使用的选项卡是(　　)。

A. "引用"　　B. "插入"　　C. "开始"　　D. "视图"

(11) SmartArt 在(　　)选项卡下。

A. "插入"　　B. "开始"　　C. "页面布局"　　D. "引用"

(12) 在 Word 2010 文档中插入数学公式，在"插入"选项卡中应选的命令按钮是(　　)。

A. 符号　　B. 图片　　C. 形状　　D. 公式

(13) 在 Word 2010 中插入表格的方法有(　　)。

A. 插入表格　　B. 绘制表格

C. Excel 电子表格　　D. 以上都有

(14) 关于样式、样式库和样式集，以下表述正确的是(　　)。

A. 快速样式库中显示的是用户最为常用的样式

B. 用户无法自行添加样式到快速样式库

C. 多个样式库组成了样式集

D. 样式集中的样式存储在模板中

(15) 如果要将某个新建样式应用到文档中，(　　)无法完成样式的应用。

A. 使用快速样式库或样式任务窗格直接应用

B. 使用查找与替换功能替换样式

C. 使用格式刷复制样式

D. 使用 Ctrl+W 快捷键重复应用样式

(16) 若文档被分为多个节，并在“页面设置”组中将页眉和页脚设置为奇偶页不同，则以下关于页眉和页脚说法正确的是(　　)。

A. 文档中所有奇偶页的页眉必然都不相同

B. 文档中所有奇偶页的页眉可以都不相同

C. 每个节中奇数页页眉和偶数页页眉必然不相同

D. 每个节的奇数页页眉和偶数页页眉可以不相同

(17) 在 Word 2010 新建段落样式时，可以设置字体、段落、编号等多项样式属性，以下不属于样式属性的是(　　)。

A. 制表位　　B. 语言　　C. 文本框　　D. 快捷键

(18) 在同一个页面中，如果希望页面上半部分分为一栏，下半部分分为两栏，应插入的分隔符号为(　　)。

A. 页符　　B. 分栏符　　C. 分节符(连续)　D. 分节符(奇数页)

(19) 关于 Word 2010 的页码设置，以下表述错误的是(　　)。

A. 页码可以插入页眉页脚区域

B. 页码可以插入左右页边距

C. 如果希望首页和其他页页码不同，必须设置“首页不同”

D. 可以自定义页码并添加到构建基块管理器中的页码库中

(20) 关于导航窗格，以下表述错误的是(　　)。

A. 能够浏览文档中的标题

B. 能够浏览文档中的各个页面

C. 能够浏览文档中的关键文字和词

D. 能够浏览文档中的脚注、尾注、题注等

2. 判断题

(1) 在 Word 2010 中，对于选定的文字不能进行动态效果设置。(　　)

(2) 查找、替换在“开始”选项卡中。(　　)

(3) 对文本字体进行设置，首先应该选中文本。(　　)

(4) Word 中的字号，数值越小，字体越小。(　　)

(5) 要对文本框进行设置，首先需选中文本框。(　　)

(6) 文本框的边框可以设置为无轮廓。(　　)

(7) 文本框不可以设置透明度。(　　)

(8) 单击“绘制文本框”按钮，可连续绘制多个文本框。(　　)

(9) 文本和表格可以相互转换。(　　)

(10) Word 2010 只能对数值型的关键字进行排序。(　　)

(11) Word 2010 可以插入公式，因此可实现各种功能的表格计算。(　　)

(12) 所有的 SmartArt 中都可以插入图片。(　　)

(13) 对 SmartArt 进行设置，首先应该选中它。(　　)

(14) 域是文档中的变量，域分为域代码和域结果。(　　)

(15) 邮件合并属于域的应用。(　　)

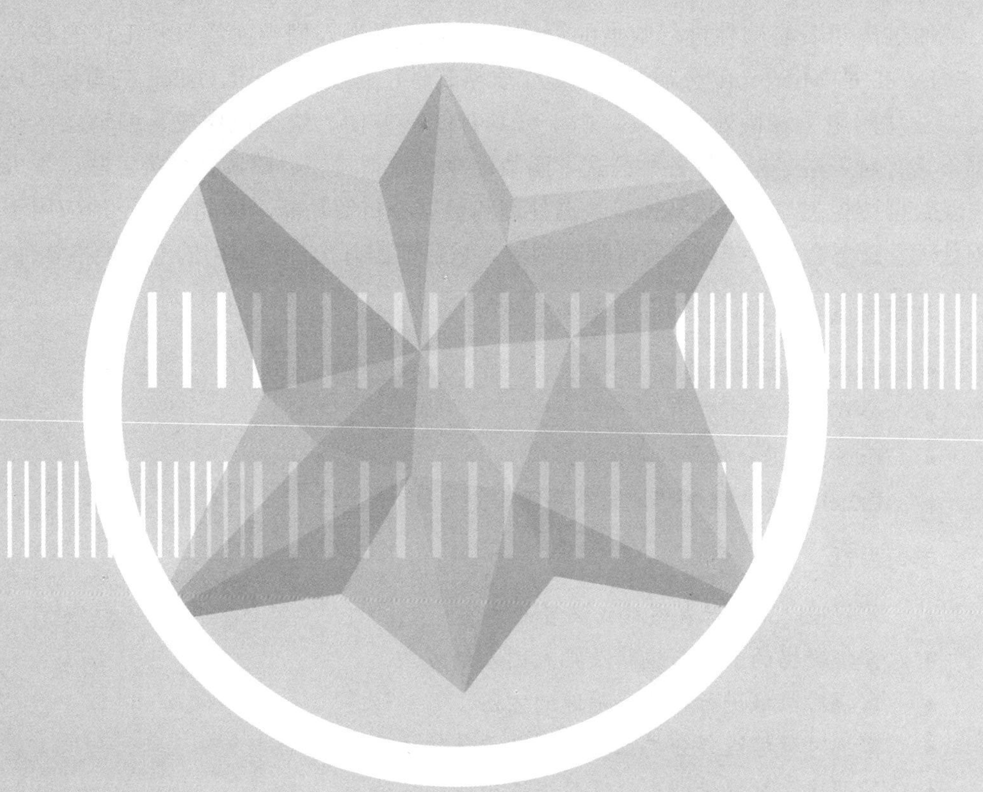

第 3 章

Excel 的高级应用

通过电子表格软件进行数据的管理与分析已成为人们当前学习和工作的必备技能之一。Excel 是 Microsoft 公司开发的电子表格软件，是 Microsoft Office 的重要组成部分，是专业化的电子表格处理工具。由于它具有能够方便、快捷地生成、编辑表格及表格数据，具有对表格数据进行各种公式、函数计算、数据排序、筛选、分类汇总、生成各种图表及数据透视表与数据透视图等数据处理和数据分析等功能，因此被广泛地应用于日常数据处理及财务会计、统计等经济管理领域，是目前国际上广泛应用的电子表格软件。

本章要点

- Excel 的基本操作。
- 公式与函数的应用。
- Excel 数据分析与处理。
- Excel 与其他程序的协同及共享。

学习目标

- 掌握 Excel 电子表格格式设置的方法。
- 掌握数据的录入与编辑及插入图表的方法。
- 掌握对数据进行排序和筛选的方法。
- 掌握对数据进行分类汇总和合并计算的方法。
- 了解建立数据透视表以及数据透视图的方法。
- 了解单变量求解以及单变量模拟运算表的使用。
- 了解双变量模拟运算表的创建和应用。
- 了解方案管理器的使用。
- 掌握如何设定共享、修订、批注工作簿。
- 了解 Excel 与其他应用程序的数据共享。
- 了解宏的简单应用。

3.1 Excel 2010 概述

3.1.1 教学案例

【案例要求】

文涵是大地公司的销售部助理，负责对全公司的销售情况进行统计分析，并将结果提交给销售部经理。年底，她根据各门店提交的销售报表进行统计分析。

打开 jxal1.xlsx，帮助文涵完成以下操作：

(1) 将 Sheet 1 工作表重命名为“销售情况”。

(2) 在“销售情况”表的“店铺”列左侧插入一个空列，输入列标题为“序号”，并以 001、002、003、…的方式向下填充该列到最后一个数据行。

(3) 将工作表标题跨列合并后居中，并将其字体设置为“华文行楷”，字号设置为

“18 号”，颜色设置为“红色”。

(4) 设置数据表的列宽为“10”，设置所有单元格的内容为“居中对齐”(标题除外)。

(5) 设置销售额数据列为“数值格式”(保留 2 位小数)，并为数据区域增加边框线。

(6) 将“销售情况”工作表中笔记本销售量大于等于 300 台的记录以红色底纹显示。

(7) 将 jxal1.xlsx 工作簿的结构进行保护，并将保护密码设置为“123”。

(8) 将各个店铺 4 个季度笔记本的销售额形成一个三维簇状柱形图。

(9) 保存 jxal1.xlsx 文件。

【实战步骤】

第一步：从 MOOC 平台上下载 jxal1.xlsx 工作簿，双击打开该工作簿，在 Sheet1 工作表上单击鼠标右键，在弹出的快捷菜单中选择“重命名”命令，输入新的名称“销售情况”后按 Enter 键即可。

第二步：选中“店铺”一列后，单击鼠标右键，在弹出的快捷菜单中选择“插入”命令，即可在“店铺”列左侧插入一个空列，输入列标题“序号”，选中“序号”一列，单击鼠标右键，选择“设置单元格格式”命令，在弹出的“设置单元格格式”对话框中选择“数字”选项卡，在“分类”列表框中选择“文本”选项，将该列数据设置为“文本”类型，然后在序号列的第一个单元格中输入“001”，选中该单元格，将鼠标指针放置在该单元格的右下角，当鼠标指针变为十字箭头时，按住鼠标左键向下拖动直到最后一个数据行，即可完成该列数据的填充。

第三步：选中 A1:F1 单元格区域，单击鼠标右键，选择“设置单元格格式”命令，在弹出的“设置单元格格式”对话框中选择“对齐”选项卡，设置水平对齐方式为“跨列居中”，文本控制为“合并单元格”，选择“字体”选项卡，设置字体为“华文行楷”，字号为“18 号”，颜色为“红色”，设置完成后，单击“确定”按钮即可。

第四步：选中数据表的 A 列到 F 列，单击鼠标右键，在弹出的快捷菜单中选择“列宽”命令，在弹出的对话框的“列宽”处输入“10”，单击“确定”按钮，选中标题除外所有的单元格，单击“开始”选项卡中“对齐方式”组中的居中按钮。

第五步：选中“销售额”数据列，单击鼠标右键，选择“设置单元格格式”命令，在弹出的“设置单元格格式”对话框中选择“数字”选项卡，在“分类”列表框中选择“数值”选项，将该列数据设置为“数值”类型，并保留两位小数，设置完成后，单击“确定”按钮。

第六步：选中标题除外数据区域，单击鼠标右键，选择“设置单元格格式”命令，在弹出的“设置单元格格式”对话框中选择“边框”选项卡，线条的样式与颜色不变，选择默认，“预置”选择“外边框”和“内部”，设置完成后，单击“确定”按钮。

第七步：选中“销售量”一列中所有笔记本的销售量数据，选择“开始”|“条件格式”|“突出显示单元格规则”|“其他规则”命令，在弹出的“新建格式规则”对话框中“编辑规则说明”处进行如图 3-1 所示的设置，设置完成后，单击“确定”按钮。

第八步：选择“审阅”|“更改”|“保护工作簿”命令，在弹出的“保护结构和窗口”对话框中，选中“结构”复选框，并设置密码为“123”，设置完成后，单击“确定”按

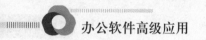

钮后，弹出“确认密码”对话框，在该对话框中再次输入“123”，确定即可。

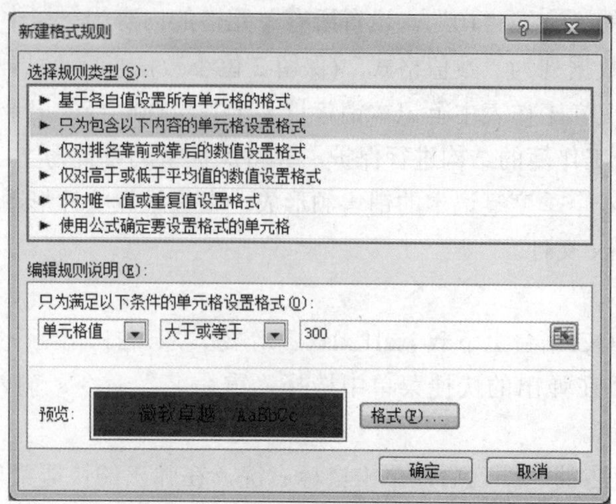

图 3-1 “新建格式规则”对话框

第九步：选中“店铺”“季度”“销售额”3 列数据(注意只选笔记本的相关数据)后，选择“插入”|“图表”|“柱形图”|“三维簇状柱形图”命令，即可按要求插入一个图表。

第十步：选择“文件”|“保存”命令，完成所有设置后的工作表如图 3-2 所示。

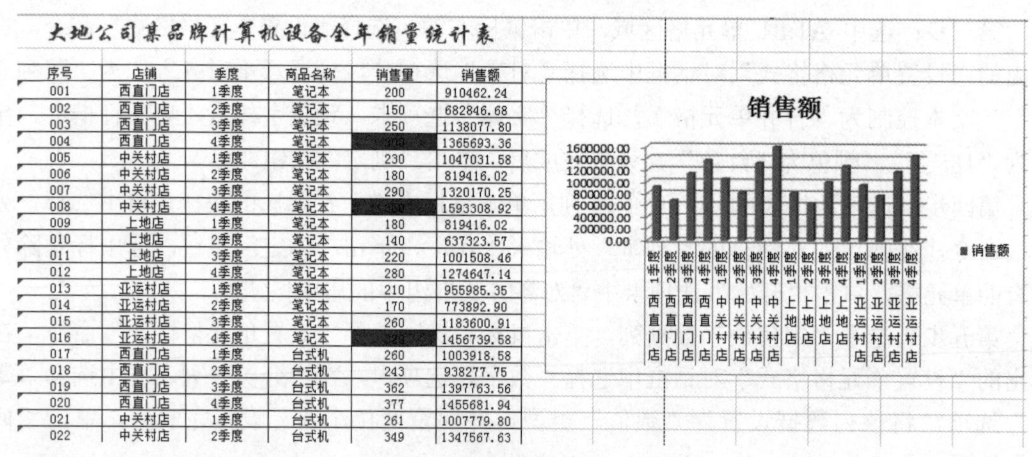

大地公司某品牌计算机设备全年销量统计表

序号	店铺	季度	商品名称	销售量	销售额
001	西直门店	1季度	笔记本	200	910462.24
002	西直门店	2季度	笔记本	150	682846.68
003	西直门店	3季度	笔记本	250	1138077.80
004	西直门店	4季度	笔记本	300	1365693.36
005	中关村店	1季度	笔记本	230	1047031.58
006	中关村店	2季度	笔记本	180	819416.02
007	中关村店	3季度	笔记本	290	1320170.25
008	中关村店	4季度	笔记本	[illegible]	1593308.92
009	上地店	1季度	笔记本	180	819416.02
010	上地店	2季度	笔记本	140	637323.57
011	上地店	3季度	笔记本	220	1001508.46
012	上地店	4季度	笔记本	280	1274647.14
013	亚运村店	1季度	笔记本	210	955985.35
014	亚运村店	2季度	笔记本	170	773892.90
015	亚运村店	3季度	笔记本	260	1183600.91
016	亚运村店	4季度	笔记本	[illegible]	1456739.58
017	西直门店	1季度	台式机	260	1003918.58
018	西直门店	2季度	台式机	243	938277.75
019	西直门店	3季度	台式机	362	1397763.56
020	西直门店	4季度	台式机	377	1455681.94
021	中关村店	1季度	台式机	261	1007779.80
022	中关村店	2季度	台式机	349	1347567.63

图 3-2 设置完成后工作表效果图

3.1.2 Excel 简介

1. Excel 工作界面

Excel 2010 启动成功后，屏幕上显示 Excel 2010 工作界面，具体组成元素及其功能如图 3-3 及表 3-1 所示。

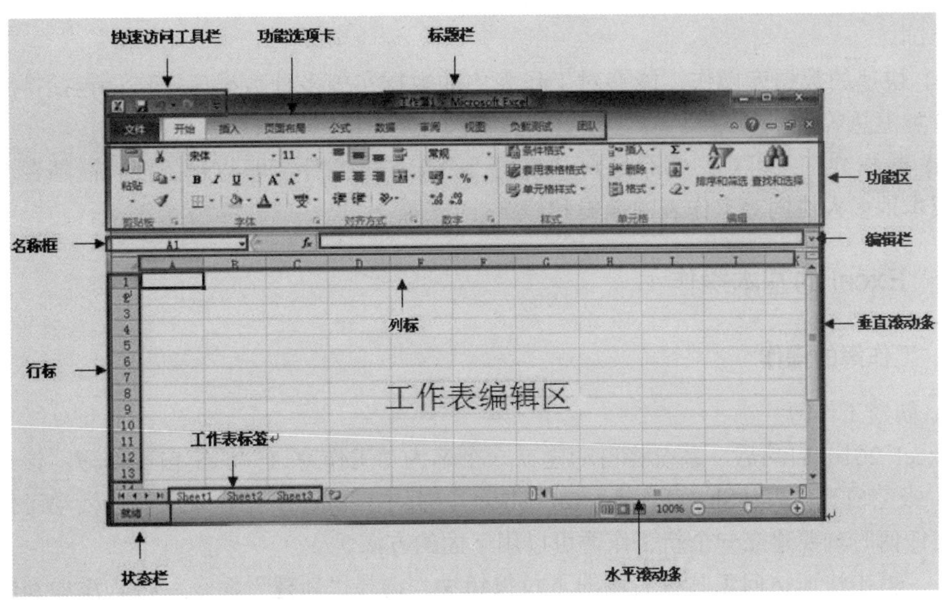

图 3-3　Excel 2010 工作界面

表 3-1　Excel 2010 窗口各组件说明

工具名称	作　　用
编辑栏	位于工作表窗口上部的条形区域，用于输入单元格或图表中的值或公式。编辑栏中显示活动单元格中的常量值或公式。其左侧有一个“插入函数”按钮，便于使用
名称框	位于编辑栏左侧的框，用于标明所选定的单元格和图表项。可在名称框中命名单元格或区域的名称并按 Enter 键完成命名
行标	横向一组连续的单元格组成一行，每行均有一个行名，称为 “行标”，并用数字标识，从 1 至 1 048 576，计 1 048 576 行，形成一个 “行标栏”，位于窗口左侧，用于快速选择整行
列标	纵向一组连续的单元格组成一列，每列均有一个列名，称为“列标”，并用字母标识，计 16 384 列，形成“列标栏”，位于编辑栏下方，用于选择整列
工作表标签	用于标明工作表的名称
工作表编辑区	用来输入以及编辑工作表中的数据
单元格	单元格是存储和处理数据的基本单元，特点是一个单元格内只能存储一个数据
状态栏	位于窗口的底部，用于显示表格处理过程中的状态信息，包括工作状态和计算结果等

2. Excel 主要功能

Excel 具有如下主要功能。

(1) 方便的表格制作：能够快捷地建立工作簿和工作表，并对其进行数据录入、编辑操作和多种格式化设置。

(2) 强大的计算能力：提供公式输入功能和多种内置函数，便于用户进行复杂计算。

(3) 丰富的图表表现：能够根据工作表数据生成多种类型的统计图表，并对图表外观进行修饰。

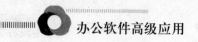

(4) 快速的数据库操作：能够对工作表中的数据实施多种数据库操作，包括排序、筛选和分类汇总等。

(5) 数据共享：可实现多个用户共享同一个工作簿文件，即与超链接功能结合，实现远程或本地多人协同对工作表的编辑和修饰。

3.1.3 Excel 的基本操作

1. 工作簿的操作

1) 创建工作簿

Excel 2010 启动后，系统将自动建立一个名为“工作簿 1”的空白工作簿，该工作簿包含 3 张空白工作表：Sheet1、Sheet2、Sheet3，其中，Sheet1 工作表默认为活动工作表。此后在任何时刻要建立一个新工作簿可以用下面的方法。

- 单击快速访问工具栏右侧的下拉按钮，选择“新建”命令，将其添加到快速访问工具栏中。单击快速访问工具栏中“新建”按钮或按 Ctrl+N 快捷键，可直接建立一个新的工作簿。
- 单击“文件”按钮，选择“新建”命令。在右侧窗格中可新建空白工作簿或带有一定格式的工作簿。

(1) 在“可用模板”列表框中选择“空白工作簿”，单击“创建”按钮，可新建一个空白工作簿，如图 3-4 所示。

图 3-4 “可用模板”创建空白工作簿示意图

(2) 在“可用模板”列表框中选择“样本模板”，从其列表框中选择所需的 Excel 模板，单击“创建”按钮，新建一个基于现有模板的工作簿。例如创建“个人月预算”工作簿，如图 3-5 所示。

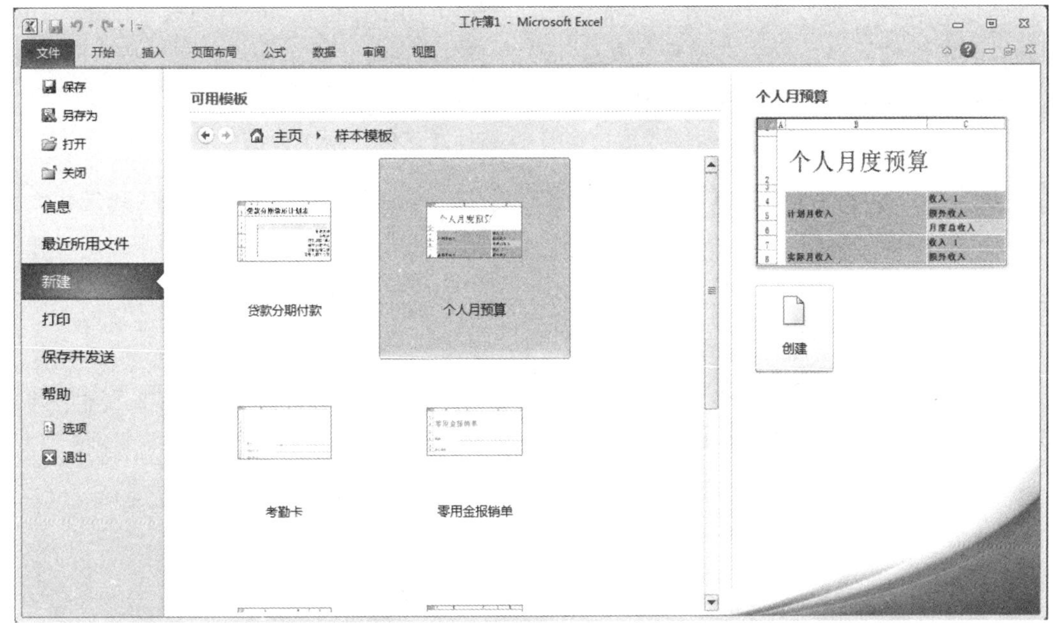

图 3-5　“样本模板”创建工作簿示意图

(3) 若用户的电脑联网，在“office.com 模板”列表框中选择某一模板，例如选择“图表”，此时系统自动在“office.com 模板”搜索该模板。搜索结束后，选择所需的模板，单击“下载”按钮，从网上下载模板并创建工作簿。

2) 保存工作簿并为其设置密码

可以在保存工作簿文件时为其设置打开或修改密码，以保证数据的安全性。

(1) 单击快速访问工具栏中的“保存”按钮，或者从“文件”选项卡上单击“保存”|“另存为”，打开“另存为”对话框。

(2) 依次选择保存位置、保存类型，并输入文件名。

(3) 单击“另存为”对话框右下方的“工具”按钮，从打开的下拉列表中选择“常规选项”，打开“常规选项”对话框，如图 3-6 所示。

(4) 在相应文本框中输入密码，所输入密码以“*”显示。

注意： 一定要牢记自己设置的密码，否则将再不能打开或修改自己的文档，因为 Excel 不提供取回密码的帮助。

(5) 单击“确定”按钮，在随后弹出的“密码确认”对话框中再次输入相同的密码并确定。最后单击“保存”按钮。

如果要取消密码，只需再次进入“常规选项”对话框删除密码即可。

3) 隐藏工作簿

当在 Excel 中同时打开多个工作簿时，可以暂时隐藏其中的一个或几个，需要时再显示出来。基本方法是：首先切换到需要隐藏的工作簿窗口，选择“视图”选项卡，在“窗口”组中单击“隐藏”按钮，当前工作簿就被隐藏起来。

如果要取消隐藏，在“视图”选项卡中的“窗口”组中单击“取消隐藏”按钮，在打开的“取消隐藏”对话框中选择需要取消隐藏的工作簿名称，再单击“确定”按钮即可。

4) 保护工作簿

当不希望他人对工作簿的结构或窗口进行改变时，可以设置工作簿保护。

提示：此处的工作簿保护不能阻止他人更改工作簿中的数据。如果要达到保护数据的目的，可以进一步设置工作表保护，或者在保存工作簿文档时设定打开或修改密码。

(1) 打开需要保护的工作簿文档。

(2) 在“审阅”选项卡的“更改”组中，单击“保护工作簿”按钮，打开“保护结构和窗口”对话框，如图 3-7 所示。

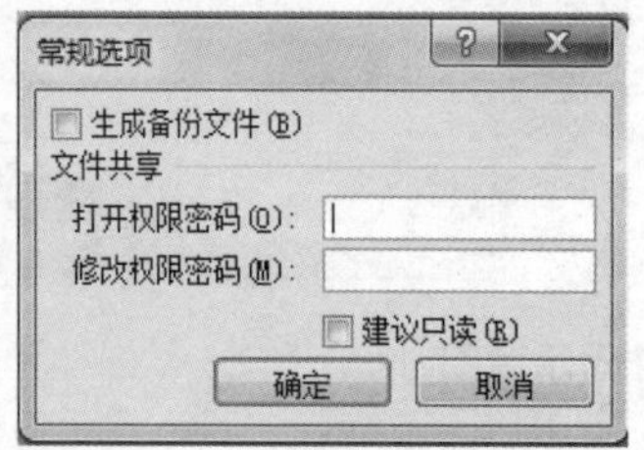

图 3-6 “常规选项”对话框

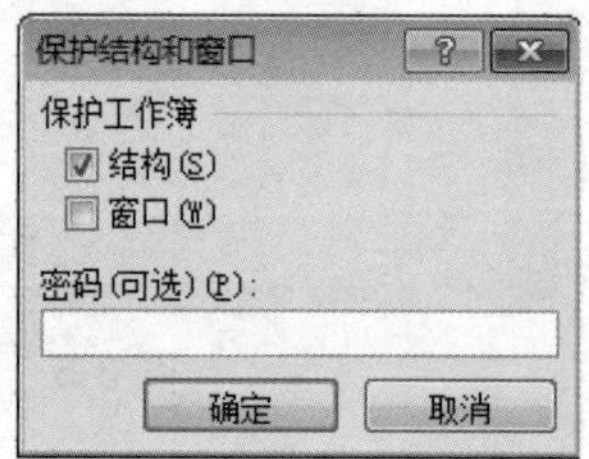

图 3-7 “保护结构和窗口”对话框

(3) 按照需要选择下列设置。

- “结构”复选框：将阻止他人对工作簿的结构进行修改，包括查看已隐藏的工作表，移动、删除、隐藏工作表或更改工作表的表名，插入新工作表，将工作表移动或复制到另一工作簿中等。
- “窗口”复选框：将阻止他人修改工作簿窗口的大小和位置，包括移动窗口、调整窗口大小或关闭窗口等。

(4) 如果要防止他人取消工作簿保护，可以在“密码(可选)”框中输入密码，单击“确定”按钮，在随后弹出的对话框中再次输入相同的密码确认。

提示：如果不提供密码，则任何人都可以取消对工作簿的保护。如果使用密码，一定要牢记自己的密码，否则自己也无法再对工作簿的结构和窗口进行设置。

如果取消对工作簿的保护，只需再次在“审阅”选项卡中的“更改”组中，单击“保护工作簿”按钮，如果设置了密码，则在弹出的对话框中输入密码即可。

2. 工作表的操作

工作表是在工作簿中进行数据的输入和图标制作的基本操作界面，每一个工作簿最多可以包含 255 个不同类型的工作表。要想在某个工作表中进行操作，需要单击要使用的工作表标签来激活它。选中的工作表标签为白色，而没有激活的工作表标签为灰色。

1) 插入新的工作表

选择要插入工作表的位置，右击要在其前插入工作表的标签，从弹出的快捷菜单中选择“插入”，从弹出的对话框中选择“工作表”选项，单击“确定”按钮即可。

2) 删除工作表

选择要被删除的工作表，右击工作表标签，从弹出的快捷菜单中选择“删除”命令即可。

3) 重命名工作表

双击欲重命名的工作表标签或右击工作表标签，选择“重命名”命令，使之反白显示，输入新的名字后，按 Enter 键。

4) 移动工作表

(1) 单击选定工作表标签，按住鼠标左键拖动到所需的位置即可。在拖动过程中，屏幕上会出现一个黑色的三角，指示工作表要插入的位置。

(2) 选定要移动的工作表，单击鼠标右键，在快捷菜单中选择“移动或复制工作表”命令，或在“单元格”组中选择“格式”按钮中的“移动或复制工作表”命令，弹出“移动或复制工作表”对话框，在对话框中选择目的工作簿和工作表的插入位置。单击“确定”按钮即完成了不同工作簿间工作表的移动，若选中“建立副本”复选框则实现复制操作。

5) 复制工作表

选定要复制的工作表标签，按下 Ctrl 键，同时按住鼠标左键拖动到所需的位置即可。在拖动过程中，屏幕上会出现一个黑色的三角形，指示工作表要插入的位置，在黑色的三角形右侧出现一个“+”表示复制工作表。或利用上面的移动工作表方法，在“移动或复制工作表”对话框中选中“建立副本”复选框也可实现。

6) 设置工作表标签的颜色

右键单击要改变颜色的工作表标签，在弹出的快捷菜单中，选择“工作表标签颜色”命令，从随后显示的颜色列表中选择一种颜色即可。

7) 工作表的保护

为了防止他人对单元格的格式或内容进行修改，可以设定工作表保护。

默认情况下，当工作表被保护后，该工作表中的所有单元格都会被锁定，他人不能对锁定的单元格进行任何更改。例如，不能在锁定的单元格中插入、修改、删除数据或者设置数据格式。

在很多时候，可以允许部分单元格被修改，这时需要在保护工作表之前，对允许在其中更改或输入数据的区域解除锁定。

(1) 保护整个工作表。

① 打开工作簿，选择需要设置保护的工作表。

② 在“审阅”选项卡的“更改”组中，单击“保护工作表”按钮，打开如图 3-8 所示的“保护工作表”对话框。

③ 在“允许此工作表的所有用户进行”列表框中，选择允许他人能够更改的项目。此处保持默认前两项被选中而不做其他更改。

④ 在“取消工作表保护时使用的密码”框中输入密码，该密码用于设置者取消保护，要牢记自己的密码。

⑤ 单击“确定”按钮，重复确认密码后完成设置。此时，在被保护工作表的任意一个单元格中试图输入数据或更改格式时，均会出现如图 3-9 所示的提示信息。

(2) 取消工作表的保护。

① 选择已设置保护的工作表，在“审阅”选项卡的“更改”组中，单击“撤消工作表保护”，打开“撤消工作表保护”对话框。

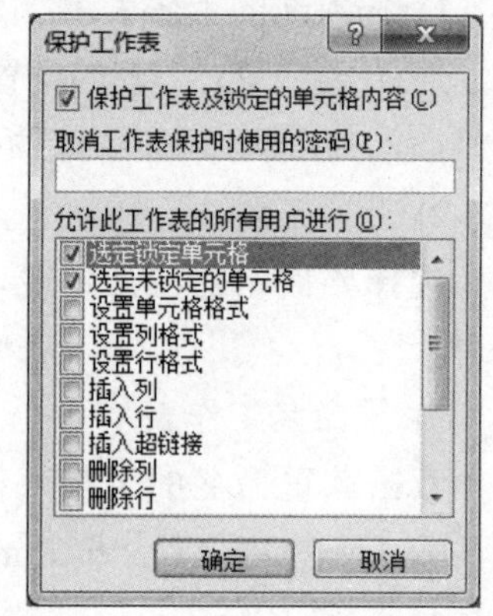

图 3-8　“保护工作表”对话框

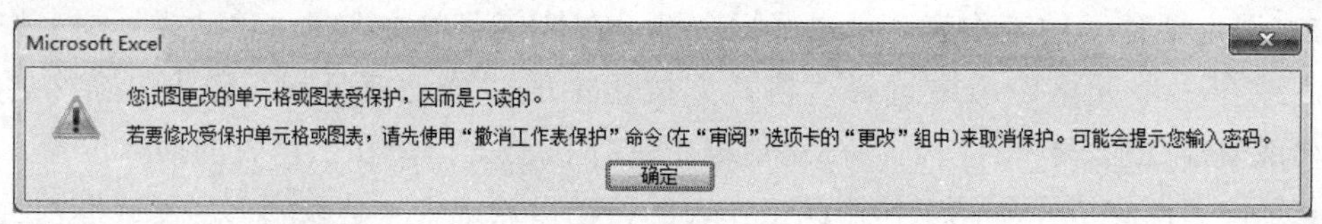

图 3-9　提示信息窗口

提示： 在工作表受保护时，“保护工作表”按钮会变为“撤消工作表保护”。

② 在“密码”框中输入设置保护时使用的密码，单击“确定”按钮。

(3) 解除对部分工作表区域的保护。

保护工作表后，默认情况下所有单元格都将无法被编辑。但在实际工作中，有些单元格中的原始数据还是允许输入和编辑的，为了能够更改这些特定的单元格，可以在保护工作表之前先取消对这些单元格的锁定。

① 选择要设置保护的工作表。

② 如果工作表已被保护，则需要先在“审阅”选项卡的“更改”组中，单击“撤消工作表保护”按钮。

③ 在工作表中选择要解除锁定的单元格区域。

④ 在“开始”选项卡的“单元格”组中，单击“格式”按钮，从打开的下拉列表中选择“设置单元格格式”命令，打开“设置单元格格式”对话框。

⑤ 在“保护”选项卡中，单击“锁定”取消对该复选框的选择，如图 3-10 所示。单击“确定”按钮，当前选定的单元格区域将会被排除在保护范围之外。

⑥ 设置隐藏公式：如果不希望别人看到公式或函数的构成，可以设置隐藏公式。在工作表中选择需要隐藏的公式所在的单元格区域。

⑦ 再次打开“设置单元格格式”对话框，在“保护”选项卡中保持“锁定”复选框被选中的同时再单击选中“隐藏”复选框后，单击“确定”按钮，此时，公式不但不能修改还不能被看到。

⑧ 在“审阅”选项卡的“更改”组中，单击“保护工作表”，打开“保护工作表”对话框。

⑨ 输入保护密码，在“允许此工作表的所有用户进行”列表框中，设定允许他人能够更改的项目后，单击“确定”按钮。

此时，在取消锁定的单元格中就可以输入数据了。

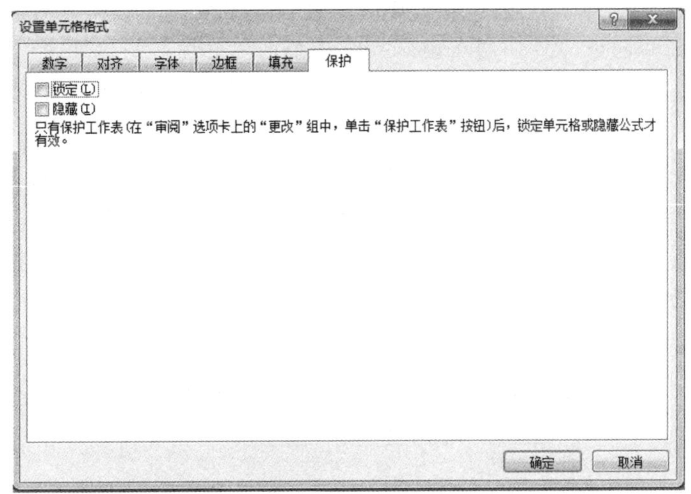

图 3-10　“设置单元格格式”对话框的“保护”选项卡

3. 单元格的操作

1) 选择单元格

如果要选择一个单元格，直接单击相应的单元格即可。若选择一行或一列单元格，则将鼠标指针移到相应行或列对应的数字或字母处，单击即可。若选择多行或多列单元格，则将鼠标指针移到相应行或列对应的数字或字母处，然后拖动到适当的位置松开即可。

2) 清除单元格

选择要清除的单元格，按 Delete 键或单击鼠标右键，在弹出的快捷菜单中选择“清除内容”命令即可。

3) 修改单元格内容

双击需要修改内容的单元格，然后输入新的内容，按 Enter 键即可。

4) 插入单元格

首先在要插入单元格的地方选择单元格，然后在所选区域内单击鼠标右键，在弹出的快捷菜单中选择“插入”命令，从弹出的“插入”对话框中选择要插入的方式。

5) 删除单元格

首先选中所要删除的单元格，然后在所选区域内单击鼠标右键，在弹出的快捷菜单中选择“删除”命令，从弹出的 “删除”对话框中选择要删除的方式。

4. 数据的输入与编辑

输入数据是表格编辑的基础，也是整个表格编辑工作的重要步骤。在 Excel 中，单元格是存储数据的最基本单位。因此，在输入数据之前，必须先选中一个单元格或单元格区域，然后进行数据的输入或编辑。在 Excel 中除了可以直接输入数据之外，还提供了其他输入方式，如自定义下拉列表、自定义序列与填充柄、自定义输入等。

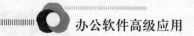

5. 数据的有效性

用户可以预先设置某单元格中允许输入的数据类型以及输入数据的有效范围，还可以设置有效输入数据的提示信息和输入错误时的提示信息。操作步骤如下：

(1) 选定输入数据的区域。

(2) 在“数据”选项卡“数据工具”组中，单击“数据有效性”按钮，弹出“数据有效性”对话框，如图 3-11 所示。在“有效性条件”的“允许”下拉列表框中选择允许输入的数据类型，如“整数”，在“数据”下拉列表框中选择合适的范围。

(3) 若要设置有效输入数据提示信息，则可选择“输入信息”选项卡，设置提示信息，若要设置出错警告，可选择“出错警告”选项卡，填写输入错误数值后的提示信息。

(4) 设置完成后，单击“确定”即可。

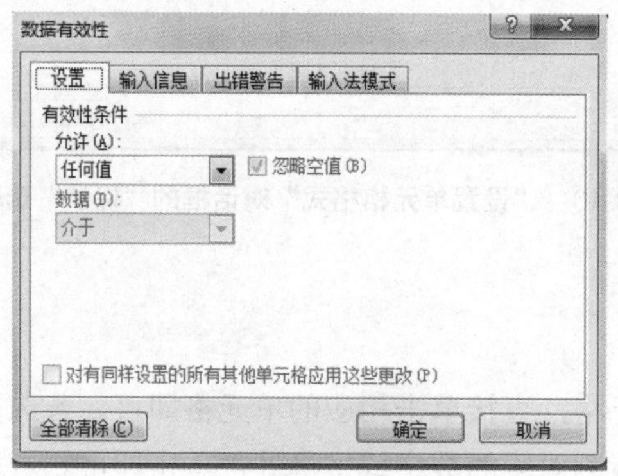

图 3-11 “数据有效性”对话框

6. 工作表的格式与美化

用户在工作表中输入数据时，都以默认的格式显示，为了使工作表更加美观并具有个性，可以对工作表进行格式调整与美化。

1) 基本格式设置

Excel 有一个“设置单元格格式”对话框，专门用于设置单元格的格式。选定需要格式化数字所在的单元格或单元格区域后，单击“开始”选项卡 “数字”组右下角的对话框启动按钮，弹出“设置单元格格式”对话框，或者单击鼠标右键，选择“设置单元格格式”命令，同样会弹出“设置单元格格式”对话框，如图 3-12 所示。该对话框包含 6 个选项卡，可以根据需要选择相应的选项卡进行设置，设置完成后，单击“确定”按钮即可。

2) 样式的使用

选择要设置的单元格或区域，单击“开始”选项卡“样式”组中的“条件格式”“套用表格格式”或“单元格样式”按钮，从其下拉菜单中选择自己需要的样式，然后单击“确定”按钮即可。

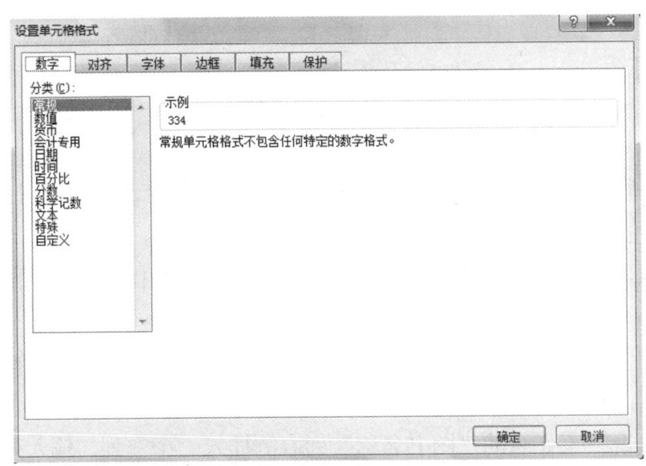

图 3-12　“设置单元格格式”对话框

3) 图形与图表

在实际工作中，有时需要将数据以各种统计图表的形式显示，使数据更加直观易懂，便于分析。图表会随着工作表中数据源的变化而变化。在 Excel 中，除了将数据以各种图表的形式显示外，还可以插入或绘制各种图片、图形，使工作表集数据、文字、图形于一体。

Excel 中的图表有两种，一种是嵌入式图表，它和创建图表的数据源放在同一个工作表中，另外一种是独立图表，它是一个独立的图表工作表。

创建图表的步骤如下。

(1) 选择要创建图表的数据区域。

(2) 单击“插入”选项卡“图表”组右下角的对话框启动按钮，从弹出的“插入图表”对话框中选择图表，如图 3-13 所示。

(3) 选择需要的图形后，单击“确定”按钮即可。

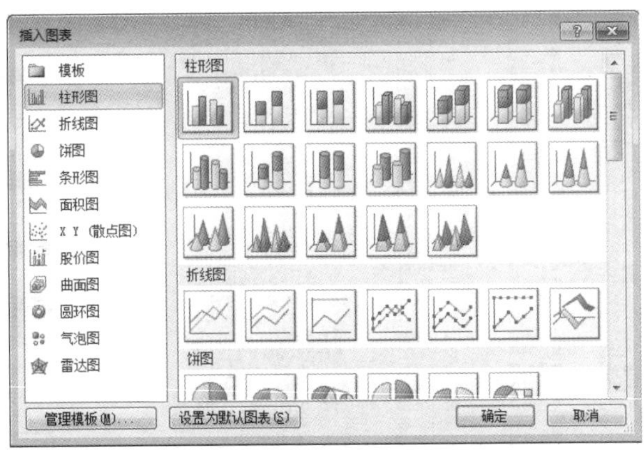

图 3-13　“插入图表”对话框

另外，在 Excel 里还可以插入迷你图，插入迷你图的方法与插入图表的方法类似，选择“插入”选项卡“迷你图”组中相应命令按钮即可，这里不再重复。

3.1.4 巩固练习

【练习要求】

小王今年毕业后，在一家计算机图书销售公司担任市场部助理，主要的工作职责是为部门经理提供销售信息的分析和汇总。

请你从 MOOC 平台上下载销售统计表(gglx1.xlsx 文件)，按照如下要求完成统计和分析工作：

(1) 将“Sheet1”工作表重命名为“销售情况”，将“Sheet2”工作表重命名为“图书定价”。

(2) 在“销售情况”工作表的“图书名称”列右侧插入一个空列，输入列标题为“单价”。

(3) 将“销售情况”工作表的标题跨列合并后居中，并将字体的设置为“宋体”，字号设置为“20 号”，颜色设置为“深蓝、文字 2、淡色 40%”。

(4) 设置“销售情况”工作表中“图书名称”的列宽为“27”，其他各列列宽为“14”，设置所有单元格的内容居中对齐(标题除外)。

(5) 将“销售情况”工作表中销量大于等于 40 本的单元格以红色底纹显示。

(6) 设置“图书定价”工作表的单价为会计专用格式(保留 2 位小数)，并为数据区域增加蓝色边框线。

(7) 在“图书定价”工作表中，以图书名称、定价为数据源，形成一个三维簇状柱形图。

(8) 将 gglx1.xlsx 工作簿的窗口进行保护，并将保护密码设置为“456”。

(9) 保存 gglx1.xlsx 文件。

完成(1)～(5)操作后的效果图如图 3-14 所示。完成(6)～(7)操作后的效果图如图 3-15 所示。

销售订单明细表

订单编号	日期	书店名称	图书编号	图书名称	单价	销量（本）	小计
BTW-08001	2011年1月2日	鼎盛书店	BK-83021	《计算机基础及MS Office应用》		12	
BTW-08002	2011年1月4日	博达书店	BK-83033	《嵌入式系统开发技术》		5	
BTW-08003	2011年1月4日	博达书店	BK-83034	《操作系统原理》		[illegible]	
BTW-08004	2011年1月5日	博达书店	BK-83027	《MySQL数据库程序设计》		21	
BTW-08005	2011年1月6日	鼎盛书店	BK-83028	《MS Office高级应用》		32	
BTW-08006	2011年1月9日	鼎盛书店	BK-83029	《网络技术》		3	
BTW-08007	2011年1月9日	博达书店	BK-83030	《数据库技术》		1	
BTW-08008	2011年1月10日	鼎盛书店	BK-83031	《软件测试技术》		3	
BTW-08009	2011年1月10日	博达书店	BK-83035	《计算机组成与接口》		[illegible]	
BTW-08010	2011年1月11日	隆华书店	BK-83022	《计算机基础及Photoshop应用》		22	
BTW-08011	2011年1月11日	鼎盛书店	BK-83023	《C语言程序设计》		31	
BTW-08012	2011年1月12日	隆华书店	BK-83032	《信息安全技术》		19	
BTW-08013	2011年1月12日	鼎盛书店	BK-83036	《数据库原理》		[illegible]	
BTW-08014	2011年1月13日	隆华书店	BK-83024	《VB语言程序设计》		39	
BTW-08015	2011年1月15日	鼎盛书店	BK-83025	《Java语言程序设计》		30	
BTW-08016	2011年1月16日	鼎盛书店	BK-83026	《Access数据库程序设计》		[illegible]	
BTW-08017	2011年1月16日	鼎盛书店	BK-83037	《软件工程》		[illegible]	
BTW-08018	2011年1月17日	鼎盛书店	BK-83021	《计算机基础及MS Office应用》		[illegible]	
BTW-08019	2011年1月18日	博达书店	BK-83033	《嵌入式系统开发技术》		33	
BTW-08020	2011年1月19日	鼎盛书店	BK-83034	《操作系统原理》		35	
BTW-08021	2011年1月22日	博达书店	BK-83027	《MySQL数据库程序设计》		22	
BTW-08022	2011年1月23日	博达书店	BK-83028	《MS Office高级应用》		38	
BTW-08023	2011年1月24日	隆华书店	BK-83029	《网络技术》		5	
BTW-08024	2011年1月24日	鼎盛书店	BK-83030	《数据库技术》		32	
BTW-08025	2011年1月25日	鼎盛书店	BK-83031	《软件测试技术》		19	
BTW-08026	2011年1月26日	隆华书店	BK-83035	《计算机组成与接口》		38	
BTW-08027	2011年1月26日	鼎盛书店	BK-83022	《计算机基础及Photoshop应用》		29	
BTW-08028	2011年1月29日	鼎盛书店	BK-83023	《C语言程序设计》		[illegible]	
BTW-08029	2011年1月30日	鼎盛书店	BK-83032	《信息安全技术》		4	
BTW-08030	2011年1月31日	鼎盛书店	BK-83036	《数据库原理》		7	
BTW-08031	2011年1月31日	隆华书店	BK-83024	《VB语言程序设计》		34	

图 3-14 完成(1)～(5)操作后的效果图

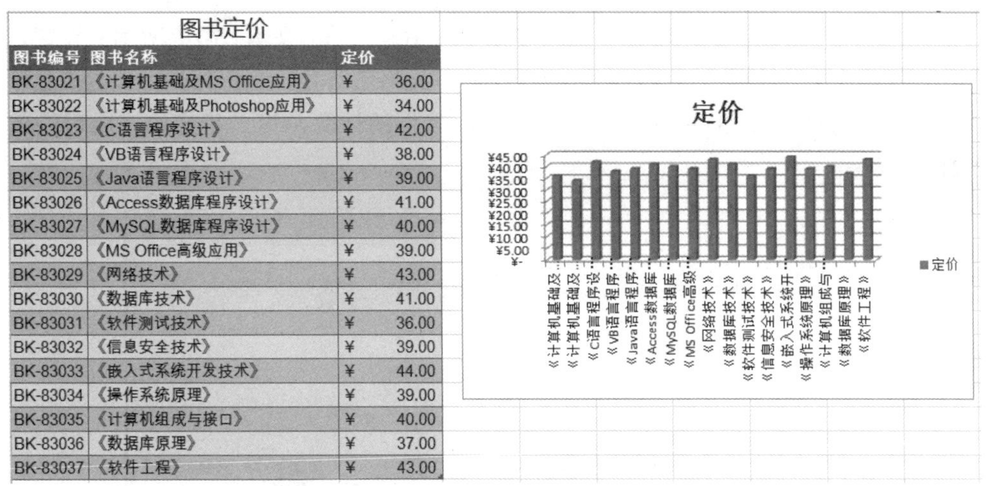

图书定价		
图书编号	图书名称	定价
BK-83021	《计算机基础及MS Office应用》	¥ 36.00
BK-83022	《计算机基础及Photoshop应用》	¥ 34.00
BK-83023	《C语言程序设计》	¥ 42.00
BK-83024	《VB语言程序设计》	¥ 38.00
BK-83025	《Java语言程序设计》	¥ 39.00
BK-83026	《Access数据库程序设计》	¥ 41.00
BK-83027	《MySQL数据库程序设计》	¥ 40.00
BK-83028	《MS Office高级应用》	¥ 39.00
BK-83029	《网络技术》	¥ 43.00
BK-83030	《数据库技术》	¥ 41.00
BK-83031	《软件测试技术》	¥ 36.00
BK-83032	《信息安全技术》	¥ 39.00
BK-83033	《嵌入式系统开发技术》	¥ 44.00
BK-83034	《操作系统原理》	¥ 39.00
BK-83035	《计算机组成与接口》	¥ 40.00
BK-83036	《数据库原理》	¥ 37.00
BK-83037	《软件工程》	¥ 43.00

图 3-15　完成(6)～(7)操作后的效果图

3.2　公式与函数

3.2.1　教学案例

【案例要求】

请从 MOOC 平台上下载 jxal2.xlsx 工作簿，按要求完成如下操作。

(1) 公式(函数)应用，按照样文如图 3-18 所示，使用 Sheet1 工作表中的数据，计算总计和平均销售额，结果放在相应的单元格中。

(2) 公式(函数)应用，按照样文如图 3-21 所示，使用 Sheet1 工作表中的数据，计算销售额的排名(降序)和优秀否(销售额大于 2000 万元的为优秀)，结果放在相应的单元格中。

(3) 公式(函数)应用，按照样文如图 3-23 所示，在“销售情况”工作表中，根据“销售额=销量×定价”构建公式计算出各类图书的销售额。要求在公式中通过 VLOOKUP 函数自动在工作表“图书定价”中查找相关商品的具体定价。

【实战步骤】

第一步：从 MOOC 平台上下载 jxal2.xlsx 工作簿，打开 jxal2.xlsx 工作簿，选择 Sheet1 工作表，在 D14 单元格中单击插入函数按钮f_x，然后选择 SUM 函数，在弹出的“函数参数”对话框中进行如图 3-16 所示的设置，设置完成后单击“确定”按钮，即可完成总计的计算。选择 D15 单元格，在 D15 单元格中单击插入函数按钮f_x，然后选择 AVERAGE 函数，在弹出的“函数参数”对话框中进行如图 3-17 所示的设置，设置完成后单击“确定”按钮，即可完成平均销售额的计算。第一步操作完成后的效果如图 3-18 所示。

第二步：选择 E3 单元格，在 E3 单元格中单击插入函数按钮f_x，然后选择 RANK 函数，在弹出的“函数参数”对话框中进行如图 3-19 所示的设置，设置完成后单击“确定”按钮，将鼠标指针放在 E3 单元格右下角，当鼠标指针变为黑色十字箭头时，向下拖动直到 E13 单元格，即可完成排名的计算。选择 F3 单元格，在 F3 单元格中单击插入函数按钮

![fx]，然后选择 IF 函数，在弹出的“函数参数”对话框中进行如图 3-20 所示的设置，设置完成后单击“确定”按钮，将鼠标指针放在 F3 单元格右下角，当鼠标指针变为黑色十字箭头时，向下拖动直到 F13 单元格，即可完成优秀否的计算。第二步操作完成后的效果如图 3-21 所示。

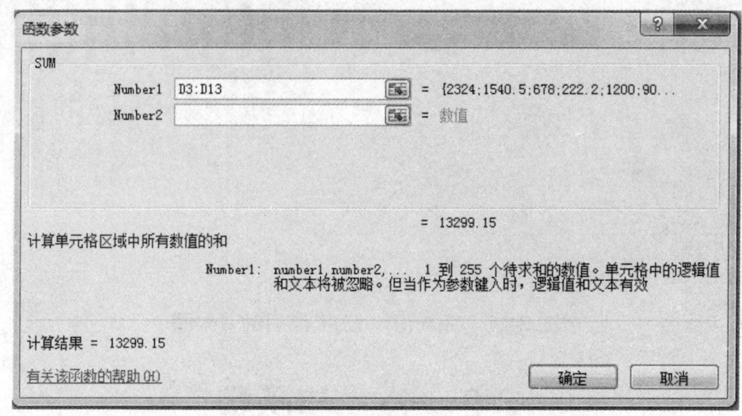

图 3-16　SUM 函数参数设置

函数参数
AVERAGE
Number1 D3:D13 = {2324;1540.5;678;222.2;1200;90...
Number2 = 数值
= 1209.013636
返回其参数的算术平均值；参数可以是数值或包含数值的名称、数组或引用
Number1: number1,number2,... 是用于计算平均值的 1 到 255 个数值参数
计算结果 = 1209.013636
有关该函数的帮助(H)
确定　取消

图 3-17　AVERAGE 函数参数设置

建筑产品销售情况			万元		
日期	产品名称	销售地区	销售额	排名	优秀否
95/5/23	塑料	西北	2324		
95/5/15	钢材	华南	1540.5		
95/5/24	木材	华南	678		
95/5/21	木材	西南	222.2		
95/5/17	木材	华北	1200		
95/5/18	钢材	西南	902		
95/5/19	塑料	东北	2183.2		
95/5/20	木材	华北	1355.4		
95/5/22	钢材	东北	1324		
95/5/16	塑料	东北	1434.85		
95/5/12	钢材	西北	135		
		总计：	13299.15		
		平均销售额：	1209.014		

图 3-18　教学案例样文 1

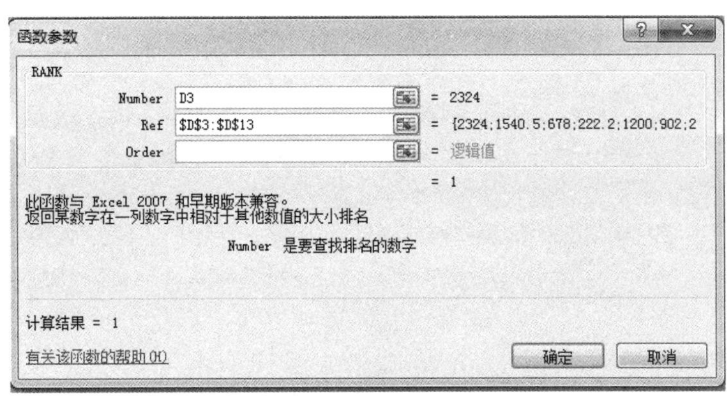

图 3-19　RANK 函数参数设置

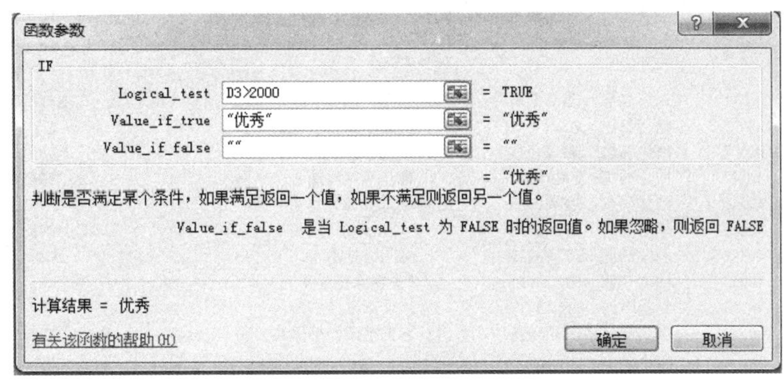

图 3-20　IF 函数参数设置

建筑产品销售情况			万元		
日期	产品名称	销售地区	销售额	排名	优秀否
95/5/23	塑料	西北	2324	1	优秀
95/5/15	钢材	华南	1540.5	3	
95/5/24	木材	华南	678	9	
95/5/21	木材	西南	222.2	10	
95/5/17	木材	华北	1200	7	
95/5/18	钢材	西南	902	8	
95/5/19	塑料	东北	2183.2	2	优秀
95/5/20	木材	华北	1355.4	5	
95/5/22	钢材	东北	1324	6	
95/5/16	塑料	东北	1434.85	4	
95/5/12	钢材	西北	135	11	
		总计：	13299.15		
		平均销售额：	1209.014		

图 3-21　教学案例样文 2

第三步：选择“销售情况”工作表，选中 F3 单元格，输入公式 =E3*VLOOKUP(C3,图书定价!$A$3:$C$19,3)，其中输入完=E3*后，单击插入函数按钮 fx，然后选择 VLOOKUP 函数，在弹出的“函数参数”对话框中进行如图 3-22 所示的设置，设置完成后单击“确定”按钮，将鼠标指针放在 F3 单元格右下角，当鼠标指针变为黑色十字箭头时，向下拖动直到 F33 单元格，即可完成销售额的计算。第三步操作完成后的效果如图 3-23 所示。

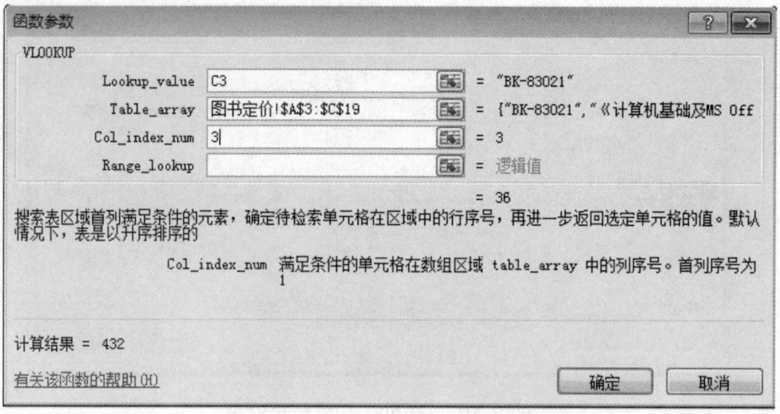

图 3-22　VLOOKUP 函数参数设置

销售订单明细表					
日期	书店名称	图书编号	图书名称	销量（本）	销售额
40545	鼎盛书店	BK-83021	《计算机基础及MS Office应用》	12	432
40547	博达书店	BK-83033	《嵌入式系统开发技术》	5	220
40547	博达书店	BK-83034	《操作系统原理》	41	1599
40548	博达书店	BK-83027	《MySQL数据库程序设计》	21	840
40549	鼎盛书店	BK-83028	《MS Office高级应用》	32	1248
40552	鼎盛书店	BK-83029	《网络技术》	3	129
40552	博达书店	BK-83030	《数据库技术》	1	41
40553	鼎盛书店	BK-83031	《软件测试技术》	3	108
40553	博达书店	BK-83035	《计算机组成与接口》	43	1720
40554	隆华书店	BK-83022	《计算机基础及Photoshop应用》	22	748
40554	鼎盛书店	BK-83023	《C语言程序设计》	31	1302
40555	隆华书店	BK-83032	《信息安全技术》	19	741
40555	鼎盛书店	BK-83036	《数据库原理》	43	1591
40556	隆华书店	BK-83024	《VB语言程序设计》	39	1482
40558	鼎盛书店	BK-83025	《Java语言程序设计》	30	1170
40559	鼎盛书店	BK-83026	《Access数据库程序设计》	43	1763
40559	鼎盛书店	BK-83037	《软件工程》	40	1720
40560	鼎盛书店	BK-83021	《计算机基础及MS Office应用》	44	1584
40561	博达书店	BK-83033	《嵌入式系统开发技术》	33	1452
40562	鼎盛书店	BK-83034	《操作系统原理》	35	1365
40565	博达书店	BK-83027	《MySQL数据库程序设计》	22	880
40566	博达书店	BK-83028	《MS Office高级应用》	38	1482
40567	隆华书店	BK-83029	《网络技术》	5	215
40567	鼎盛书店	BK-83030	《数据库技术》	32	1312
40568	鼎盛书店	BK-83031	《软件测试技术》	19	684
40569	隆华书店	BK-83035	《计算机组成与接口》	38	1520
40569	鼎盛书店	BK-83022	《计算机基础及Photoshop应用》	29	986
40572	鼎盛书店	BK-83023	《C语言程序设计》	45	1890
40573	鼎盛书店	BK-83032	《信息安全技术》	4	156
40574	鼎盛书店	BK-83036	《数据库原理》	7	259
40574	隆华书店	BK-83024	《VB语言程序设计》	34	1292

图 3-23　教学案例样文 3

3.2.2　公式

公式是一种数据形式，它可以像数值、文字及日期一样存放在表格中，使用公式有助于分析工作表中的数据。公式中可以进行加、减、乘、除、乘方等算术运算，字符的连接运算以及比较运算。

1. 公式的表达形式

公式是由常量、变量、运算符、函数、单元格引用位置及名字等组成。公式必须以等号“=”开头，系统将“=”后面的字符串识别为公式。例如：

=100+3*22　常量运算；

=A3*25+B4　引用单元格地址；

=SQRT(A5+C6) 使用函数。

2. 公式中的运算符

运算符用来对公式中的各元素进行运算操作。Excel 的运算符包括算术运算符、比较运算符、文本运算符和引用运算符 4 种类型。

(1) 算术运算符：算术运算符用来完成基本的数学运算，如加法、减法和乘法。算术运算符有+(加)、-(减)、*(乘)、/(除)、%(百分比)、^(乘方)。

(2) 比较运算符：比较运算符用来对两个数值进行比较，产生的结果为逻辑值 True(真)或 False(假)。比较运算符有=(等于)、>(大于)、<(小于)、>=(大于等于)、<=(小于等于)、<>(不等于)。

(3) 文本运算符：文本运算符“&”用来将一个或多个文本连接成为一个组合文本。例如“Micro”&“soft”的结果为“Microsoft”。

(4) 引用运算符：引用运算符用来将单元格区域合并运算。引用运算符为“:”(冒号)，也叫区域运算符，生成对两个引用之间所有单元格的引用，例如，SUM(B1:D5)。

联合运算符“,”(逗号)，表示将多个引用合并为一个引用，例如，SUM(B5,B15,D5,D15)。

交集运算符“ ”(空格)，表示引用两个表格区域交叉(重叠)部分单元格中的数值。

3. 运算符的运算顺序

如果公式中同时用到了多个运算符，Excel 将按下面的顺序进行运算：

(1) 如果公式中包含了相同优先级的运算符，例如，公式中同时包含了乘法和除法运算符，Excel 将从左到右进行计算。

(2) 如果要修改计算的顺序，应把公式需要首先计算的部分括在圆括号内。

(3) 公式中运算符的顺序从高到低依次为:(冒号)、,(逗号)、␣(空格)、负号(如-l)、%(百分比)、^(乘幂)、*和/(乘和除)、+和-(加和减)、&(连接符)和比较运算符。

4. 输入公式

在 Excel 中可以创建许多种公式，其中既有进行简单代数运算的公式，也有分析复杂数学模型的公式。输入公式的方法有两种：一是直接输入，二是利用公式选项板。

直接输入的方法：

(1) 选定需要输入公式的单元格。

(2) 在所选的单元格中输入等号“＝”，如果单击了“插入函数”(编辑栏)按钮 *fx*，这时将自动插入一个等号。

(3) 输入公式内容。如果计算中用到单元格中的数据，可用鼠标单击所需引用的单元格，如果输入错误，在未输入新的运算符之前，可再单击正确的单元格；也可使用手工方法引用单元格，即在光标处输入单元格的名称。

(4) 公式输入完后，按 Enter 键，Excel 自动计算并将计算结果显示在单元格中，公式内容显示在编辑栏中。

(5) 按 Ctrl+`(位于数字键左端)组合键，可使单元格在显示公式内容与公式结果之间进行切换。

从上述步骤可知，公式的最前面必须是等号“=”，后面是计算的内容。例如，要在 G4 单元格中建立一个公式来计算 E4+F4 的值，则在 G4 单元格中输入：=E4+F4。

输入公式后按 Enter 键确认，结果将显示在 G4 单元格中。

输入公式可以使用公式选项板。

输入的公式中，如果含有函数，公式选项板将有助于输入函数。在公式中输入函数时，公式选项板将显示函数的名称、各个参数、函数功能和参数的描述、函数的当前结果和整个公式的结果。如果要显示公式选项板，可单击编辑栏中的“插入函数”按钮*fx*。

3.2.3 公式的引用位置

引用位置表明公式中用到的数据在工作表的哪些单元格或单元格区域。通过引用位置，可以在一个公式中使用工作表内不同区域的数据，也可以在几个公式中使用同一个单元格中的数据，还可以引用同一个工作簿上其他工作表中的数据。

1. 单元格地址的输入

单元格地址的输入有如下两种方法：

(1) 使用鼠标选定单元格或单元格区域，单元格地址自动输入公式中。

(2) 使用键盘在公式中直接输入单元格或单元格区域地址。

如，在单元格 A1 中已输入数值 20，在单元格 B1 中已输入 15，在单元格 C1 中输入公式：“=A1*B1+5”。操作步骤如下：

① 选定单元格 C1。

② 键入等号“=”，用鼠标单击单元格 A1。

③ 键入运算符“*”， 用鼠标单击单元格 B1。

④ 键入运算符“+”和数值“5”。

⑤ 按下 Enter 键或者单击编辑栏中的“确认”按钮。

2. 相对地址引用

所谓相对地址，是使用单元格的行号或列号表示单元格地址的方法。例如：A1:B2，C1:C6 等。引用相对地址的操作称为相对引用，相对引用是指把一个含有单元格地址的公式复制到一个新的位置时，公式中的单元格地址会随着变化。

3. 绝对地址引用

一般情况下，复制单元格地址使用的是相对地址引用，但有时并不希望单元格地址变动。这时，就必须使用绝对地址引用。绝对地址的表示方法是：在单元格的行号、列号前面各加一个“$”符号。例如$A$1:$C$5 等，含有绝对地址引用的公式无论粘贴到哪个单元格，所引用的始终是同一个单元格地址，其公式内容以及结果始终保持不变。

4. 混合地址引用

混合地址引用是指在单元格地址中，既有绝对地址引用，也有相对地址引用，即列号用相对地址，行号用绝对地址；或行号用相对地址，列号用绝对地址。例如$A1,C$1。

5. 引用不同工作表中的单元格

在工作表的计算操作中，需要用到同一工作簿文件中其他工作表中的数据时，可在公式中引用其他工作表中的单元格。引用格式为：<工作表标签>！<单元格地址>；若需要用到其他工作簿文件中的工作表时，引用格式为：[工作簿名]工作表标签！<单元格地址>。

3.2.4　公式自动填充

在一个单元格中输入公式后，如果相邻的单元格中需要进行同类型的计算(如数据行合计)，可以利用公式的自动填充功能。其方法是：

(1) 选择公式所在的单元格，移动鼠标指针到单元格的右下角变成黑十字形，即“填充柄”。

(2) 按住鼠标左键，拖动“填充柄”经过目标区域。

(3) 当到达目标区域后，放开鼠标左键，公式自动填充完毕。

3.2.5　函数

1. 函数的格式

函数由函数名、后跟用括号括起来的参数组成。如果函数以公式的形式出现，应在函数名前面输入等号“=”。例如，要对工作表中 D3:E3 单元格区域求和，可以输入：“=SUM(D3:E3)”。函数名可以大写也可以小写，当有两个以上的参数时，参数之间要用逗号隔开。

2. 输入函数

在函数的输入中，对于比较简单的函数，可采用直接输入的方法。较复杂的函数，可利用公式选项板输入。公式选项板的使用方法为：

(1) 选取要插入函数的单元格。

(2) 单击“公式”选项卡“函数库”组的“插入函数”按钮 f_x 插入函数，或单击编辑栏中“插入函数”按钮 f_x。

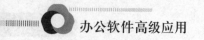

(3) 显示公式选项板，并同时打开“插入函数”对话框，如图 3-24 所示。

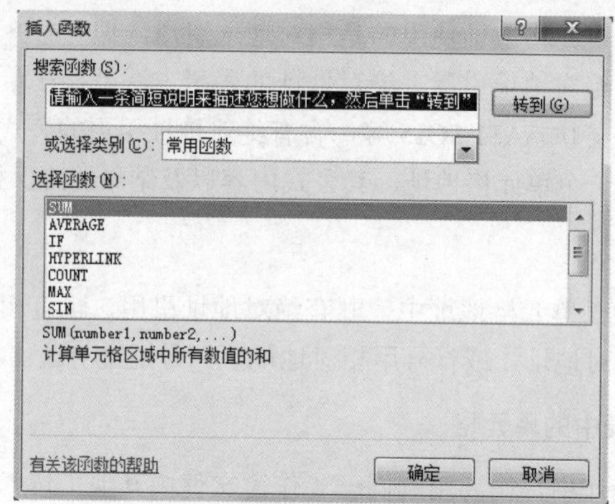

图 3-24 “插入函数”对话框

(4) 在“或选择类别”下拉列表框中选择合适的函数类型，再在“选择函数”列表框中选择所需的函数名。

(5) 单击“确定”按钮，将打开所选函数的公式选项板对话框，它显示了该函数的函数名，它的每个参数以及参数的描述和函数的功能如图 3-25 所示。根据提示输入每个参数值。为了操作方便，可单击参数框右侧的“暂时隐藏对话框”按钮，将对话框的其他部分隐藏，再从工作表上单击相应的单元格，然后再次单击该按钮，恢复原对话框。

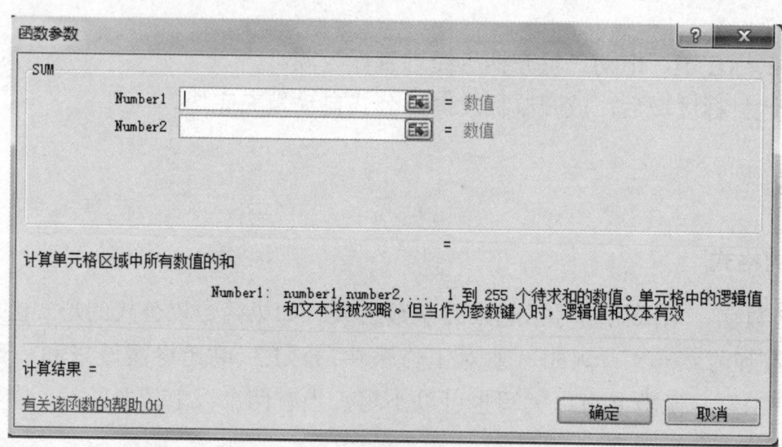

图 3-25 “函数参数”对话框

(6) 单击“确定”按钮，完成函数的使用。

3.2.6 Excel 中常用函数介绍

1. 求和函数 SUM(number1, [number1], …)

功能：将指定的参数 number1、number2、…相加求和。

参数说明：至少需要包含一个参数 number1。每个参数都可以是区域、单元格引用、数组、常量、公式或另一个函数的结果。

例如：=SUM(A1:A5)是将单元格 A1～A5 中所有数值相加；=SUM(A1,A3,A5)是将单元格 A1、A3 和 A5 中的数字相加。

2. 条件求和函数 SUMIF(range,criteria,[sum_range])

功能：对指定单元格区域中符合指定条件的值求和。

参数说明：

- range：必需的参数。用于条件计算的单元格区域。
- criteria：必需的参数。求和的条件，其形式可以为数字、表达式、单元格引用、文本或函数。例如，条件可以表示为 32、">32"、B5、"32"、"苹果"或 TODAY()。

提示：在函数中任何文本条件或任何含有逻辑或数学符号的条件都必须使用双引号括起来。如果条件为数字，则无须使用双引号。

- sum_range：可选参数。要求和的实际单元格。如果 sum_range 参数被省略，Excel 会对在 range 参数中指定的单元格求和。

例如：= SUMIF(B2:B25, ">5")表示对 B2:B25 单元格区域大于 5 的数值进行相加；= SUMIF(B2:B5, "john",C2:C5)，表示对单元格区域 C2:C5 中与单元格区域 B2:B5 中等于“john”的单元格对应的单元格中的值求和。

3. 多条件求和函数 SUMIFS(sum_range, criteria_ range1, criteria1,[criteria_ range2, criteria2], …)

功能：对指定单元格区域中满足多个条件的单元格求和。

参数说明：

- sum_range：必需的参数。求和的实际单元格区域。
- criteria_ range1：必需的参数。在其中计算关联条件的第一个区域。
- criteria1：必需的参数。求和的条件，其形式可以为数字、表达式、单元格引用或文本，可以用来定义将对 criteria_ range1 参数中的哪些单元格求和。
- criteria_ range2, criteria2, …：可选参数。附加的区域及其关联条件。最多允许 127 个区域/条件对。

其中每个 criteria_ range 参数区域所包含的行数和列数必须与 sum_range 参数相同。

例如：= SUMIFS(A1:A20, B1:B20, ">0", C1:C20, "<10")表示对单元格区域 A1:A20 中符合以下条件的单元格的数值求和：单元格区域 B1:B20 中相应的数值大于 0 且单元格区域 C1:C20 中相应的数值小于 10。

4. 绝对值函数 ABS(number)

功能：返回数值 number 的绝对值，number 为必需的参数。

例如：=ABS(-2)表示求-2 的绝对值。

5. 向下取整函数 INT(number)

功能：将数值 number 向下舍入到最接近的整数，number 为必需的参数。

例如：INT(8.9)表示将 8.9 向下舍入到最接近的整数，结果为 8。

6. 四舍五入函数 ROUND(number,num_digits)

功能：将指定数值 number 按指定位数 num_digits 进行四舍五入。

例如：=ROUND(25.782 5，2)表示将数值 25.782 5 四舍五入为小数点后两位，结果为 25.78。

提示： 如果希望始终进行向上舍入，可使用 ROUNDUP 函数，如果希望始终进行向下舍入，则应使用 ROUNDDOWN 函数。

7. 取整函数 TRUNC(number，[num_digits])

功能：将指定数值 number 的小数部分截去，返回整数。num_digits 为取整精度，默认为 0。

例如：=TRUNC(8.9)表示取 8.9 的整数部分，结果为 8。

8. 垂直查询函数 VLOOKUP(lookup_value,table_array,col_index_num,[range_lookup])

功能：搜索指定单元格区域的第一列，然后返回该区域相同行上任何指定单元格中的值。

参数说明：

- lookup_value：必需的参数。要在表格或区域的第 1 列中搜索到的值。
- table_array：必需的参数。要查找的数据所在的单元格区域，table_array 第 1 列中的值就是 lookup_value 要搜索的值。
- col_index_num：必需的参数。最终返回数据所在的列号。col_index_num 为 1 时，返回 table_array 第 1 列中的值；col_index_num 为 2 时，返回 table_array 第 2 列中的值，以此类推。如果 col_index_num 小于 1，则 VLOOKUP 返回错误值#VALUE！；大于 table_array 的列数，则 VLOOKUP 返回错误值#REF！。
- range_lookup：可选的参数。一个逻辑值，取值为 True 或 False，指定希望 VLOOKUP 查找精确匹配值还是近似匹配值：如果 range_lookup 为 True 或被省略，则返回精确匹配值。如果 table_array 的第 1 列中有两个或更多值与 lookup_value 匹配，则使用第一个找到的值。如果找不到精确匹配值，则返回错误值#N/A。如果 range_lookup 参数为 False，VLOOKUP 则返回近似匹配值，如果找不到精确匹配值，则返回小于 lookup_value 的最大值。

提示： 如果 range_lookup 为 True 或被省略，则必须按升序排列 table_array 第 1 列中的值；否则，VLOOKUP 可能无法返回正确的值，如果 range_lookup 为 False，则不需要对 table_array 第 1 列中的值进行排序。

例如：=VLOOKUP(1,A2:C10,2)要查找的区域为 A2:C10，因此 A 列为第 1 列，B 列为第 2 列，C 列则为第 3 列。表示使用精确匹配搜索 A 列(第 1 列)中的值 1，如果在 A 列中没有 1，则返回一个错误#N/A。

例如：=VLOOKUP(0.7, ,A2:C10,3,False)表示使用近似匹配在 A 列中搜索值 0.7。如果 A 列中没有 0.7 这个值，则近似找到 A 列中与 0.7 最接近的值，然后返回同一行中 C 列(第 3 列)的值。

9. 逻辑判断函数 IF(logical_test,[value_if_true],[value_if_false])

功能：如果指定条件的计算结果为 True，if 函数将返回某个值；如果该条件计算结果为 False，则返回另一个值。

提示： 在 Excel 2010 中，最多可以使用 64 个 if 函数进行嵌套，以构建更复杂的测试条件。也就是说，if 函数也可以作为 value_if_true 和 value_if_false 参数包含在另一个 if 函数中。

参数说明：

- logical_test：必需的参数。作为判断条件的任意值或表达式。
- value_if_true：可选参数。logical_test 参数的计算结果为 True 时所要返回的值。
- value_if_false：可选参数。logical_test 参数的计算结果为 False 时所要返回的值。

例如：=IF(A2>=60, "及格", "不及格")表示如果单元格 A2 的值大于等于 60，则显示“及格”字样，否则显示“不及格”字样。

10. 当前日期和时间函数 NOW( )

功能：返回当前日期和时间。

参数说明：该函数没有参数，所返回的是当前计算机系统的日期和时间。

11. 函数 YEAR(serial_number)

功能：返回指定日期对应的年份。返回值为 1900～9999 之间的整数。

参数说明：serial_number(必需参数)，是一个日期值，其中包含要查找的年份。

例如：=YEAR(A2)，当在 A2 单元格中输入日期 2008/12/27 时，该函数返回年份 2008。

注意： 公式所在的单元格不能是日期格式。

12. 当前日期函数 TODAY( )

功能：返回今天的日期。

参数说明：该函数没有参数，所返回的是当前计算机系统的日期。

13. 平均值函数 AVERAGE(number1,[number2], …)

功能：求指定参数 number1、number2、…的算术平均值。

参数说明：至少需要包含一个参数 number1，最多可包含 255 个。

例如：= AVERAGE(A2:A6)表示对单元格区域 A2 到 A6 中的数值求平均值。

14. 条件平均值函数 AVERAGEIF(range,criteria,[average_range])

功能：对指定区域中满足给定条件的所有单元格中的数值求算术平均值。

参数说明：

- range：必需参数。用于条件计算的单元格区域。
- criteria：必需参数。求平均值的条件，其形式可以为数字、表达式、单元格引用、文本或函数。
- average_range：可选参数，要计算平均值的实际单元格。如果 average_range 参数省略，Excel 会对 range 参数中指定的单元格求平均。

例如：=AVERAGEIF(A2:A5, "<5000")表示求单元格区域中 A2:A5 中小于 5 000 的数值的平均值。

例如：=AVERAGEIF(A2:A5, ">5000",B2:B5)表示对单元格区域 B2:B5 中与单元格区域 A2:A5 中大于 5 000 的单元格所对应的单元格中的值求平均值。

15. 多条件平均值函数 AVERAGEIFS(average_range, criteria_range1, criteria1, [criteria_ range2, criteria2], …)

功能：对指定区域中满足多个条件的所有单元格中的数值求算术平均值。

参数说明：

- average_range：必需参数。要计算平均值的实际单元格区域。
- criteria_range1，criteria_ range2，…：在其中计算关联条件的区域。其中 criteria_range1 是必需的，随后 criteria_ range2…是可选的，最多可以有 127 个区域。
- criteria1，criteria2，…：求平均值的条件。其中 criteria1 是必需的，随后，criteria2…是可选的。

其中每个 criteria_range 的大小和形状必须与 average_range 相同。

例如：=AVERAGEIFS(A1:A20,B1:B20,">70",C1:C20, "<90")表示对区域 A1:A20 中符合以下条件的单元格的数值求平均值：B1:B20 单元格区域中的相应单元格数值大于 70 且 C1:C20 单元格区域中的相应数值小于 90。

16. 计算函数 COUNT(value1,[value2], …)

功能：统计指定区域中包含数值的个数。只对包含数字的单元格进行计数。

参数说明：至少包含一个参数，最多可包含 255 个。

例如：=COUNT(A2:A8)表示统计单元格区域 A2～A8 中包含数值的单元格个数。

17. 计算函数 COUNTA(value1,[value2], …)

功能：统计指定区域中不为空的单元格的个数。可对包含任何类型信息的单元格进行计数。

参数说明：至少包含一个参数，最多可包含 255 个。

例如：=COUNTA(A2:A8)表示统计单元格区域 A2～A8 中非空单元格的个数。

18. 条件计算函数 COUNTIF(range,criteria)

功能：统计指定区域中满足单个指定条件的单元格的个数。

参数说明：

- range：必需参数。计数的单元格区域。
- criteria：必需参数。计数的条件。条件的形式可以为数字、表达式、单元格地址或文本。

例如：=COUNTIF(B2:B5,">55")表示统计单元格区域 B2～B5 值大于 55 的单元格的个数。

19. 多条件计算函数 COUNTIFS(criteria_range1, criteria1,[criteria_ range2, criteria2], …)

功能：统计指定区域内符合多个给定条件的单元格的个数。可以将条件应用于跨多个区域的单元格，并计算符合所有条件的次数。

参数说明：

- criteria_range1：必需参数。在其中计算关联条件的第一个区域。
- criteria1：必需参数。计数的条件。条件的形式可以为数字、表达式、单元格地址或文本。
- criteria_ range2, criteria2：可选参数。附加的区域及其关联条件。最多允许 127 个区域/条件对。

每一个附加区域都必须与参数 criteria_range1 具有相同的行数和列数，这些区域可以不相邻。

例如：=COUNTIFS(A2:A7,">80",B2:B7, "<100")表示统计单元格区域 A2～A7 中大于 80，同时在单元格区域 B2 到 B7 中小于 100 的数的行数。

20. 最大值函数 MAX(number1,[number2], …)

功能：返回一组值或指定区域中的最大值。

参数说明：至少包含一个参数，且必须是数值，最多可包含 255 个。

例如：=MAX(A2:A6)表示从单元格区域 A2:A6 中查找并返回最大数值。

21. 最小值函数 MIN(number1,[number2], …)

功能：返回一组值或指定区域中的最小值。

参数说明：至少包含一个参数，且必须是数值，最多可包含 255 个。

例如：=MAX(A2:A6)表示从单元格区域 A2:A6 中查找并返回最小数值。

22. 排位函数 RANK (number,ref,[order])、RANK.EQ (number,ref,[order])、RANK.AVG(number,ref,[order])

功能：返回一个数值在指定数值列表中的排位；RANK 函数与 Excel 2007 及早期版本

兼容；如果多个值具有相同的排位，使用函数 RANK.AVG 将返回平均排位；使用函数 RANK 与 RANK.EQ 则返回实际排位。

参数说明：

- number：必需参数。要确定其排位的数值。
- ref：必需参数。要查找的数值列表所在的位置。
- order：可选参数。指定数值列表的排列方式，其中，如果 order 为 0 或省略，对数值的排位是基于 ref 按照降序排序的；如果 order 不为 0，对数值的排位是基于 Ref 按照升序排序。

例如：=RANK.EQ ("3.5"A2:A6,1)表示求数值 3.5 在单元格区域 A2:A6 中的数值列表中的升序排位。

23. 文本合并函数 CONCATENATE(text1,[text2], …)

功能：将几个文本项合并为一个文本项。可将最多 255 个文本字符串连接成一个文本字符串。连接项可以是文本、数字、单元格地址或这些项目的组合。

参数说明：至少有一个文本项，最多可有 255 个，文本项之间以逗号分隔。

例如：=CONCATENATE(B2, " ",C2)表示将单元格 B2 中的字符串、空格字符串以及单元格 C2 中的字符串相连接，构成一个新的字符串。

提示： 也可以用文本运算符“&”代替 CONCATENATE 函数来连接文本项。

24. 截取字符串函数 MID(text,start_num,num_chars)

功能：从文本字符串中的指定位置开始返回特定个数的字符。

参数说明：

- text：必需参数。包含要提取字符的文本字符串。
- start_num：必需参数。文本中要提取第一个字符的位置。文本中第一个字符的位置为 1，以此类推。
- num_chars：必需参数。指定希望从文本串中提取并返回的字符个数。

例如：=MID(A2,7,4)表示从单元格 A2 中的文本字符串中的第 7 个字符开始提取 4 个字符。

25. 左侧截取字符串函数 LEFT(text,[num_chars])

功能：从文本字符串最左边开始返回指定个数的字符，也就是最前面一个或几个字符。

参数说明：

- text：必需参数。包含要提取字符的文本字符串。
- num_chars：可选参数。指定要提取的字符数量，num_chars 必须大于或等于 0，如果省略该参数，则默认其值为 1。

例如：= LEFT(A2,4)表示从单元格 A2 中的文本字符串中提取前 4 个字符。

26. 右侧截取字符串函数 RIGHT(text,[num_chars])

功能：从文本字符串最右边开始返回指定个数的字符，也就是最后面一个或几个字符。

参数说明：

- text：必需参数。包含要提取字符的文本字符串。
- num_chars：可选参数。指定要提取的字符数量，num_chars 必须大于或等于 0，如果省略该参数，则默认其值为 1。

例如：=RIGHT (A2,4)表示从单元格 A2 中的文本字符串中提取后 4 个字符。

27. 删除空格函数 TRIM(text)

功能：删除指定文本或区域中的空格，除了单词之间的单个空格外，该函数将会清除文本中所有的空格。在从其他应用程序中获取带有不规则空格文本时，可以使用该函数清除空格。

参数说明：text：必需参数，要删除空格的文本串。

例如：=TRIM(" 第 1 季 度 ")表示删除文本的前导空格、尾部空格以及字间空格。

28. 字符个数函数 LEN(text)

功能：统计并返回指定文本字符串中的字符个数。

参数说明：text(必需参数)，代表要统计其长度的文本。空格也将作为字符进行计数。

例如：=LEN(A2)表示统计位于单元格 A2 中的字符串的长度。

3.2.7　错误值

当工作表中某单元格中设置的计算公式无法求解时，系统将在该单元格中以错误值的形式显示出错提示。错误值可以使用户迅速判断出发生错误的原因。如表 3-2 所示列出了常见的错误值的提示信息及其含义。

表 3-2　常见的错误值及其含义

错 误 值	说　明	错 误 值	说　明
#DIV/0!	除数为 0	#NAME?	不能识别公式中使用的名字
#REF!	在公式中引用了无效的单元格	#NUM!	数字有问题
#VALUE	参数或操作数类型错误	$NULL!	指定的两个区域不相交
#N/A!	没有可用的数值		

3.2.8　巩固练习

【练习要求】

请从 MOOC 平台上下载 gglx2.xlsx 工作簿，按要求完成如下操作。

(1) 公式(函数)应用，按照样文如图 3-26 所示，使用 Sheet1 工作表中的数据，统计总成绩并计算平均成绩，结果分别放在相应的单元格中。

学号	姓名	成绩1	成绩2	成绩3	成绩4	总成绩	平均成绩	排名	优秀否
90220002	张成祥	97	94	93	93	377	94		
90220013	唐来云	80	73	69	87	309	77		
90213009	张雷	85	71	67	77	300	75		
90213022	韩文歧	88	81	73	81	323	81		
90213003	郑俊霞	89	62	77	85	313	78		
90213013	马云燕	91	68	76	82	317	79		
90213024	王晓燕	86	79	80	93	338	85		
90213037	贾莉莉	93	73	78	88	332	83		
90220023	李广林	94	84	60	86	324	81		
90216034	马丽萍	55	59	98	76	288	72		
91214065	高云河	74	77	84	77	312	78		
91214045	王卓然	88	74	77	78	317	79		

图 3-26　巩固练习样文 1

(2) 公式(函数)应用，按照样文如图 3-27 所示，使用 Sheet1 工作表中的数据，计算总成绩的排名(降序)和优秀否(总成绩大于 320 分的为优秀)，结果放在相应的单元格中。

学号	姓名	成绩1	成绩2	成绩3	成绩4	总成绩	平均成绩	排名	优秀否
90220002	张成祥	97	94	93	93	377	94	1	优秀
90220013	唐来云	80	73	69	87	309	77	10	
90213009	张雷	85	71	67	77	300	75	11	
90213022	韩文歧	88	81	73	81	323	81	5	优秀
90213003	郑俊霞	89	62	77	85	313	78	8	
90213013	马云燕	91	68	76	82	317	79	6	
90213024	王晓燕	86	79	80	93	338	85	2	优秀
90213037	贾莉莉	93	73	78	88	332	83	3	优秀
90220023	李广林	94	84	60	86	324	81	4	优秀
90216034	马丽萍	55	59	98	76	288	72	12	
91214065	高云河	74	77	84	77	312	78	9	
91214045	王卓然	88	74	77	78	317	79	6	

图 3-27　巩固练习样文 2

(3) 公式(函数)应用，按照样文如图 3-28 所示，在“销售统计”表中的“销量”列右侧增加一列“销售额”，根据“销售额=销量×单价”构建公式计算出各类图书的销售额。要求在公式中通过 VLOOKUP 函数自动在工作表“销量”中查找相关商品的具体销量。

12月份计算机图书销售情况统计表			
图书编号	书名	单价	销售额
JSJ0001	Windows 7教程	17	850
JSJ0002	Windows XP教程	18	1080
JSJ0003	Word教程	19	1045
JSJ0004	Excel教程	19	1064
JSJ0005	PowerPoint教程	19	912
JSJ0006	办公与文秘教程	20	800
JSJ0007	Photoshop教程	22	1452
JSJ0008	Premiere教程	19.5	877.5
JSJ0009	FlJSJsh教程	21	1260
JSJ0010	Fireworks教程	17	850
JSJ0011	DreJSJmweJSJver教程	22	1034
JSJ0012	VisuJSJl BJSJsic教程	22	1100
JSJ0013	五笔字型教程	13	806

图 3-28　巩固练习样文 3

3.3　Excel 数据分析与处理

3.3.1　教学案例

【案例要求】

请从 MOOC 平台上下载 jxal3.xlsx 工作簿，按要求完成如下操作。

(1) 数据排序：按照样文图 3-29 所示，使用 Sheet1 工作表中的数据，以“成绩 1”为关键字，以递增方式排序。

(2) 数据筛选：按照样文图 3-32 所示，使用 Sheet2 工作表中的数据，筛选出“成绩 1”大于 80 且“成绩 4”大于 85 的记录。

(3) 数据合并计算：按照图 3-34 所示，使用 Sheet3 工作表中的相关数据，在“课程安排统计表”中进行“求和”合并计算。

(4) 数据分类汇总：按照图 3-36 所示，使用 Sheet4 工作表中的数据，以“课程名称”为分类字段，将“人数”和“课时”，进行“求和”分类汇总。

(5) 建立数据透视表：按照图 3-38 所示，使用“数据源”工作表中的数据，以“课程名称”和“授课班数”为报表筛选项，以“姓名”为列标签，以“课时”为求和字项，从 Sheet6 工作表的 A1 单元格起。建立数据透视表。

(6) 根据生成的数据透视表，在透视表下方创建一个簇状柱形图，按照图 3-39 所示，比较“大学语文”全部班级不同学生的课时量。

【实战步骤】

第一步：从 MOOC 平台上下载 jxal3.xlsx 工作簿，打开 jxal3.xlsx 工作簿，选择 Sheet1 工作表，将光标放置在“成绩 1”的任何单元格内，单击“数据”选项卡下“排序和筛选”组的升序命令按钮，即可完成排序，排序结果如图 3-29 所示。

第二步：选择 Sheet2 工作表，将光标放置在有数据的任何一个单元格内，单击“数据”选项卡下“排序与筛选”组的“筛选”命令按钮，这时列字段处出现下拉箭头，单击“成绩 1”字段的下拉箭头选择“数字筛选”|“自定义筛选”命令，弹出“自定义自动筛选方式”对话框，在该对话框中进行如图 3-30 所示的设置，设置完成后单击“确定”按钮。同理，单击“成绩 4”字段的下拉箭头，选择“数字筛选”|“自定义筛选”命令，弹出“自定义自动筛选方式”对话框，在该对话框中进行如图 3-31 所示的设置，设置完成后单击“确定”按钮。即可按要求完成筛选，完成筛选后的最终结果如图 3-32 所示。

第三步：选择 Sheet3 工作表，将光标放置在“课程安排统计表”的“课程名称”单元格处，单击“数据”选项卡下“数据工具”组的“合并计算”按钮，弹出“合并计算”对话框，进行如图 3-33 所示的设置。设置完成后单击“确定”按钮，即可完成合并计算，如图 3-34 所示。

第四步：选择 Sheet4 工作表，将光标放置在有数据的任何一个单元格内，单击“数据”选项卡下“分级显示”组的“分类汇总”按钮，弹出“分类汇总”对话框，进行如图 3-35

所示的设置，设置完成后单击“确定”按钮，即可完成分类汇总，如图 3-36 所示。

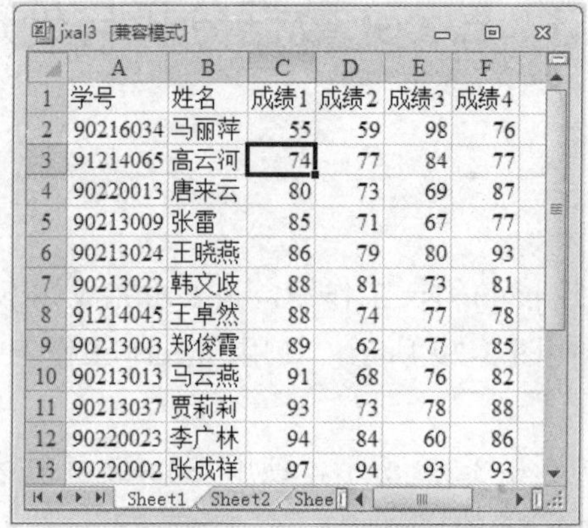

	A	B	C	D	E	F
1	学号	姓名	成绩1	成绩2	成绩3	成绩4
2	90216034	马丽萍	55	59	98	76
3	91214065	高云河	74	77	84	77
4	90220013	唐来云	80	73	69	87
5	90213009	张雷	85	71	67	77
6	90213024	王晓燕	86	79	80	93
7	90213022	韩文歧	88	81	73	81
8	91214045	王卓然	88	74	77	78
9	90213003	郑俊霞	89	62	77	85
10	90213013	马云燕	91	68	76	82
11	90213037	贾莉莉	93	73	78	88
12	90220023	李广林	94	84	60	86
13	90220002	张成祥	97	94	93	93

图 3-29　教学案例样文 1

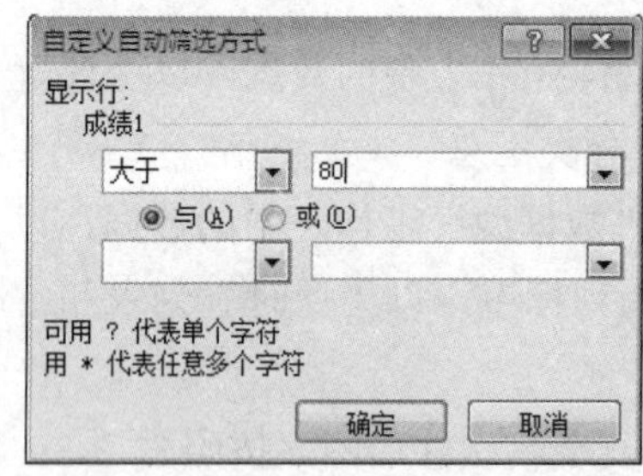

图 3-30　“自定义自动筛选方式”对话框 1

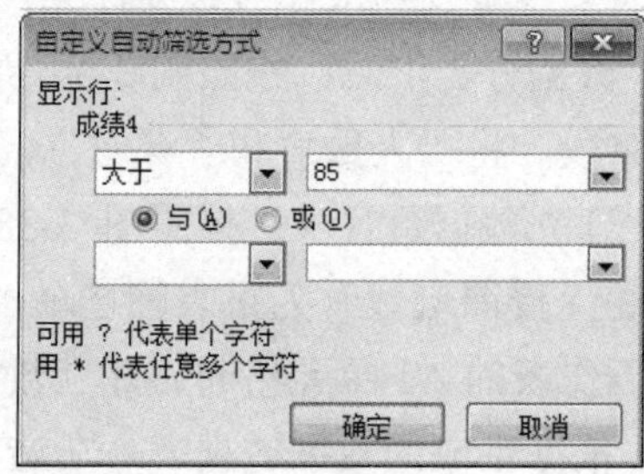

图 3-31　“自定义自动筛选方式”对话框 2

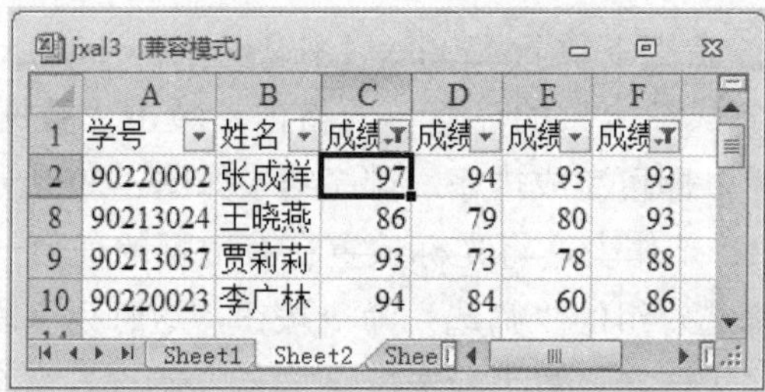

	A	B	C	D	E	F
1	学号	姓名	成绩	成绩	成绩	成绩
2	90220002	张成祥	97	94	93	93
8	90213024	王晓燕	86	79	80	93
9	90213037	贾莉莉	93	73	78	88
10	90220023	李广林	94	84	60	86

图 3-32　教学案例样文 2

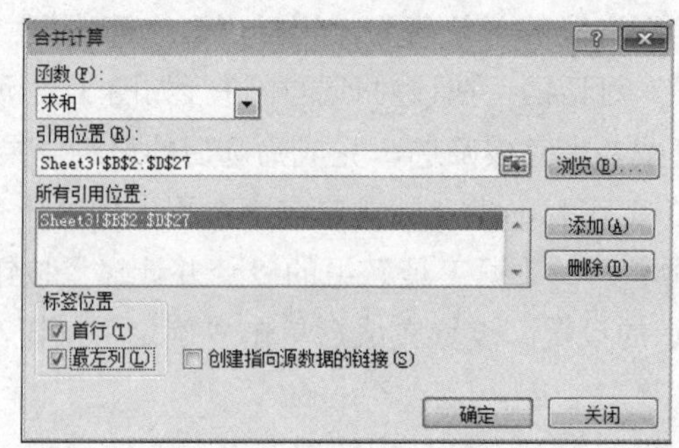

图 3-33　“合并计算”对话框

课程安排统计表

课程名称	人数	课时
德育	285	186
离散数学	262	233
体育	242	237
线性代数	306	177
哲学	363	186

图 3-34　教学案例样文 3

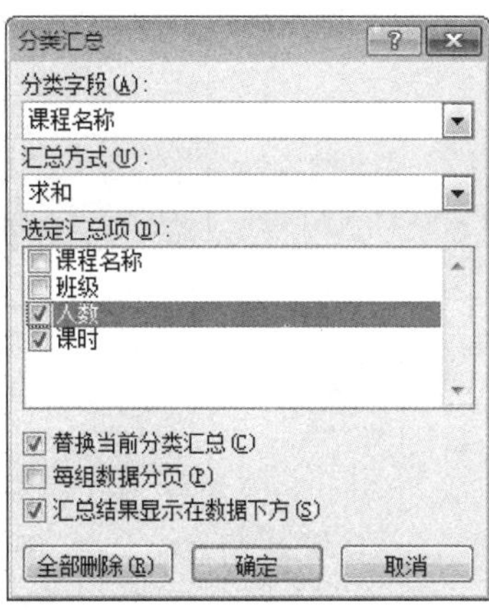

图 3-35　“分类汇总”对话框

jxal3 [兼容模式]

	A	B	C	D
1	课程安排表			
2	课程名称	班级	人数	课时
8	**大学语文 汇总**		269	205
14	**离散数学 汇总**		262	233
21	**微积分 汇总**		349	203
28	**英语 汇总**		360	266
34	**政经 汇总**		246	245
35	**总计**		1486	1152

Sheet1　Sheet2

图 3-36　教学案例样文 4

第五步：选择数据源工作表，将光标放置在有数据的任何一个单元格内，单击“插入”选项卡下“表格”组的“数据透视表”命令按钮，弹出“创建数据透视表”对话框，在该对话框中进行如图 3-37 所示的设置，设置完成后，单击确定按钮，在 Sheet6 工作表中，将“课程名称”和“授课班级”拖动到“报表筛选”处，将“姓名”拖动到“列标签”处，将“课时”拖动到“求和”处。关闭“数据透视表”字段列表，稍作调整，即可完成如图 3-38 所示的数据透视表。

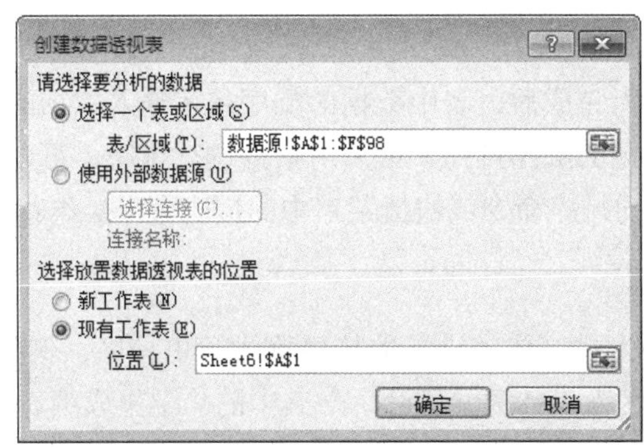

图 3-37　“创建数据透视表”对话框

jxal3 [兼容模式]

	A	B	C	D
1	课程名称	大学语文		
2	授课班数	3		
3				
4	求和项:课时	姓名		
5		康众喜	总计	
6	汇总	63	63	
7				
8				

Sheet1 Sheet2

图 3-38　教学案例样文 5

第六步：选择 Sheet6 工作表，将数据透视表的“授课班级”筛选为全部，将光标放置在有数据的任何一个单元格内，在“数据透视表工具”的“选项”选项卡下，单击“工具”组中的“数据透视图”按钮，打开“插入图标”对话框，在该对话框中选择簇状柱形图，单击“确定”按钮，即可创建如图 3-39 所示的数据透视图。

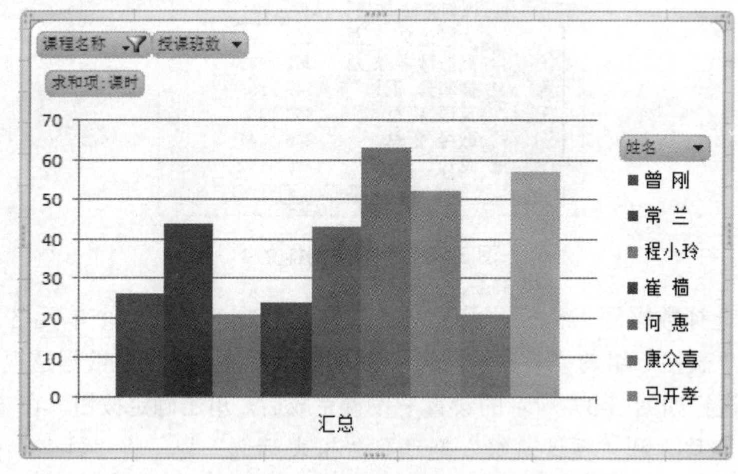

图 3-39　教学案例样文 6

3.3.2　数据排序

工作表中的数据输入完成后，表中数据的顺序是按输入数据的先后次序排列的。若要使数据按照用户要求指定的顺序排列，就要对数据进行排序。可以通过“数据”选项卡中“排序与筛选”功能组的排序命令或快捷菜单中的排序命令操作。

1. 简单数据排序

只按照某一列数据为排序依据进行的排序称为简单排序。例如，从本课程的 MOOC 平台上下载文件“数据源”工作簿并打开，对其中的“学生成绩表”按总分降序排序。

操作方法如下。

鼠标指向总分所在列的任意单元格，选择“数据”选项卡中“排序与筛选”组的“降

序”按钮，如图 3-40 所示，或在快捷菜单中选择“排序”|“降序”命令，即可实现按总分从高到低的排序功能。

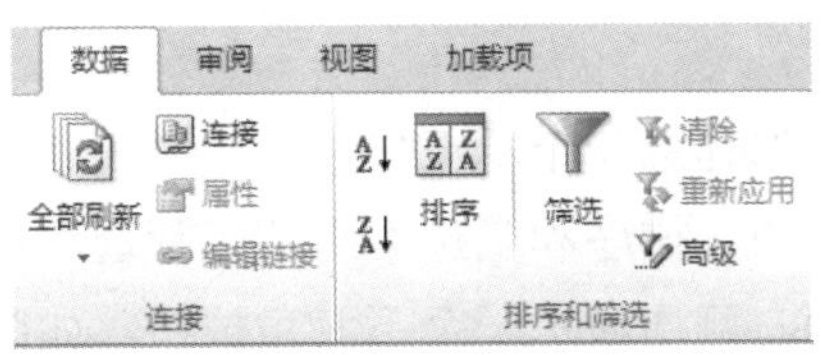

图 3-40　单击“降序”按钮

2. 复杂数据排序

有些情况下简单排序不能满足要求，需要按照多个排序依据进行排序，可采用自定义排序。例如，对“学生成绩表”按平均分降序排序，平均分相同的按计算机降序排序。

操作方法如下。

(1) 将光标放在数据区域的任意一个单元格中。

(2) 单击“数据”选项卡中“排序和筛选”组的“排序”按钮或选择快捷菜单中的“排序”|“自定义排序”命令，打开“排序”对话框，如图 3-41 所示。

图 3-41　“排序”对话框

(3) 分别在“主要关键字”“排序依据”“次序”下拉列表框中选择“平均分”“数值”“降序”。然后单击“添加条件”按钮，在“次要关键字”中依次选择“计算机”“数值”“降序”，单击“确定”按钮。此刻，已经按要求完成排序操作。同理，可以继续添加排序条件，直到符合用户的所有排序要求。

3.3.3　数据筛选

数据筛选就是指将工作表中符合要求的数据显示出来，其他不符合要求的数据，系统会自动隐藏起来。这样可以快速寻找和使用工作表中用户所需的数据。Excel 数据筛选功能包括自动筛选、自定义筛选及高级筛选 3 种方式。在此，对“学生成绩表”进行筛选，以便介绍 3 种筛选的操作方法。

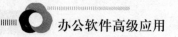

1. 自动筛选

使用“自动筛选”功能筛选“学生成绩表”中“成绩分类”为“优”的学生。

操作方法如下。

(1) 将光标放在数据区域的任意一个单元格中。

(2) 单击“数据”选项卡中“排序和筛选”组的“筛选”按钮，如图 3-40 所示。此刻表头的各数据列标记(字段名)右侧均显示一个下三角按钮，如图 3-42 所示。

A	B	C	D	E	F	G	H	I	J	K
学号	姓名	性别	班级	计算	英语	语文	数学	总分	平均分	成绩分
90220002	张成祥	女	12计算机	97	94	93	93	377	94	优
90220013	唐来云	男	12计算机	80	73	69	87	309	77	中
90213009	张雷	男	12计算机	85	71	67	77	300	75	中
90213022	韩文岐	女	12计算机	88	81	73	81	323	81	良
90213003	郑俊霞	女	13计算机	89	62	77	85	313	78	中
90213013	马云燕	女	13计算机	91	68	76	82	317	79	中
90213024	王晓燕	女	13计算机	86	79	80	93	338	85	良
90213037	贾莉莉	女	13计算机	93	73	78	88	332	83	良
90220023	李广林	男	13管理	94	84	60	86	324	81	良
90216034	马丽萍	女	13管理	55	59	98	76	288	72	中
91214065	高云河	男	13管理	74	77	84	77	312	78	中
91214045	王卓然	男	13管理	88	74	77	78	317	79	中

图 3-42 单击“筛选”按钮后的数据表界面

(3) 单击“成绩分类”右侧的按钮，系统弹出如图 3-43 所示的对话框。

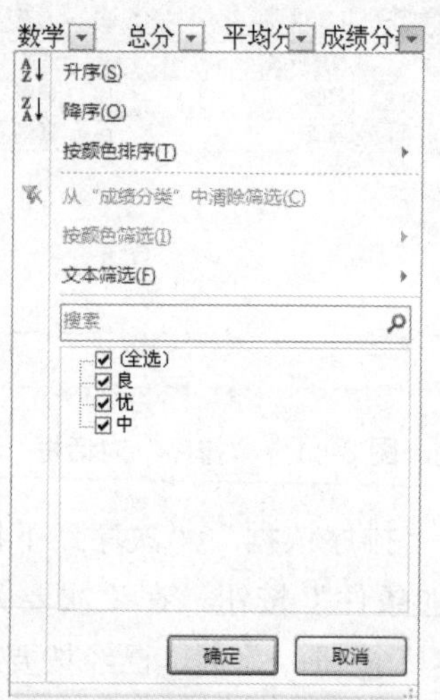

图 3-43 筛选中数据列标记

(4) 取消“全选”，选择“优”，然后单击“确定”按钮，其筛选结果如图 3-44 所示。

A	B	C	D	E	F	G	H	I	J	K
学号	姓名	性别	班级	计算	英语	语文	数学	总分	平均分	成绩分
90220002	张成祥	女	12计算机	97	94	93	93	377	94	优

图 3-44 成绩分类为“优”的筛选结果

此刻，所有“成绩分类”不是“优”的记录全部自动隐藏，若要将隐藏的其他学生的数据显示出来，在图 3-43 中选择“全选”即可恢复显示全部记录。

2. 自定义筛选

在实际应用中，有些筛选的条件值不是表中已有的数据，所以需要打开对话框后，由用户提供相应的信息后再筛选。例如，将“学生成绩表”中“总分”前三名学生筛选出来。

将光标放在数据区域的任意一个单元格中，选择“数据”选项卡中“排序与筛选”组的“筛选”命令按钮后，单击“总分”右侧的按钮，在展开列表中指向“数字筛选”，如图 3-45 所示，在“数字筛选”子列表中选择“10 个最大的值”，系统弹出如图 3-46 所示的对话框，在对话框中选择“最大”“3”“项”即可。

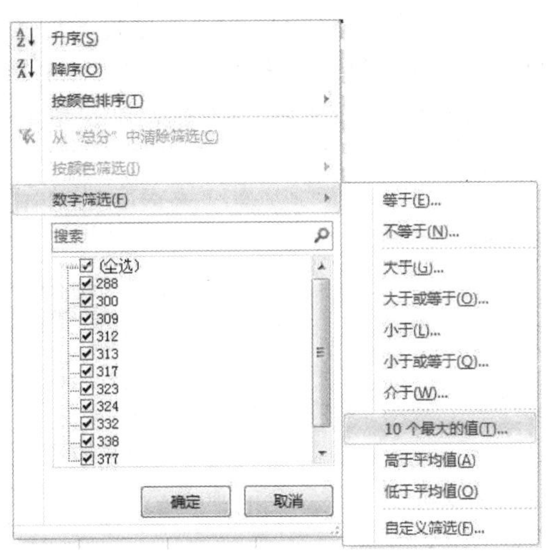

图 3-45　“数字筛选”命令

例如，在“学生成绩表”中选择“英语”大于等于 60 且小于 90 的学生。

操作方法如下。

将光标放在数据区域的任意一个单元格中，单击“数据”选项卡中“排序和筛选”组的“筛选”按钮后，单击“英语”右侧的按钮，在展开列表中指向“数字筛选”，如图 3-45 所示，在子列表中选择“自定义筛选”命令，或选择“介于”命令，系统弹出如图 3-47 的对话框，分别选择“大于或等于”“60”“与”“小于”“90”，然后单击“确定”按钮即可。

图 3-46　“自动筛选前 10 个”对话框

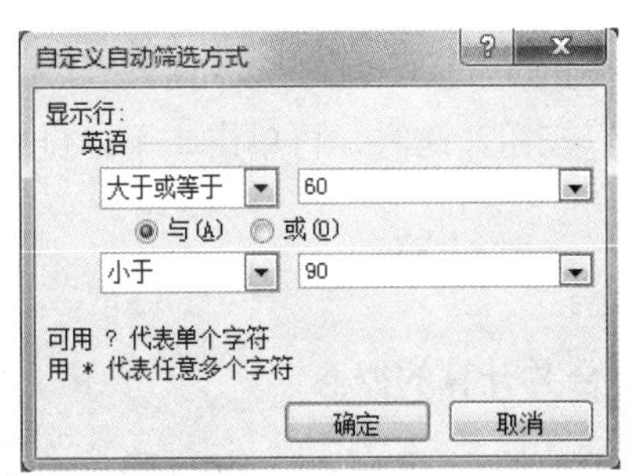

图 3-47　“自定义自动筛选方式”对话框

另外，还可以将背景颜色、字体颜色、字体字号等作为筛选条件，例如，可以将“计算机”成绩中红色的成绩(不及格)筛选出来。只要选择“按颜色筛选”或“按字体颜色筛选”即可。

3. 高级筛选

如果筛选的条件比较简单，采用自动筛选或自定义筛选就可以了，有时筛选的条件不是很直观、具体，而是很复杂，往往是多个条件的重叠，若执行更复杂的筛选，使用高级筛选会更方便。例如，在“学生成绩表”中筛选英语与平均分都大于 80 分的女同学。

操作方法如下。

(1) 首先在表的任意一个空白区域输入高级筛选的条件，如图 3-48 所示。

(2) 把光标放在数据区域，单击“数据”选项卡中“排序和筛选”组的“高级”按钮。

(3) 在系统弹出的如图 3-49 的“高级筛选”对话框中，单击“列表区域”右边的折叠按钮，并选择筛选的数据区域。

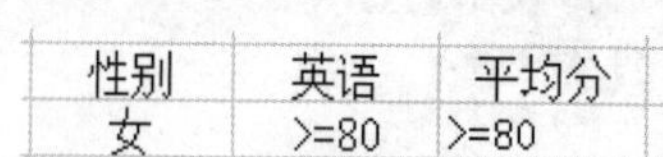

性别	英语	平均分
女	>=80	>=80

图 3-48　设置高级筛选条件

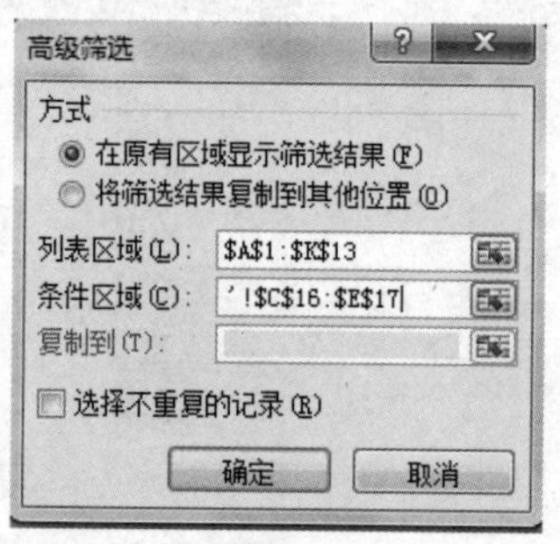

图 3-49　“高级筛选”对话框

(4) 单击“条件区域”右侧的折叠按钮，并选择已输入高级筛选条件的“条件区域”。

(5) 单击“确定”按钮，即可完成高级筛选。

注意： 上述“条件区域”的条件中，若 3 个条件处于同一行中，说明设置的 3 个条件是“与”的关系，若 3 个条件不在同一行中，则说明所设条件是“或”的关系。

4. 取消筛选

取消筛选，恢复筛选前的数据，如果是用高级筛选得出的结果，直接单击“排序和筛选”组中的“清除”按钮即可恢复原样；如果是用自动筛选得出的结果，单击“排序和筛选”组中的“清除”命令按钮后，显示所有筛选之前的数据，但保留所有列标志中的“自动筛选”按钮，此时，再单击一下“排序和筛选”组中的“筛选”按钮即可恢复数据原样。

3.3.4　合并计算

1. 合并计算的概念

所谓合并计算是指，可以通过合并计算的方法来汇总一个或多个源区中的数据。Microsoft Excel 提供了两种合并计算数据的方法。一是通过位置，即当我们的源区域有相同位置的数据汇总。二是通过分类，当我们的源区域没有相同的布局时，则采用分类方式进行汇总。

要想合并计算数据，首先必须为汇总信息定义一个目的区，用来显示摘录的信息。此目标区域可位于与源数据相同的工作表上，或在另一个工作表上或工作簿内。其次，需要选择要合并计算的数据源。此数据源可以来自单个工作表、多个工作表或多重工作簿中。

(1) 通过位置来合并计算数据：在所有源区域中的数据被相同地排列，也就是说，想从每一个源区域中合并计算的数值，必须在被选定源区域的相同的相对位置上。这种方式非常适用于处理日常相同表格的合并工作，例如，总公司将各分公司的报表合并形成一个全公司的报表。

(2) 通过分类来合并计算数据：当多重来源区域包含相似的数据却以不同方式排列时，此命令可使用标记，依不同分类进行数据的合并计算，也就是说，当选定的格式的表格具有不同的内容时，可以根据这些表格的分类来分别进行合并工作。举例来说，假设某公司共有两个分公司，它们分别销售不同的产品，总公司要得到完整的销售报表时，就必须使用“分类”来合并计算数据。

2. 合并计算的具体操作

例如，要合并计算选修同一门课程的总人数与总课时，打开“数据源”工作簿中的“课程安排”工作表，如图 3-50 所示。

课程安排表			
班级	课程名称	人数	课时
2	德育	50	26
6	德育	59	28
9	德育	50	36
5	德育	50	61
4	德育	76	35
2	离散数学	51	53
6	离散数学	44	21
9	离散数学	75	36
5	离散数学	44	62
4	离散数学	48	61
2	体育	58	71
6	体育	42	38
9	体育	41	41
5	体育	44	61
4	体育	57	26
2	线性代数	57	30
6	线性代数	58	36
9	线性代数	58	41
5	线性代数	58	26
4	线性代数	75	44
2	哲学	88	25
6	哲学	58	54
9	哲学	66	52
5	哲学	76	21
4	哲学	75	34

课程安排统计表		
课程名称	人数	课时

图 3-50　课程安排工作表

操作步骤如下。

(1) 选中空白区域的任何一个单元格，本例选中空白表的课程名称处(注意：插入点不能在将被合并计算的数据区域内)，单击“数据”选项卡“数据工具”组中的“合并计算”按钮，弹出“合并计算”对话框(如图 3-51 所示)。其中，函数有求和、均值、计数等 11

种，常用的为求和、求平均值等，本例选择求和；引用位置指需要求和的数据源位置，用户可以直接在输入栏输入引用的数据区域，也可以单击输入栏中右边的折叠按钮，到某一张表的合适位置选择数据，之后选择“添加”，本例选择位置如图 3-51 所示；所有引用位置，在“引用位置”中被输入或被选定的数据区域以列表形式出现。若选择错误或不当，可以在选中某个区域的前提下，单击“删除”按钮，将其从区域列表中删除；标志位置即标题行的位置，一般情况下，在首行输入标题，在最左列输入说明，所以“标签位置”选“首行”“最左列”。

(2) 单击“确定”按钮，合并计算后的新表出现在空白表格内。

合并计算的结果如图 3-52 所示。

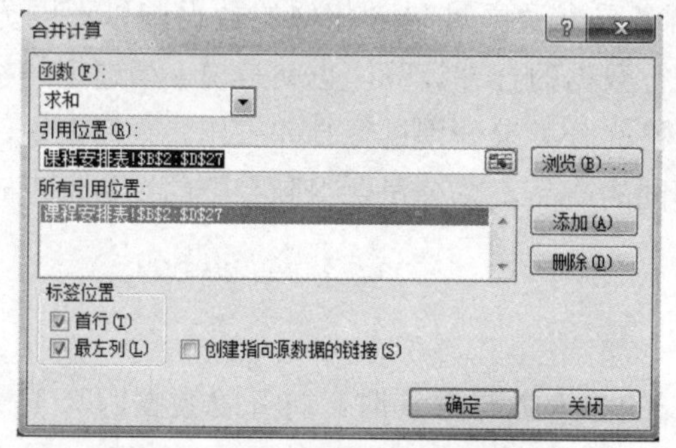

图 3-51 “合并计算”对话框

课程安排统计表

课程名称	人数	课时
德育	285	186
离散数学	262	233
体育	242	237
线性代数	306	177
哲学	363	186

图 3-52 合并计算结果

注意： 此题目的要求只进行一张表相关内容的计算，大多数情况为两张以上工作表进行合并计算。方法基本一样，只在“所有引用位置”处选择多个数据区域并进行“添加”就可以了。另外，合并计算的对象是数值，因此，选定区域中的非数值单元格，合并计算结果为“空”。而且，标签是不参与计算的，位置必须一一对应。

3.3.5 分类汇总与分级显示

1. 分类汇总的概念

分类汇总是指按某个字段分类，把该字段值相同的记录放在一起，再对这些记录的其他数值字段进行求和、求平均值、计数等汇总运算。操作时要求先按分类汇总的依据排序，然后进行分类汇总计算。分类汇总的结果将插入并显示在字段相同值记录行的下边，同时，自动在数据底部插入一个总计行。

2. 分类汇总操作步骤

操作步骤如下。

(1) 对数据清单中的记录按需分类汇总的字段排序。

(2) 在数据清单中选定任一个单元格。

(3) 单击“数据”选项卡“分级显示”组中的“分类汇总”按钮，弹出“分类汇总”

对话框，如图 3-53 所示。

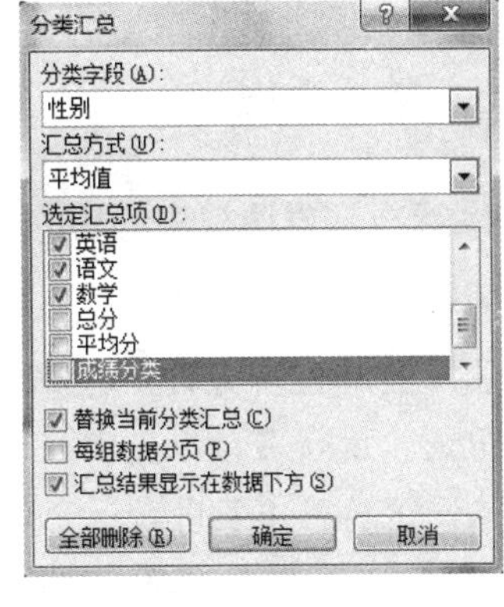

图 3-53　“分类汇总”对话框

(4) 在“分类字段”下拉列表框中，选择进行分类的字段名(所选字段必须与排序字段相同)。

(5) 在“汇总方式”下拉列表框中，单击所需的用于计算分类汇总的方式，如求和、求平均值等。

(6) 在“选定汇总项”列表框中，选择要进行汇总的数值字段(可以是一个或多个)。选中“替换当前分类汇总”，则替换已经存在的汇总。

(7) 取消选中“汇总结果显示在数据下方”，则汇总数据显示在上方。

(8) 选中“每组数据分页”则添加分页符，将每组数据分页。

(9) 单击“确定”按钮，完成汇总操作，工作表将出现分类汇总的数据清单。

如果需要恢复原样，单击“全部删除”即可。

若想对一批数据以不同的汇总方式进行多个汇总时，只需填写“分类汇总”对话框的相应内容后，并取消选中“替换当前分类汇总”复选框，即可叠加多种分类汇总，即所谓的实现二级分类汇总，以及三级分类汇总等。

3. 分级显示

分类汇总的结果可以形成分级显示，最多可分 8 级，使用分级显示可以快速显示摘要行或摘要列，或者显示每组的明细数据。

例如：在“学生成绩表”里，按“性别”字段进行分类，对“英语”“语文”“数学”成绩进行平均值的分类汇总，汇总后的结果如图 3-54 所示。其中，左上方[1][2][3]表示分级的级数与级别，数字越大级别越小；[-]表示可以收缩下一级明细，单击一下[-]，即变为[+]，[+]表示可展开下一级明细。

	学号	姓名	性别	班级	计算机	英语	语文	数学	总分	平均分	成绩分类
2	90220002	张成祥	女	12计算机	97	94	93	93	377	94	优
3			**女 平均值**			94	93	93			
4	90220013	唐来云	男	12计算机	80	73	69	87	309	77	中
5	90213009	张雷	男	12计算机	85	71	67	77	300	75	中
6			**男 平均值**			72	68	82			
7	90213022	韩文歧	女	12计算机	88	81	73	81	323	81	良
8	90213003	郑俊霞	女	13计算机	89	62	77	85	313	78	中
9	90213013	马云燕	女	13计算机	91	68	76	82	317	79	中
10	90213024	王晓燕	女	13计算机	86	79	80	93	338	85	良
11	90213037	贾莉莉	女	13计算机	93	73	78	88	332	83	良
12			**女 平均值**			73	77	86			
13	90220023	李广林	男	13管理	94	84	60	86	324	81	良
14			**男 平均值**			84	60	86			
15	90216034	马丽萍	女	13管理	55	59	98	76	288	72	中
16			**女 平均值**			59	98	76			
17	91214065	高云河	男	13管理	74	77	84	77	312	78	中
18	91214045	王卓然	男	13管理	88	74	77	78	317	79	中
19			**男 平均值**			76	81	78			
20			**总计平均值**			75	78	84			

图 3-54　“学生成绩表”分类汇总后的结果

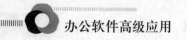

单击不同的分级显示符号将显示不同的级别。

3.3.6　数据透视表

1. 建立数据透视表的目的

数据透视表能帮助用户分析、组织数据，利用它可以很快地从不同角度对数据进行分类汇总。但是应该明确的是：不是所有工作表都有建立数据透视表的必要。

记录数量众多、以流水账形式记录、结构复杂的工作表，为将其中的一些内在规律显现出来，可将工作表重新组合并添加算法，即建立数据透视表。

例如，有一张工作表，是一个大公司员工(姓名、性别、出生年月、所在部门、工作时间、政治面貌、学历、技术职称、任职时间、毕业院校、毕业时间等)信息一览表。不但字段(列)多，且记录(行)数众多。为此，需要建立数据透视表，以便将一些内在规律显现出来。

2. 创建数据透视表

例如，根据已建立的“数据源”工作簿中的“教师授课情况表”，使用数据透视表分别对每门课程、各位授课教师授课的总课时进行统计。其数据透视表的布局为：页为“授课班级”，行为“姓名”，列为“课程名称”，“课时”为求和项。

操作方法如下。

(1) 把光标放置在有数据的任意一个单元格中，单击“插入”选项卡“表格”组中的“数据透视表”按钮，在弹出的菜单中选择“数据透视表”命令，系统弹出如图 3-55 所示的“创建数据透视表”对话框。

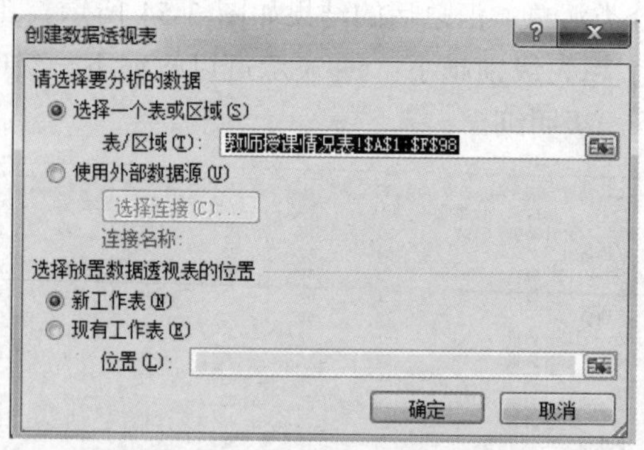

图 3-55　“创建数据透视表”对话框

(2) 在“请选择要分析的数据”选项组中选中“选择一个表或区域”单选按钮，选择要进行分析的数据区域(通常系统会自动选择整个表作为数据分析区域)，在“选择放置数据透视表的位置”选项区中，选中“新工作表”，单击“确定”按钮。

(3) 在“数据透视表字段列表”窗格的“选择要添加到报表的字段”列表中，将“授课班级”字段拖入“报表筛选”区域，将“姓名”字段拖入“行标签”区域，将“课程名称”字段拖入“列标签”区域，将“课时”拖入数值区域。

(4) 对新建立的表页中的数据透视表进行相应的格式设置，可以使用快捷菜单中的“设置单元格格式”“数字格式”及“数据透视表”等命令或“单元格”组中“单元格”按钮的相应命令对其格式进行设置，得到如图 3-56 所示的结果。

授课班级	(全部)									
求和项:课时	列标签									
行标签	大学语文	德育	离散数学	体育	微积分	线性代数	英语	哲学	政经	总计
艾　提			53							53
蔡　国						41				41
蔡　轩									37	37
曾　刚	26									26
常　兰	44									44
陈　斌		70								70
陈　风					70					70
成　燕					21					21
成　智					46					46
程小玲	21									21
褚　花				56						56
崔　痉		27								27
崔　樯	24									24
达晶华		26								26
代　建			25							25
代　森							44			44
丁　仁			27							27
风　黔									71	71
奉　宝									52	52

图 3-56　数据透视表结果

提示： 如果想要删除字段，只需要在字段列表中单击取消对该字段名复选框的选择即可。

3. 对数据透视表进行更新和维护

选中数据透视表中的任意单元格，功能区将会出现“数据透视表工具”的“选项”和“设计”两个选项卡，在“选项”选项卡下可以对数据透视表进行多项操作。在“设计”选项卡下可以设置数据透视表的样式及布局。

1) 刷新数据透视表

在创建数据透视表之后，如果对数据源中的数据进行了更改，那么需要在“数据透视表工具”的“选项”选项卡下，单击“数据”组中的“刷新”按钮，所做的更改才能反映到数据透视表中。

2) 更改数据源

如果在源数据区域中添加了新的行或列，则可以通过“更改数据源”命令，将这些行列包含到数据透视表中。方法是：

(1) 选中数据透视表中的任意单元格，在功能区中选择“数据透视表工具”|“选项”|“数据”|“更改数据源”。

(2) 在弹出的“更改数据透视表数据源”对话框中，重新选择数据源区域以包含新增的行列数据，然后单击“确定”按钮。

4. 设置数据透视表的格式

可以像对普通表格那样对数据透视表进行格式设置，因为它就是一个表格，还可以通过“数据透视表工具”的“设计”选项卡为数据透视表快速指定预置样式。

5. 删除数据透视表

单击数据透视表的任意位置，在“数据透视表工具”的“选项”选项卡下，单击“操作”组中“选择”的下拉按钮，从下拉列表中选择“整个数据透视表”命令，然后按 Delete 键即可删除数据透视表。

3.3.7 数据透视图

数据透视图是以图形形式呈现数据透视表中的汇总数据，其作用与普通图表一样，可以更为形象化地对数据进行比较。

为数据透视图提供数据源的是相关联的数据透视表。在相关联的数据透视表中对字段布局和数据所做的更改，会立即反映在数据透视图中。

除了数据源来自数据透视表以外，数据透视图与标准图表的组成元素基本相同，包括数据系列、类别、数据标记和坐标轴，以及图表标题、图例等。与普通图表的区别在于，当创建数据透视图时，建数据透视图的图表区中将显示字段筛选器，以便对基本数据进行排序和筛选。

创建数据透视图的步骤如下。

(1) 单击数据透视表中的任何单元格，在“数据透视表工具”的“选项”选项卡上，单击“工具”组中的“数据透视图”按钮，打开“插入图表”对话框。

(2) 与创建普通图表一样，选择相应的图表类型和图表子类型。

(3) 单击“确定”按钮，数据透视图插入当前数据透视表中，单击图表区中的字段筛选器，可更改图表中显示的数据。

(4) 单击数据透视图中的空白位置，功能区出现“数据透视图工具”，其包含 4 个选项卡，分别是“设计”“布局”“格式”和“分析”，通过这 4 个选项卡，可以对透视图进行修饰和设置，方法与普通图表相同。

提示： 在数据透视图中，可以使用除 XY 散点图、气泡图或股价图以外的任意图表类型。

如果想要删除数据透视图，那么在要删除的数据透视图中的任意空白位置处单击鼠标左键，选中该数据透视图，然后按 Delete 键即可删除该数据透视图。删除数据透视图不会删除相关联的数据透视表。但是，删除与数据透视图相关联的数据透视表会将该数据透视图变为普通图表，并从源数据区中取值。

3.3.8 模拟分析和运算

模拟分析是指通过更改某个单元格中的数值来查看这些更改对工作表中引用该单元格的公式结果的影响过程。通过使用模拟分析工具，可以在一个或多个公式中试用不同的几组值来分析所有不同的结果。

Excel 附带了 3 种模拟分析工具：方案管理器、模拟运算表和单变量求解。方案管理器和模拟运算表可获取一组输入值并确定可能的结果。单变量求解则是针对希望获取结果的确定生成该结果的可能的各项值。

小蒋老师在获取各班的勤工俭学销售情况统计表后，进行了认真的研究，发现某些学生在销售某些商品时售价太低以至于实际是亏损的。下面利用模拟分析工具帮助小蒋老师对各种销售情况下的本量利进行简单分析。

1. 单变量求解

单变量求解用来解决以下问题：先假定一个公式的计算结果是某个固定值，那么在该公式中引用的变量所在单元格应取值为多少时该结果才能成立。

下面以一个例题讲解单变量求解的具体过程。

例 3.1　某大学各班勤工俭学的同学在销售电子产品，在单价和成本确定的情况下，想要使利润达到某一个数值时，销量应该是多少？要求用单变量求解实现。具体操作步骤如下。

第一步：为实现单变量求解，在工作表中输入基础数据，如图 3-57 所示，在 C7 单元格中输入“利润=(单价−成本)*销量”即在 C7 单元格中输入“=(C4−C5)*C6”。

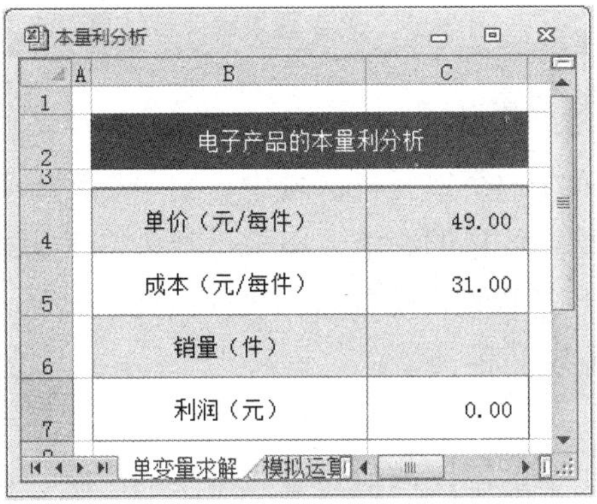

本量利分析

	A	B	C
1			
2		电子产品的本量利分析	
3			
4		单价（元/每件）	49.00
5		成本（元/每件）	31.00
6		销量（件）	
7		利润（元）	0.00

单变量求解　模拟运算

图 3-57　输入单变量求解的基础数据

第二步：单击选择用于产生特定目标数值的公式所在的单元格，此处，单击利润公式所在的单元格 C7，目的是用于测算当销量为多少时能够达到预定的利润目标。

第三步：在“数据”选项卡的“数据工具”组中，单击“模拟分析”按钮，从下拉列表中选择“单变量求解”命令，打开“单变量求解”对话框，该对话框用于设置单变量求解的各项参数，各项的含义如下。

- “目标单元格”：表示公式所在的单元格，此处输入 C7。
- “目标值”：表示预期要达到的目标，例如在此处输入 15 000，表示销售的利润值要达到 15 000 元。
- “可变单元格”：表示在公式中哪个单元格的值是可以变化的，在该例题中从数据区域中选中作为变量的销售值所在的单元格 C6。设置完成后如图 3-58 所示。

第四步：单击“确定”按钮，弹出“单变量求解状态”对话框，同时数据区域中的可变单元格显示单元格变量求解值，此处计算结果显示在C6单元格中。

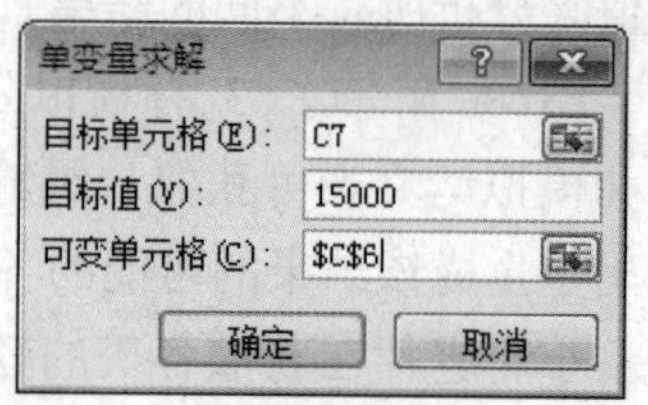

图 3-58 “单变量求解”对话框

第五步：单击“单变量求解状态”对话框中的“确定”按钮，即可完成计算，计算结果如图3-59所示。

第六步：重复第二步到第五步，可以重新测试其他结果。

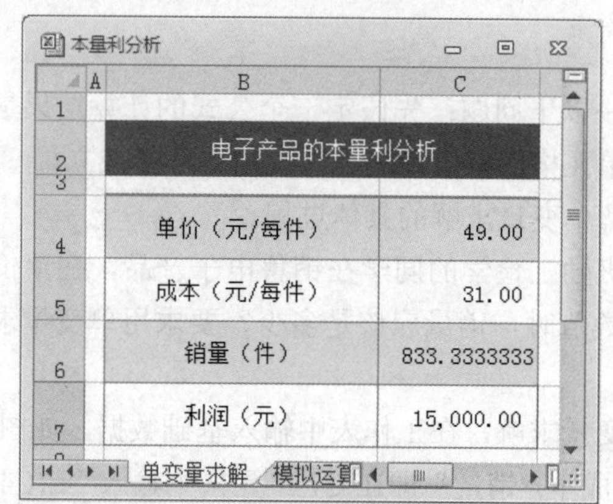

本量利分析
电子产品的本量利分析
单价（元/每件） 49.00
成本（元/每件） 31.00
销量（件） 833.3333333
利润（元） 15,000.00
单变量求解
模拟运算

图 3-59 单变量求解计算结果

2. 模拟运算表的创建和应用

模拟运算表的结果显示在一个单元格区域中，它可以测算将某个公式中一个或两个变量替换成不同值时对公式计算结果的影响。模拟运算表最多可以处理两个变量，但可以获取与这些变量相关的众多不同的值。模拟运算表依据处理变量个数的不同，分为单变量模拟运算表和双变量模拟运算表两种类型。

1) 单变量模拟运算表

若要测试公式中一个变量的不同取值对公式结果的影响，可使用单变量模拟运算表。在单行或单列中输入变量值后，不同的计算结果便会在公式所在的列或行中显示。

下面以一个例题讲解单变量模拟运算表求解的具体过程。

例 3.2 某大学各班勤工俭学的同学在销售电子产品，在单价可变、成本和销量不变的情况下，计算不同单价下的利润为多少？要求用单变量模拟运算表实现。具体操作步骤如下。

第一步：为了创建单变量模拟运算表，首先要在工作表中输入如图3-60所示的基础数据与公式。其中D4单元格中输入的是利润求解公式“利润=(单价-成本)*销量”，即在D4单元格中输入“=(A4-B4)*C4”。正常情况下D4单元格中显示公式的计算结果。

第二步：选择要创建模拟运算表的单元格区域，其中第1行(或第1列)包含变量单元格和公式单元格。此处选择A4:D18单元格区域，其中A4单元格中的单价为变量值，D4单元格是引用了该变量的利润计算公式，目的是测算不同单价下利润值得变化情况。

电子产品单变量模拟运算			
单价（元/每件）	成本（元/每件）	销量（件）	利润（元）
49.00	31.00	1,475.00	26,550.00

图 3-60　输入“单变量模拟运算表”的基础数据

第三步：在“数据”选项卡的“数据工具”组中，单击“模拟分析”按钮，从下拉列表中选择“模拟运算表”命令，打开“模拟运算表”对话框，指定变量值所在的单元格，如果模拟运算表变量值输入在一列中，应在“输入引用列的单元格”框中，选择第一个变量值所在的位置。如果模拟运算表变量值输入在一行中，应在“输入引用行的单元格”框中，选择第一个变量值所在的位置。此题，需要在“输入引用列的单元格”框中选择数据列表中 A4 单元格，这是因为选用的变量是单价，不同的单价将会在 A 列中输入。对话框中的内容设置完成后如图 3-61 所示。

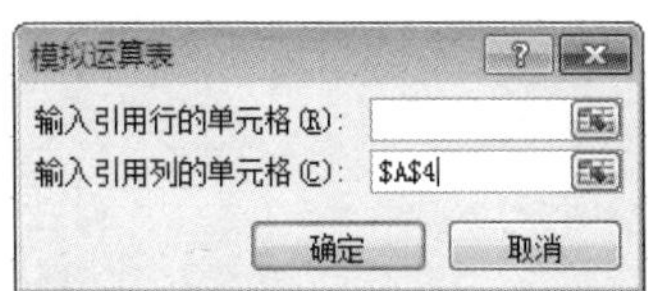

图 3-61　“模拟运算表”对话框

第四步：单击“确定”按钮，选定区域中自动生成模拟运算表。在“单价”列中的 A5:A18 单元格区域中依次输入不同的价格，右侧将测算不同的利润值。此时，成本与销量的变化均不会影响利润值。在 A 列中输入不同的价格后，结果如图 3-62 所示。

电子产品单变量模拟运算			
单价（元/每件）	成本（元/每件）	销量（件）	利润（元）
49.00	31.00	1,475.00	26,550.00
35.00	31.00	1,475.00	5,900.00
36.00	31.00	1,475.00	7,375.00
37.00	31.00	1,475.00	8,850.00
38.00	31.00	1,475.00	10,325.00
39.00	31.00	1,475.00	11,800.00
40.00	31.00	1,475.00	13,275.00
41.00	31.00	1,475.00	14,750.00
42.00	31.00	1,475.00	16,225.00
43.00	31.00	1,475.00	17,700.00
44.00	31.00	1,475.00	19,175.00
45.00	31.00	1,475.00	20,650.00
46.00	31.00	1,475.00	22,125.00
47.00	31.00	1,475.00	23,600.00
48.00	31.00	1,475.00	25,075.00

图 3-62　输入不同单价后“单变量模拟运算表”的计算结果

2) 双变量模拟运算表

若要测试公式中两个变量的不同取值对公式结果的影响，可使用双变量模拟运算表。在单列或单行中分别输入两个变量值后计算结果便会在公式所在区域中显示。

下面以一个例题讲解双变量模拟运算表求解的具体过程。

例 3.3 某大学各班勤工俭学的同学在销售电子产品，要求在成本不变的情况下，测算不同单价、不同销量下利润值得变化情况。要求用双变量模拟运算表实现。具体操作步骤如下。

第一步：为了创建双变量模拟运算表，首先要在工作表中输入如图 3-63 所示的基础数据与公式。其中公式至少包含两个单元格引用。在 G6 单元格中输入的是利润求解公式“利润=(单价-成本)*销量”，即在 G6 单元格中输入“=(G3-G4)*G5”。正常情况下，G6 单元格中显示公式的计算结果。

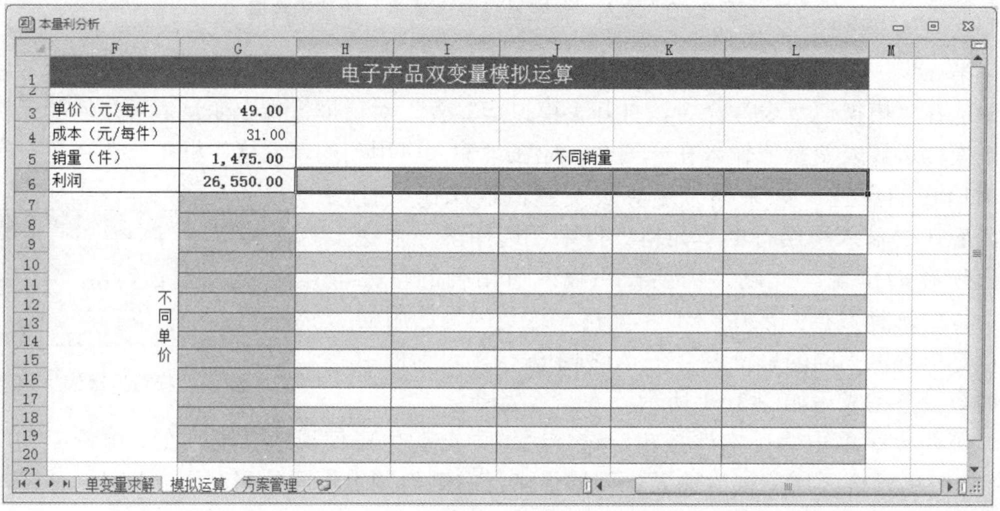

本量利分析

电子产品双变量模拟运算		
单价（元/每件）	49.00	
成本（元/每件）	31.00	
销量（件）	1,475.00	不同销量
利润	26,550.00	
不同单价		

单变量求解　模拟运算　方案管理

图 3-63　输入“双变量模拟运算表”的基础数据

第二步：输入变量值(提示：也可以在创建了模拟运算表区域之后再输入相关的变量值)。在公式所在的行从左向右输入一个变量的系列值，沿公式所在的列由上向下输入另一个变量的系列值。此处从 H6 单元格开始依次向右输入一系列的销量值；从 G7 单元格开始向下依次输入一系列单价值，输入完毕后如图 3-64 所示。

第三步：选择要创建模拟运算表的单元格区域，其中第 1 行和第 1 列需要包含变量单元格和公式单元格。公式位于区域的左上角。此处选择单元格区域 G6:L20，其中 G6 单元格中是引用了变量的利润计算公式，目的是测算不同单价、不同销量下利润值得变化情况。

第四步：在“数据”选项卡的“数据工具”组中，单击“模拟分析”按钮，从下拉列表中选择“模拟运算表”命令，打开“模拟运算表”对话框，指定公式所引用的变量值所在的单元格，此题，需要在“输入引用行的单元格”框中选择数据列表中的销量变量 G5 单元格，需要在“输入引用列的单元格”框中选择数据列表中的单价变量 G3 单元格，对话框中的内容设置完成后如图 3-65 所示。

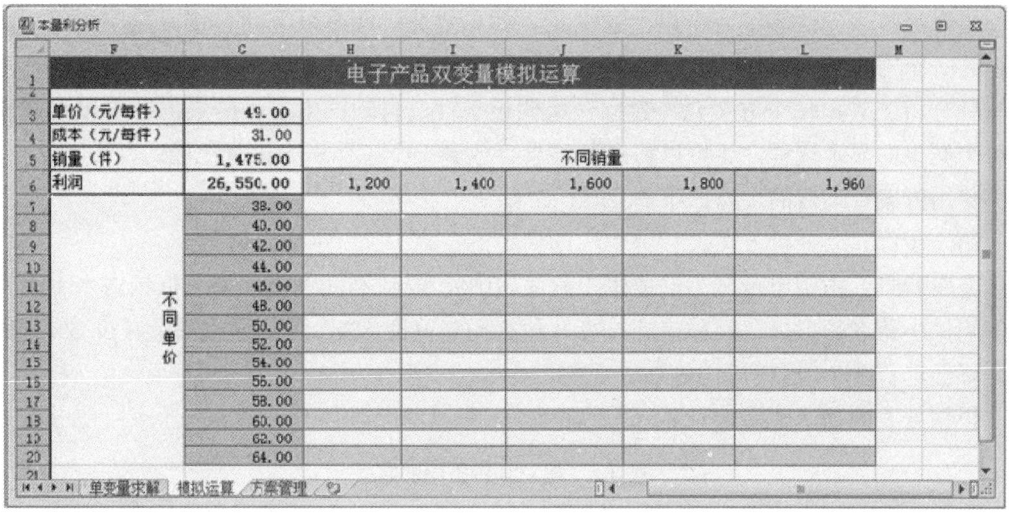

本量利分析

	F	G	H	I	J	K	L
1	电子产品双变量模拟运算						
2							
3	单价（元/每件）	49.00					
4	成本（元/每件）	31.00					
5	销量（件）	1,475.00			不同销量		
6	利润	26,550.00	1,200	1,400	1,600	1,800	1,960
7		38.00					
8		40.00					
9		42.00					
10		44.00					
11		46.00					
12	不同单价	48.00					
13		50.00					
14		52.00					
15		54.00					
16		56.00					
17		58.00					
18		60.00					
19		62.00					
20		64.00					

单变量求解　模拟运算　方案管理

图 3-64　输入系列值后的双变量模拟运算表

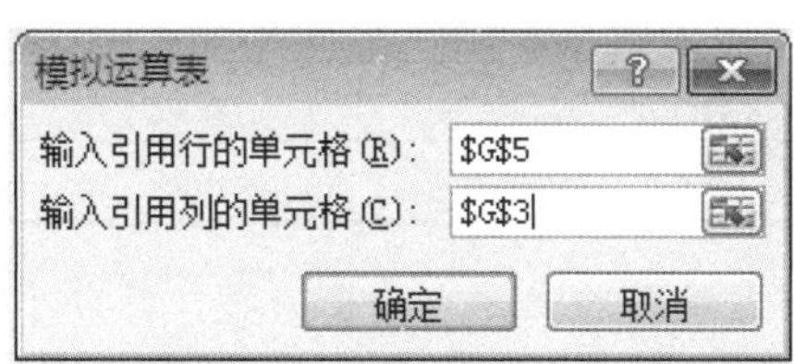

图 3-65　“模拟运算表”对话框

第五步：单击“确定”按钮，选定区域中自动生成模拟运算表如图 3-66 所示。此时，当在表中更改单价或销量时，其对应的利润测算值就会发生变化。

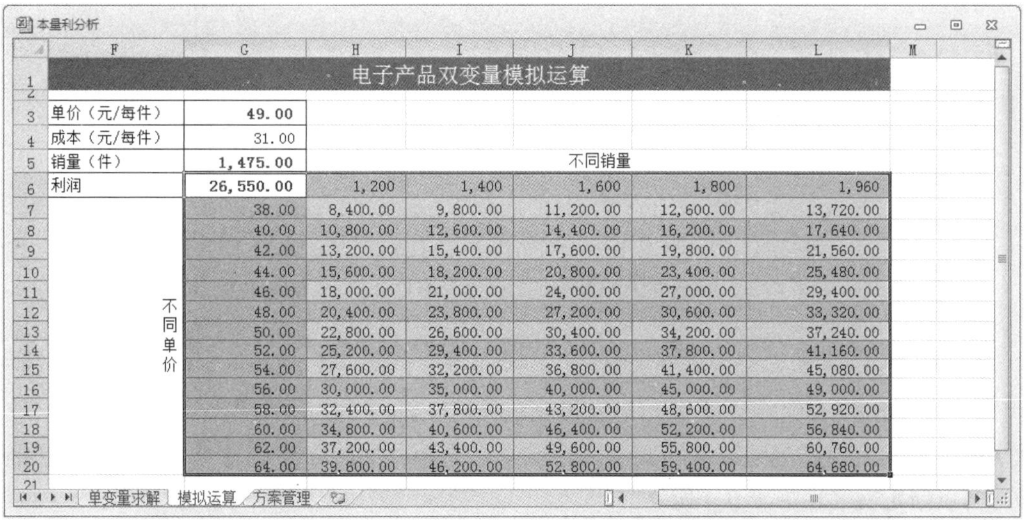

本量利分析

	F	G	H	I	J	K	L
1	电子产品双变量模拟运算						
2							
3	单价（元/每件）	49.00					
4	成本（元/每件）	31.00					
5	销量（件）	1,475.00			不同销量		
6	利润	26,550.00	1,200	1,400	1,600	1,800	1,960
7		38.00	8,400.00	9,800.00	11,200.00	12,600.00	13,720.00
8		40.00	10,800.00	12,600.00	14,400.00	16,200.00	17,640.00
9		42.00	13,200.00	15,400.00	17,600.00	19,800.00	21,560.00
10		44.00	15,600.00	18,200.00	20,800.00	23,400.00	25,480.00
11		46.00	18,000.00	21,000.00	24,000.00	27,000.00	29,400.00
12	不同单价	48.00	20,400.00	23,800.00	27,200.00	30,600.00	33,320.00
13		50.00	22,800.00	26,600.00	30,400.00	34,200.00	37,240.00
14		52.00	25,200.00	29,400.00	33,600.00	37,800.00	41,160.00
15		54.00	27,600.00	32,200.00	36,800.00	41,400.00	45,080.00
16		56.00	30,000.00	35,000.00	40,000.00	45,000.00	49,000.00
17		58.00	32,400.00	37,800.00	43,200.00	48,600.00	52,920.00
18		60.00	34,800.00	40,600.00	46,400.00	52,200.00	56,840.00
19		62.00	37,200.00	43,400.00	49,600.00	55,800.00	60,760.00
20		64.00	39,600.00	46,200.00	52,800.00	59,400.00	64,680.00

单变量求解　模拟运算　方案管理

图 3-66　“双变量模拟运算表”的计算结果

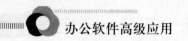

3. 使用方案管理器

模拟运算表无法容纳两个以上的变量。如果要分析两个以上的变量，则应使用方案管理器。一个方案最多获取 32 个不同的值，但是可以创建任意数量的方案。方案管理器作为一种分析工具，每个方案允许建立一组假设条件、自动产生多种结果，并可以直观地看到每个结果的显示过程，还可以将多种结果存放到一个工作表中进行比较。

使用方案管理器的步骤如下。

第一步：建立分析方案。

方案背景：由于电子产品的成本上涨了 10%，导致利润下降，为了抵销成本上涨带来的影响，小蒋老师拟采取两种措施：第一种，提高单价 8%，因此导致销量减少 5%；另一种是降低单价 3%，这使得销量增加 20%。

根据方案的描述建立如表 3-3 所示的方案。

表 3-3　建立 3 种不同的方案

项　目	方案 1	方案 2	方案 3
单价增长率	0.00%	8.00%	-3.00%
成本增长率	10.00%	10.00%	10.00%
销量增长率	0.00%	-5.00%	20.00%

根据以上资料，通过方案管理器来建立分析方案，帮助小蒋老师分析一下价量不变、提价、降价这 3 种方案对利润的影响。

(1) 为了创建分析方案，首先需要在工作表中输入如图 3-67 所示的基础数据与公式。

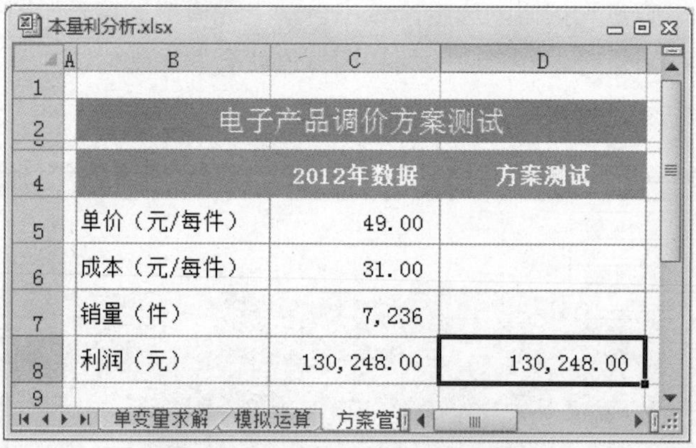

本量利分析.xlsx

	A	B	C	D
1				
2		电子产品调价方案测试		
4			2012年数据	方案测试
5		单价（元/每件）	49.00	
6		成本（元/每件）	31.00	
7		销量（件）	7,236	
8		利润（元）	130,248.00	130,248.00
9				

单变量求解 / 模拟运算 / 方案管理

图 3-67　输入方案分析的基础数据

其中，D5、D6、D7 3 个单元格为可变单元格，将用于显示不同方案的变量值，D8 单元格中输入的是根据基础数据和变化的增长率计算新利润的公式，为了引用方便，给各个单元格重新定义名称如表 3-4 所示。

表 3-4　为指定的可变单元格命名

单元格地址	新命名的名称	单元格地址	新命名的名称
C5	单价	D5	单价增长率
C6	成本	D6	成本增长率
C7	销量	D7	销量增长率

因此，在 D8 单元格中应输入公式=单价*(1+单价增长率)*销量*(1+销量增长率)−成本*(1+成本增长率)*销量*(1+销量增长率)。

(2) 选择可变单元格所在的区域，此处选择单元格区域 D5:D7。

(3) 在“数据”选项卡的“数据工具”组中，单击“模拟分析”按钮，从下拉列表中选择“方案管理器”命令，打开“方案管理器”对话框，如图 3-68 所示。

(4) 单击右上方的“添加”按钮，弹出“添加方案”对话框，在该对话框中输入方案 1 的各项值，如图 3-69 所示。单击“确定”按钮，继续弹出“方案变量值”对话框，依次输入第一个方案的变量值。如图 3-70 所示，可以直接输入百分比，也可以转换为小数输入。

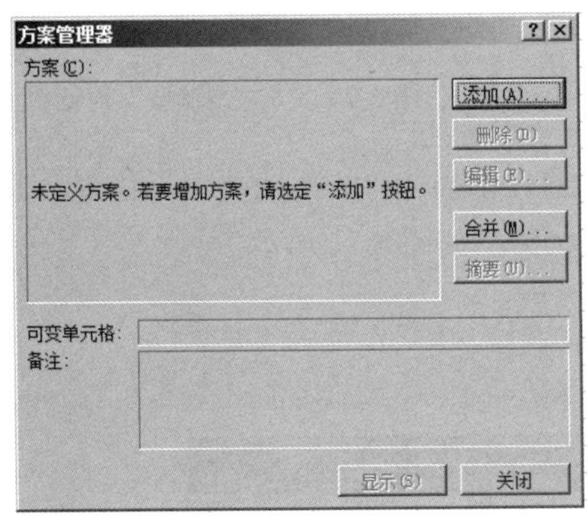

图 3-68　“方案管理器”对话框

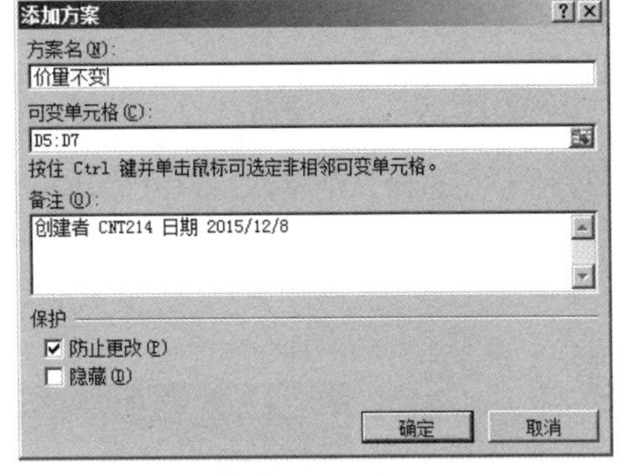

图 3-69　“添加方案”对话框

(5) 单击“确定”按钮，返回到“方案管理器”对话框。

(6) 重复(4)～(5)，继续添加其他方案，即继续添加方案 2、方案 3，分别命名为“提价”“降价”。注意，其引用的可变单元格区域始终是 D5:D7 不变。

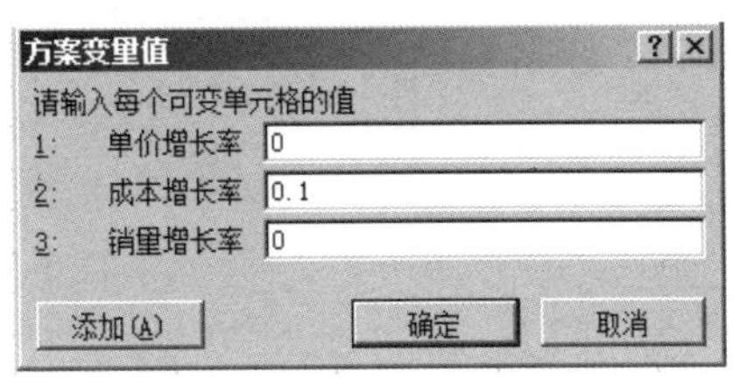

图 3-70　“方案变量值”对话框

(7) 所有方案添加完毕后，单击“方案管理器”对话框中的“关闭”按钮。

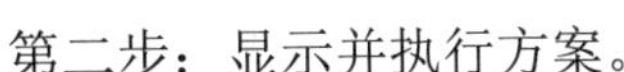

第二步：显示并执行方案。

分析方案制定好后，任何时候都可以执行方案，以查看不同的执行结果。

(1) 打开前面制定好的方案工作表。

(2) 在“数据”选项卡的“数据工具”组中，单击“模拟分析”按钮，从下拉列表中选择“方案管理器”命令，打开“方案管理器”对话框。

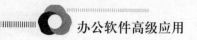

(3) 在“方案”列表框中单击选择想要查看的方案，单击对话框下方的“显示”按钮，工作表中的可变单元格中自动显示出该方案的变量值，同时显示方案执行结果。此处，依次选择 3 个方案并单击“显示”，可变单元格 D5:D7 中将会依次显示各组增长率，同时 D8 单元格中计算出相应的利润值。

第三步：建立方案报表。

当需要将所有方案的执行结果都显示出来并进行比较时，可以建立合并的方案报表。

(1) 打开已创建方案并希望建立方案报表的工作表，在可变单元格中输入一组变量值，此处在 D5:D7 中均输入 0，表示当前值是未经任何变化的基础数据。

(2) 在“数据”选项卡的“数据工具”组中，单击“模拟分析”按钮，从下拉列表中选择“方案管理器”命令，打开“方案管理器”对话框。

(3) 单击右侧的“摘要”按钮，打开如图 3-71 所示的“方案摘要”对话框。

(4) 在该对话框中选择报表类型、指定运算结果单元格。此处单击选中“方案摘要”单选按钮，结果单元格选择为变化后的利润公式所在的 D8 单元格。

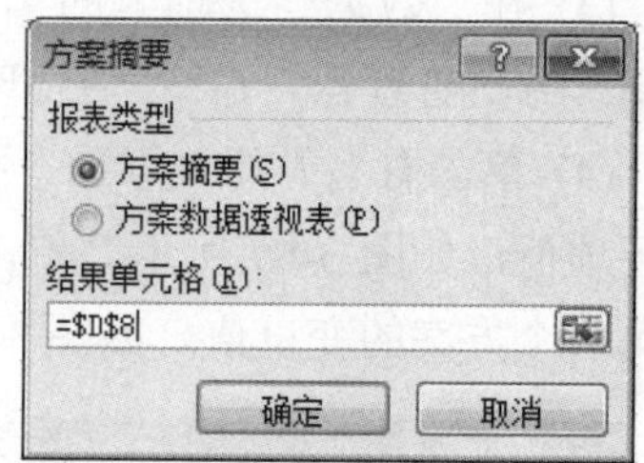

图 3-71 “方案摘要”对话框

(5) 单击“确定”按钮，将会在当前工作表之前自动插入“方案摘要”工作表，其中显示各种方案的计算结果，可以立即比较各方案的优势，如图 3-72 所示。

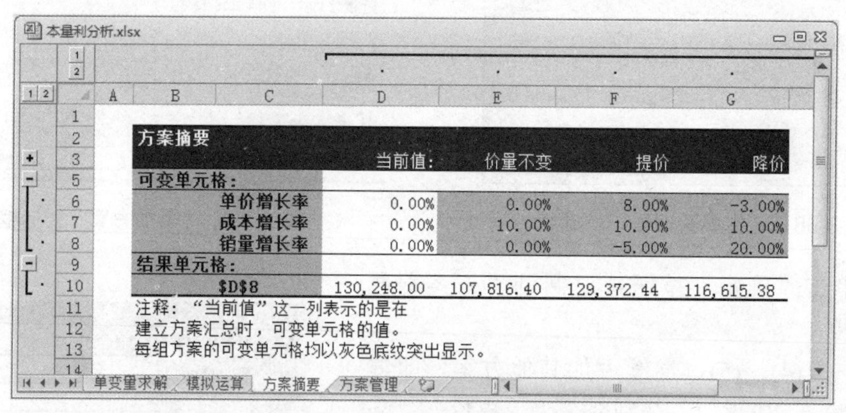

方案摘要					
		当前值:	价量不变	提价	降价
可变单元格:					
	单价增长率	0.00%	0.00%	8.00%	-3.00%
	成本增长率	0.00%	10.00%	10.00%	10.00%
	销量增长率	0.00%	0.00%	-5.00%	20.00%
结果单元格:					
	$D$8	130,248.00	107,816.40	129,372.44	116,615.38

注释：“当前值”这一列表示的是在建立方案汇总时，可变单元格的值。
每组方案的可变单元格均以灰色底纹突出显示。

图 3-72 建立“方案摘要”报表

如果想要修改或删除方案，可以打开“方案管理器”对话框，在“方案”列表中选择想要修改或删除的方案，单击“编辑”按钮进行修改或单击“删除”按钮，删除方案。

3.3.9 巩固练习

【练习要求 1】

请从 MOOC 平台上下载 gglx3.xlsx 工作簿，按要求完成如下操作。

① 数据排序：按照样文如图 3-73 所示，使用 Sheet1 工作表中的数据，以“日期”为关键字，以递增方式排序。

② 数据筛选：按照样文如图 3-74 所示，使用 Sheet2 工作表中的数据，筛选出“销售额”大于 1 000 的记录。

ggl x3 [兼容模式]

	A	B	C	D
1	建筑产品销售情况			万元
2	日期	产品名称	销售地区	销售额
3	95/5/12	钢材	西北	135
4	95/5/15	钢材	华南	1540.5
5	95/5/16	塑料	东北	1434.85
6	95/5/17	木材	华北	1200
7	95/5/18	钢材	西南	902
8	95/5/19	塑料	东北	2183.2
9	95/5/20	木材	华北	1355.4
10	95/5/21	木材	西南	222.2
11	95/5/22	钢材	东北	1324
12	95/5/23	塑料	西北	2324
13	95/5/24	木材	华南	678

Sheet1　Sheet2　Sh

图 3-73　巩固练习样文 1

ggl x3 [兼容模式]

	A	B	C	D
1	建筑产品销售情况			万元
2	日期	产品名	销售地	销售额
3	95/5/23	塑料	西北	2324
4	95/5/15	钢材	华南	1540.5
7	95/5/17	木材	华北	1200
9	95/5/19	塑料	东北	2183.2
10	95/5/20	木材	华北	1355.4
11	95/5/22	钢材	东北	1324
12	95/5/16	塑料	东北	1434.85

Sheet1　Sheet2　Sh

图 3-74　巩固练习样文 2

③ 数据合并计算：按照样文如图 3-75 所示，使用 Sheet3 工作表中“表 1”“表 2”的数据，在“统计表”中进行“求和”合并计算。

ggl x3 [兼容模式]

	A	B	C	D	E
1	表1			表2	
2	产品名称	销售额		产品名称	销售额
3	钢材	902		塑料	2324
4	塑料	2183.2		钢材	1540.5
5	木材	1355.4		木材	678
6	钢材	1324		木材	222.2
7	塑料	1434.85		木材	1200
8	钢材	135			
9					
10	统计表				
11	产品名称	销售额			
12	钢材	3901.5			
13	塑料	5942.05			
14	木材	3455.6			

Sheet1　Sheet2　Sheet3

图 3-75　巩固练习样文 3

④ 数据分类汇总：按照样文如图 3-76 所示，使用 Sheet4 工作表中的数据，以“销售地区”为分类字段，将“销售额”进行“求和”分类汇总。

⑤ 建立数据透视表：按照样文如图 3-77 所示，使用“数据源”工作表中的数据，以“授课班级”为报表筛选项，以“课程名称”为行字段，以“系名”为列字段，以“课时”为求和项，从 Sheet6 工作表的 A1 单元格起，建立数据透视表。

⑥ 建立数据透视图：按照样文如图 3-78 所示，根据生成的数据透视表，在透视表下方创建一个簇状柱形图。

gglx3 [兼容模式]

	A	B	C	D
1	建筑产品销售情况			万元
2	日期	产品名称	销售地区	销售额
3	95/5/19	塑料	东北	2183.2
4	95/5/22	钢材	东北	1324
5	95/5/16	塑料	东北	1434.85
6			**东北 汇总**	4942.05
7	95/5/17	木材	华北	1200
8	95/5/20	木材	华北	1355.4
9			**华北 汇总**	2555.4
10	95/5/15	钢材	华南	1540.5
11	95/5/24	木材	华南	678
12			**华南 汇总**	2218.5
13	95/5/23	塑料	西北	2324
14	95/5/12	钢材	西北	135
15			**西北 汇总**	2459
16	95/5/21	木材	西南	222.2
17	95/5/18	钢材	西南	902
18			**西南 汇总**	1124.2
19			**总计**	13299.15

Sheet1 Sheet2 Sheet3

图 3-76　巩固练习样文 4

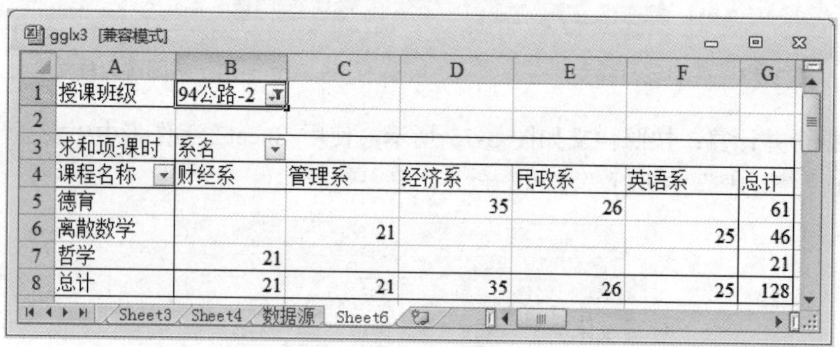

gglx3 [兼容模式]

	A	B	C	D	E	F	G
1	授课班级	94公路-2					
2							
3	求和项:课时	系名					
4	课程名称	财经系	管理系	经济系	民政系	英语系	总计
5	德育			35	26		61
6	离散数学		21			25	46
7	哲学	21					21
8	总计	21	21	35	26	25	128

Sheet3 Sheet4 数据源 Sheet6

图 3-77　巩固练习样文 5

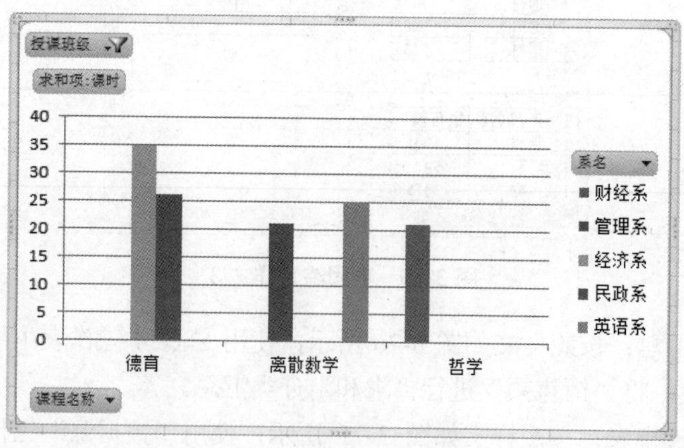

图 3-78　巩固练习样文 6

【练习要求 2】

某自主创业的大学生在销售手机壳，假设单价为 20 元/件，成本为 8 元/件。

① 单变量求解：在单价和成本确定的情况下，想要使利润达到某一个数值时，销量

应该是多少？要求用单变量求解实现(自己设定利润数值)。

② 单变量模拟运算表：在单价可变、成本和销量不变(自己设定销量数值)的情况下，计算不同单价下的利润为多少？要求用单变量模拟运算表实现。

③ 双变量模拟运算表：要求在成本不变的情况下，测算不同单价、不同销量下利润值的变化情况。要求用双变量模拟运算表实现。

④ 方案管理器：由于制作手机壳的成本上涨了 10%，导致利润下降，为了抵销成本上涨带来的影响，该大学生拟采取两种措施。第一种，提高单价 7%，因此导致销量减少 5%；另一种是降低单价 2%，这使得销量增加 25%。请使用方案管理器分析不同方案下的利润值，要求形成方案报表。

3.4　Excel 与其他程序的协同与共享

3.4.1　教学案例

【案例要求】

请从 MOOC 平台上下载 jxal4.txt 文件，按要求完成如下操作。

(1) 将 jxal4.txt 文件导入 Excel 工作簿中。

(2) 将该工作簿设置为共享工作簿，并将该工作簿命名为 jxal4.xlsx 保存。

(3) 将 H2 单元格的内容修改为 89。

(4) 当某个共享用户修订了该工作簿时，突出显示修订位置(要求：时间为“从上次保存开始”，修订人为“每个人”，位置为“A1:K13”)。

(5) 将不及格学生的成绩所在单元格的批注内容设置为“不允许计算学分”。

(6) 取消对该工作簿的共享。

(7) 为该工作簿创建一个自动标识每科前 3 名的宏并运行该宏。

(8) 保存该工作簿。

【实战步骤】

第一步：从 MOOC 平台上下载 jxal4.txt 文件，打开一个空白的工作簿文件，选中 Sheet1 的 A1 单元格，在“数据”选项卡上的“获取外部数据”组中，单击“自文本”按钮，打开“导入文本文件”对话框。选择导入文件存放的位置，选中 jxal4.txt 文件，单击“导入”按钮，进入 “文本导入向导-第 1 步”对话框。

第二步：在“文本导入向导-第 1 步”对话框中选中“分隔符号”单选按钮，导入起始行设定为“1”，单击“下一步”按钮，进入“文本导入向导-第 2 步”对话框。在“文本导入向导-第 2 步”对话框中，选择“分隔符号”为“Tab 键”，单击“下一步”按钮，进入“文本导入向导-第 3 步”对话框。

第三步：在“文本导入向导-第 3 步”对话框中，选中“学号”列，将该列的“列数据格式”制定为“文本”格式，其他保持不变。单击“完成”按钮，打开“导入数据”对话框，选择“现有工作表”的 A1 单元格。单击“确定”按钮，完成导入，导入完成后的工作表如图 3-79 所示。

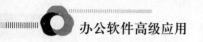

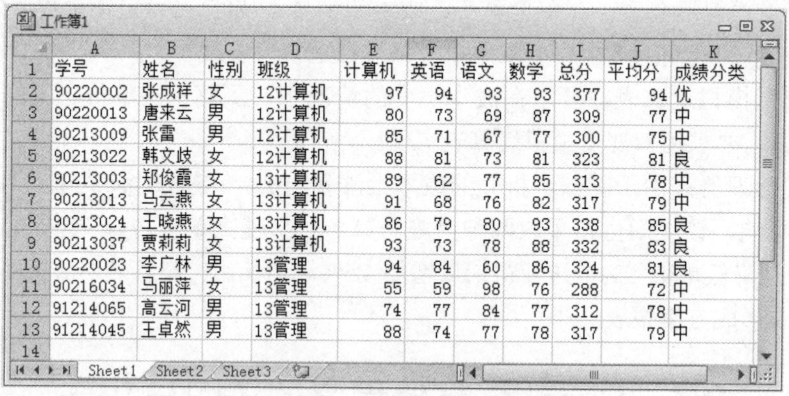

	A	B	C	D	E	F	G	H	I	J	K
1	学号	姓名	性别	班级	计算机	英语	语文	数学	总分	平均分	成绩分类
2	90220002	张成祥	女	12计算机	97	94	93	93	377	94	优
3	90220013	唐来云	男	12计算机	80	73	69	87	309	77	中
4	90213009	张雷	男	12计算机	85	71	67	77	300	75	中
5	90213022	韩文岐	女	12计算机	88	81	73	81	323	81	良
6	90213003	郑俊霞	女	13计算机	89	62	77	85	313	78	中
7	90213013	马云燕	女	13计算机	91	68	76	82	317	79	中
8	90213024	王晓燕	女	13计算机	86	79	80	93	338	85	良
9	90213037	贾莉莉	女	13计算机	93	73	78	88	332	83	良
10	90220023	李广林	男	13管理	94	84	60	86	324	81	良
11	90216034	马丽萍	女	13管理	55	59	98	76	288	72	中
12	91214065	高云河	男	13管理	74	77	84	77	312	78	中
13	91214045	王卓然	男	13管理	88	74	77	78	317	79	中
14											

图 3-79　教学案例样文 1

第四步：在“审阅”选项卡下的“更改”组中，单击“共享工作簿”按钮，打开“共享工作簿”对话框，在“编辑”选项卡中，选中“允许多用户同时编辑，同时允许工作簿合并”复选框，单击“确定”按钮，弹出提示保存的对话框，将该工作簿命名为 jxal4，单击“确定”按钮进行保存。

第五步：选中 H2 单元格，将 H2 单元格的内容修改为 89 后，在“审阅”选项卡下的“更改”组中，单击“修订”按钮，从打开的下拉列表中选择“突出显示修订”命令，打开“突出显示修订”对话框，在该对话框中进行如图 3-80 所示的设置，设置完成后单击“确定”按钮。

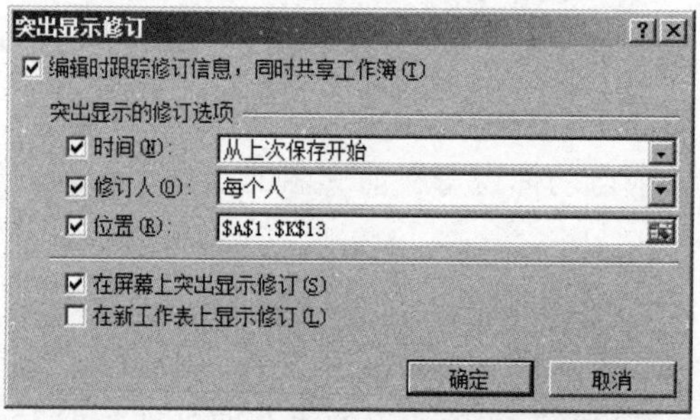

突出显示修订
☑ 编辑时跟踪修订信息，同时共享工作簿(T)
突出显示的修订选项
☑ 时间(N)：从上次保存开始
☑ 修订人(O)：每个人
☑ 位置(R)：$A$1:$K$13
☑ 在屏幕上突出显示修订(S)
☐ 在新工作表上显示修订(L)
确定　取消

图 3-80　“突出显示修订”对话框设置

第六步：选中 E11 单元格，在“审阅”选项卡下的“批注”组中单击“新建批注”按钮，在弹出的批注框中输入“不允许计算学分”，输入完成后单击任何空白单元格即可。同理，选中 F11 单元格，完成如上操作即可。完成设置后的工作表如图 3-81 所示。

第七步：在“审阅”选项卡下的“更改”组中，单击“共享工作簿”按钮，打开“共享工作簿”对话框，取消对“允许多用户同时编辑，同时允许工作簿合并”复选框的选择后，单击“确定”按钮，在弹出的提示对话框中单击“是”按钮即可取消共享。

第八步：选择“文件”选项卡，在展开的界面中选择“选项”命令，打开“Excel 选项”对话框。在左侧的类别列表中单击“自定义功能区”，在右上方的“自定义功能区”

下拉列表中选择“主选项卡”。在右侧的“主选项卡”列表中，单击选中“开发工具”复选框。单击“确定”按钮，将“开发工具”选项卡显示在功能区中。

jxal4.xlsx [共享]

	A	B	C	D	E	F	G	H	I	J	K
1	学号	姓名	性别	班级	计算机	英语	语文	数学	总分	平均分	成绩分类
2	90220002	张成祥	女	12计算机	97	94	93	89	377	94	优
3	90220013	唐来云	男	12计算机	80	73	69	87	309	77	中
4	90213009	张雷	男	12计算机	85	71	67	77	300	75	中
5	90213022	韩文歧	女	12计算机	88	81	73	81	323	81	良
6	90213003	郑俊霞	女	13计算机	89	62	77	85	313	78	中
7	90213013	马云燕	女	13计算机	91	68	76	82	317	79	中
8	90213024	王晓燕	女	13计算机	86	79	80	93	338	85	良
9	90213037	贾莉莉	女	13计算机	93	73	78	88	332	83	良
10	90220023	李广林	男	13管理	94	84	60	86	324	81	良
11	90216034	马丽萍	女	13管理	55	59	98	76	288	72	中
12	91214065	高云河	男	13管理	74	77	84	77	312	78	中
13	91214045	王卓然	男	13管理	88	74	77	78	317	79	中
14											

Sheet1 Sheet2 Sheet3

图 3-81　完成第六步的工作表样文

第九步：在“开发工具”选项卡下的“代码”组中，单击“宏安全性”按钮，打开“信任中心”对话框，在该对话框左侧的类别列表中单击“宏设置”，在右侧“宏设置”区域下单击选中“启用所有宏(不推荐；可能会运行有潜在危险的代码)”单选按钮，单击“确定”按钮。

第十步：单击工作簿数据列表外的任一单元格，然后在“开发工具”选项卡上的“代码”组中，单击“录制宏”按钮，打开“录制新宏”对话框。在“宏名”对话框中，输入“top_three”后，“保存在”选择“当前工作簿”，单击“确定”按钮。

第十一步：从“开始”选项卡下的“样式”组中依次单击“条件格式”|“项目选项规则”|“值最大的前 10 项”命令，在值框中输入 3，格式任选一种，然后单击“确定”按钮。从“开发工具”选项卡下的“代码”组中，单击“停止录制”按钮。

第十二步：分别选中 E2:E13、F2:F13、G2:G13、H2:H13 单元格区域，在“开发工具”选项卡下的“代码”组中，单击“宏”按钮，打开“宏”对话框。在“宏名”列表框中单击新录制的宏“top_three，单击“执行”按钮，执行宏后的工作表如图 3-82 所示。

jxal4.xlsx

	A	B	C	D	E	F	G	H	I	J	K
1	学号	姓名	性别	班级	计算机	英语	语文	数学	总分	平均分	成绩分类
2	90220002	张成祥	女	12计算机	97	94	93	89	377	94	优
3	90220013	唐来云	男	12计算机	80	73	69	87	309	77	中
4	90213009	张雷	男	12计算机	85	71	67	77	300	75	中
5	90213022	韩文歧	女	12计算机	88	81	73	81	323	81	良
6	90213003	郑俊霞	女	13计算机	89	62	77	85	313	78	中
7	90213013	马云燕	女	13计算机	91	68	76	82	317	79	中
8	90213024	王晓燕	女	13计算机	86	79	80	93	338	85	良
9	90213037	贾莉莉	女	13计算机	93	73	78	88	332	83	良
10	90220023	李广林	男	13管理	94	84	60	86	324	81	良
11	90216034	马丽萍	女	13管理	55	59	98	76	288	72	中
12	91214065	高云河	男	13管理	74	77	84	77	312	78	中
13	91214045	王卓然	男	13管理	88	74	77	78	317	79	中
14											

Sheet1 Sheet2 Sheet3

图 3-82　执行完宏后的工作表

第十三步：选择“文件”选项卡，在展开的界面中选择“另存为”命令，打开“另存为”对话框，在“保存类型”下拉列表中单击选择“Excel 启用宏的工作簿”，然后单击“保存”按钮。

3.4.2 共享、修订、批注工作簿

1. 共享工作簿

共享工作簿是指允许网络上的多位用户同时查看和修订工作簿。每位保存工作簿的用户可以看到其他用户所做的修订。可以在 Excel 创建共享工作簿，并将其放在可供若干人同时编辑的一个网络位置上，以达到跟踪工作簿状态并及时更新信息的目的。

1) 设定共享工作簿

(1) 创建一个新的工作簿或打开一个现有工作簿用于共享。

(2) 在“审阅”选项卡上的“更改”组中，单击“共享工作簿”按钮，打开“共享工作簿”对话框，在“编辑”选项卡中，单击选中“允许多用户同时编辑，同时允许工作簿合并”复选框，在“高级”选项卡中，选择要用于跟踪和更新变化的选项。

(3) 单击“确定”按钮，弹出提示保存的对话框，单击“确定”按钮进行保存。

(4) 如果该工作簿包含指向其他工作簿或文档的链接，可验证链接并更新任何损坏的链接，方法是：在“数据”选项卡上的“链接”组中，单击“编辑链接”按钮，在打开的对话框中查看并更新链接后，对更新结果进行保存。

提示： 如果工作簿中不包含链接信息，那么“编辑链接”按钮将不可用。

(5) 将该工作簿文件放到网络上其他用户可以访问的位置，如一个共享文件夹下。

注意： 具有网络共享访问权限的所有用户都具有共享工作簿的完全访问权限，除非已事先锁定单元格并设置了保护工作表来限制访问。

2) 编辑共享工作簿

打开一个已经设置共享的工作簿后，可以与使用常规工作簿一样，在其中输入和更改数据。

(1) 首先打开位于网络共享位置的共享工作簿。

(2) 选择“文件”选项卡，在展开的界面中选择“选项”命令，打开“Excel 选项”对话框，在“常规”类别中的“对 Microsoft Office 进行个性化设置”下的“用户姓名”框输入一个名字，如图 3-83 所示。该名称用于在共享工作簿中标识特定用户的工作，单击“确定”按钮。

(3) 在共享工作簿的工作表中可以输入数据并对其进行编辑修改。

提示： 不能在共享工作簿中添加或更改下列内容：合并单元格、条件格式、数据有效性、图表、图片、包含图形对象的对象、超链接、方案、外边框、分类汇总、模拟运算表、数据透视表、工作簿的保护和工作表的保护以及宏。

(4) 可进行任何筛选和打印设置以供当前用户个人使用。默认情况下，每个用户的设置都被单独保存。

图 3-83　在“Excel 选项”对话框中设置用户名

(5) 要保存对工作簿所做的更改并查看自上次保存以来其他用户已保存的更改，可单击“快速访问工具栏”上的“保存”按钮，或者按 Ctrl+S 组合键。

提示： 如果想知道还有谁正在打开该工作簿，可以从“审阅”选项卡上的“更改”组中单击“共享工作簿”按钮，在打开的“共享工作簿”对话框的“编辑”选项卡下查看。

3) 从共享工作簿中删除某个用户

如果需要，可以将某个用户与共享工作簿断开链接。在断开与用户的链接之前，要确保他们已经在工作簿中完成了他们的工作。如果删除活动用户，则这些用户所有未保存的数据将会丢失。

(1) 在“审阅”选项卡下的“更改”组中，单击“共享工作簿”按钮，打开“共享工作簿”对话框 。

(2) 在“编辑”选项卡中的“正在使用本工作簿的用户”列表中，查看用户的名称。

(3) 单击选择要断开连接的用户的名称，然后单击“删除”按钮。

4) 解决共享工作簿中的冲突修订

当两位用户同时编辑同一个共享工作簿并试图对同一个单元格的更改进行保存时，就会发生冲突。

Excel 只能在该单元格里保留一种版本的修订。当第二个用户同时保存工作簿时 Excel 就会向该用户显示“解决冲突”的对话框。

可以通过下列设置，使得不再提示“解决冲突”的对话框而自动使用自己的更改覆盖所有其他用户的更改。

(1) 在“审阅”选项卡下的“更改”组中，单击“共享工作簿”按钮，打开“共享工作簿”对话框 。

(2) 在“高级”选项卡中的“用户间的修订冲突”中，单击“选用正在保存的修订”单选按钮，然后单击“确定”按钮。

5) 取消共享工作簿

在停止共享工作簿之前，要确保所有其他用户都已经完成了他们的工作，否则任何未保存的更改都将丢失。

(1) 打开共享工作簿，在“审阅”选项卡下的“更改”组中，单击“共享工作簿”按钮，打开“共享工作簿”对话框。

(2) 在“编辑”选项卡中，首先删除其他的用户，确保当前用户是“正在使用本工作簿的用户”列表中列出的唯一用户。

(3) 清除对“允许多用户同时编辑，同时允许工作簿合并”复选框的选择。

提示： 如果设定了共享工作簿的保护，则该复选框不可用，必须先取消对共享工作簿的保护：在“审阅”选项卡下的“更改”组中，单击“撤消对共享工作簿的保护”按钮。

(4) 单击“确定”按钮，在弹出的提示对话框中单击“是”按钮即可取消共享。

6) 保护并共享工作簿

默认情况下，具有网络共享访问权限的所有用户都具有共享工作簿的完全访问权限，除非已锁定单元格并保护工作表来限制访问。

(1) 如果工作簿已被共享，则需要先取消对该工作簿的共享。

(2) 根据需要，对特定的工作表区域或元素，以及工作簿元素设定保护，还可以设定查看和编辑的密码，具体方法见 4.1 节。

(3) 在“审阅”选项卡下的“更改”组中，单击“保护共享工作簿”按钮，打开“保护共享工作簿”对话框。

(4) 单击选中“以跟踪修订方式共享”复选框。

(5) 如果希望需要其他用户提供密码才能关闭修订记录或取消工作簿的共享，可在“密码(可选)”框中输入密码，单击“确定”按钮，然后重新输入密码以进行确认。在随后弹出的提示保存对话框中单击 “确定”按钮，保存工作簿。

2. 修订工作簿

修订可以记录对单元格内容所做的更改，包括移动和复制数据引起的更改，也包括行和列的插入和删除。通过修订可以跟踪、维护和显示有关对共享工作簿所做修订的信息。

修订功能仅在共享工作簿中才可启用。实际上，在打开修订时，工作簿会自动变为共享工作簿。当关闭修订或停止共享工作簿时，会永久删除所有修订的记录。

1) 启用工作簿修订

(1) 打开工作簿，在“审阅”选项卡下的“更改”组中，单击“共享工作簿”按钮，打开“共享工作簿”对话框 。

(2) 在“编辑”选项卡中，单击选中“允许多用户同时编辑，同时允许工作簿合并”复选框。

(3) 单击“高级”选项卡，在“修订”区域中的“保存修订记录”框中设定修订记录保留的天数。

提示： 默认情况下，Excel 将修订记录保留 30 天并永久清除早于该天数的任何修订记录。如果希望将修订记录保留 30 天以上，可输入一个大于 30 的数字。

单击“确定”按钮，在随后弹出的提示保存对话框中继续单击“确定”按钮保存工作簿。

2) 工作时突出显示修订

如果设置了在工作时突出显示修订，将会用不同颜色标注每个用户的修订内容，将光标停留在修订单元格上时以批注形式显示修订详细信息。当工作簿的修订很少或者只想大致查看一下已修订的内容时，屏幕突出显示很有用。

(1) 在“审阅”选项卡下的“更改”组中，单击“修订”按钮，从打开的下拉列表中选择“突出显示修订”命令，打开“突出显示修订”对话框，如图 3-84 所示。

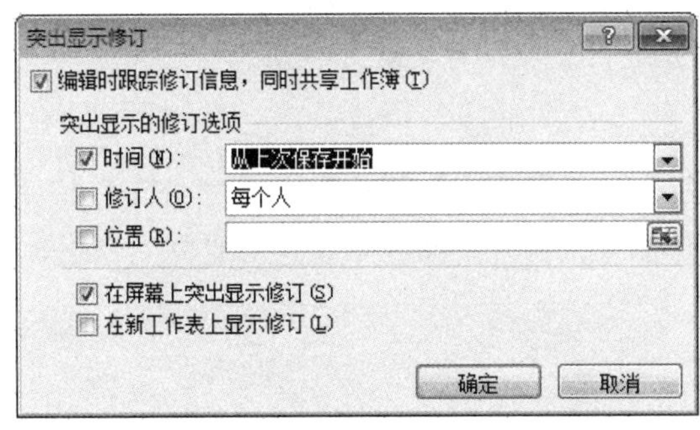

图 3-84　“突出显示修订”对话框

(2) 单击选中“编辑时跟踪修订信息，同时共享工作簿”复选框。

(3) 在“突出显示的修订选项”下进行相关设置。

- “时间”复选框：用于设定记录修订的起始时间。
- “修订人”复选框：用于指定为哪些用户突出显示修订。
- “位置”复选框：用于选择或输入需要突出显示修订的工作表区域的单元格引用。

(4) 确保选中“在屏幕上突出显示修订”复选框，单击“确定”按钮，在随后出现的提示保存对话框中单击“确定”按钮保存工作簿。

(5) 在工作表上进行相应的修订，修订的位置将以不同颜色突出显示，并自动添加修订批注。

3) 查看修订

(1) 在“审阅”选项卡下的“更改”组中，单击“修订”按钮，从打开的下拉列表中选择“突出显示修订”命令，打开“突出显示修订”对话框。

(2) 按照希望查看的修订内容进行下列设置：

- 若要查看已跟踪的所有修订，应选中“时间”复选框，并从“时间”下拉列表中选择“全部”，然后取消选中“修订人”和“位置”两个复选框。
- 若要查看某个特定日期之后所做的修订，应选中“时间”复选框，并从“时间”下拉列表中选择“起自日期”，然后输入要查看相应修订的最早日期。
- 若要查看特定用户所做的修订，应选中“修订人”复选框，然后在“修订人”下拉列表中单击要查看其修订的用户。
- 若要查看特定单元格区域的修订，应选中“位置”复选框，然后输入该工作表区域的单元格引用。

(3) 指定修订显示的方式，其中：

单击选中“在屏幕上突出显示修订”复选框，将在进行修订的工作表上突出显示修订。此时，将光标指向突出显示的单元格，即可以批注方式查看有关修订的详细信息。

单击选中“在新工作表上显示修订”复选框，将会自动插入一个新工作表，并在该单独的工作表中创建修订的列表。

提示： “在新工作表上显示修订”复选框，只有在已启用修订功能、进行了至少一个修订并进行文件保存之后才可用。

4) 接受或拒绝修订

(1) 在“审阅”选项卡下的“更改”组中，单击“修订”按钮，从打开的下拉列表中选择“接受或拒绝修订”命令，打开“接受或拒绝修订”对话框，如图 3-85 所示。

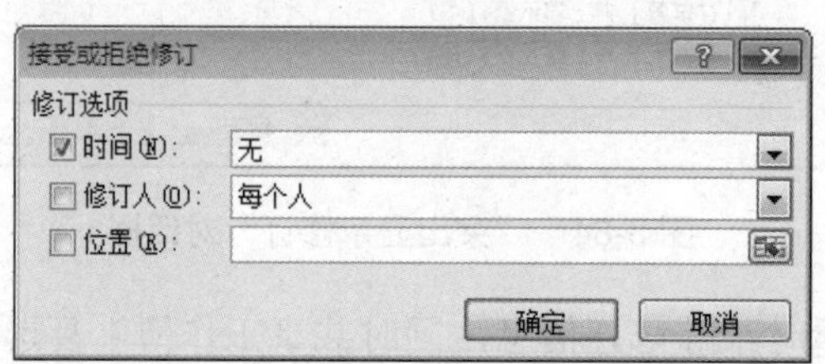

图 3-85 “接受或拒绝修订”对话框

(2) 在该对话框中设置修订选项，用于指定要接受或拒绝的修订范围。

(3) 单击“确定”按钮，对话框中自动显示第一个修订信息以供审阅，如图 3-86 所示。

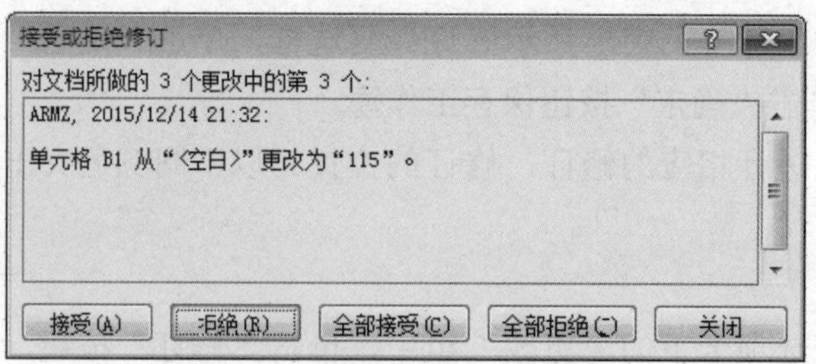

图 3-86 显示第一个修订信息

根据需要确定是要接受还是拒绝每项修订，单击“接受”按钮，接受单项修订；单击“拒绝”按钮，拒绝单项修订。必须先接受或拒绝某项修订，才能进行到下一项修订。通过单击“全部接受”或“全部拒绝”按钮，可以一次接受或拒绝所有剩余的修订。

5) 停止突出显示修订

当不再需要突出显示修订时，可以关闭突出显示修订，但不会删除修订记录。

(1) 在“审阅”选项卡下的“更改”组中，单击“修订”按钮，从打开的下拉列表中选择“突出显示修订”命令。

(2) 在“突出显示修订”对话框中，单击清除对“在屏幕上突出显示修订”复选框的选择。

(3) 单击“确定”按钮。

6) 关闭工作簿的修订跟踪

关闭修订将会删除修订记录。有两种方法可关闭工作簿的修订跟踪。

方法 1：在“审阅”选项卡下的“更改”组中，单击“共享工作簿”按钮，在“共享工作簿”对话框的“高级”选项卡中，选中“不保存修订记录”单选按钮，单击“确定”按钮，将会弹出如图 3-87 所示的提示对话框，单击“确定”按钮。

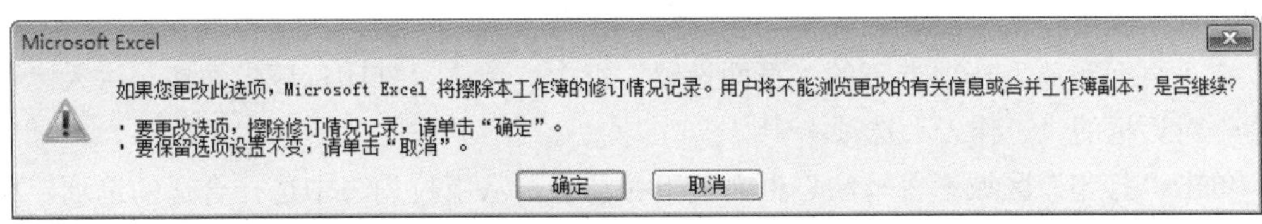

图 3-87　选中“不保存修订记录”时弹出的对话框

方法 2：在“审阅”选项卡下的“更改”组中，单击“修订”按钮，从下拉列表中选择“突出显示修订”命令，打开“突出显示修订”对话框。在该对话框中，单击取消对“编辑时跟踪修订标记，同时共享工作簿”复选框的选择，单击“确定”按钮，弹出如图 3-88 所示的对话框。单击“确定”按钮，该方法将会同时取消工作簿的共享。

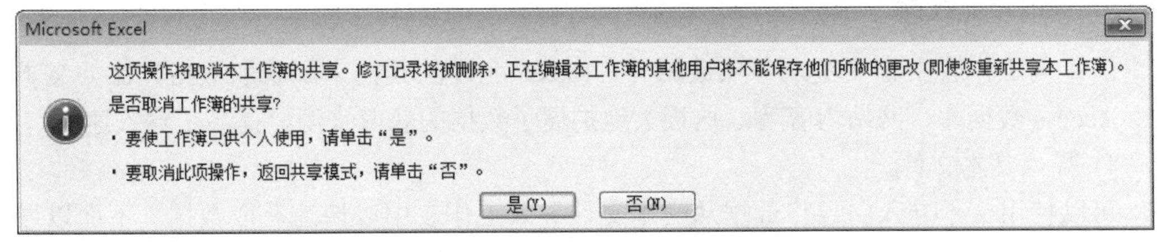

图 3-88　取消修订时弹出的对话框

3. 添加批注

添加批注，可以在不影响单元格数据的情况下对单元格内容添加注释、说明性文字，以方便他人对表格内容的理解。

- 添加批注：选中需要添加批注的单元格，从“审阅”选项卡下的“批注”组中单击“新建批注”按钮，或者从右键快捷菜单中选择“插入批注”命令，在批注框中输入批注内容即可。

- 查看批注：默认情况下，批注是隐藏的，单元格右上角的红色三角形表示单元格中存在批注。将鼠标指针指向包含批注的单元格，批注就会显示出来以供查阅。
- 显示/隐藏批注：想要使得批注一直显示在工作表中，可以从“审阅”选项卡下的“批注”组中单击“显示/隐藏批注”按钮，将当前单元格中的批注设置为显示；单击“显示所有批注”按钮将当前工作表中的所有批注设置为显示。再次单击“显示/隐藏批注”按钮或“显示所有批注”按钮，可隐藏批注。
- 编辑批注：选择含有批注的单元格，再从“审阅”选项卡下的“批注”组中单击“编辑批注”按钮，在批注框中对批注内容进行编辑。
- 删除批注：选择含有批注的单元格，再从“审阅”选项卡下的“批注”组中单击“删除批注”按钮即可。
- 打印批注：默认情况下，批注只用来显示不能被打印，如果希望批注随工作表一起打印，则可进行下列设置。

如果希望批注打印在单元格旁边，则应首先选中该单元格，并从“审阅”选项卡下的“批注”组中单击“显示/隐藏批注”按钮，将批注显示出来，如果希望批注打印在表格的末尾，则无须进行此步设置。

在“页面布局”选项卡下的“页面设置”组中，单击“打印标题”按钮，进入“页面设置”对话框的“工作表”选项卡中。

单击“打印”区域下“批注”框右侧下拉箭头，从下拉列表中选择合适的选项，单击“确定”按钮。

3.4.3 与其他应用程序共享数据

除了在网络中共享工作簿，还可以有多种方法在 Excel 中共享、分析以及传送业务信息和数据。

1. 获取外部数据

除了向工作表中直接输入各项数据外，Excel 允许从其他来源获取数据，比如文本文件、Access 数据库、网站内容等，这极大地扩展了数据的获取来源，提高了输入速度。

1) 导入文本文件

可以使用文本导入向导将数据从文本文件导入工作表中以快速获取数据。下面以导入一份使用制表符分隔的文本文件为例介绍如何获取文本文件。

(1) 打开需要导入文本的工作簿。在某一工作表中单击用于放入数据的起始单元格。此处打开一个空白工作簿，在 Sheet1 中单击 A1 单元格。

(2) 在“数据”选项卡下的“获取外部数据”组中，单击“自文本”按钮，打开“导入文本文件”对话框。

(3) 选择导入文件存放的位置，单击选中该文件，单击“导入”按钮，进入如图 3-89 所示的“文本导入向导-第 1 步”对话框。

(4) 在“请选择最合适的文件类型”下确定所导入文件的列分隔方式：如果文本文件中的各项以制表符、冒号、分号、空格或其他字符分隔，应选中“分隔符号”单选按钮；如果每个列中所有项的长度都相同，则可选中“固定宽度”单选按钮。此处选择“分隔符号”。

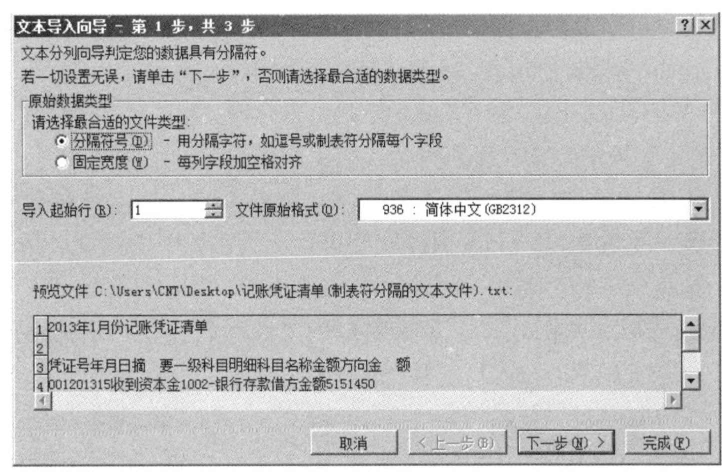

图 3-89　“文本导入向导-第 1 步”对话框

(5) 指定导入起始行，在“导入起始行”框中输入或选择行号以指定要导入的文本数据的第一行。此处，选择从第 1 行导入。

(6) 单击“下一步”按钮，在“文本导入向导-第 2 步”对话框中，进一步依据文本文件中的实际情况确认分隔符类型。如果列表中没有列出所用字符，则应选中“其他”复选框。然后在其右侧的文本框中输入该字符。如果数据类型为“固定宽度”，则这些选项不可用。此处选择制表符“Tab 键”作为分隔符号，“数据预览”框中可以看到导入的效果，如图 3-90 所示。

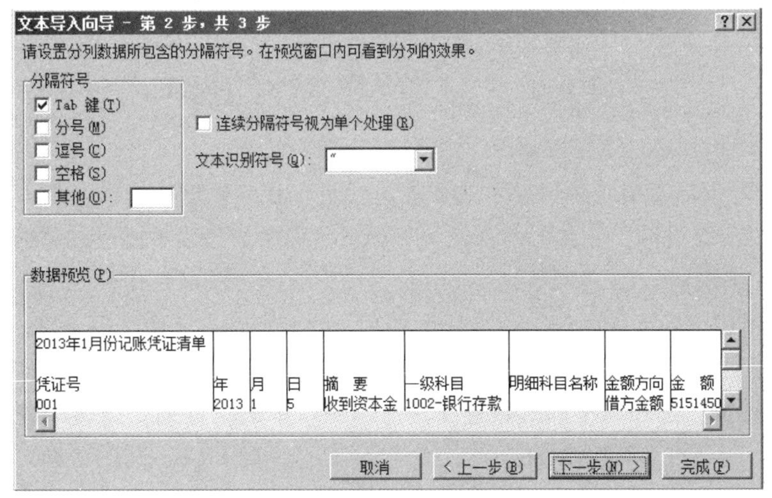

图 3-90　“文本导入向导-第 2 步”对话框

(7) 单击“下一步”按钮，进入如图 3-91 所示的“文本导入向导-第 3 步”对话框。在该对话框中为每列数据指定数据格式，默认情况下均为“常规”，可以在“数据预览”框中单击某一列，然后在上方的“列数据格式”下单击指定数据格式。如果不想导入某列，可在该列上单击，然后选中“不导入此列(跳过)”单选按钮。此处“凭证号”列指定为“文本”，其他保持不变。

(8) 单击“完成”按钮，打开“导入数据”对话框，指定数据放置在工作表上的起始位置。此处选择“现有工作表”的 A1 单元格。

(9) 单击“确定”按钮，文本文件将会导入工作表中。

(10) 取消与外部数据的连接，默认情况下，所导入的数据与外部数据源保持连接关系，当外部数据源发生改变时，可以通过刷新来更新工作表中的数据。断开该连接的方法是：在“数据”选项卡下的“连接”组中，单击“连接”按钮，打开“工作簿连接”对话框。在列表框中选择要取消的连接，单击右侧的“删除”按钮，从弹出的提示框中单击“确定”按钮，即可断开导入数据与源数据之间的连接。

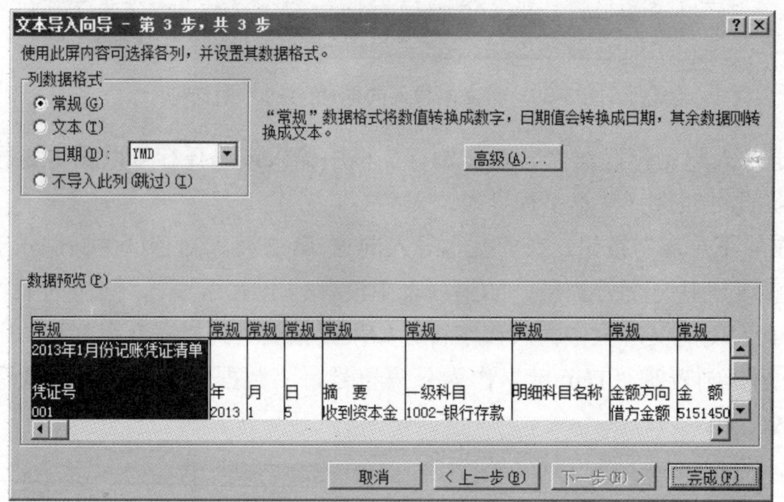

图 3-91　“文本导入向导-第 3 步”对话框

2) 数据分列

大多数情况下，需要对外部导入的数据进行进一步的整理和修饰。在上例中，导入的文件第 F 列“一级科目”包含了科目代码和科目名称两部分，可以通过分列功能自动将其分开两列显示。

(1) 继续沿用上面已导入的文件，在 F 列后、G 列前插入一个空列。

(2) 选择需要分列显示的单元格区域，此处选择单元格区域 F4:F35。

(3) 在“数据”选项卡下的“数据工具”组中，单击“分列”按钮，进入“文本分列向导-第 1 步”对话框，如图 3-92 所示。

(4) 指定原始数据的分隔类型，此处选择“分隔符号”项，单击“下一步”按钮，进入“文本分列向导-第 2 步”对话框，如图 3-93 所示。

(5) 选择分列数据中使用的分隔符号。此处单击选中“其他”复选框，在其右侧的文本框中输入西文的“-”。

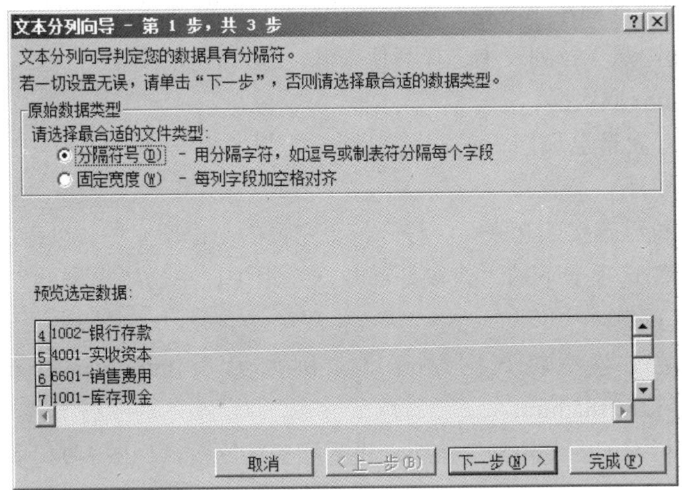

图 3-92　“文本分列向导-第 1 步”对话框

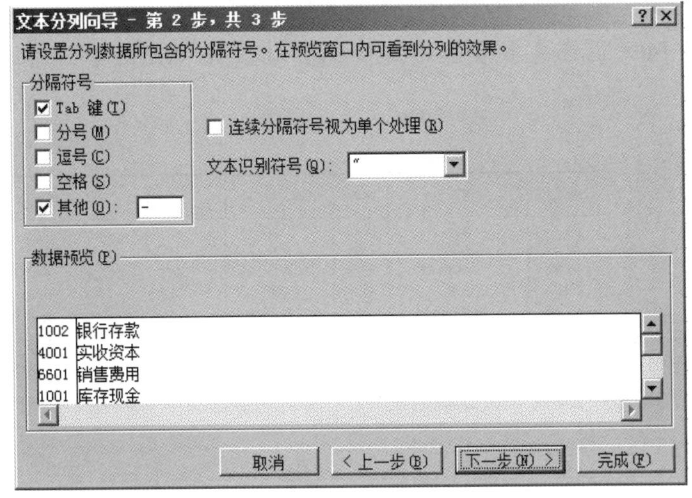

图 3-93　“文本分列向导-第 2 步”对话框

(6) 单击“下一步”按钮，进入“文本分列向导-第 3 步”对话框，指定列数据格式，此处保持默认设置不变。

(7) 单击“完成”按钮，指定的列数据被分列到相邻列中，为新增列加入合适的列标题。此处，将 F3 单元格中的标题改为“科目代码”，在 G3 单元格中输入“科目名称”。还可对表格进行适当的修饰以使其更加美观。

3) 导入其他数据

还可以根据需要向 Excel 中导入其他类型的数据。

- Access 数据库数据：在“数据”选项卡下的“获取外部数据”组中，单击“自 Access”按钮，依次在对话框中选择数据库文件，设置显示方式及位置。

- SQL Server 数据库文件：在“数据”选项卡下的“获取外部数据”组中，单击“自其他来源”|“来自 SQL Server”，连接数据库并获取数据文件。
- 其他来源数据：在“数据”选项卡下的“获取外部数据”组中，单击“自其他来源”按钮，从下拉列表中选择其他来源。

4) 从互联网上获取数据

各类网站上有大量已编辑好的表格数据，可以将其导入 Excel 工作表中用于统计分析。

(1) 确保计算机已连接到互联网。打开一个空白的工作簿文件，以存放获取的数据。

(2) 在“数据”选项卡下的“获取外部数据”组中，单击“自网站”按钮，打开“新建 Web 查询”窗口。

(3) 在“地址”栏中输入网站地址。例如输入 http://www.stats.gov.cn/tjsj/zxfb/201512/t20151214_1289185.html。

(4) 单击地址栏右侧的“转到”按钮，进入相应的网页，如图 3-94 所示。

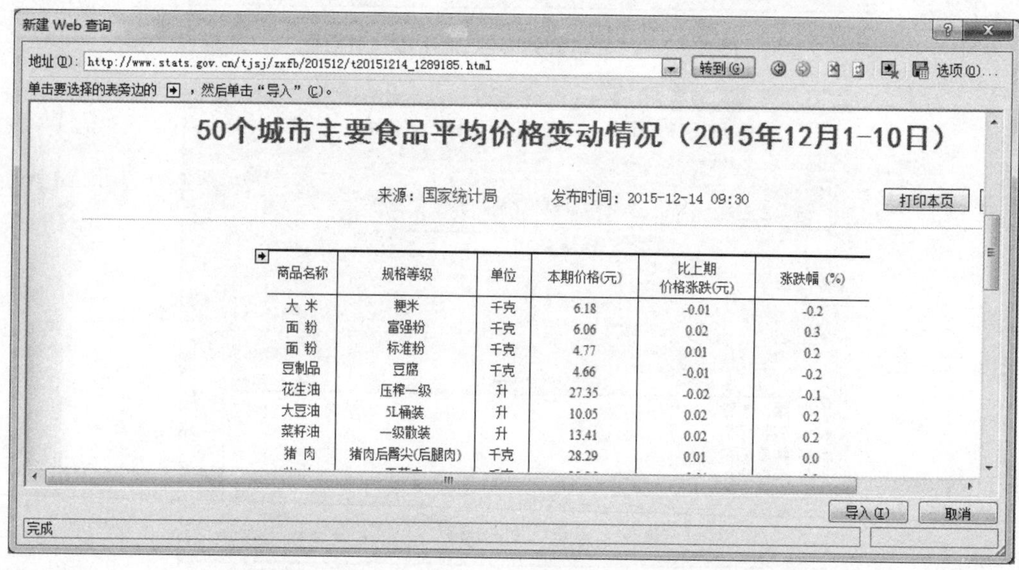

商品名称	规格等级	单位	本期价格(元)	比上期价格涨跌(元)	涨跌幅（%）
大 米	粳米	千克	6.18	-0.01	-0.2
面 粉	富强粉	千克	6.06	0.02	0.3
面 粉	标准粉	千克	4.77	0.01	0.2
豆制品	豆腐	千克	4.66	-0.01	-0.2
花生油	压榨一级	升	27.35	-0.02	-0.1
大豆油	5L桶装	升	10.05	0.02	0.2
菜籽油	一级散装	升	13.41	0.02	0.2
猪 肉	猪肉后臀尖(后腿肉)	千克	28.29	0.01	0.0

图 3-94 在“新建 Web 查询”窗口中输入网址查询页面

(5) 每个可选表格的左上角均显示一个黄色箭头，单击要选择的表格旁边的黄色箭头，使之变为绿色的选中状态。

(6) 单击窗口右下方的“导入”按钮，打开“导入数据”对话框，确定数据放置的位置。

(7) 单击“确定”按钮，网站上的数据自动导入工作表，对导入内容进行适当的修改后进行保存即可。

2. 插入超链接

可以为工作表单元格中的数据、图表等对象设置超链接以方便实现不同位置、不同文件之间的链接跳转。

(1) 在工作表上，单击要在其中创建超链接的单元格或者对象，如图片或图表元素。

(2) 在“插入”选项卡的“链接”组中，单击“超链接”按钮，打开“插入超链接”对话框。

(3) 在该对话框中指定要链接到的位置，可以是本机的某一个文件、某一文件中的具体位置、某个最近浏览过的网页，还可以是一个电子邮件地址等。

(4) 单击“确定”按钮，退出对话框，当前选定的单元格或对象被设置了超链接，单击该超链接，可跳转到相应位置。

3. 与其他程序共享数据

1) 通过电子邮件、传真分发数据

- 通过电子邮件发送工作簿

确保计算机中安装有一个电子邮件程序(如 Microsoft Outlook)，打开要发送的工作簿，选择“文件”选项卡，在打开的界面中选择“保存并发送”命令，然后选择“使用电子邮件发送”命令。

- 通过传真发送工作簿

确保已连接到互联网，并且计算机中安装有传真软件或者传真调制解调器。打开工作簿，选择“文件”选项卡，在打开的界面中选择“保存并发送”命令，然后单击“以 Internet 传真形式发送”。

2) 与使用早期版本的 Excel 用户交换工作簿

- 将 Excel 2010 版本保存为早期版本

首先在 Excel 2010 中打开需要转换版本的工作簿文件，然后选择“文件”选项卡，在打开的界面中选择“另存为”命令，打开“另存为”对话框，在该对话框下方的“保存类型”下拉列表中选择“Excel 97-2003 工作簿(*.xls)”格式保存工作簿。当在 Excel 2010 中打开 Excel 97-2003 工作簿时，会自动启用兼容模式，程序标题栏中的文件名右侧显示“兼容模式”的直观提示。

提示： 当将 2010 格式的工作簿保存为早期版本的文件时，某些格式和功能可能不会被保留。

- 将早期版本保存为 Excel 2010 版本

首先在 Excel 2010 中打开 Excel 97-2003 工作簿文件，然后选择“文件”选项卡，在打开的界面中选择“另存为”命令，打开“另存为”对话框，在该对话框下方的“保存类型”下拉列表中选择“Excel 工作簿(*.xlsx)”格式保存工作簿。

3) 将工作簿发布为 PDF/XPS 格式

PDF 格式(可移植文档格式)，可以保留文档格式并允许文件共享，他人无法轻易更改文件中的数据及格式，PDF 支持各种平台，要查看 PDF 文件，必须在计算机上安装 PDF 阅读器。

XPS 格式(XML 纸张的一种规格)是一种平台独立技术，该技术也可以保留文档格式并支持文件共享，他人无法轻易更改文件中的数据。XPS 可以嵌入文件中的所有字体并使这些字体能按预期显示而不必考虑接受者的计算机中是否安装了该字体。与 PDF 格式相比，XPS 格式能够在接受者的计算机上呈现更加精确的图像和颜色。

(1) 打开需要发布为 PDF/XPS 格式的工作簿，选择“文件”选项卡，在打开的界面中选择“保存并发送”命令，在“文件类型”区域下双击“创建 PDF/XPS 文档”，打开“发布为 PDF 或 XPS”对话框。

(2) 指定保存位置，输入文件名。

(3) 在“保存类型”下拉列表中选择“PDF(*.pdf)”或者“XPS 文档(*.xps)”格式。

(4) 单击“发布”按钮。

提示： 选择“文件”选项卡，在打开的界面中选择“另存为”命令，打开“另存为”对话框，在“保存类型”下拉列表中单击选择“PDF(*.pdf)”或者“XPS 文档(*.xps)”，也可将当前工作表保存为 PDF/XPS 文档格式。

4) 与 Word、PowerPoint 共享数据

在 Excel 中创建的表格可以轻松用于 Word 文档或 PowerPoint 演示文稿中。

方法 1：通过剪贴板

(1) 在 Excel 中选择要复制的单元格区域，在“开始”选项卡下的“剪贴板”组中，单击“复制”按钮。

(2) 打开 Word 文档或 PowerPoint 演示文稿，将光标定位到要插入 Excel 表格的位置，在“开始”选项卡下的“剪贴板”组中，单击“粘贴”按钮下方的黑色箭头，从下拉列表中选择粘贴方式。

方法 2：以对象方式插入

(1) 打开 Word 文档或 PowerPoint 演示文稿，将光标定位到要插入 Excel 表格的位置。

(2) 从下列方法中选用一种插入 Excel 表格：

- 单击“插入”选项卡下的“表格”按钮，从下拉列表中选择“Excel 电子表格”命令，在当前位置插入一个新的 Excel 表格。
- 从“插入”选项卡下的“文本”组中，单击“对象”按钮，打开插入对象对话框。要想插入一个空白工作表，可在“新建”选项卡下单击选择“Microsoft Excel 工作表”；要想插入一个现有工作簿，可在“由文件创建”选项卡下选择一个工作簿。

(3) 在插入的表格中双击鼠标，进入编辑状态，可以像在 Excel 中那样输入数据、对表格进行编辑修改。修改完毕，在表格区域外单击即可返回 Word 文档或 PowerPoint 演示文稿中。

3.4.4 宏的简单应用

宏是可以运行任意次数的一个操作或一组操作，可以用来自动执行重复任务。如果总是需要在 Excel 中重复执行某个任务，则可以录制一个宏来自动执行这些任务。在创建一

个宏后，可以编辑宏，对其工作方式进行轻微更改。

可以在 Excel 中快速录制宏，也有许多宏是使用 VBA 创建的，并由软件开发人员负责编写。

本节中，打开本课程 MOOC 平台上的“数据源”工作簿中的“学生成绩表”，以为其创建一个自动标识每科前 3 名的宏并运行该宏为例，介绍如何在 Excel 中录制并运行宏。本书不涉及通过 VBA 编程语言录制宏的内容。

1. 录制宏前的准备工作

1) 显示“开发工具”选项卡

录制宏需要用到“开发工具”选项卡，但是默认情况下，不会显示“开发工具”选项卡，因此需要进行下列设置：

(1) 选择“文件”选项卡，在打开的界面中选择“选项”命令，打开“Excel 选项”对话框。

(2) 在左侧的类别列表中选择“自定义功能区”，在右上方的“自定义功能区”下拉列表中选择“主选项卡”。

(3) 在右侧的“主选项卡”列表中，单击选中“开发工具”复选框。

(4) 单击“确定”按钮，“开发工具”选项卡显示在功能区中。

2) 临时启用所有宏

由于运行某些宏可能会引发潜在的安全风险，具有恶意企图的人员可以在文件中引入破坏性的宏，从而导致在计算机或网络中传播病毒。因此，默认情况下，Excel 禁用宏。为了能够录制并运行宏，可以设置临时启用宏，方法如下。

(1) 在“开发工具”选项卡下的“代码”组中，单击“宏安全性”按钮，打开如图 3-95 所示的“信任中心”对话框。

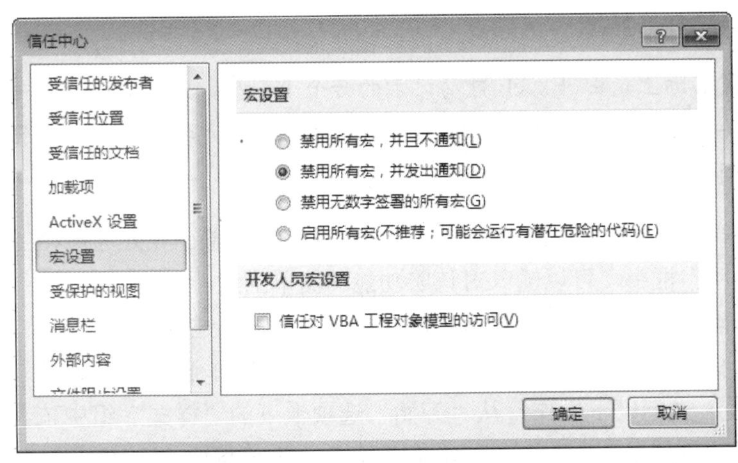

图 3-95 “信任中心”对话框

(2) 在左侧的类别列表中选择“宏设置”，在右侧“宏设置”区域下选中“启用所有宏(不推荐；可能会运行有潜在危险的代码)”单选按钮。

(3) 单击“确定”按钮。

提示：为防止运行有潜在危险的代码，建议使用完宏之后，在如图 3-95 所示的“信任中心”对话框中的“宏设置”下恢复某一种禁止宏的设置。

2. 录制宏

录制宏的过程就是记录鼠标单击操作和键盘击键操作的过程。录制宏时，宏录制器会记录完成需要宏来执行的操作所需的一切步骤，但是记录的步骤中不包括在功能区上导航的步骤。

(1) 打开“学生成绩表”，先在数据列表外的任一单元格中单击，然后在“开发工具”选项卡下的“代码”组中，单击“录制宏”按钮，打开如图 3-96 所示的“录制新宏”对话框。

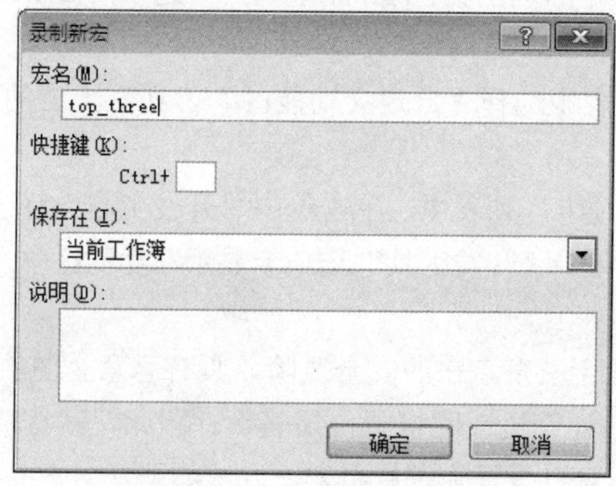

图 3-96 “录制新宏”对话框

(2) 在“宏名”对话框中，为将要录制的宏输入一个名称，此处输入“top_three”，表示该宏功能为标出前 3 名。

提示：宏实际上是由 Excel 自动记录的一个小程序，宏名称必须以字母或下划线开头，不能包括空格等无效字符，不能使用单元格地址等工作簿内部名称，否则将会出现宏名无效的错误消息。

(3) 在“保存在”下拉列表框中选择要用来保存宏的位置。此处选择“当前工作簿”。

(4) 在“说明”框中，可以输入对该宏功能的简单描述。

(5) 单击“确定”按钮，退出对话框，同时进入宏录制过程。

(6) 运行鼠标、键盘对工作表进行各项操作，这些操作过程均将被记录到宏中。此处对“学生成绩表”进行以下操作：从“开始”选项卡下的“样式”组中依次单击“条件格式”|“项目选项规则”|“值最大的前 10 项”命令，在值框中输入“3”，格式任选一种，然后单击“确定”按钮。

(7) 操作执行完毕后，从“开发工具”选项卡下的“代码”组中，单击“停止录制”按钮。

(8) 对工作簿文件保存为可以运行宏的格式：选择“文件”选项卡，在展开的界面中选择“另存为”命令，打开“另存为”对话框，在“保存类型”下拉列表中单击选择“Excel 启用宏的工作簿”，文件名改为“启用宏的学生成绩表”，然后单击“保存”按钮。

3. 运行宏

(1) 打开包含宏的工作簿，选择运行宏的工作表。此处打开前面保存的包含宏的文档“启用宏的学生成绩表”(注意：包含宏的文档以*.xlsm 为扩展名)，选择计算机列中的 E2:E13 单元格区域，目的是找出语文成绩的前三名。

(2) 在“开发工具”选项卡下的“代码”组中，单击“宏”按钮，打开“宏”对话框。

(3) 在“宏名”列表框中选择要运行的宏。此处选择新录制的宏“top_three”。

(4) 单击“执行”按钮，Excel 自动执行宏并显示相应结果。

4. 将宏分配给对象、图形或控件

将宏指定给工作表中的某个对象、图形或控件后，单击它即可执行宏。

(1) 首先打开包含宏的工作簿，在工作表的适当位置创建对象、图形或控件。此处，继续沿用已包含宏的工作簿“启用宏的学生成绩表”，在其右上角位置创建艺术字对象，艺术字文本内容为“前 3 名”。

(2) 用鼠标右键单击该对象、图形或控件，从弹出的快捷菜单中选择“指定宏”命令，打开“指定宏”对话框。

(3) 在“指定宏”对话框的“宏名”列表框中，选择要分配的宏，然后单击“确定”按钮。此处在新建的艺术字上单击右键，并指定宏“top_three”到艺术字对象上。

(4) 单击已指定宏的对象、图形或控件，即可运行宏。此处，首先选择要应用宏的范围 F2:F13 单元格区域(英语成绩所在列)，然后单击已指定宏的艺术字对象。同样的方法可以标出其他几科的前 3 名成绩。

5. 删除宏

(1) 打开包含要删除宏的工作簿。

(2) 在“开发工具”选项卡下的“代码”组中，单击“宏”按钮，打开“宏”对话框。

(3) 在“位置”下拉列表中，选择含有要删除宏的工作簿。

(4) 在“宏名”列表框中，单击要删除的宏的名称。

(5) 单击“删除”按钮，弹出一个提示对话框。

(6) 单击“是”按钮，删除指定的宏。

3.4.5　巩固练习

【练习要求】

请从 MOOC 平台上下载 gglx4.txt 文件，按要求完成如下操作，完成所有操作后的工作表如图 3-97 所示。

(1) 将 gglx4.txt 文件导入 Excel 工作簿中。

(2) 将该工作簿设置为共享工作簿，并将该工作簿命名为 gglx4.xlsx 保存。

(3) 将 F2 单元格的内容修改为 28。

(4) 当某个共享用户修订了该工作簿时，突出显示修订位置(要求：时间为“从上次保存开始”，修订人为：“每个人”，位置位：“A1:F8”)。

(5) 将销售记录为 0 的单元格的批注内容设置为“扣除奖金的 10%”。

(6) 取消对该工作簿的共享。

(7) 为该工作簿创建一个自动标识每种产品销售量前两名的宏并运行该宏。

(8) 保存该工作簿。

gglx4.xlsm

	A	B	C	D	E	F
1	工号	姓名	铅笔	橡皮	文具盒	尺子
2	1	张浩	20	35	19	28
3	2	王晓丹	32	51	36	22
4	3	张宏宇	48	25	19	20
5	4	李丽	20	23	0	20
6	5	李晓光	35	28	21	23
7	6	斯琴	33	21	32	19
8	7	陈梅	36	37	29	22

Sheet1 Sheet2 Sh

图 3-97　巩固练习样文

本 章 小 结

本章围绕 Excel 电子表格的具体应用，以案例教学的方式，首先介绍了 Excel 的基本操作。其次，详细地讲解了在 Excel 中函数与公式的应用以及 Excel 中数据分析与处理的方法。最后简单介绍了如何共享、修订、批注工作簿，以及 Excel 与其他应用程序的数据共享和宏的简单应用。

习　　题

1. 单项选择题

(1) Excel 新建或打开一个工作簿后，工作簿的名字显示在(　　)。

A. 状态栏　　B. 标签栏　　C. 菜单栏　　D. 标题栏

(2) 单元格或单元格区域被“锁定”后，其内容(　　)。

A. 不能浏览也不能修改　　B. 只能浏览不能修改

C. 只能修改不能浏览　　D. 可以浏览也可以修改

(3) 在 Excel 中，A1 单元格设定其数字格式为整数，当输入“33. 51”时，显示为(　　)。

A. 33. 51　　B. 34　　C. 33　　D. ERROR

(4) Excel 广泛应用于(　　)。

A. 工业设计、机械制造、建筑工程

B. 统计分析、财务管理分析、股票分析和经济、行政管理等各个方面

C. 多媒体制作

D. 美术设计、装潢、图片制作等各个方面

(5) 在 Excel 中，插入一组单元格后，活动单元格将(　　)移动。

A. 由设置而定　B. 向左　C. 向上　D. 向右

(6) 在 Excel 中用拖曳法改变行的高度时，将鼠标指针移到(　　)，鼠标指针变成黑色的双向垂直箭头。

A. 行号框的顶边线　B. 行号框的底边线

C. 列号框的右边线　D. 列号框的左边线

(7) 现要向 A5 单元格输入分数“1/10”，并显示分数“1/10”，正确的输入方法是(　　)。

A. 0 1/10　B. 110　C. 1/10　D. 10/1

(8) 要在单元格内进行编辑，只需(　　)。

A. 单击该单元格　B. 双击该单元格

C. 用光标选择该单元格　D. 用标准工具栏按钮

(9) 要同时选择两个不连续工作表，先按下(　　)键，然后单击另一个要选择的工作表。

A. Alt　B. Shift　C. Esc　D. Ctrl

(10) 一行与一列相交构成一个(　　)。

A. 窗口　B. 区域　C. 单元格　D. 工作表

(11) 在 Excel 2010 中单元格的条件格式在(　　)菜单中。

A. 文件　B. 编辑

C. 视图　D. 在“开始”选项卡的“样式”组中

(12) 要使 Excel 把您所输入的数字当成文本，所输入的数字就当以(　　)开头。

A. 等号　B. 星号　C. 单引号　D. 一个字母

(13) 在 Excel 中，用来储存并处理工作数据的文件称为(　　)。

A. 工作表　B. 工作簿　C. 文档　D. 文件

(14) 新建的 Excel 工作簿窗口中默认包含(　　)个工作表。

A. 1　B. 4　C. 2　D. 3

(15) 设置日期格式，是在“设置单元格格式”对话框的(　　)选项卡里。

A. 对齐　B. 字体　C. 编辑　D. 数字

(16) Excel 2010 文件的扩展名为(　　)。

A. .DOC　B. .XLSX　C. .EXC　D. .EXE

(17) 在 Excel 的单元格中，如要输入数字字符串 02510201(学号)时，应输入(　　)。

A. "02510201"　B. 02510201'　C. '02510201　D. 2510201

(18) 在 Excel 工作表中，当前单元格的填充句柄在其(　　)。

A. 右下角　　B. 左下角　　C. 右上角　　D. 左上角

(19) 在 Excel 工作表的单元格 D1 中输入公式 “=SUM(A1:C3)”，其结果为(　　)。

A. A1，A2，A3，C1，C2，C3 6 个单元格之和

B. A1 与 A3 两个单元格之和

C. A1，A2，A3，B1，B2，B3，C1，C2，C3 9 个单元格之和

D. A1，B1，C1，A3，B3，C3 6 个单元格之和

(20) 下列 Excel 运算符的优先级最高的是(　　)。

A. *　　B. ^　　C. +　　D. /

(21) 如果要修改计算的顺序，需把公式首先计算的部分括在(　　)内。

A. 双引号　　B. 单引号　　C. 中括号　　D. 圆括号

(22) 当操作数发生变化时，公式的运算结果(　　)。

A. 不会发生改变　　B. 与操作数没有关系

C. 会显示出错信息　　D. 会发生改变

(23) Excel 使用(　　)来定义一个区域。

A. "；"　　B. "："　　C. "(　)"　　D. "|"

(24) 在 Excel 工作表中，单元格区域 D2:E4 所包含的单元格个数是(　　)。

A. 5　　B. 7　　C. 6　　D. 8

(25) 下列(　　)函数是计算工作表一串数值的总和。

A. AVERAGE(A1:A10)　　B. MIN(A1:A10)

C. COUNT(A1:A10)　　D. SUM(A1:A10)

(26) 在 Excel 工作表的单元格中输入公式时，应先输入(　　)。

A. '　　B. &　　C. @　　D. =

(27) 在 Excel 工作表中，假设 A2=7，B2=6. 3，选择 A2:B2 区域，并将鼠标指针放在该区域右下角填充柄上，拖动至 E2 单元格，则 E2=(　　)。

A. 9. 8　　B. 3. 5　　C. 4. 2　　D. 9. 1

(28) 在 Excel 中，若单元格引用随公式所在单元格位置的变化而改变，则称之为(　　)。

A. 混合引用　　B. 绝对引用　　C. 3-D 引用　　D. 相对引用

(29) 关于 Excel 中筛选与排序的叙述正确的是(　　)。

A. 排序是查找和处理数据清单中数据子集的快捷方法；筛选是显示满足条件的行

B. 筛选重排数据清单；排序是显示满足条件的行，暂时隐藏不必显示的行

C. 排序重排数据清单；筛选是显示满足条件的行，暂时隐藏不必显示的行

D. 排序不重排数据清单；筛选重排数据清单

(30) 在降序排序中，在排序列中有空白单元格的行会被(　　)。

A. 放置在排序的数据清单最后　　B. 不被排序

C. 放置在排序的数据清单最前　　D. 保持原始次序

(31) 选取“筛选”命令后，在清单上的(　　)出现了下拉式按钮图标。

A. 字段名处　　B. 所有单元格内

C. 底部　　D. 空白单元格内

(32) 在进行分类汇总之前，必须(　　)。

A. 按分类列对数据清单进行排序，并且数据清单的第一行里不能有列标题

B. 对数据清单进行筛选，并且数据清单的第一行里不能有列标题

C. 按分类列对数据清单进行排序，并且数据清单的第一行里必须有列标题

D. 对数据清单进行筛选，并且数据清单的第一行里必须有列标题

2. 填空题

(1) 在 Excel 中，单元格默认对齐方式与数据类型有关，如文字是左对齐，数字是_____。

(2) Excel 中工作簿的最小组成单位是_____。

(3) 在 Excel 中，欲对单元格的数据设置对齐方式，可在_____组中进行设置。

(4) 在 Excel 中，正在处理的单元格称为_____的单元格。

(5) Excel 中如果需要在单元格中将 600 显示为 600.00，使用设置单元格格式中的数字标签为_____。

(6) 一个 Excel 文件就是一个_____。

(7) 在 Excel 中输入数据时，如果输入的数据具有某种内在规律，则可以利用它的_____功能进行输入。

(8) 选定整行，可将光标移到_____上，选定整列，可将光标移到列号上单击鼠标左键即可。

(9) 如果将 B2 单元格中的公式"=C3*$D5"复制到 E7 单元格中，该单元格公式为_____。

(10) 相对地址引用的地址形式是 A1，绝对地址引用的地址形式是_____。

(11) Excel 中对指定区域(C1:C5) 求和的函数公式是_____。

(12) Excel 中如果一个单元格中的信息是以“=”开头，则说明该单元格中的信息是_____。

(13) 在 Excel 中，设 A1-A4 单元格的数值为 82，71，53，60，A5 单元格使用公式为=If(Average(A$1:A$4)>=60, "及格", "不及格")，则 A5 显示的值是_____。

(14) 如果在 A1 单元格中输入公式=10*2，那么在这个单元格中将显示_____；如果在 A2 单元格中输入公式=A1^2，那么在这个单元格中将显示_____。

(15) 数据筛选有_____和_____两种。

(16) Excel 附带了 3 种模拟分析工具：方案管理器、模拟运算表和_____。

(17) 模拟运算表依据处理变量个数的不同，分为单变量模拟运算表和_____两种类型。

(18) 模拟运算表无法容纳两个以上的变量。如果要分析两个以上的变量，则应使用_____。

3. 判断题

(1) 在 Excel 中可同时将数据输入多个工作表中。( )

(2) 单元格引用位置是基于工作表中的行号和列号。( )

(3) 在 Excel 中，数据类型可分为数值型和非数值型。( )

(4) 在 Excel 中，可同时打开多个工作簿。( )

(5) 选取不连续的单元格，需要用 Alt 键配合。( )

(6) 选取连续的单元格，需要用 Ctrl 键配合。( )

(7) Excel 中的清除操作是将单元格内容删除，包括其所在的单元格。( )

(8) 如果要修改计算的顺序，把公式中需首先计算的部分括在方括号内。( )

(9) Excel 中当用户复制某一公式后，系统会自动更新单元格的内容，但不计算其结果。( )

(10) 相对引用的含义是：把一个含有单元格地址引用的公式复制到一个新的位置或用一个公式填入一个选定范围时，公式中的单元格地址会根据情况而改变。( )

(11) 要想合并计算数据，首先必须为汇总信息定义一个目的区，用来显示摘录的信息。( )

(12) 数据透视表能帮助用户分析、组织数据。( )

(13) 为数据透视图提供数据源的是相关联的数据透视表。在相关联的数据透视表中对字段布局和数据所做的更改，会立即反映在数据透视图中。( )

(14) 可以在共享工作簿中合并单元格。( )

(15) 如果从共享工作簿中删除活动用户，则这些用户所有未保存的工作将会丢失。( )

(16) “在新工作表上显示修订”复选框，只有在已启用修订功能、进行了至少一个修订并进行文件保存之后才可用。( )

(17) 批注内容是不可以打印的。( )

(18) Excel 允许从其他来源获取数据，比如文本文件、Access 数据库、网站内容等，这极大地扩展了数据的获取来源，提高了输入速度。( )

(19) 宏是可以运行任意次数的一个操作或一组操作，可以用来自动执行重复任务。( )

(20) 不可以将宏分配给对象、图形或控件。( )

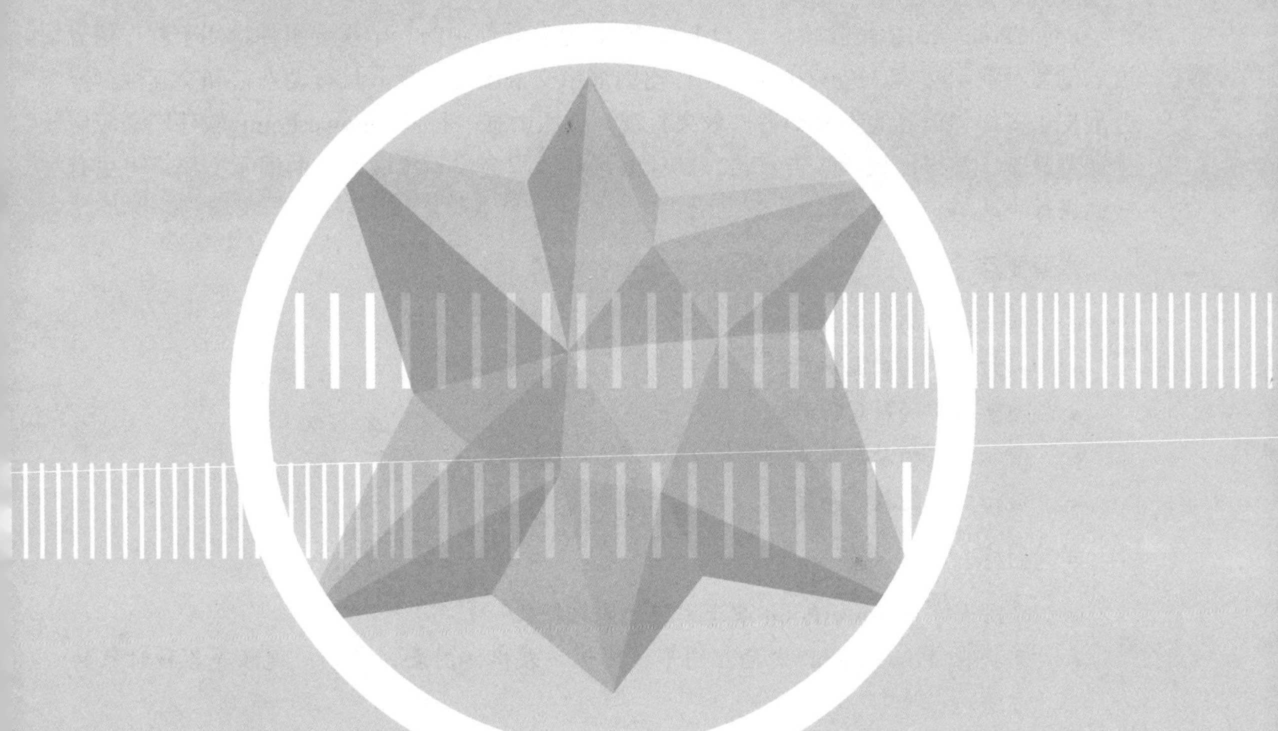

第 4 章

PowerPoint 2010 的高级应用

PowerPoint 2010 是微软公司 Office 2010 办公软件中的一个重要组件，用于制作信息展示的各种演示文稿。PowerPoint 创作出的演示文稿图文并茂，具有动态性和交互性，充分展现了多媒体信息的无穷魅力，效果直观，说服力强。目前，PowerPoint 软件广泛应用于课堂教学、演讲汇报、广告宣传、商业演示和远程会议等领域，借助演示文稿，可更有效地进行表达与交流。

本章要点

- 演示文稿的基础操作。
- 幻灯片中的对象编辑。
- 演示文稿的外观设计。
- 演示文稿的动画与交互。
- 演示文稿的放映与输出。

学习目标

- 理解和掌握 PowerPoint 演示文稿的基础操作。
- 掌握在 PowerPoint 中插入图形、图像、表格、图表、音频、视频等各种对象的方法。
- 掌握 PowerPoint 中主题、背景、母版等外观设置的方法。
- 掌握 PowerPoint 动画设置和幻灯片切换设置的技巧及方法。
- 理解超链接的概念并掌握演示文稿交互设置的方法。
- 理解和掌握幻灯片放映及输出的设置。
- 能够综合应用演示文稿各种技巧，制作出精美、完整的演示文稿作品。

4.1 演示文稿概述

4.1.1 演示文稿的基本操作

1. 教学案例：创建“宣传手册样本”演示文稿

【案例要求】

根据“宣传手册”模板新建演示文稿，在幻灯片浏览视图中查看该演示文稿全貌，然后将其以“宣传手册样本”为名保存在 E 盘下。

【实战步骤】

第一步：启动 PowerPoint 2010，选择“文件”|“新建”命令，在“可用的模板和主题”中选择“样本模板”图标，将显示 PowerPoint 2010 为用户提供的 9 种样本模板，如图 4-1 所示。

第二步：在其中选择“宣传手册”模板，并单击“创建”按钮， 即可直接生成该主题内容的具有多张幻灯片的演示文稿。

图 4-1　新建样本模板

第三步：选择“视图”选项卡下“演示文稿视图”选项组中的“幻灯片浏览”命令，打开该文档的幻灯片浏览视图，如图 4-2 所示，在此可以查看到演示文稿的概貌。

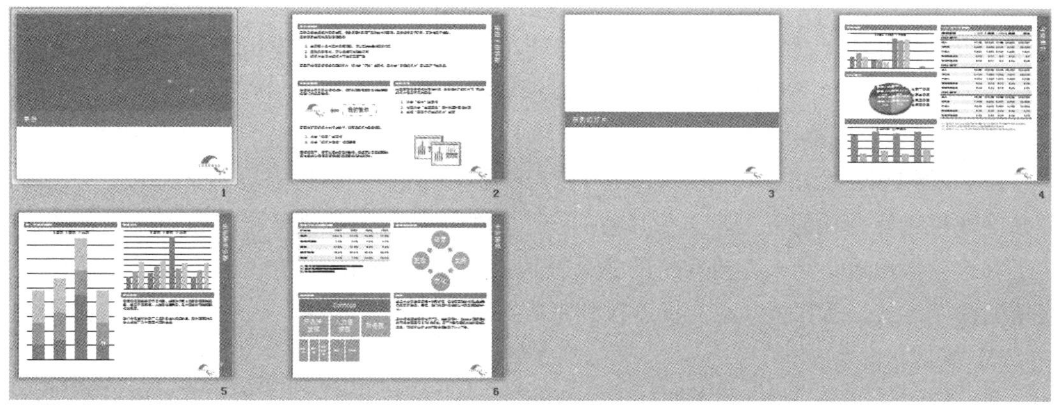

图 4-2　幻灯片浏览视图

第四步：单击快速访问工具栏的“保存”按钮，保存在 E 盘下，文件名为“宣传手册样本”，保存类型为“PowerPoint 演示文稿(*.pptx)”。这样，就用模板创建了一个演示文稿。

2. 知识点讲解

1) PowerPoint 2010 工作界面

PowerPoint 2010 启动成功后，屏幕上显示 PowerPoint 2010 工作界面，主要包括标题栏、选项卡、功能区、编辑区、状态栏等，如图 4-3 所示。下面对其主要组成部分进行讲解。

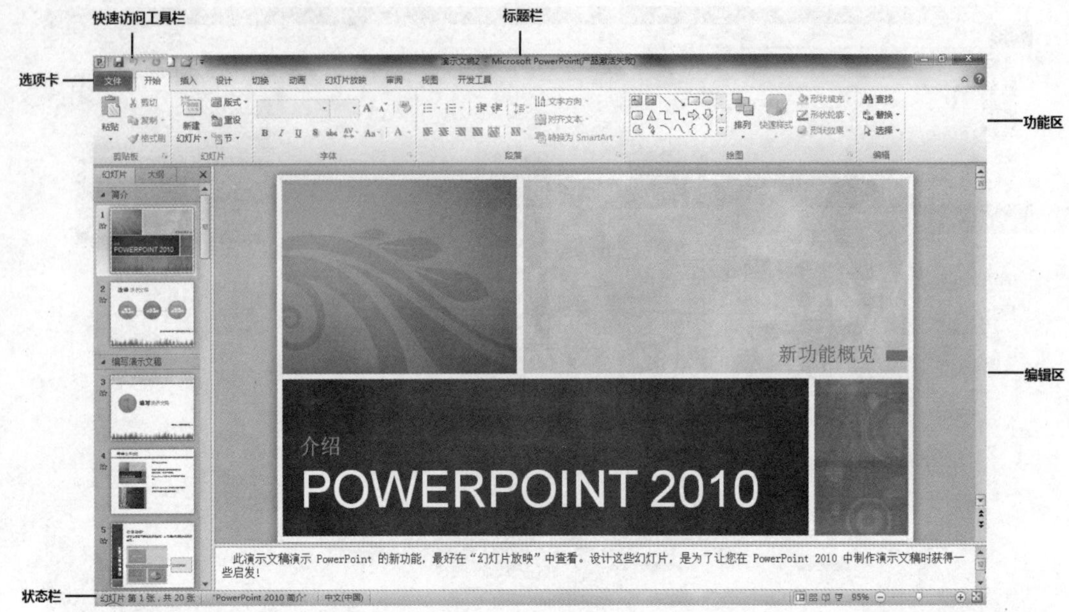

图 4-3　PowerPoint 2010 工作界面

(1) 标题栏。

标题栏位于窗口顶端，标题栏的左侧显示快速访问工具栏，由最常用的工具按钮组成，如“保存”按钮、“撤消”按钮和“恢复”按钮等。单击快速访问工具栏右侧的下拉按钮，可在打开的“自定义快速访问工具栏”下拉菜单中将其他常用命令添加至快速访问工具栏中。标题栏的中部和右侧主要显示演示文稿名称及窗口控制按钮。

(2) 选项卡和功能区。

在 PowerPoint 2010 中，传统的菜单栏被选项卡取代，工具栏则被功能区取代。选项卡和功能区位于标题栏的下方，选择其中的一个功能选项卡，可打开相应的功能区。功能区由工具选项组组成，用来存放常用的命令按钮。选项卡和功能区为用户提供了一种直观、快捷的操作方式，旨在帮助用户快速找到完成某任务所需的命令。

(3) 编辑区。

窗口的主体部分是演示文稿的编辑区。编辑区左侧默认为幻灯片视图，显示幻灯片缩略图，选择“大纲”选项卡，则可以切换到幻灯片的大纲视图。编辑区中部是幻灯片编辑区，用于编辑幻灯片内容和显示幻灯片效果。编辑区底部是备注窗格，用于添加描述幻灯片的注释文本。

(4) 状态栏。

状态栏位于 PowerPoint 2010 窗口的最下方。状态栏从左到右依次显示当前幻灯片的编号及幻灯片总数、演示文稿所采用主题的名称、视图方式、幻灯片显示比例等。

2) PowerPoint 视图简介

PowerPoint 2010 为用户提供了 4 种视图方式，分别是普通视图、幻灯片浏览视图、阅读视图和备注页视图。在不同的视图方式下，用户可以看到不同的幻灯片效果。下面对这四种视图进行简单介绍。

普通视图：启动 PowerPoint 2010 之后，系统默认为普通视图方式。普通视图主要包含“幻灯片”和“大纲”两个选项卡。选择“幻灯片”选项卡可以切换到幻灯片视图，幻灯片视图呈现幻灯片的缩略图；选择“大纲”选项卡可以切换到大纲视图，大纲视图呈现的是演示文稿的标题和内容文本。

幻灯片浏览视图：在幻灯片浏览视图中，幻灯片以缩略图的形式呈现，主要用于查看幻灯片整体内容以及调整幻灯片的排列方式。选择“视图”选项卡下“演示文稿视图”选项组中的“幻灯片浏览”命令，或单击状态栏中的“幻灯片浏览”按钮，即可切换到幻灯片浏览视图。

阅读视图：在阅读视图中，演示文稿的幻灯片内容以全屏的方式显示出来，如果用户设置了动画效果、画面切换效果等，在该视图方式下将全部显示出来。阅读视图适合用户自己在大窗口中观看幻灯片，可随时切换到普通视图进行编辑。选择“视图”选项卡下的“演示文稿视图”选项组中的“阅读视图”命令，即可切换到阅读视图。

备注页视图：在备注页视图中，幻灯片窗格下方有一个备注窗格，用户可以在此为幻灯片添加需要的备注内容。在普通视图下备注窗格中只能添加文本内容，而在备注页视图中，用户可在备注中插入图片。选择“视图”选项卡下“演示文稿视图”选项组中的“备注页”命令，即可打开备注页视图。

3) 管理演示文稿

(1) 新建空白演示文稿。

新建演示文稿的方法主要有以下几种。

- 启动 PowerPoint 2010 后自动创建一个名为“演示文稿 1”的空白演示文稿。
- 通过“文件”选项卡创建：选择“文件”|“新建”命令，在界面右侧选择“空白演示文稿”选项，然后单击“创建”按钮。
- 通过快速访问工具栏创建：单击快速访问工具栏中的“新建”按钮。
- 通过快捷键新建：按 Ctrl+N 快捷键。

(2) 通过模板创建演示文稿。

为提高工作效率，可根据 PowerPoint 提供的模板来新建演示文稿。方法为选择“文件”|“新建”命令，在界面右侧选择“样本模板”选项，在下方的列表框中选择某种模板，单击“创建”按钮即可直接生成特定主题内容的具有多张幻灯片的演示文稿。

(3) 保存演示文稿。

保存演示文稿的方法主要有以下几种。

- 通过“文件”选项卡保存：选择“文件”|“保存”命令。
- 通过快速访问工具栏保存：单击快速访问工具栏中的“保存”按钮。
- 通过快捷键保存：按 Ctrl+S 快捷键。

(4) 打开演示文稿。

打开演示文稿的方法主要有以下几种。

- 通过“文件”选项卡打开：选择“文件”|“打开”命令。
- 通过快速访问工具栏打开：单击快速访问工具栏中的“打开”按钮。
- 通过快捷键打开：按 Ctrl+O 快捷键。

4.1.2 幻灯片基本操作

1. 教学案例：调整“宣传手册样本”演示文稿中的幻灯片

【案例要求】

打开“宣传手册样本”演示文稿，通过选择、移动、删除幻灯片以及为幻灯片应用版式等操作，调整该演示文稿的幻灯片结构。

(1) 将该演示文稿的第 6 张幻灯片移动到第 3 张幻灯片之后。

(2) 将第 3 张幻灯片删除。

(3) 改变最后一张幻灯片的版式。

【实战步骤】

第一步：启动 PowerPoint 2010，选择“文件”|“打开”命令，打开已经创建的“宣传手册样本”演示文稿。

第二步：选择幻灯片 6，按住鼠标左键将其拖动到第 3 张幻灯片后。

第三步：选择幻灯片 3，按 Delete 键将其删除。

第四步：选择最后一张幻灯片，选择“开始”选项卡下的“幻灯片”选项组中的“版式”命令，在幻灯片版式列表中选择某种新的版式。

第五步：单击状态栏中的 “幻灯片浏览”按钮，在幻灯片浏览视图中可以看到调整结构后的演示文稿，如图 4-4 所示。

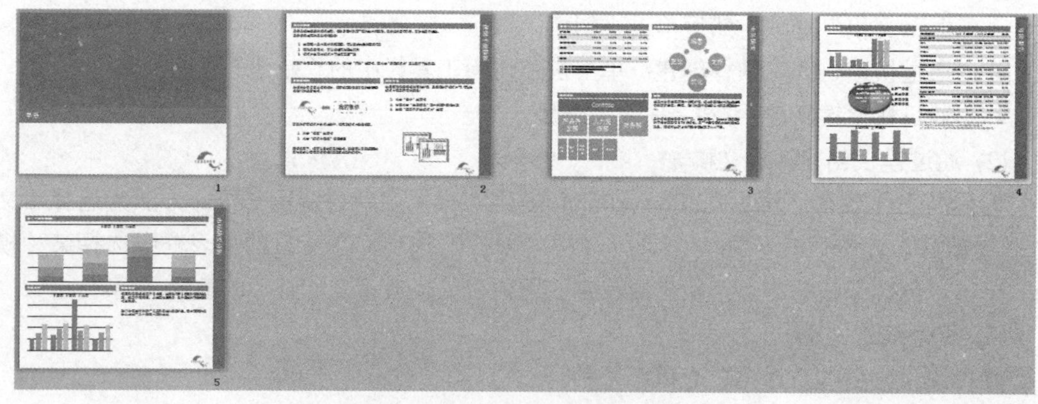

图 4-4 调整幻灯片结构的演示文稿

2. 知识点讲解

一个完整的演示文稿通常是由多张幻灯片组成的。幻灯片的基本操作主要包括添加幻灯片、设置幻灯片版式、选择幻灯片、移动和复制幻灯片以及删除幻灯片等操作。

1) 添加幻灯片

添加幻灯片的方法主要有以下 3 种。

- 通过“幻灯片”选项组插入：选择“开始”选项卡下“幻灯片”选项组中的“新建幻灯片”命令，即可插入一张新幻灯片。
- 通过右击插入：在所选幻灯片上右击，在弹出的快捷菜单中选择“新建幻灯片”命令，即可在所选幻灯片之后插入新幻灯片。
- 通过键盘插入：选择幻灯片后按 Enter 键，或者按 Ctrl+M 组合键，即可在演示文稿中快速插入新幻灯片。

2) 设置幻灯片版式

幻灯片版式是幻灯片的布局形式，是由特定的占位符组成的各种样式，在占位符中可输入文本或插入各种对象。PowerPoint 2010 极大简化了原有版本烦琐的版式，主要为用户提供了“标题和内容”“两栏内容”“比较”等 11 种版式。

创建演示文稿之后，所有新创建的幻灯片的版式都为默认的“标题幻灯片”版式。为了丰富幻灯片内容，需要设置幻灯片的版式，用户可通过选择“开始”选项卡下“幻灯片”选项组中的“版式”命令来更改幻灯片的版式，如图 4-5 所示。如果系统提供的版式无法满足用户对布局的要求，在选择现有版式以后，用户可以手动调整版式的布局，即拖动鼠标更改占位符的大小及移动占位符的位置。

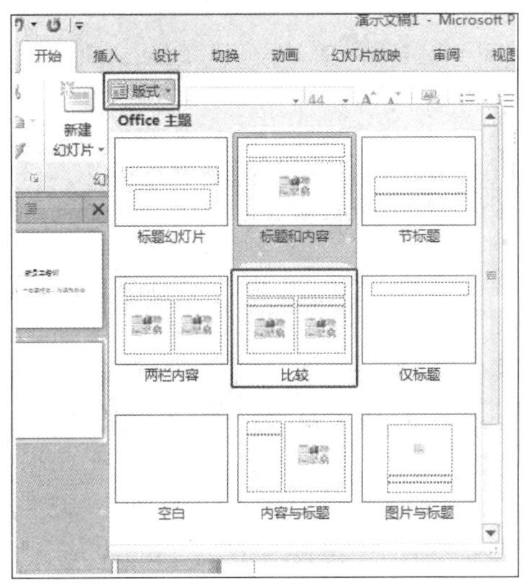

图 4-5　幻灯片版式

3) 选择幻灯片

在编辑幻灯片之前，首先要选择幻灯片。单击所要操作的幻灯片图标，则选中了该幻灯片。按住 Shift 键单击可以选择多张连续的幻灯片，按住 Ctrl 键单击可以选择多张不连续的幻灯片。

4) 复制幻灯片

用户可以通过复制幻灯片的方法，来保持新建幻灯片与已建幻灯片版式和设计风格的一致性。复制幻灯片可以使用拖动的方法，首先选中需要复制的幻灯片，按下 Ctrl 键拖动鼠标到合适的位置即可。另外，也可以选择需要复制的幻灯片，选择“复制”命令，再到需要的位置，选择“粘贴”命令即可。

5) 移动幻灯片

在幻灯片制作过程中，有时需要调整幻灯片的先后次序，这就需要将幻灯片从一个位置移动到另外一个位置。移动幻灯片可以在普通视图下或在幻灯片浏览视图下实施。移动幻灯片可以使用拖动的方法，首先选中需要移动的幻灯片，按下鼠标左键将其拖动到合适的位置即可。另外，也可以选择需要移动的幻灯片，选择“剪切”命令，再到新的位置，选择“粘贴”命令即可。

6) 删除幻灯片

在制作演示文稿的过程中，有些幻灯片因编辑错误或内容的重叠等多种原因需要删除。删除幻灯片可以通过以下几种方法来实现。

- 通过“幻灯片”选项组删除：选择需要删除的幻灯片，选择“开始”选项卡下“幻灯片”选项组中的“删除”命令即可。
- 通过右击删除：在要删除的幻灯片上右击，在弹出的快捷菜单中选择“删除幻灯片”命令即可。
- 通过键盘删除：选择需要删除的幻灯片，按 Delete 键即可。

4.1.3 巩固练习

【练习要求】

(1) 根据“PowerPoint 2010 简介”模板新建演示文稿。

(2) 将其以“样本模板”为名保存在 E 盘下。

(3) 在各种视图下查看该演示文稿。

(4) 练习幻灯片的选择、移动、删除、改变版式等操作。

4.2 幻灯片中的对象编辑

PowerPoint 2010 为内容的呈现提供了多种表现形式，例如文本、图形、图像、表格、图表、音频、视频等，所有的表现形式都称为 Power Point 的对象。通过插入不同的对象可以丰富演示文稿的内容，增加演示文稿的可视性与美观性。

4.2.1 输入与设置文本

1. 教学案例：在“春节”演示文稿中输入和编辑文本

【案例要求】

初步制作“春节”演示文稿的第一张幻灯片，输入文本内容，并进行文本格式设置，生成的幻灯片效果如图 4-6 所示。

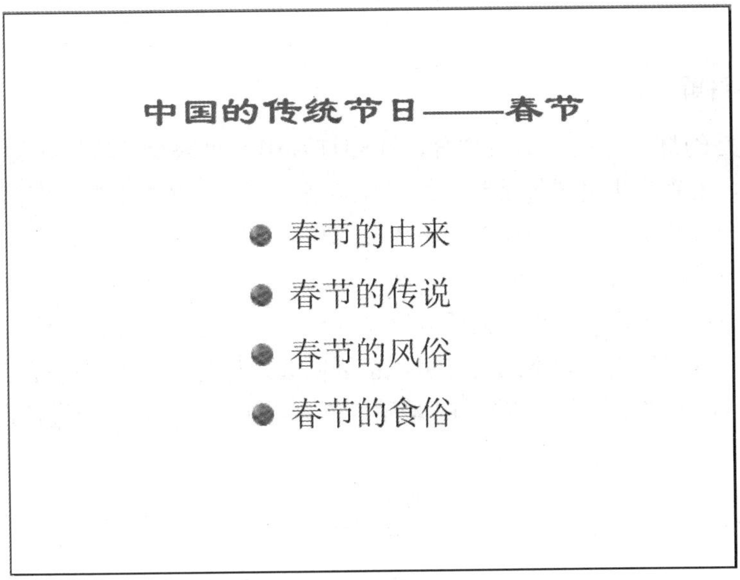

中国的传统节日——春节

- 春节的由来
- 春节的传说
- 春节的风俗
- 春节的食俗

图 4-6　输入文本和格式设置的第 1 张幻灯片

(1) 新建演示文稿，生成一张版式为“标题和内容”的幻灯片。

(2) 输入标题“中国的传统节日——春节”，设置字体为“隶书”，字形为“加粗”，字号为“40”，颜色为“红色”。

(3) 输入如图 4-6 所示内容文本，设置字体为“宋体”，字号为“32”，行距为“1.5”，并插入一种图片项目符号。

(4) 将文件保存为“春节.pptx”。

【实战步骤】

第一步：启动 PowerPoint 2010，按 Ctrl+N 快捷键，生成一张默认版式为“标题幻灯片”的幻灯片。

第二步：选择“开始”选项卡下“幻灯片”选项组中的“版式”命令，在打开的下拉列表中选择“标题和内容”版式。

第三步：单击标题占位符，输入“中国的传统节日——春节”。

第四步：选中标题文本，然后选择“开始”选项卡，在“字体”选项组中，设置字体为“隶书”，字形为“加粗”，字号为“40”，颜色为“红色”。

第五步：单击文本占位符，输入所需的四行文本内容“春节的由来”“春节的传说”“春节的风俗”“春节的食俗”。

第六步：选中内容文本，然后选择“开始”选项卡，在“字体”选项组中设置字体为“宋体”，字号为“32”；选择“开始”选项卡下“段落”选项组中的“行距”命令，设置行距为“1.5”；选择“开始”选项卡下“段落”选项组中的“项目符号”命令，选择一种图片项目符号，为所选段落添加项目符号。

第七步：单击“保存”按钮，文件名为“春节”，保存类型为“PowerPoint 演示文稿(*.pptx)”，选择保存路径。这样，就创建了一个演示文稿，在该演示文稿中保存有一张幻灯片。

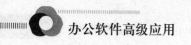

2. 知识点讲解

文本内容是幻灯片的基本组成部分，在幻灯片中不可缺少。所以在幻灯片中输入文本、编辑文本、设置文本格式等是制作幻灯片的基础。输入文本主要是在演示文稿的普通视图中进行，一般情况下单击占位符，输入文本内容即可。占位符是指带有虚线边框的区域，在占位符中用户可以输入要编辑的内容。

输入文本之后，用户可以根据需要设置文本格式。设置文本格式主要包括设置字体格式和段落格式。选择需要设置格式的文字，也可以选择包含文字的占位符或文本框，选择“开始”选项卡，在“字体”选项组和“段落”选项组中选择所需命令进行设置，如图 4-7 所示。

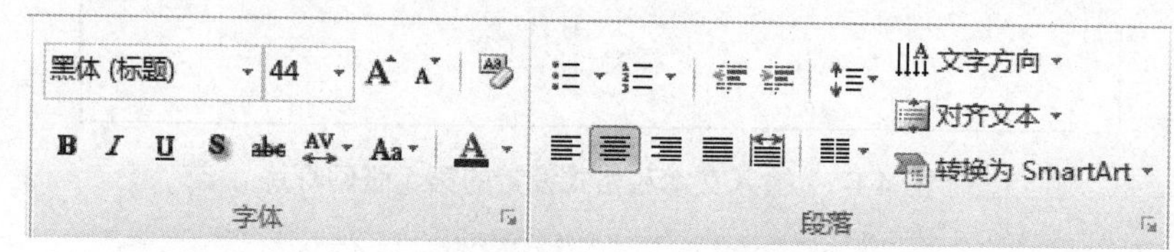

图 4-7　设置字体格式和段落格式

若“字体”选项组和“段落”选项组中的命令无法满足设置需求，则可单击对应组右下角的按钮，或在所选的文本上右击选择“字体”或“段落”命令，在打开的“字体”对话框或“段落”对话框中进行更加细致的设置。具体操作同 Word 2010，在此不再赘述。

4.2.2　插入艺术字和文本框

1. 教学案例：在“春节”演示文稿中插入艺术字和文本框

【案例要求】

打开做好的演示文稿“春节.pptx”，生成第二张幻灯片，添加艺术字“春节知多少”，插入文本框，输入所需的文本内容进行编辑，生成的幻灯片效果如图 4-8 所示。

(1) 在第一张幻灯片之后插入一张新幻灯片，设置版式为“空白”。

(2) 插入艺术字“春节知多少”，设置字体为“宋体”，字号“48”，自行设置艺术字样式。

(3) 在艺术字下面插入一个横排文本框，输入如图 4-8 所示文本内容并自行编辑。

【实战步骤】

第一步：打开只有一张幻灯片的“春节”演示文稿，选择当前幻灯片，按 Enter 键，则快速生成第二张幻灯片。单击“版式”下拉箭头，选择“空白”版式。

第二步：选择“插入”选项卡下“文本”选项组中的“艺术字”命令，打开如图 4-9 所示列表，选择一种艺术字样式。

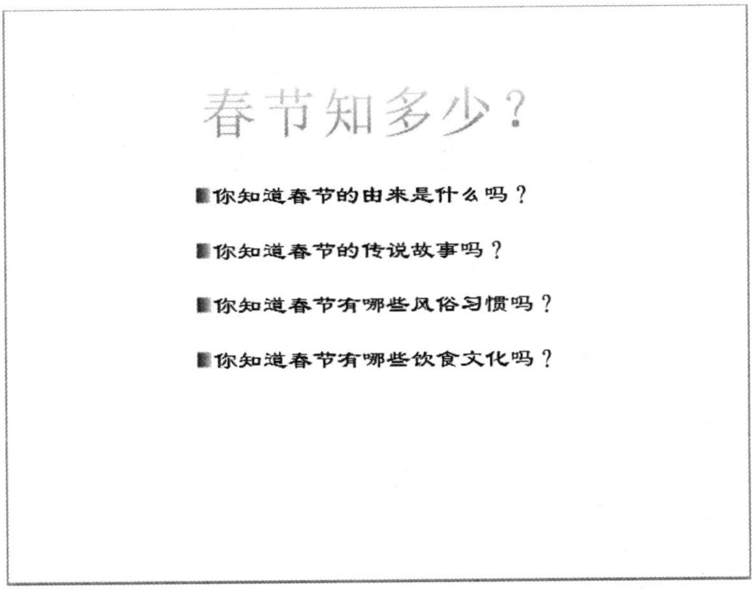

春节知多少？

■你知道春节的由来是什么吗？

■你知道春节的传说故事吗？

■你知道春节有哪些风俗习惯吗？

■你知道春节有哪些饮食文化吗？

图 4-8　插入艺术字和文本框的第 2 张幻灯片

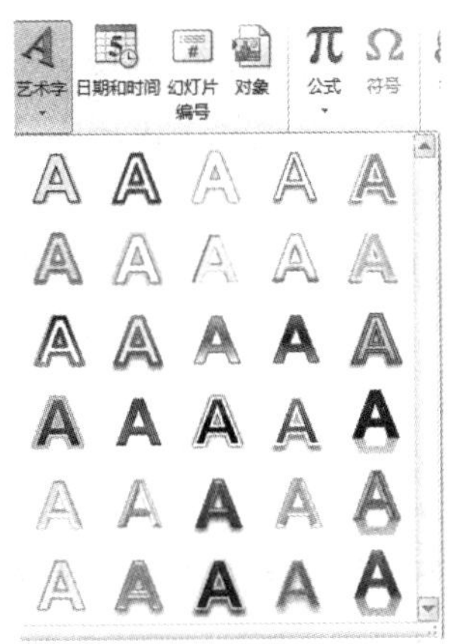

图 4-9　插入艺术字

第三步：随后在幻灯片上出现的艺术字文本框中，输入所需的文字，设置字体为“宋体”，字号“48”，如图 4-10 所示。

图 4-10　输入文字

第四步：在“格式”选项卡的“艺术字样式”选项组中，可以使用“文本填充”“文本轮廓”“文本效果”等命令对艺术字进行进一步修饰，如图 4-11 所示。

图 4-11 “艺术字样式”选项组

第五步：选择“插入”选项卡下“文本”选项组中的“文本框”|“横排文本框”命令，拖动鼠标画出一个文本框，输入所需的文本内容，设置字体、行距及项目符号。

2. 知识点讲解

1) 插入艺术字

艺术字是一种装饰性文字，可以用来增加字体的艺术性及美观性。选择“插入”选项卡下“文本”选项组中的“艺术字”命令，则可以打开艺术字样式列表，在其中选择所需的艺术字样式。在 PowerPoint 2010 中，插入艺术字后，可以通过“艺术字”选项组中的各项命令对其进行设置，具体操作方法与 Word 相同。

2) 插入文本框

文本框是 PowerPoint 2010 中经常使用的一种插入对象。选择“插入”选项卡下“文本”选项组中的“文本框”命令，可以选择插入横排或垂直的文本框。插入文本框后，可以选中文本框，使用“绘图工具-格式”选项卡下的各种命令对文本框进行设置，或者在右击打开的快捷菜单中选择“设置形状格式”命令。此外，PowerPoint 2010 中的文本框上带有绿色控点，可以将其自由旋转。

4.2.3 插入图片和形状

1. 教学案例：在“春节”演示文稿中插入图片和形状

【案例要求】

打开做好的演示文稿“春节.pptx”，在第 2 张幻灯片上添加图片，绘制图形，生成的幻灯片效果如图 4-12 所示。

(1) 在第 2 张幻灯片上插入提供的图片文件“hbk.png”。

(2) 设置图片位于文字下方。

(3) 插入“云形标注”，自行设置图形效果，并输入文字“一起来了解吧！”。

【实战步骤】

第一步：打开演示文稿“春节.pptx”，在第 2 张幻灯片中选择“插入”选项卡下“图像”选项组中的“图片”命令，打开“插入图片”对话框。选择要插入的图片，单击“插入”按钮即可，如图 4-13 所示。

第二步：插入的图片挡住了文本框内容，在图片上右击，在打开的快捷菜单中选择“置于底层”|“置于底层”命令，调整图片大小和位置，效果如图 4-14 所示。

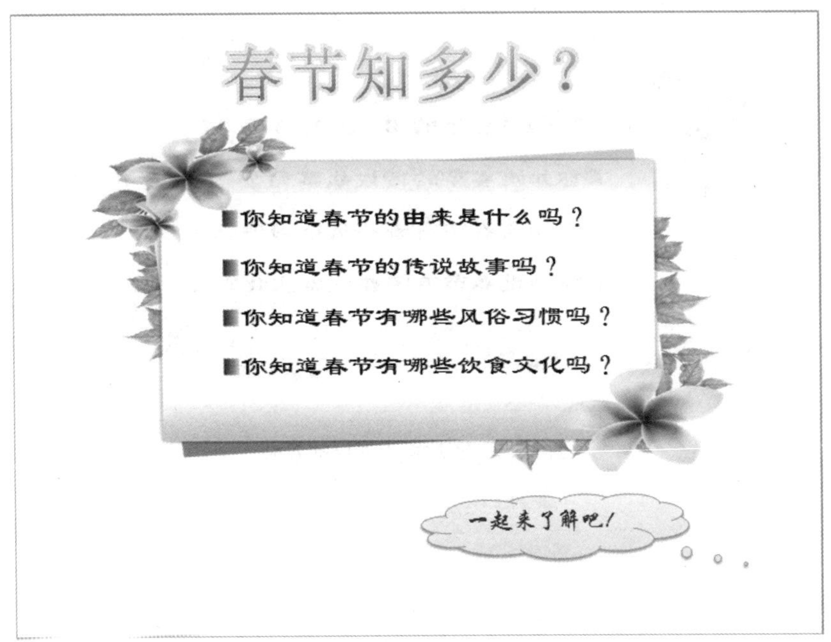

图 4-12　插入图片和形状的第 2 张幻灯片

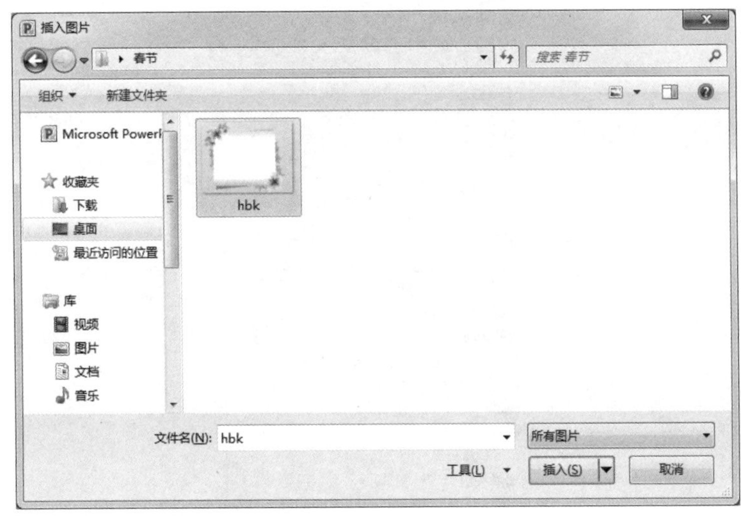

图 4-13　“插入图片”对话框

第三步：在当前幻灯片中选择“插入”选项卡下“插图”选项组中的“形状”命令，在如图 4-15 所示“形状”下拉列表的“标注”中选择“云形标注”，拖动鼠标画出一个云形标注形状。

第四步：选择“开始”选项卡，在如图 4-16 所示“绘图”选项组中，使用“形状填充”“形状轮廓”“形状效果”等命令进一步设置图形效果。

第五步：选中云形标注，右击鼠标后选择“编辑文字”命令，在云形标注内输入所需的文本内容，如图 4-17 所示。

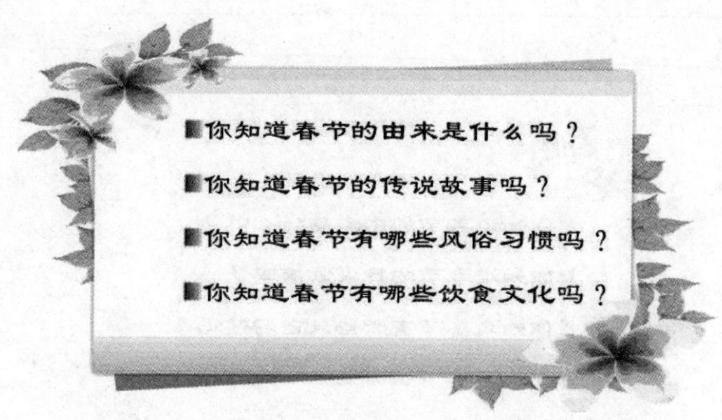

图 4-14　图片置于底层的效果

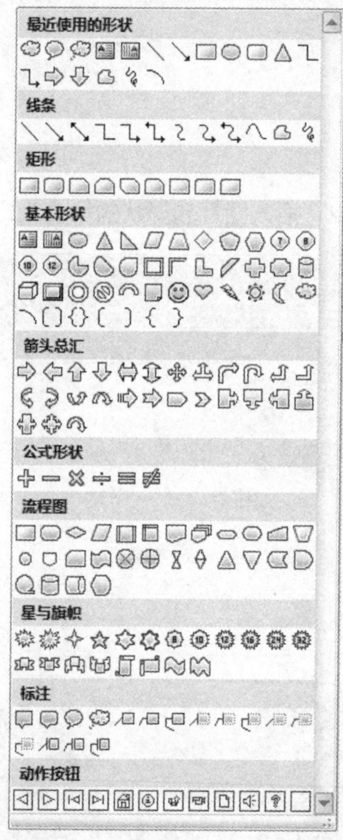

图 4-15　“形状”下拉列表

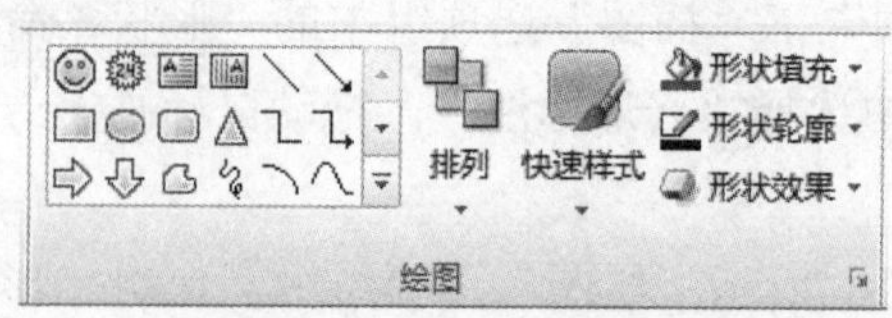

图 4-16　“绘图”选项组

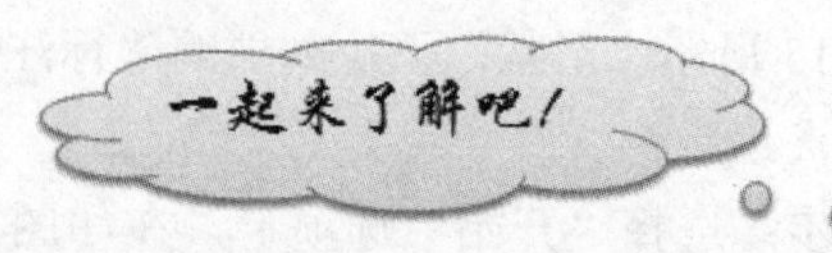

图 4-17　云形标注效果图

2. 知识点讲解

在一份演示文稿中，如果内容全部用文本表现，就会给人一种单调无味的感觉。为了让演示文稿更具吸引力，需要适当地插入图片。

1) 插入图片

在 PowerPoint 2010 中，允许在幻灯片中插入外部的图片。选择“插入”选项卡下“图像”选项组中的“图片”命令，则打开“插入图片”对话框，从中选择需要插入的图片，即可插入来自文件中的图片。图片插入到幻灯片后，可以对其进行编辑工作。如利用鼠标调整图片的大小和位置、使用“图片”工具栏进行图片设置等。具体操作方法与 Word 相同。

2) 插入剪贴画

剪贴画是 PowerPoint 自带的图片集。选择“插入”选项卡下“图像”选项组中的“剪贴画”命令，则在窗口右侧出现“剪贴画”任务窗格。单击“搜索”按钮，则出现剪贴画列表。用户选择所需剪贴画并单击右侧的下拉箭头，在打开的菜单中选择“插入”命令即可。具体操作方法与 Word 相同。

3) 插入形状

形状是 Office 软件原有的自选图形功能，提供了线条、矩形、基本形状、箭头总汇、流程图、星与旗帜、标注等图形类型。选择“插入”选项卡下“插图”选项组中的“形状”命令，在打开的列表中选择一种形状，或者在“开始”选项卡“绘图”选项组中选择一种图形，然后在幻灯片中拖动鼠标即可画出形状。

4.2.4　插入 SmartArt 图形

1. 教学案例：在“春节”演示文稿中应用 SmartArt 图形

【案例要求】

打开演示文稿“春节.pptx”，将已经生成的第 1 张幻灯片的文本内容转换为 SmartArt 图形，增强幻灯片的表现力。生成的幻灯片效果如图 4-18 所示。

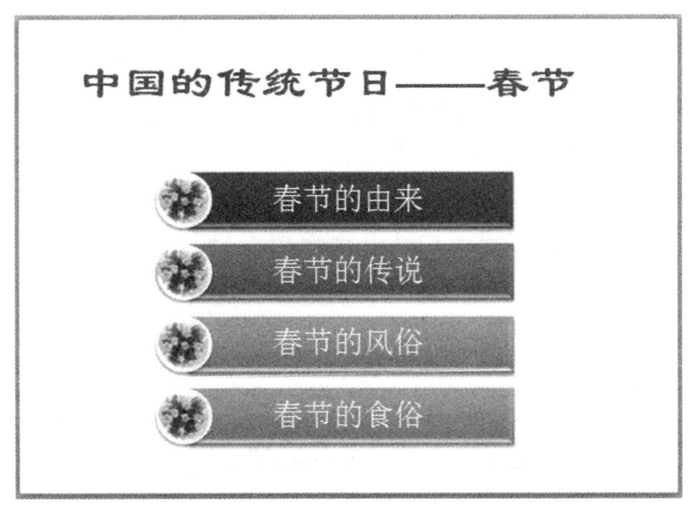

图 4-18　转换为 SmartArt 图形的第 1 张幻灯片

(1) 将第 1 张幻灯片中的 4 行文本内容转换为 SmartArt 图形，选择“垂直图片重点列表”图形样式。

(2) 设置 SmartArt 图形颜色为“彩色-强调文字颜色”，样式为“三维-优雅”。

(3) 单击生成的 SmartArt 图形前面的“添加图片”图标，选择一个图片文件插入。

【实战步骤】

第一步：选择“文件”|“打开”命令，打开“春节”演示文稿。在第 1 张幻灯片上选中要转换的文本内容。选择“开始”选项卡下“段落”选项组中的“转换为 SmartArt”命令。在打开的列表中选择“垂直图片重点列表”图形样式，如图 4-19 所示。

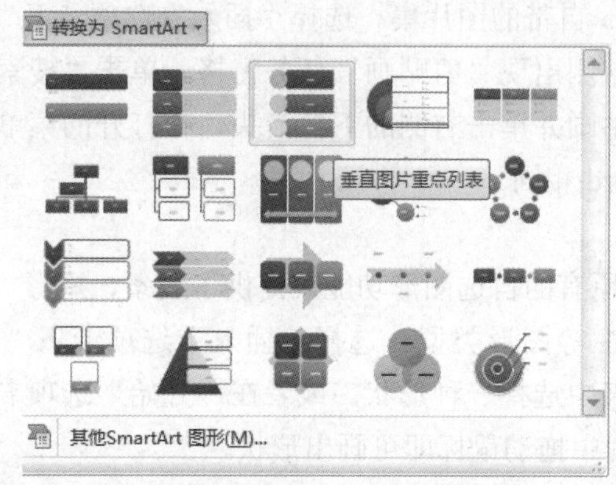

图 4-19　选择 SmartArt 图形样式

第二步：文本自动转换为所选的 SmartArt 图形样式，如图 4-20 所示。

图 4-20　初步生成的 SmartArt 图形

第三步：选择“SmartArt 工具-设计”选项卡，在如图 4-21 所示“SmartArt 样式”选项组中进一步美化 SmartArt 图形，单击“更改颜色”按钮，选择颜色为“彩色-强调文字颜色”，设置样式为“三维-优雅”。

第四步：单击生成的 SmartArt 图形前面的“添加图片”图标，在打开的“插入图片”对话框中选择一个图片文件插入即可。生成的 SmartArt 图形效果如图 4-22 所示。

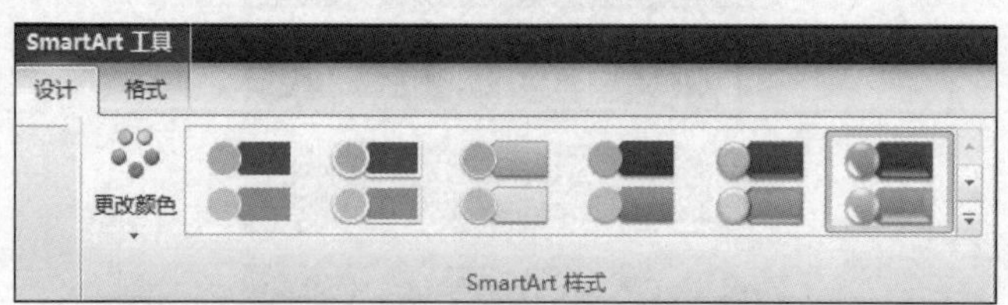

图 4-21　“SmartArt 样式”选项组

图 4-22　SmartArt 图形效果图

2. 知识点讲解

在制作演示文稿的过程中，往往需要利用流程图、层次结构及列表来显示幻灯片的内容。PowerPoint 为用户提供了列表、流程、循环等 7 类 SmartArt 图形，SmartArt 是 Office 2007 引入的一个新功能，可以轻松制作出具有设计师水准的图文，极大地简化了原来制作图文效果的烦琐工作。Office 2010 在原有 SmarArt 图形的基础上又增加了许多新模板和新类别，使 SmartArt 的功能更为强大，其具体内容如表 4-1 所示。

表 4-1　SmartArt 图形类别

图形类别	作　用
列表	包括基本列表、垂直框列表等图形
流程	包括基本流程、连续箭头流程、流程箭头等图形
循环	包括基本循环、文本循环、多项循环、齿轮等图形
层次结构	包括组织结构图、层次结构、标注的层次结构等图形
关系	包括平衡、漏斗、平衡箭头、公式等图形
矩阵	包括基本矩阵、带标题的矩阵、网络矩阵、循环矩阵 4 种图形
棱锥图	包括基本棱锥图 、I 倒棱锥图、棱锥型列表与分段棱锥图 4 种图形
图片	包括重音图片、图片题注列表、射线图片列表、图片重点流程等图形

在幻灯片中选择“插入”选项卡下“插图”选项组中的 SmartArt 命令，打开如图 4-23 所示“选择 SmartArt 图形”对话框，选择需要插入的 SmartArt 图形即可。

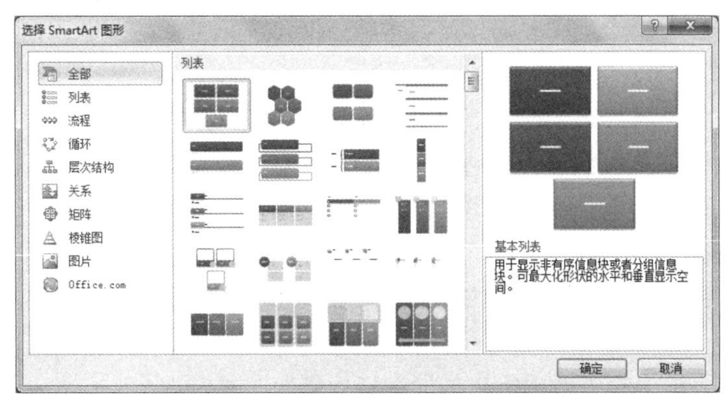

图 4-23　“选择 SmartArt 图形”对话框

4.2.5 添加表格和图表

1. 教学案例：生成表格和图表幻灯片

【案例要求】

在演示文稿中生成“销售统计表和统计图”幻灯片，效果如图 4-24 所示。

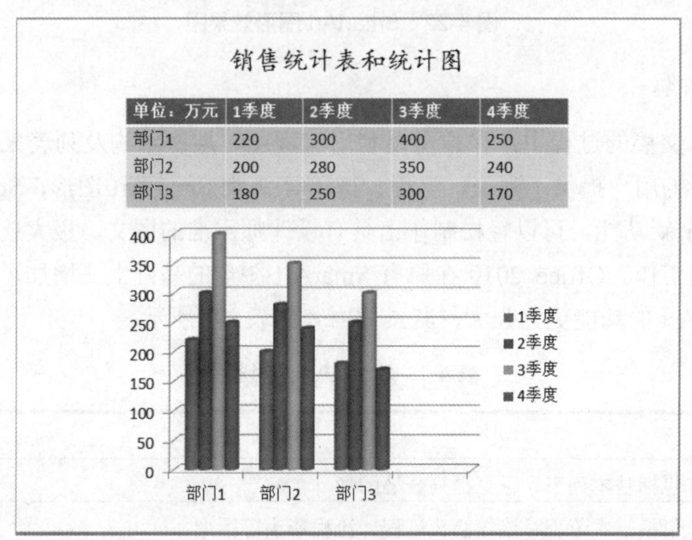

图 4-24 “销售统计表和统计图”幻灯片

(1) 新建“标题和内容”幻灯片，输入标题“销售统计表和统计图”。

(2) 插入一个 4 行 5 列的表格，输入如图所示表格内容，设置表格样式为“中度样式 2-强调 4”。

(3) 插入“簇状圆柱图”，将 Excel 工作表中的原始数据改为销售表中的数据。

【实战步骤】

第一步：新建 PowerPoint 2010 演示文稿，新建幻灯片，选择“标题和内容”版式。在标题占位符中输入文本“销售统计表和统计图”。

第二步：选择“插入”选项卡下“表格”选项组中的“表格”命令，在表格下拉列表中，拖动选择列数和行数，在幻灯片中插入一个 5 列 4 行的表格，如图 4-25 所示。

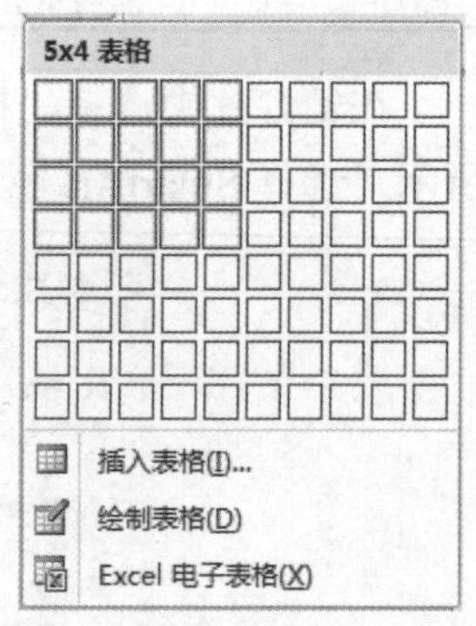

图 4-25 插入 5×4 表格

第三步：选择表格，在“表格工具-设计”选项卡的“表格样式”选项组中，选择“中度样式 2-强调 4”样式，如图 4-26 所示。

第四步：在表格中输入数据，生成的表格效果如图 4-27 所示。

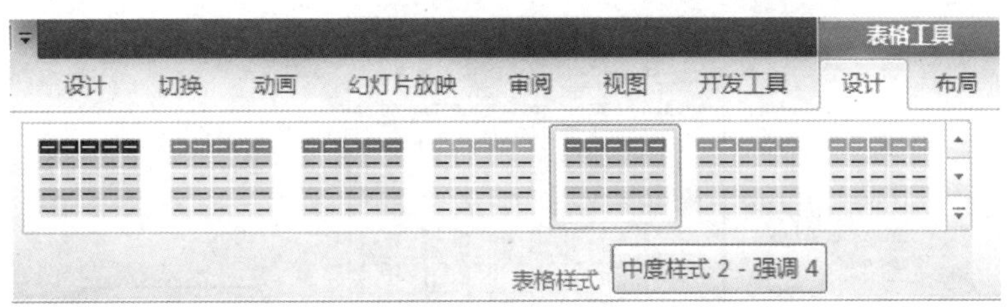

图 4-26　设置表格样式

单位：万元	1季度	2季度	3季度	4季度
部门1	220	300	400	250
部门2	200	280	350	240
部门3	180	250	300	170

图 4-27　输入表格数据

第五步：选择“插入”选项卡下的“插图”选项组中的“图表”命令，打开 “插入图表”对话框，在其中选择“柱形图”|“簇状圆柱图”。单击“确定”按钮后，在打开的 Excel 工作表中，将已生成的表格数据复制粘贴，覆盖掉系统默认提供的原始数据，则默认图表内容随之改变，如图 4-28 所示。

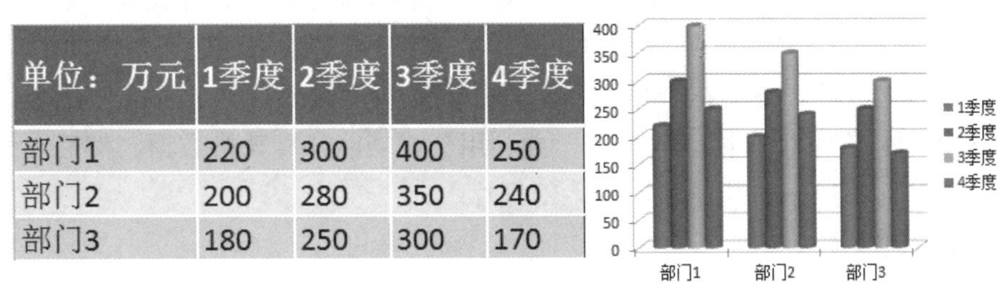

单位：万元	1季度	2季度	3季度	4季度
部门1	220	300	400	250
部门2	200	280	350	240
部门3	180	250	300	170

图 4-28　编辑工作表数据

第六步：关闭打开的 Excel 工作表，在幻灯片中调节表格和图表的位置，则生成如图 4-28 右所示效果。

2. 知识点讲解

1) 添加表格

用户在使用 PowerPoint 2010 制作演示文稿时，往往需要运用一些数据，来增加演示文稿的说服力。此时，用户可以运用 PowerPoint 2010 中的表格功能，来组织并显示幻灯片中的数据，从而使杂乱无章、单调乏味的数据更易于理解。

(1) 插入表格。

在幻灯片中插入表格时，选择“插入”选项卡下“表格”选项组中的“表格”命令，则打开表格下拉列表，如图 4-29 所示，可以有多种方法插入表格。

直接插入：在表格下拉列表中，直接选择行数和列数，即可在幻灯片中插入相应的表格。

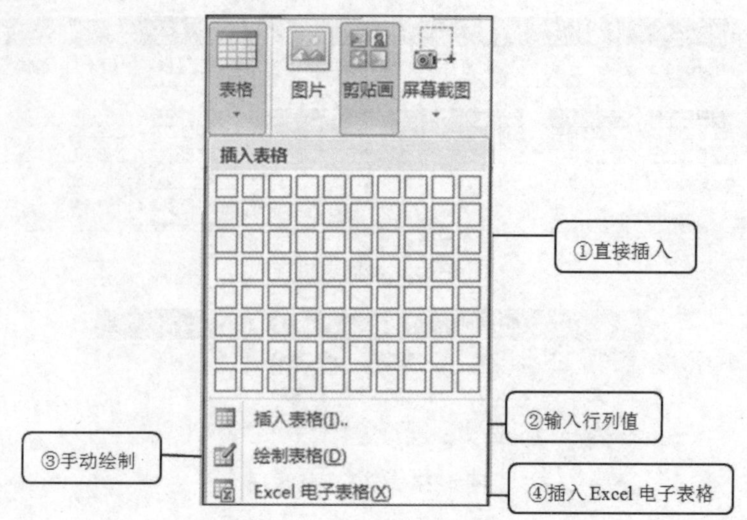

图 4-29 表格下拉列表

输入行列值：在表格下拉列表中，选择“插入表格”命令，打开“插入表格”对话框，在其中输入列数与行数后单击“确定”按钮即可。

绘制表格：在表格下拉列表中，选择“绘制表格”命令，当光标变为“笔”形状时，拖动鼠标就可以在幻灯片中根据数据的具体要求，手动绘制表格的边框与内线了。

插入 Excel 电子表格：在表格下拉列表中，选择“Excel 电子表格”命令，则出现 Excel 编辑窗口，在其中可以输入数据，并利用公式功能计算表格数据，然后在幻灯片中单击鼠标，就可以将 Excel 电子表格插入幻灯片中。

(2) 编辑表格。

在幻灯片中插入表格以后系统自动生成“表格工具”上下文菜单，包含“设计”和“布局”两个选项卡，通过“设计”选项卡可以快速为表格套用样式，设置表格底纹、边框、效果等。“布局”选项卡主要的表格编辑功能有：选择表格、删除表格、行或列、插入行或列、合并单元格、拆分单元格、设置表格大小、设置单元格大小、设置单元格文本对齐方式等。PowerPoint 2010 表格的具体操作与 Word 2010 表格操作相似，这里不再赘述。

2) 添加图表

所谓图表，是指根据表格数据绘制的图形。图表具有较好的视觉效果，可方便用户查看数据的差异和走向。演示文稿常常会用到图表，以更直观地表达信息。PowerPoint 2010 为用户提供了种类繁多的图表类型，用户可以根据需要选择相应的图表类型。

(1) 创建图表。

选项组创建：选择“插入”选项卡下“插图”选项组中的“图表”命令，打开如图 4-30 所示“插入图表”对话框，选择需要的图表类型，并在打开的 Excel 工作表中修改图表数据即可生成所需的图表。

占位符创建：在幻灯片中，单击占位符中的“插入图表”按钮，在打开的“插入图

表”对话框中选择相应的图表类型，并在打开的 Excel 工作表中输入图表数据即可。例如选择“柱形图”|“簇状柱形图”，在打开的 Excel 工作表中不做任何修改，则生成系统默认数据的图表，如图 4-31 所示。

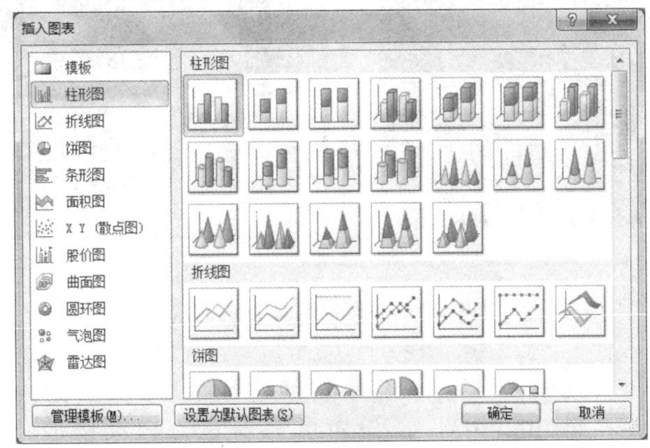

图 4-30　插入图表

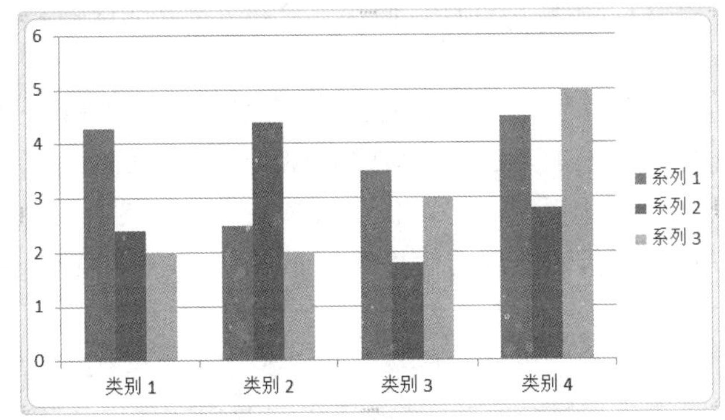

图 4-31　系统默认簇状柱形图

(2) 编辑图表。

在幻灯片中创建图表之后，需要进一步编辑图表。选中所创建的图表，则自动出现“图表工具”上下文菜单，包含“设计”“布局”和“格式”3 个选项卡，对图表的所有操作命令都在这些选项卡中。也可以在图表上右击，在弹出的快捷菜单中选择相应的图表操作命令。具体操作按 Excel 操作方式，这里不再赘述。

4.2.6　插入音频和视频

1. 教学案例：在“春节”演示文稿中插入音频和视频

【案例要求】

为“春节”演示文稿再添加两张幻灯片，一张为春节贺卡音乐幻灯片，在其中插入一个音频文件；另一张为视频幻灯片，在其中插入一个关于春节的视频文件，幻灯片效果如图 4-32 所示。

图 4-32　春节贺卡音频幻灯片和春节视频幻灯片

(1) 新建一张“空白”版式幻灯片，在其中插入“贺卡.jpg”图片。

(2) 插入音频文件“spring.mp3”，设置为高音量，自动播放，在放映时隐藏声音图标。

(3) 再新建一张“空白”版式幻灯片，插入一个春节主题的视频文件(可自行下载)。

【实战步骤】

第一步：打开“春节”演示文稿，选择最后一张幻灯片，按 Enter 键，快速生成一张新幻灯片。接着为其选择“空白”版式。则在当前演示文稿最后插入了一张新幻灯片。

第二步：选择“插入”选项卡下“图像”选项组中的“图片”命令，打开“插入图片”对话框，在其中选择提供的图片文件“贺卡.jpg”，单击“插入”按钮，则插入了一张贺卡图片。

第三步：选择“插入”选项卡下“媒体”选项组中的“音频”|“文件中的音频”命令，在打开的“插入音频”对话框中，选择提供的音频文件“spring.mp3”，单击“插入”按钮，将插入幻灯片中的音频图标拖曳到幻灯片中的合适位置，如图 4-33 所示。

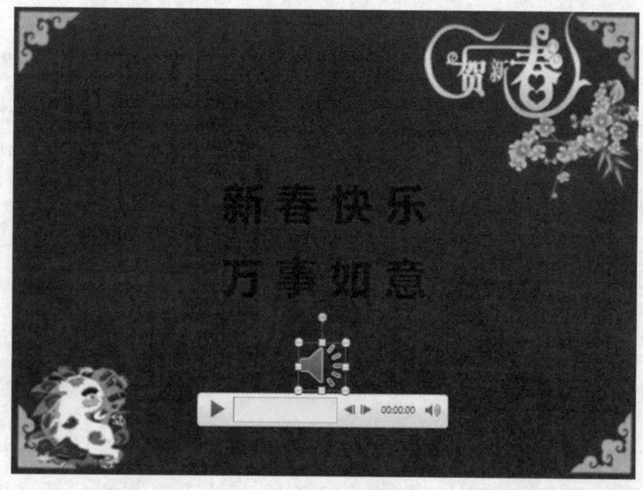

图 4-33　在“春节贺卡”幻灯片中插入音频

第四步：选择“音频工具-播放”选项卡，在“音频选项”选项组中单击设置“音量”为“高”选项，“开始”为“自动”选项，勾选“放映时隐藏”复选框，如图 4-34 所示。

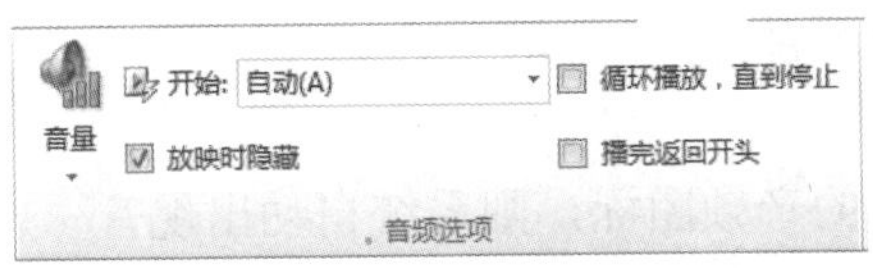

图 4-34　设置播放参数

第五步：新建“空白版式”幻灯片，选择“插入”选项卡下“媒体”选项组中的“视频”|“文件中的视频”命令，在打开的“插入视频文件”对话框中，插入一个春节主题的视频文件。调节影片的大小使其占满整个幻灯片。

2. 知识点讲解

1) 插入音频

在 PowerPoint 2010 中，用户还可以通过为幻灯片添加音频文件的方法，来增加幻灯片生动活泼的效果。选择“插入”选项卡下“媒体”选项组中的“音频”命令，打开如图 4-35 所示“音频”下拉列表，添加音频有插入“文件中的音频”“剪贴画音频”和“录制音频”3 种方法。

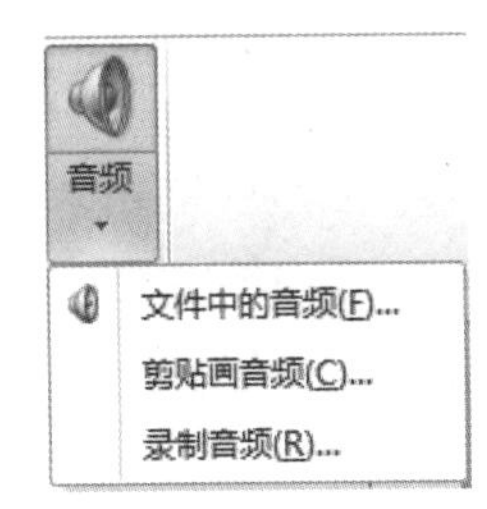

图 4-35　“音频”下拉列表

(1) 插入文件中的音频。

选择幻灯片，选择“插入”选项卡下的“媒体”选项组中的“音频”|“文件中的音频”命令，在打开的“插入音频”对话框中，选择相应的声音文件并单击“插入”按钮，如图 4-36 所示。

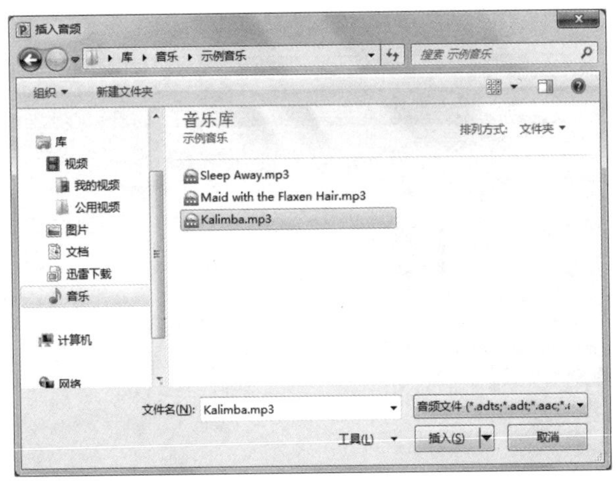

图 4-36　“插入音频”对话框

(2) 插入剪贴画音频。

选择“插入”选项卡下的“媒体”选项组中的“音频”|“剪贴画音频”命令，则在窗

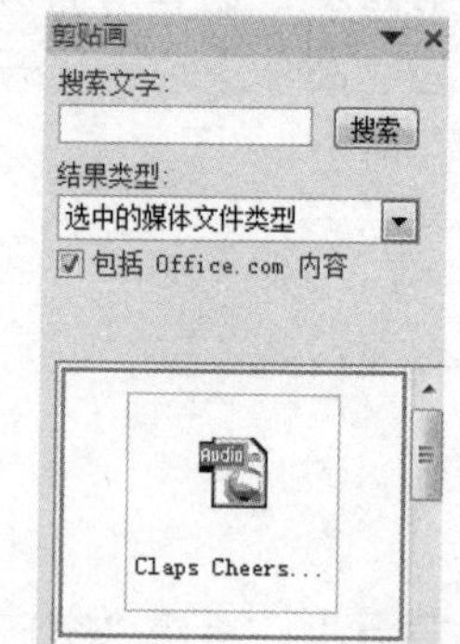

图 4-37　插入剪贴画音频

口右侧打开的“剪贴画”任务窗格中显示出剪辑库里的声音文件，如图 4-37 所示。单击选择某个声音文件插入，此时，在当前幻灯片中出现一个声音图标，用户只需单击“播放”按钮，即可播放插入的声音。

(3) 音频属性设置。

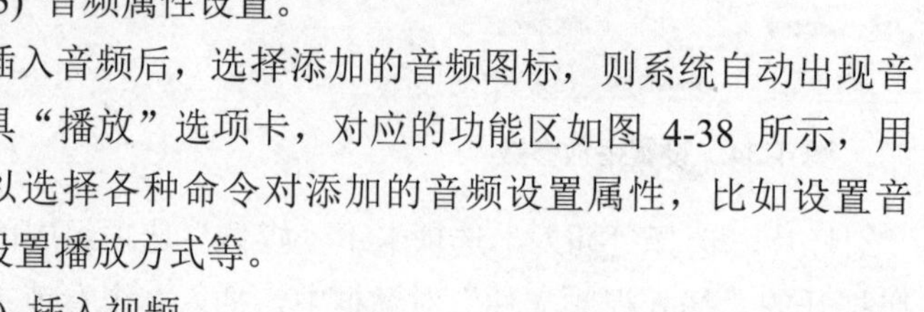

插入音频后，选择添加的音频图标，则系统自动出现音频工具“播放”选项卡，对应的功能区如图 4-38 所示，用户可以选择各种命令对添加的音频设置属性，比如设置音量、设置播放方式等。

2) 插入视频

在幻灯片中，用户可以像插入音频那样，在幻灯片上插入剪贴画视频或本地文件中的影片，用来增强幻灯片的表现力。PowerPoint 2010 支持插入的视频文件类型有很多，主要包括 avi、asf、mpeg、mov、mp4、wmv、swf 等格式的文件。插入的影片文件可以像图片一样随意调整其大小和位置。

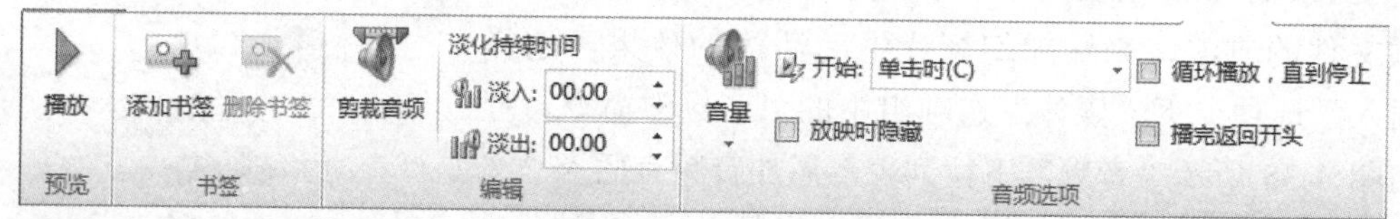

图 4-38　“播放”选项卡

(1) 插入文件中的视频。

选择幻灯片，选择“插入”选项卡下“媒体”选项组中的“视频”|“文件中的视频”命令，在打开的“插入视频文件”对话框中，选择相应的视频文件并单击“插入”按钮，如图 4-39 所示。

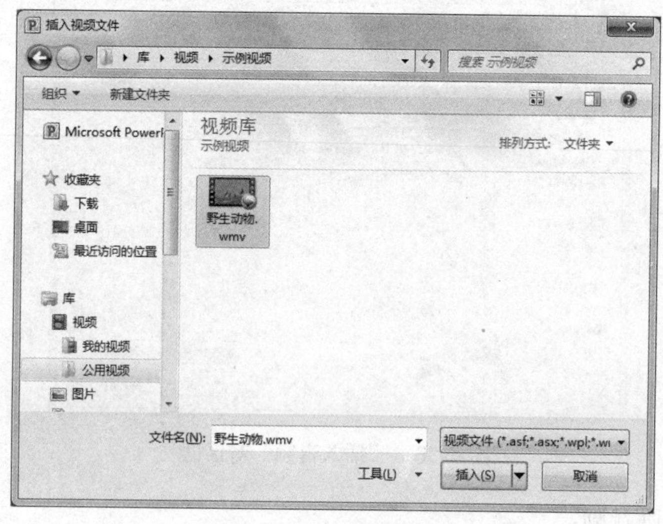

图 4-39　“插入视频文件”对话框

(2) 插入剪贴画视频。

选择“插入”选项卡下“媒体”选项组中的“视频”|“剪贴画视频”命令，窗口右侧打开的“剪贴画”任务窗格中显示出可用的视频文件，单击选择其中一种视频文件，如图 4-40 所示，则在当前幻灯片中插入了该视频文件，幻灯片放映时，即可观看到视频效果。

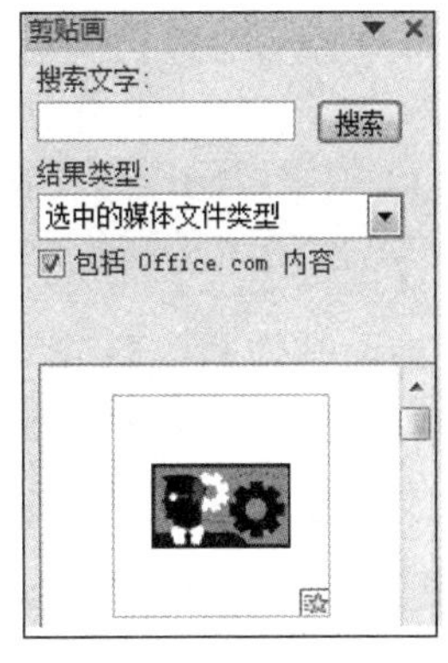

图 4-40　插入剪贴画视频

(3) 视频属性设置。

插入视频后，选择插入的影片，则系统自动出现视频工具“播放”选项卡，功能区如图 4-41 所示，用户可以选择各种命令对添加的影片文件设置属性，比如设置音量、设置放映方式等。

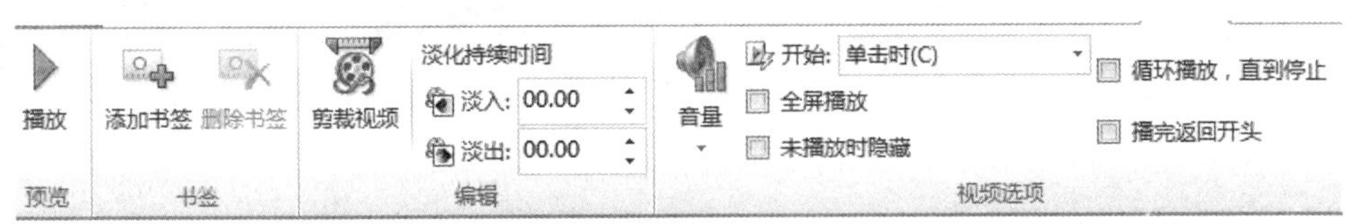

图 4-41　视频播放功能区

4.2.7　巩固练习

【练习要求】

文慧是新东方学校的人力资源培训讲师，负责对新入职的教师进行入职培训，其 PowerPoint 演示文稿的制作水平广受好评。最近，她应北京节水展馆的邀请，为展馆制作一份宣传水知识及节水工作重要性的演示文稿。

节水展馆提供的文字素材参见“水资源利用与节水(素材).docx”，所需的其他图片、音频文件等素材自己准备。制作要求如下：

(1) 标题页包含演示主题、制作单位(北京节水展馆)和日期(××××年×月×日)

(2) 演示文稿幻灯片不少于 5 页，且版式不少于 3 种。

(3) 演示文稿中除文字外要有 3 张以上的图片。

(4) 演示文稿中要制作一张目录幻灯片，目录项呈现要使用 SmartArt 图形。

(5) 将制作完成的演示文稿以“水资源利用与节水.pptx”为文件名进行保存。

4.3　演示文稿外观设计

为了使用户的演示文稿产生引人注目并且赏心悦目的视觉效果，除了要有丰富的媒体对象外，还要具有精美的外观设计。PowerPoint 2010 的外观设计主要通过主题、背景和母版的设置来实现。

4.3.1 设置幻灯片主题

1. 教学案例：为“春节”演示文稿应用主题

【案例要求】

前面制作的“春节”演示文稿没有设置外观，下面对演示文稿应用主题，起到美化的作用，其中第一张幻灯片应用一种主题，其他各张幻灯片应用另外一种主题。设置完成的演示文稿整体效果如图 4-42 所示。

图 4-42 应用主题的“春节”演示文稿

【实战步骤】

第一步：单击“设计”选项卡下“主题”选项组“其他”右侧的下拉按钮，打开“所有主题”列表，从中选择一种主题，如来自“office.com”的名为“春季”的主题，如图 4-43 所示。在选定主题上直接单击或在右击弹出的快捷菜单中选择“应用于所有幻灯片”命令，可以看到当前演示文稿全部幻灯片都应用了所选主题。

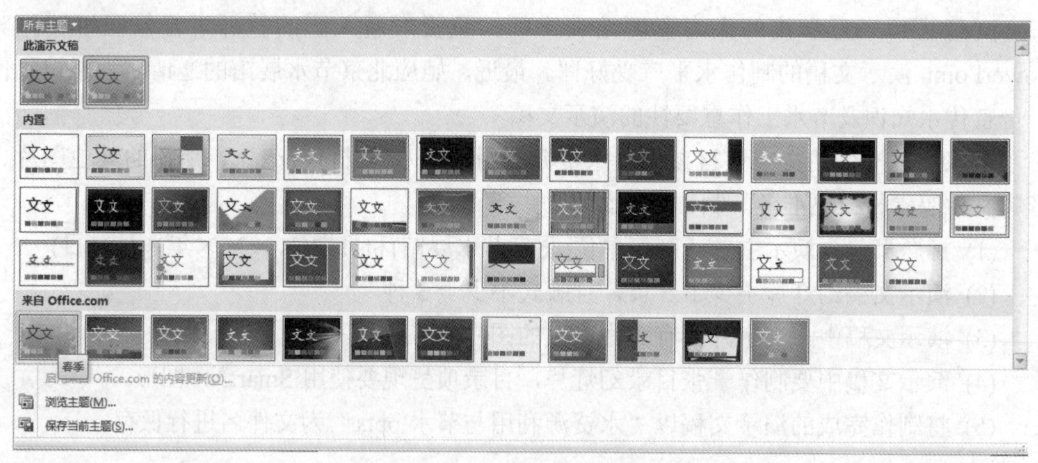

图 4-43 为选定幻灯片设置主题

第二步：选择第一张幻灯片，在“所有主题”列表中选择另外一种主题，如名为“流畅”的主题，在选定主题上右击，选择“应用于选定幻灯片”，可以看到第一张幻灯片应用了不同的主题。

2. 知识点讲解

PowerPoint 2010 为用户提供了多种主题。主题包含预定义的背景、格式和配色方案等。在 PowerPoint 2010 中，用户可以将系统提供的主题应用于所有幻灯片，使演示文稿具有统一的外观，也可以应用于所选幻灯片，使演示文稿具有不同的显示风格。用户还可以根据需要自定义主题。

1) 应用主题

要将主题应用到演示文稿中，切换到“设计”选项卡下的“主题”选项组，在“主题”选项组中选择一种主题，默认情况下会将所选主题应用到所有幻灯片。右击则弹出菜单选项，如图 4-44 所示，有“应用于所有幻灯片”“应用于选定幻灯片”“设置为默认主题”“添加到快速访问工具栏”4 种应用类型，用户可以根据需要选择相应命令。

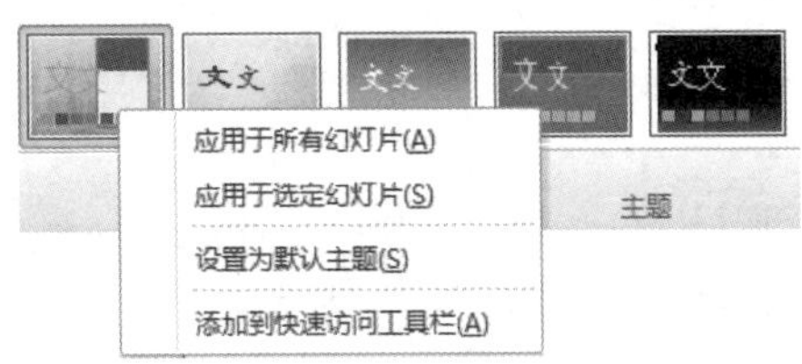

图 4-44　“应用主题”选项组

2) 自定义主题

如果系统提供的主题不能满足用户需求，用户可以自定义主题。简单的自定义主题，其实就是在“设计”选项卡的“主题”选项组中自定义主题中的颜色、字体与效果。

(1) 自定义主题颜色。

针对同一种主题，PowerPoint 2010 为用户准备了波形、沉稳、穿越、都市等 25 种主题颜色，用户可以根据幻灯片内容在“颜色”下拉列表中选择主题颜色。除了上述主题颜色外，用户还可以创建新的主题颜色。在“设计”选项卡的“主题”选项组中，选择“颜色”|“新建主题颜色”命令，打开如图 4-45 所示“新建主题颜色”对话框，在对话框中，用户可以设置 12 类主题颜色，新建主题颜色之后，在“名称”文本框中输入新建主题颜色的名称，单击“保存”按钮，保存新创建的主题颜色。

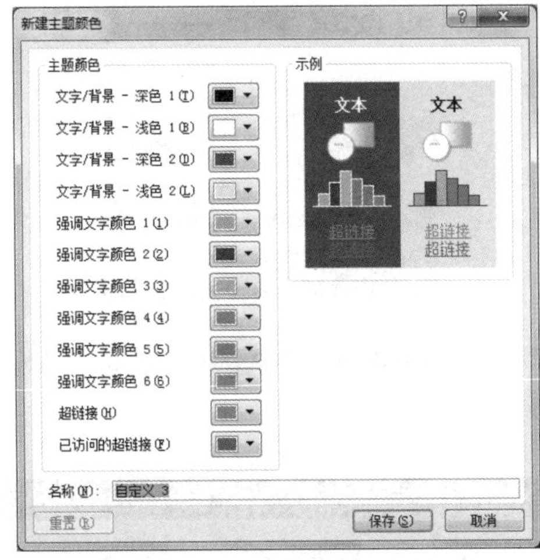

图 4-45　“新建主题颜色”对话框

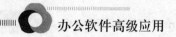

(2) 自定义主题字体。

PowerPoint 2010 为用户提供了多种主题字体，用户可以在“字体”下拉列表中选择字体样式，除此之外，用户还可以创建自定义主题字体，在“设计”选项卡的“主题”选项组中，选择“字体”|“新建主题字体”命令，打开如图 4-46 所示“新建主题字体”对话框，在对话框中，用户可以设置所需的西文和中文字体，设置完字体之后，在“名称”文本框中输入自定义主题字体的名称，并单击“保存”按钮保存自定义主题字体。

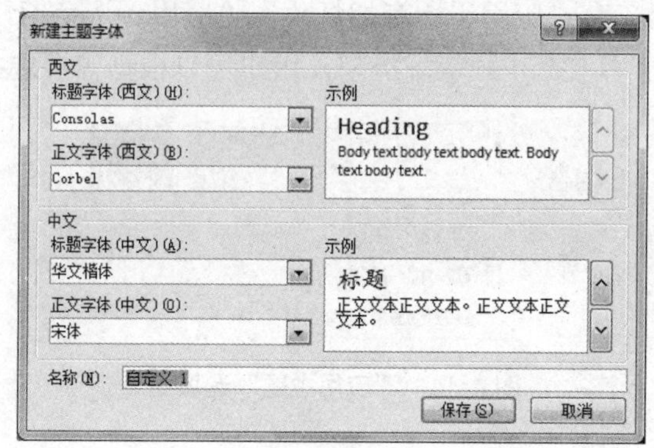

图 4-46 “新建主题字体”对话框

4.3.2 设置幻灯片背景

1. 教学案例：为“春节”演示文稿首张幻灯添加背景

【案例要求】

对“春节”演示文稿的首张幻灯片添加名为“背景.jpg”的背景图片，并去掉已设主题的影响。制作效果如图 4-47 所示。

图 4-47 设置背景的首张幻灯片

【实战步骤】

第一步：打开已应用主题的“春节”演示文稿，选择首张幻灯片，选择“设计”选项卡下的“背景”选项组中的“背景样式”|“设置背景格式”命令。

第二步：在打开的如图 4-48 所示“设置背景格式”对话框中，选中“图片或纹理填充”单选按钮，在“插入自”选项组中单击“文件”按钮，在打开的“插入文件”对话框中选择提供的图片文件“背景.jpg”插入，之后单击“关闭”按钮(注意不要选择 “全部应用”按钮)，则为当前幻灯片设置了图片背景。

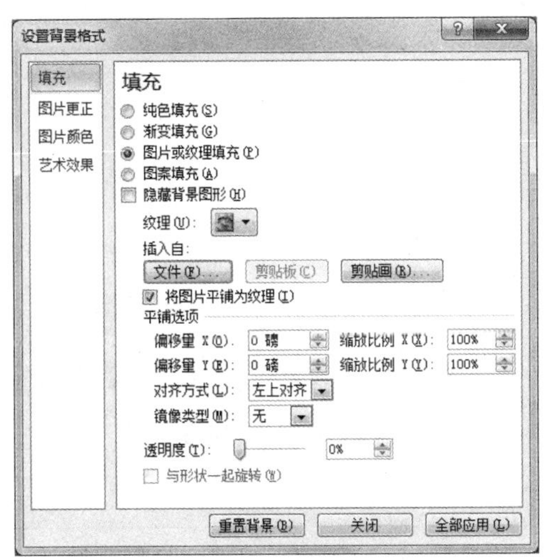

图 4-48　“设置背景格式”对话框

第三步：我们发现在首张幻灯片上添加背景后，原有主题的图形仍在，可在“背景”选项组中，选中“隐藏背景图形”，如图 4-49 所示，则去掉了原有主题的影响。

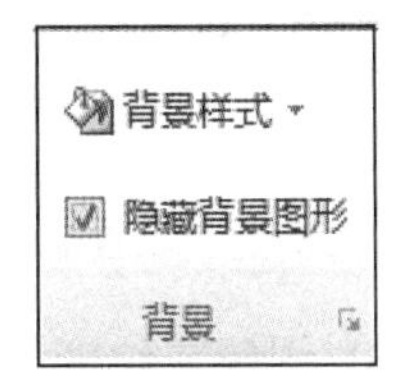

图 4-49　隐藏背景图形

2. 知识点讲解

除了应用主题外，用户还可以为幻灯片设置背景格式，主要设置背景的填充与图片效果。选择“设计”选项卡下的“背景”选项组中的“背景样式”|“设置背景样式”命令，打开如图 4-50 所示“设置背景格式”对话框，其中“填充”界面包含纯色填充、渐变填充、图片或纹理填充、图案填充等选项。设置完成后单击“关闭”按钮，则背景应用于当前幻灯片，单击“全部应用”按钮，则背景应用于所有幻灯片。填充具体内容如下所述。

1) 纯色填充

纯色填充即是幻灯片的背景以单色进行显示。在“设置背景格式”对话框中选中“纯色填充”单选按钮，并在“颜色”下拉列表中选择背景颜色，在“透明度”微调框中设置透明度值。

2) 渐变填充

渐变填充即是幻灯片的背景以多种颜色进行显示。在“设置背景格式”对话框中选中

“渐变填充”单选按钮，则可以在打开的列表中设置渐变填充的各项参数，参数的意义及作用如表 4-2 所示。

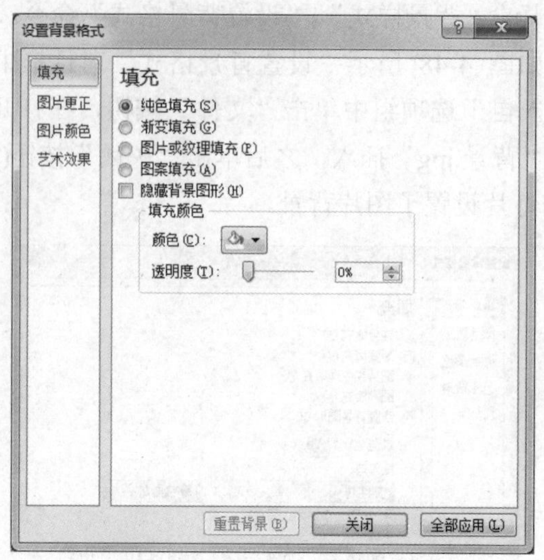

图 4-50 “设置背景格式”对话框

表 4-2 渐变填充设置参数

参数类别	作 用	说 明
预设颜色	设置系统提供的渐变颜色	包含红日西斜、碧海蓝天、漫漫黄沙、麦浪滚滚、金色年华等 24 种预设颜色
类型	设置渐变填充的类型	包含线性、射线、矩形、路径、标题的阴影 5 种类型
方向	设置渐变填充的渐变过程	不同渐变类型的渐变方向选项不同
角度	设置渐变填充的旋转角度	可以在 0°～350° 之间进行设置
渐变光圈	设置渐变颜色的光圈	可以设置渐变光圈的颜色、位置、亮度及透明度

3) 图片或纹理填充

图片或纹理填充即是将幻灯片的背景设置为图片或纹理。在“设置背景格式”对话框中选中“图片或纹理填充”单选按钮，则可以在打开的列表中设置图片或纹理填充的各项参数，参数的意义及作用如表 4-3 所示。

表 4-3 图片或纹理填充设置参数

参数类别	作 用	说 明
纹理	以系统提供的纹理填充幻灯片背景	包括画布、编织物、水滴、花岗岩等 24 种类型
插入自	以图片填充幻灯片背景	包括文件、剪贴板与剪贴画中的图片
平铺选项	主要调整背景图片的平铺情况	包括偏移量、缩放比例、对齐方式、镜像类型选项
透明度	设置背景图片或纹理的透明度	可以在 0～100 进行设置

4.3.3　幻灯片母版制作

1. 教学案例：为“春节”演示文稿制作幻灯片母版

【案例要求】

打开未设置主题和背景的“春节演示文稿”，为“春节”演示文稿制作幻灯片母版，应用该母版的演示文稿整体效果如图 4-51 所示。

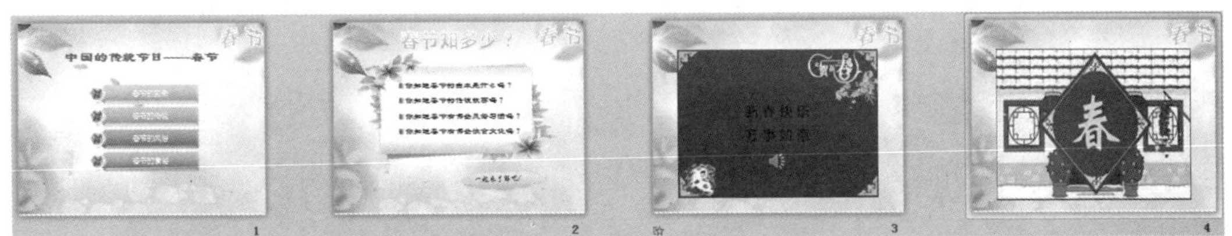

图 4-51　应用母版的“春节”演示文稿整体效果

(1) 进入“幻灯片母版视图”，在左侧幻灯片窗格中选择“空白版式”幻灯片。

(2) 为当前选定版式的幻灯片设置背景，背景图片为“bj.png”。

(3) 插入艺术字“春节”，选择一种自己喜欢的艺术字样式，艺术字效果为“倒 V 形”，将其移动到幻灯片右上角。

(4) 回到普通视图中，为所有幻灯片应用设置好的母版。

【实战步骤】

第一步：选择“视图”选项卡下“母版视图”选项组中的“幻灯片母版”命令，即可进入幻灯片母版视图，在左侧的“幻灯片”窗格中将显示当前演示文稿中包含的各种版式幻灯片，从中选择第一张“空白版式”幻灯片。

第二步：在“背景”选项组中，选择“背景样式”|“设置背景格式”命令，打开“设置背景格式”对话框，选中“图片或纹理填充”单选按钮，在“插入自”选项中单击“文件”按钮，在打开的“插入文件”对话框中选择提供的图片文件“bj.png”插入，之后单击“关闭”按钮，则为当前幻灯片设置了图片背景。

第三步：选择“插入”选项卡下“文本”选项组中的“艺术字”命令，在艺术字样式列表中选择一种自己喜欢的艺术字样式，输入艺术字“春节”，在“艺术字样式”选项组中，选择“文字效果”|“转换”|“倒 V 形”命令，将生成的艺术字移动到幻灯片右上角。制作完成的“空白版式”幻灯片母版如图 4-52 所示。

第四步：选择“幻灯片母版”选项卡中的“关闭母版视图”命令，则退出母版视图的编辑，回到普通视图。

第五步：选择“开始”选项卡下“幻灯片”选项组中的“版式”命令，可以看到空白版式为刚才设置好的母版版式，如图 4-53 所示。

第六步：在幻灯片窗格中按 Ctrl+A 组合键选择所有幻灯片，将其版式设为如图 4-53 所示制作好的母版“空白”版式。

图 4-52　幻灯片母版制作效果

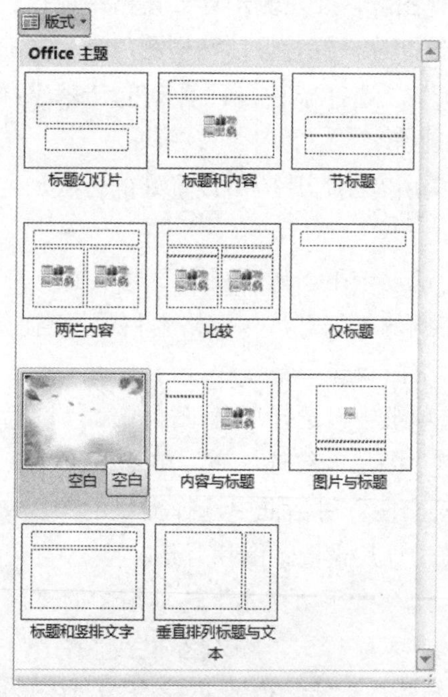

图 4-53　幻灯片版式列表

2. 知识点讲解

母版是模板的一部分，主要用来定义演示文稿中所有幻灯片的格式，其内容主要包括幻灯片的版式、文本样式、效果、主题、背景等信息。设置母版后，所有的幻灯片都是基于幻灯片母版创建的。母版用于控制演示文稿的整体外观和布局。如果要修改多张幻灯片的外观，不必逐一修改，而只需在幻灯片母版上做一次修改即可，演示文稿将自动更新已有的幻灯片，并对以后新添加的幻灯片也应用母版。用户可以通过设置母版来创建一个具有独特风格的幻灯片模板。

1) 母版的类型

PowerPoint 2010 中的母版有 3 种类型，分别是幻灯片母版、讲义母版、备注母版，其作用和视图各不相同。

幻灯片母版：选择“视图”选项卡下“母版视图”选项组中的“幻灯片母版”命令，即可进入幻灯片母版视图状态，如图 4-54 所示。此时在左侧的“幻灯片”窗格中将显示当前主题的演示文稿中包含的各种版式幻灯片，选择某个幻灯片后，便可对其内容和格式进行编辑，当在普通视图中插入该版式的幻灯片后，便能自动应用设置的内容和格式。

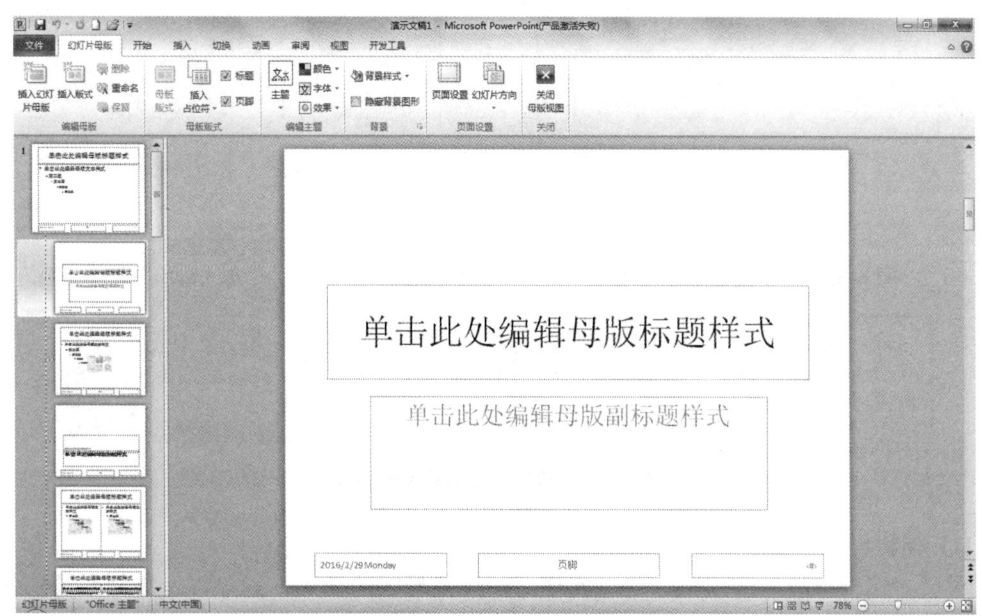

图 4-54　幻灯片母版视图

讲义母版：选择“视图”选项卡下“母版视图”选项组中的“讲义母版”命令，切换到“讲义母版”视图。由于在幻灯片母版中已经设置了主题，所以在讲义母版中无须再设置主题，只需进行页面设置、占位符与背景设置即可。讲义母版决定了将来要打印的讲义的外观，主要以讲义的形式来展示演示文稿内容，即在一页上显示多张幻灯片，如图 4-55 所示。

备注母版：选择“视图”选项卡下“母版视图”选项组中的“备注母版”命令，则进入“备注母版”视图，备注母版主要包括一个幻灯片占位符与一个备注页占位符，如图 4-56 所示。设置备注母版与设置讲义母版大体一致，无须设置母版主题，只需设置幻灯片方向、备注页方向、占位符与背景样式即可。

2) 幻灯片母版的编辑

进入“幻灯片母版”视图后，其功能区如图 4-57 所示，编辑幻灯片母版的方法与编辑普通幻灯片的方法相同，母版编辑操作主要有设置母版版式，设置主题和背景，页面设置及插入各种页面对象等。

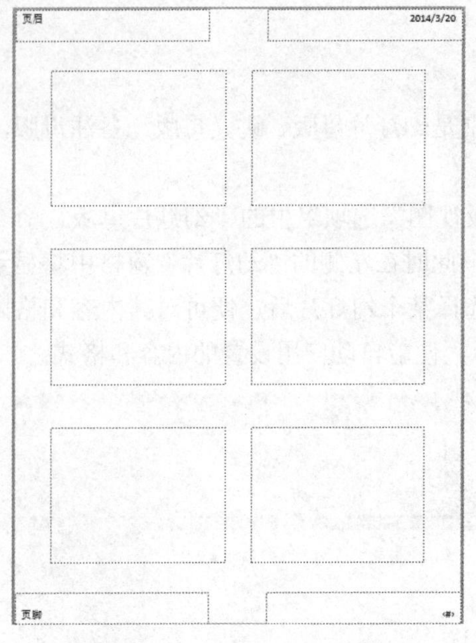

图 4-55 “讲义母版”视图

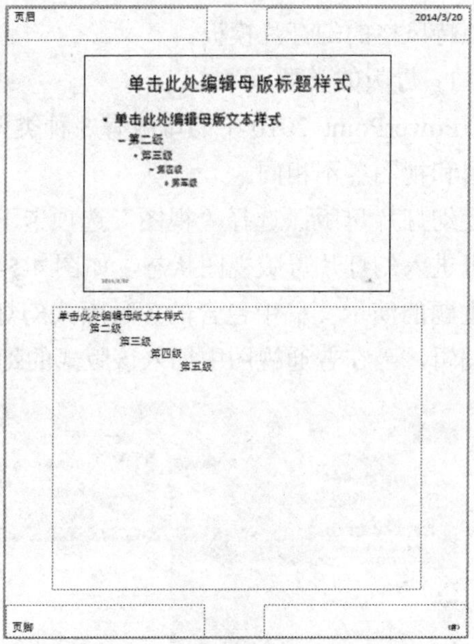

图 4-56 “备注母版”视图

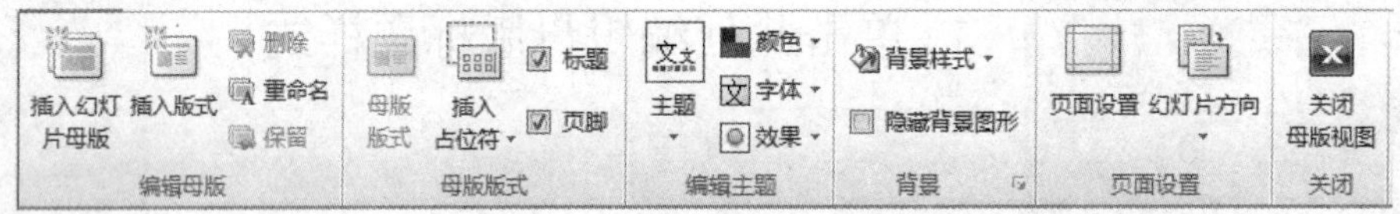

图 4-57 幻灯片母版视图功能区

(1) 编辑母版。

通过“编辑母版”选项组，可以实现对幻灯片母版的插入、删除以及重命名等操作。

(2) 设置母版版式。

用户可以通过“母版版式”选项组来设置幻灯片母版的版式，主要包括为幻灯片添加内容、文本、图片、图表等占位符，以及显示或隐藏幻灯片母版中的标题、页脚。

插入占位符：母版版式中为用户提供了内容、文本、图片、表格、图表、媒体、剪贴画、SmartArt 等 10 种占位符，每种占位符的添加方式都相同，即在“插入占位符”下拉列表中选择需要插入的占位符类别，然后在幻灯片中选择插入位置，并拖动鼠标放置占位符。

显示隐藏标题、页脚：在幻灯片母版中，系统默认的版式显示了标题与页脚，用户可以通过取消选中“标题”和“页脚”复选框，来隐藏标题与页脚；若选中“标题”和“页脚”复选框，则显示标题与页脚。

(3) 设置母版的主题和背景。

用户可以在幻灯片母版视图中设置主题或背景，这样所有基于母版的幻灯片都应用了此种主题或背景。在“编辑主题”选项组中，用户可以单击“主题”下三角按钮，在其下拉列表中选择某种主题类型作为母版的主题；可以通过“颜色”“字体”“效果”等命令编辑和更改主题。在“背景”选项组中，用户选择“背景样式”|“设置背景格式”命令，

可以设置纯色填充、渐变填充、图片或纹理填充等背景效果；选中“隐藏背景图形”复选框可以将背景图形隐藏起来。

(4) 页面设置。

页面设置即设置幻灯片的大小、编号及方向等。在“页面设置”选项组中，选择“页面设置”命令，在打开的“页面设置”对话框中，可以设置幻灯片的大小、宽度、高度、幻灯片起始编号以及方向等内容。

(5) 母版的退出。

在幻灯片母版视图中，选择“幻灯片母版”选项卡中的“关闭母版视图”命令，则退出母版视图的编辑。或选择“视图”选项卡中的“演示文稿视图”|“普通视图”命令，也可以退出母版视图，回到普通视图状态。

3) 图案填充

图案填充即幻灯片的背景以系统提供的一种图案进行显示。在“设置背景格式”对话框中选中“图案填充”单选按钮，并根据需要设置“前景色”和“背景色”即可。

4.3.4　巩固练习

【练习要求】

(1) 打开“计算机发展简史.pptx”。

(2) 为所有幻灯片应用名称为“华丽”的主题。

(3) 在幻灯片母版上第一张幻灯片上进行编辑，插入水平文本框，输入文字“计算机发展简史”，并根据个人喜好进行文字设置。

(4) 在第一张幻灯片中设置背景为“渐变填充”，预设颜色为“金乌坠地”，隐藏母版背景图形。

(5) 在所有幻灯片页脚位置插入可自动更新的日期，日期形式为“年/月/日”。

(6) 插入幻灯片编号，在标题幻灯片中不显示，并且幻灯片编号从 1 开始显示。

完成的演示文稿部分样张如图 4-58 所示。

图 4-58　“计算机发展简史”部分样张

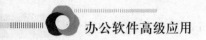

4.4 演示文稿的动画和交互

PowerPoint 能够制作出非常丰富的动画效果，并且具有交互性，这是它与其他 Office 产品相比更富于动态变化的一面。

PowerPoint 的动画效果主要有两种：一种是为幻灯片上的各种对象设置的动态效果；另一种则是为幻灯片之间的切换设置的动态效果。PowerPoint 的交互效果主要是通过超链接功能来实现的。下面就分别介绍幻灯片动画效果、幻灯片切换效果与幻灯片的交互设置。

4.4.1 设置幻灯片动画

1. 教学案例：为"春节"演示文稿设置动画效果

【案例要求】

设置外观后的"春节"演示文稿还缺少动态效果，以第二张幻灯片为例，为如图 4-59 所示的幻灯片对象设置动画效果。

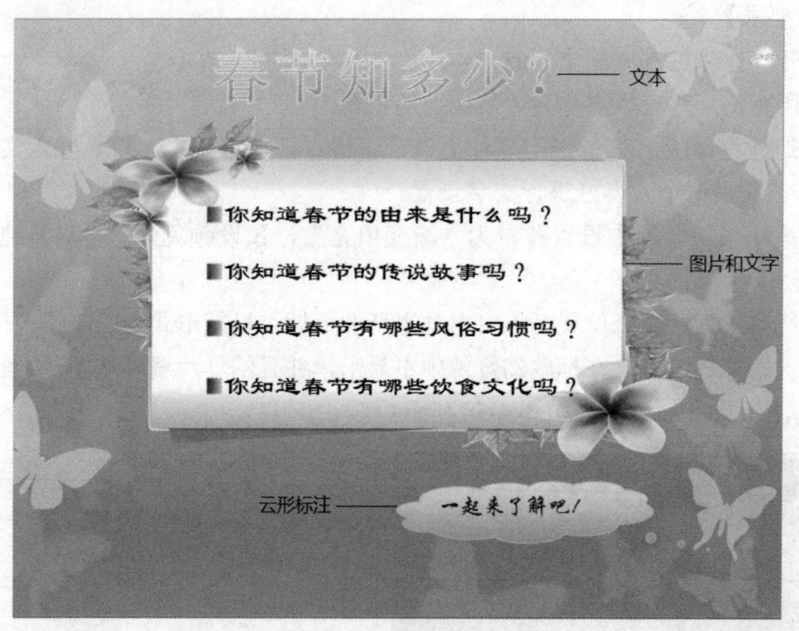

图 4-59 为幻灯片元素添加动画

(1) 设置文本动画为"淡出"，单击鼠标换页。

(2) 设置图片和文字的组合图形动画效果为"自左侧飞入"，"开始"为"上一动画之后"，延迟 1 秒。

(3) 设置云形标注动画为"轮子"，"开始"为"上一动画之后，延迟 1 秒。

(4) 为云形标注再添加自定义路径动画，让该图形沿一条曲线运动。

(5) 打开动画窗格查看设置好的全部动画。

【实战步骤】

第一步：设置文本动画效果：选中文本“春节知多少？”，选择“动画”选项卡下“动画”选项组中的“淡出”命令。在“动画”选项卡的“计时”选项组中，设置“开始”为“单击时”。

第二步：设置图片和文本框动画效果：按住 Shift 键同时选中图片和文本框，选择“动画”选项卡下“动画”选项组中的“飞入”命令，单击“效果选项”按钮，选择“自左侧”。在“动画”选项卡的“计时”选项组中，设置“开始”为“上一动画之后”，延迟为“01.00”秒。

第三步：设置云形标注动画效果：选中云形标注，选择“动画”选项卡下“动画”选项组中的“轮子”命令，在“动画”选项卡的“计时”选项组中，设置“开始”为“上一动画之后”，延迟为“01.00”秒。

第四步：为云形标注添加另一种动画效果：选择“动画”选项卡下“高级动画”选项组中的“添加动画”|“动作路径”|“自定义路径”命令，在幻灯片上自己画一条曲线，则为云形标注设置了一条曲线运动路径。在“动画”选项卡的“计时”选项组中，设置“开始”为“上一动画之后”，延迟为“00.50”秒。

第五步：选择“动画”选项卡下“高级动画”选项组中的“动画窗格”命令，显示动画窗格。完成动画设置的界面及其动画窗格如图 4-60 所示。

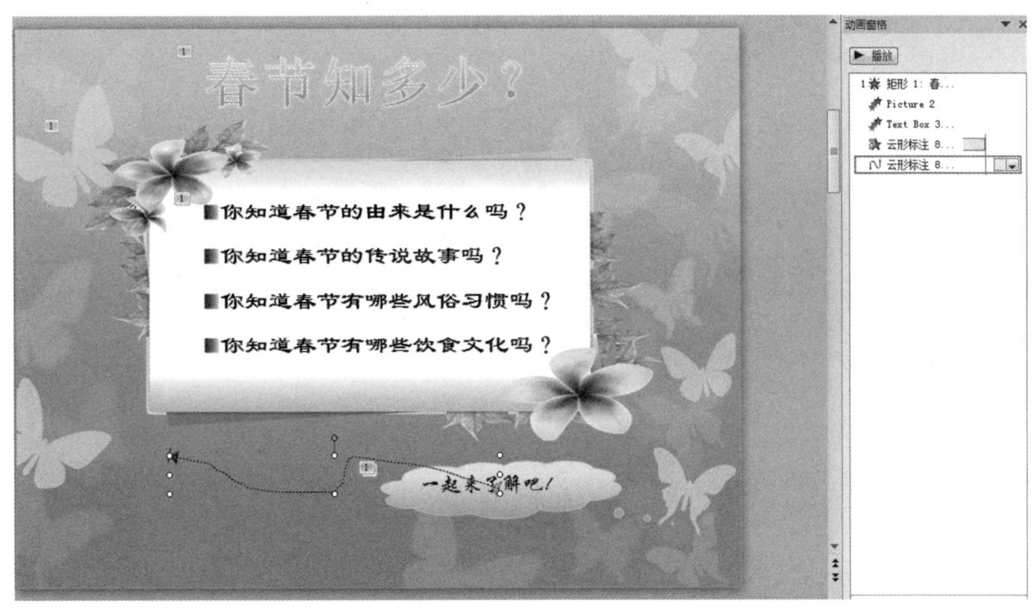

图 4-60　设置动画效果后的界面及动画窗格

2. 知识点讲解

1) 认识动画效果

PowerPoint 提供了多种动画效果，包括进入动画、强调动画、退出动画、动作路径动画。

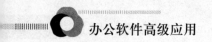

进入动画：这类动画主要使幻灯片中的对象以某种效果进入，如单击鼠标才在幻灯片中显示出某个图表等。

强调动画：这类动画主要为幻灯片中对象添加某种突出显示效果。

退出动画：这类动画主要为幻灯片中对象添加退出效果，如单击鼠标将使显示在幻灯片中的某个图形隐藏。

动作路径动画：这类动画主要用于控制对象在幻灯片中的移动路径。

2) 添加动画效果

“动画”选项组能快速为所选对象设置一种动画效果或更改动画效果。其方法为：选择幻灯片中的一个或多个对象，单击“动画”选项卡，在如图 4-61 所示“动画”选项组中选择某个选项即可，如选择“飞入”动画效果。如果单击“动画”选项组右侧“其他”按钮，则打开如图 4-62 所示动画下拉列表，在其中选择一种进入、强调、退出或动作路径动画效果。如果没有找到所需的动画效果，则选择“更多进入效果”“更多强调效果”“更多退出效果”或“其他动作路径”，例如选择“更多进入效果”，则打开如图 4-63 所示对话框。

图 4-61　动画选项组

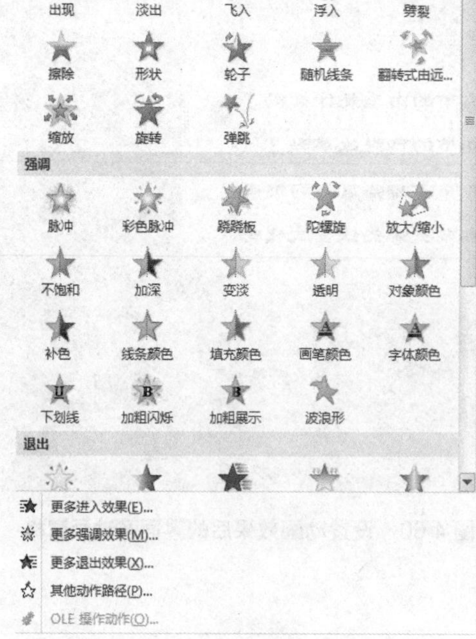

图 4-62　动画下拉列表

“高级动画”选项组中的“添加动画”按钮可以为所选对象设置一个或多个动画效果。其方法为：在“高级动画”选项组中，单击“添加动画”按钮，则打开如图 4-62 所示的对话框，动画设置方法同上。例如可以为已经设置“飞入”动画效果的对象再添加一种“波浪形”的强调效果。

3) 设置动画效果

(1) 设置“效果选项”。

设置动画效果一种是设置“效果选项”，其方法为：选择添加了动画效果的对象，在“动画”选项卡下的“动画”选项组中单击“效果选项”按钮，在打开的下拉列表中选择即可，如图 4-64 所示。

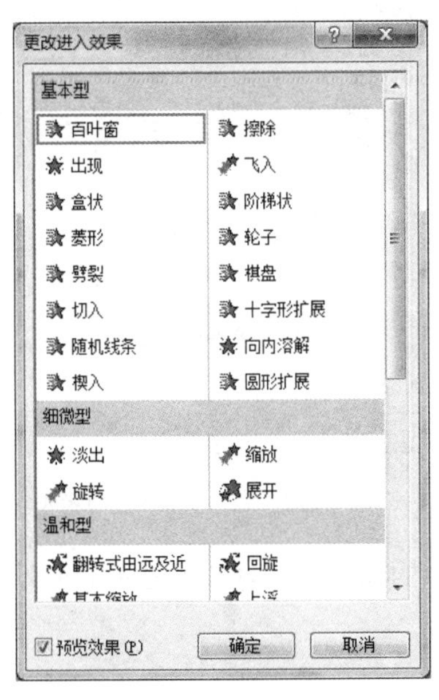

图 4-63　“更改进入效果”对话框

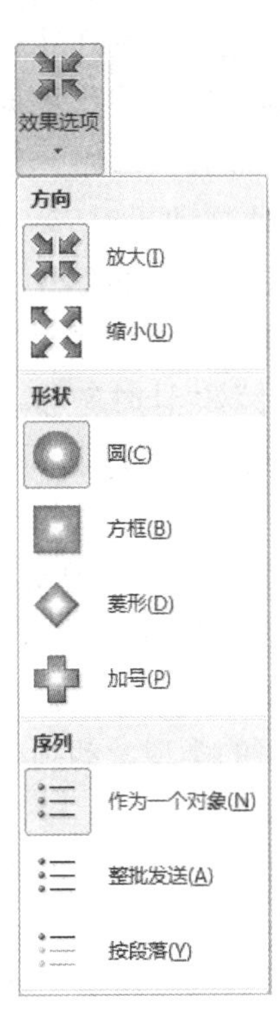

图 4-64　“效果选项”下拉列表

根据调整的内容来看，可归纳为以下几种情况。

- 调整动画方向：针对动画效果的方向进行调整，如将“飞入”进入动画的方向从“自底部”更改为“自左侧”。
- 调整动画形状：针对动画效果的形状进行调整，如将“形状”进入动画的形状从“圆”更改为“方框”。
- 调整序列：针对多段文本进行调整，一般包括“作为一个对象”“整批发送”“按段落”几种选项。

(2) 设置“计时”方式。

设置动画效果另一种是设置“计时”，其方法为：在如图 4-65 所示“计时”选项组中进行设置。

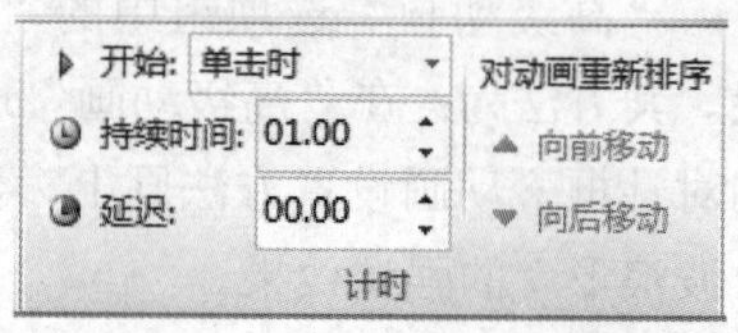

图 4-65 “计时”选项组

在“计时”选项组中主要包含“开始”“持续时间”“延迟”“对动画重新排序”命令。

- 开始：设置动画的启动时间，其下拉列表有“单击时”“与上一动画同时”“上一动画之后”3 个选项。默认为“单击时”，表示放映时单击鼠标启动动画，选择“与上一动画同时”，表示不需要单击就开始播放动画，选择“上一动画之后”，表示在前一动画后自动播放动画。
- 持续时间：指定动画的长度，即播放时间。
- 延迟：设置经过几秒后播放动画，默认 0 秒。
- 对动画重新排序：根据需要单击“向前移动”“向后移动”按钮，则可以改变动画的原有播放顺序。

在设置某动画效果时有一个操作技巧，选择动画选项组右下角的按钮，则打开如图 4-66 所示某动画效果的动画设置对话框，可以在对话框中设置“效果”“计时”等动画效果。

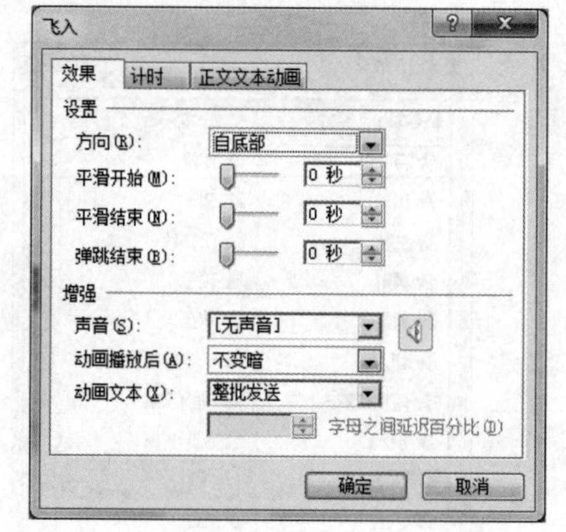

图 4-66 “飞入”对话框

4) 使用动画窗格管理动画

选择“高级动画”选项组下的“动画窗格”命令，则打开如图 4-67 所示“动画窗格”窗格。在其中可以看到幻灯片上所有的动画列表，并显示有关动画效果的重要信息，如动画效果的顺序、动画效果的类型、动画效果的持续时间以及动画的设置命令等。

- 编号表示动画效果的播放顺序。动画窗格中的编号与幻灯片上显示的编号标记相对应。
- 图标代表动画效果的类型。
- 时间线代表效果的持续时间。
- 单击向下箭头，打开如图 4-68 所示下拉菜单，在其中选择相应菜单命令进行设置。

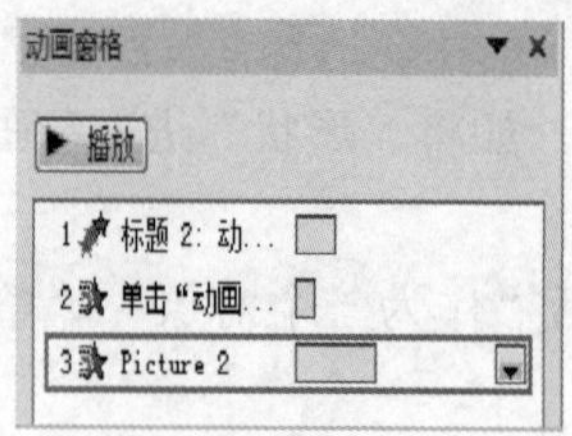

图 4-67 “动画窗格”窗格

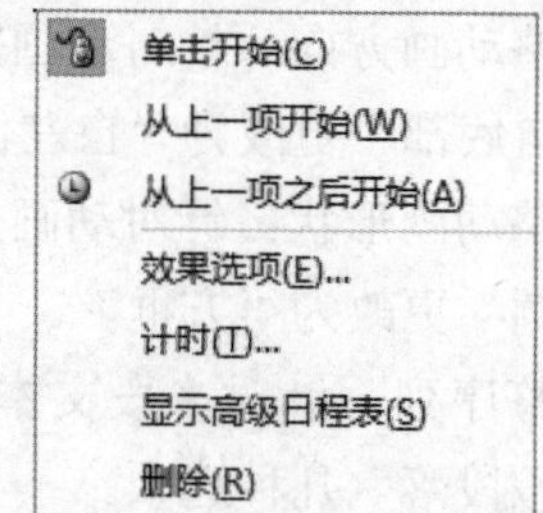

图 4-68 “动画效果”下拉菜单

此外，在“动画窗格”中单击“播放”按钮，则依次播放动画列表中的动画效果，其作用与“预览”按钮一样。在动画窗格中，选中某个动画对象，单击“重新排序”的向上箭头、向下箭头，可以调整动画播放顺序。

5) 使用动画刷

在 Microsoft PowerPoint 2010 中，可以使用动画刷快速轻松地将动画从一个对象复制到另一个对象。动画刷的使用方法为：

(1) 首先选择要复制的动画对象。

(2) 选择“动画”选项卡下“高级动画”选项组中的“动画刷”命令，光标将更改为形状。若双击动画刷，可以将同一动画应用到多个对象中。

(3) 在幻灯片上，单击要将动画复制到其中的目标对象。

4.4.2　设置切换效果

1. 教学案例：为“春节”演示文稿设置幻灯片切换效果

【案例要求】

为“春节”演示文稿的所有幻灯片设置一种切换效果，设置界面如图 4-69 所示。

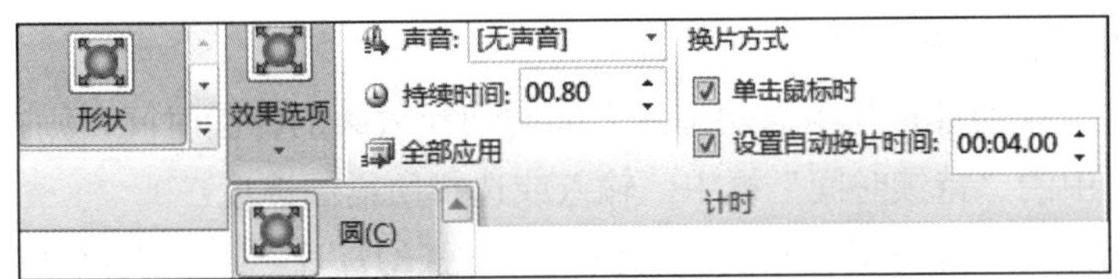

图 4-69　幻灯片切换设置

(1) 设置切换效果为“形状”|“圆”。

(2) 设置声音为“无声音”，持续时间为 0.8 秒。

(3) 每隔 4 秒自动换片。

【实战步骤】

第一步：选择“切换”选项卡下“切换到此幻灯片”选项组中的“形状”命令，单击“效果选项”按钮，设置效果属性为“圆”。

第二步：设置声音为“无声音”，持续时间为“00.08”秒，换片方式为自动换片，时间为“00:04.00”秒。

第三步：单击“全部应用”按钮，则为当前演示文稿应用了同一种幻灯片切换效果。

2. 知识点讲解

除了可以为幻灯片上的各种对象添加动画，还可以为幻灯片之间的切换设置动态效果。幻灯片切换是指在幻灯片放映过程中，从一张幻灯片过渡到下一张幻灯片时所应用的效果。用户可以控制切换效果的速度，添加声音，甚至可以对切换效果的属性进行自定义。幻灯片放映增加切换效果后，可以吸引观众的注意力，但应该适度，以免使观察者只注意到切换效果而忽略了幻灯片的内容。

1) 添加切换效果

(1) 首先选择要向其应用切换效果的幻灯片。

(2) 在“切换”选项卡的“切换到此幻灯片”选项组中，单击要应用于所选幻灯片的切换效果。如选择“淡出”切换效果，如图4-70所示。

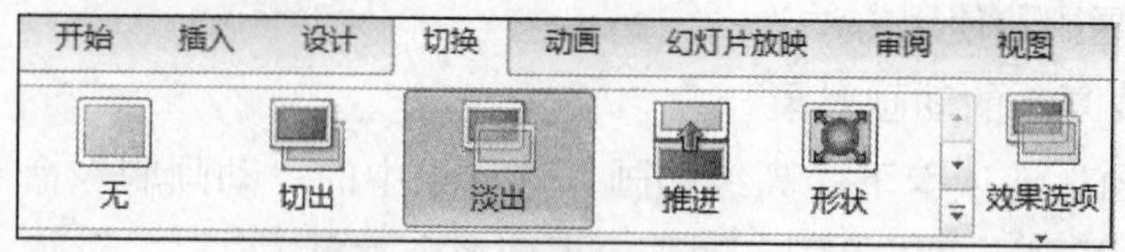

图4-70 “切换”选项卡

(3) 若要查看更多幻灯片切换效果，则单击“其他”按钮。

(4) 单击“效果选项”按钮，可以设置切换效果的属性。如设置“淡出”切换效果为“平滑”。

(5) 若为演示文稿中的所有幻灯片应用相同的幻灯片切换效果，则在“切换”选项卡的“计时”选项组中，单击“全部应用”按钮。若为幻灯片设置不同的切换效果，则重复选择以上第(1)步到第(3)步。

2) 设置切换速度与换片方式

若要设置上一张幻灯片与当前幻灯片之间的切换效果的持续时间，则在“切换”选项卡上“计时”组中的“持续时间”框中，输入或选择所需的速度。

若要指定当前幻灯片在多长时间后切换到下一张幻灯片，可以设置“单击鼠标时”与“自动换片”两种换片方式。

(1) 若要在单击鼠标时换幻灯片，则在“切换”选项卡的“计时”选项组中，选择“单击鼠标时”复选框。

(2) 若要在经过指定时间后切换幻灯片，则在“切换”选项卡的“计时”选项组中，选中“设置自动换片时间”复选框，在后面的框中输入所需的秒数。

3) 设置转换声音

首先选择要向其添加声音的幻灯片，然后在“切换”选项卡的“计时”选项组中，单击“声音”旁的箭头，然后选择下列操作之一，如图4-71所示。

(1) 若要添加列表中的声音，请选择所需的声音。

(2) 若要添加列表中没有的声音，请选择“其他声音”，找到要添加的声音文件，然后单击“确定”按钮。

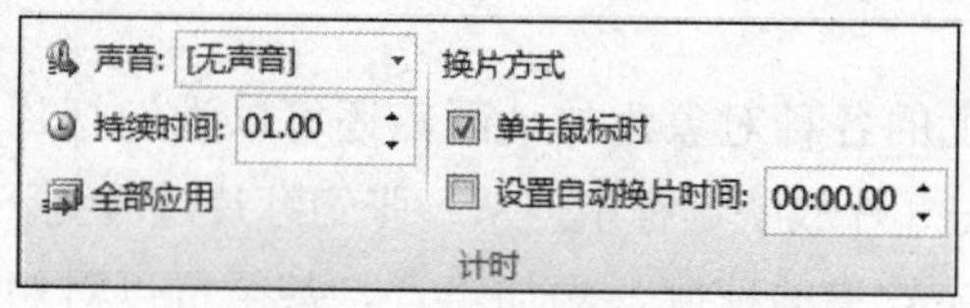

图4-71 设置转换声音

4.4.3　幻灯片交互设置

1. 教学案例：为“春节”演示文稿设置超链接

【案例要求】

将制作的“春节”演示文稿和提供的素材文件“春节内容”演示文稿合并为一个文件。在如图 4-72 所示“春节”演示文稿第 2 张目录幻灯片上设置到后面对应幻灯片的文字超链接，再在后面各张内容幻灯片上设置能返回目录幻灯片的图像超链接。

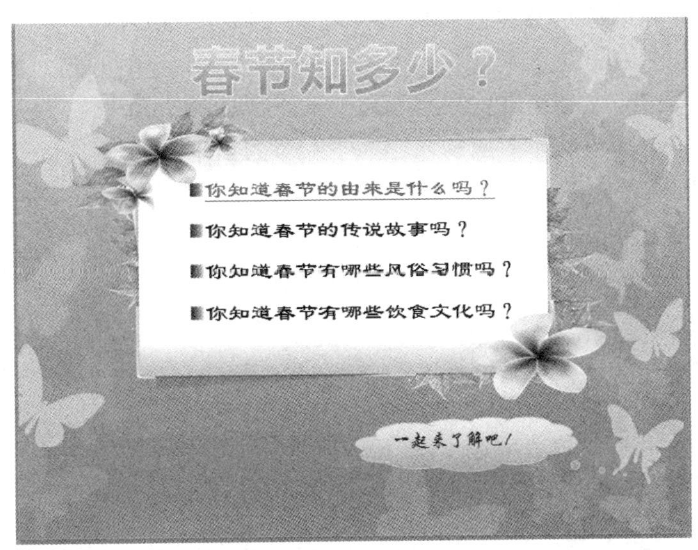

图 4-72　目录幻灯片

(1) 打开提供的素材文件“春节内容”演示文稿，将其全部幻灯片复制、粘贴到“春节”演示文稿第 2 张幻灯片后面。

(2) 在第 2 张目录幻灯片上选择要设置超链接的各行目录文本，将其超链接到相对应的幻灯片上。

(3) 在第 3 张幻灯片上插入提供的素材文件“返回.png”，在该图片上设置返回到目录幻灯片的超链接。

(4) 为第 4～6 张幻灯片设置同样的图片超链接效果。

(5) 放映演示文稿验证超链接效果。

【实战步骤】

第一步：打开提供的素材文件“春节内容”演示文稿，其整体内容如图 4-73 所示，主要包含“春节的由来”“春节的传说”“春节的风俗”“春节的食俗”4 张幻灯片，分别对应“春节”演示文稿目录幻灯片的目录项。

第二步：在幻灯片窗格中按 Ctrl+A 组合键，全部选择这 4 张幻灯片，再按 Ctrl+C 组合键将其复制。打开“春节”演示文稿，在第 2 张目录幻灯片后面按 Ctrl+V 组合键。或者右击鼠标，在“粘贴选项”中选择“使用目标主题”，如图 4-74 所示。

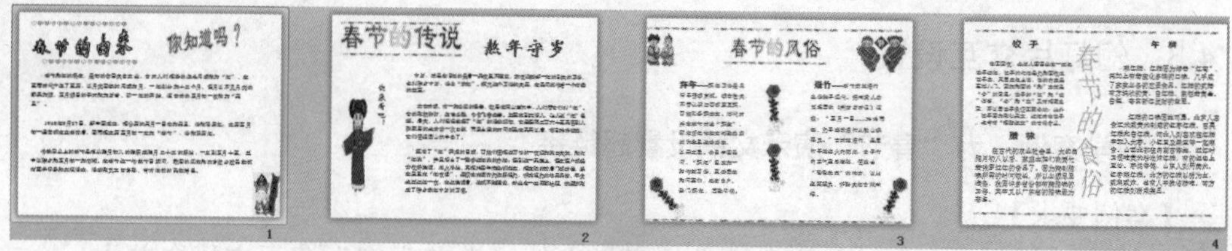

图 4-73 “春节内容”演示文稿

第三步：在第 2 张目录幻灯片上选择要设置超链接的文本，如选择“你知道春节的由来是什么吗？”，在右击弹出的快捷菜单中选择“超链接”命令，则打开“插入超链接”对话框，在左侧“链接到”选择“本文档中的位置”选项，在“请选择文档中的位置”列表框中选择该文本对应的内容为“春节的由来”的幻灯片 3，如图 4-75 所示。

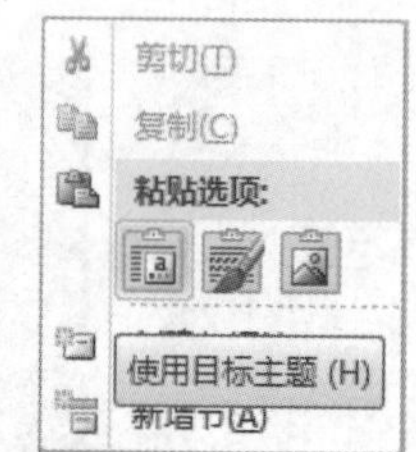

图 4-74 粘贴选项

第四步：用同样的方法可以为第 2 张幻灯片上的各行目录文本设置超链接，使其链接到相应的幻灯片，设置了超链接的文本下面会出现下划线。

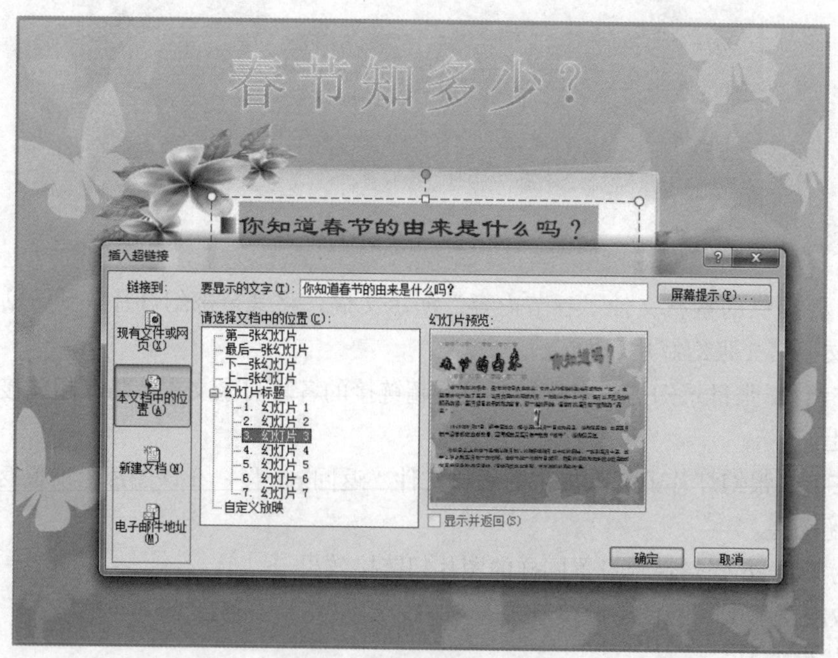

图 4-75 设置文本超链接

第五步：在第 3 张幻灯片上选择“插入”选项卡下“图像”选项组中的“图片”命令，在打开的“插入图片”对话框中选择提供的图片文件“返回.png”插入，调节大小和位置。

第六步：选中该图像，选择“插入”选项卡下“链接”选项组中的“超链接”命令，同样打开“插入超链接”对话框，在其中选择超链接到第 2 张目录幻灯片即可，如图 4-76

所示。

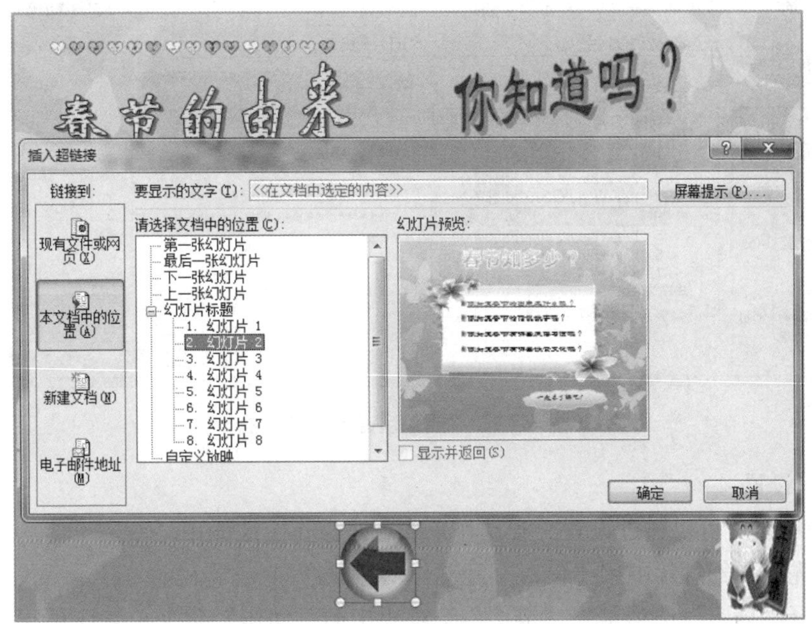

图 4-76　设置图形超链接

第七步：由于第 4～6 张幻灯片都要超链接到目录幻灯片上，所以不必重复设置，只需将第 3 张幻灯片上已经设置好超链接的返回图片复制、粘贴到其余各张幻灯片上即可。

第八步：放映演示文稿，将鼠标放在已经设置好超链接的对象上，则鼠标指针变为手形，检验超链接的设置是否正确。

2. 知识点讲解

幻灯片的交互设置主要是通过超链接来实现的。超链接功能使幻灯片在放映时，可以不顺序播放，而是用户可以选择跳转到某张幻灯片，或者启动另一个应用程序。幻灯片上的任何对象都可以设置超链接，例如文本、图形等。利用所设置的超链接对象可以跳转到不同的位置，例如，跳转到演示文稿的某一张幻灯片、其他文件、网页、电子邮件地址等。只有在放映视图下，超链接的作用才能显示出来。为幻灯片上的对象设置超链接主要有下列 3 种方法。

1) 插入超链接

插入超链接的方法如下。

(1) 首先选择要创建超链接的对象，选择“插入”选项卡下“链接”选项组中的“超链接”命令，或在右击弹出的快捷菜单中选择“超链接”命令，则打开 “插入超链接”对话框，如图 4-77 所示。

(2) 如果要链接到其他应用程序或网页，选择“现有文件或网页”选项，如果要链接到当前演示文稿中的其他幻灯片，则选择“本文档中的位置”选项。然后在“请选择文档中的位置”列表框中选择要链接的相应的幻灯片即可。

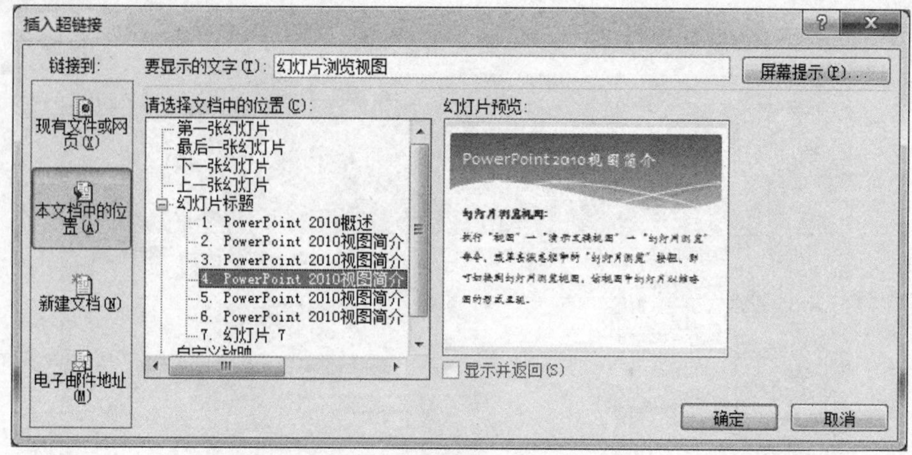

图 4-77 “插入超链接”对话框

2) 动作设置

添加超链接还可以通过设置交互动作来实现，操作方法如下。

(1) 首先选择幻灯片中用于创建交互动作的对象。

(2) 选择“插入”选项卡下“链接”选项组中的“动作”命令，会打开 “动作设置”对话框，如图 4-78 所示。

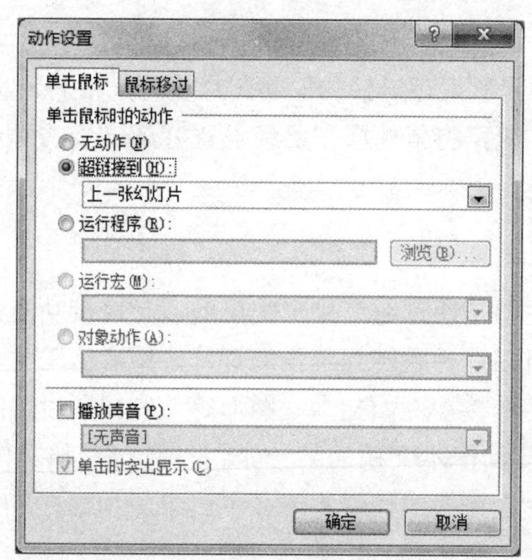

图 4-78 “动作设置”对话框

(3) “动作设置”对话框有“单击鼠标”和“鼠标移过”两个选项卡，它们的设置方式和效果完全一样，只是激活动作按钮的方式不同，一种是单击鼠标时激活动作按钮，另一种是当鼠标指针移过动作按钮时激活。

(4) 选中“超链接到”单选按钮，在下拉列表框中可以选择要跳转到的位置。选中“运行程序”单选按钮，可以设置将幻灯片的演示切换到某程序的运行。选中“播放声音”复选框，可以在下拉列表框中设置单击动作按钮时所播放的声音。

3) 插入动作按钮

PowerPoint 为用户预设了动作按钮，用户可以通过将动作按钮插入演示文稿并为动作按钮定义超链接，来实现幻灯片放映次序上的调整。预设的动作按钮包括一些常见的动作形状。在幻灯片上插入动作按钮的操作方法如下：

(1) 选定待插入动作按钮的幻灯片。

(2) 选择“插入”选项卡下“插图”选项组中的“形状”命令，在打开列表的“动作按钮”组中选择用户需要的动作按钮，如图 4-79 所示。

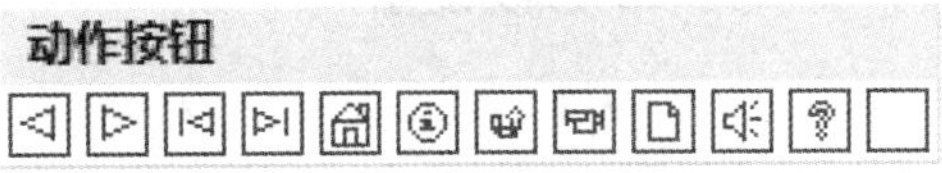

动作按钮

图 4-79 插入动作按钮

(3) 将鼠标指针移到幻灯片上欲放置动作按钮的位置，然后按住鼠标左键拖动，插入动作按钮后，释放鼠标左键，将打开“动作设置”对话框。在“动作设置”对话框中选中“超链接到”单选按钮，然后单击“超链接到”下三角按钮，在其下拉列表中选择相应的选项。

用户为幻灯片中的对象添加超链接之后，可以根据需要对超链接进行简单的编辑操作，主要包括编辑超链接、删除错误的超链接、设置超链接的颜色等。

- 编辑超链接：在需要修改的超链接上右击，从弹出的快捷菜单中选择“编辑超链接”命令，打开“编辑超链接”对话框，重新设置超链接。
- 删除超链接：在需要删除的超链接上右击，从弹出的快捷菜单中选择“取消超链接”命令，即可以实现超链接的删除。

4.4.4 巩固练习

【练习要求】

在 4.2 节巩固练习中文慧制作的演示文稿还没有设置动画和交互，请进一步修饰该作品。制作要求如下：

(1) 演示文稿中要设置目录幻灯片与内容幻灯片之间的超链接，进行幻灯片之间的跳转。

(2) 动画效果要丰富。

(3) 幻灯片切换效果要多样。

(4) 演示文稿播放的全程需要有背景音乐。

4.5 演示文稿的放映与输出

制作完演示文稿之后，为了按规律播放演示文稿，也为了适应播放环境，还需要设置放映幻灯片的方式与范围，以及设置幻灯片的排练计时与录制旁白。选择“幻灯片放映”选项卡，对幻灯片放映进行设置的功能区如图 4-80 所示。

图 4-80　幻灯片放映功能区

4.5.1　放映演示文稿

1. 教学案例：“春节”演示文稿的放映设置

【案例要求】

打开“春节”演示文稿，进行放映设置。

(1) 隐藏演示文稿的最后一张幻灯片。

(2) 为演示文稿设置排练计时。

(3) 设置放映方式，设置放映类型为“演讲者放映”，换片方式为“如果存在排练时间，则使用它”。

(4) 观看整个幻灯片放映。

【实战步骤】

第一步：打开“春节.pptx”演示文稿，选择最后一张幻灯片，选择“幻灯片放映”选项卡下“设置”选项组中的“隐藏幻灯片”命令。

第二步：选择“幻灯片放映”选项卡下“设置”选项组中的“排练计时”命令，则当前演示文稿进入放映视图，自动记录幻灯片的放映时间，放映到最后一张幻灯片结束后，保存排练计时。

第三步：选择“幻灯片放映”选项卡下“设置”选项组中的“设置幻灯片放映”命令，打开“设置放映方式”对话框，设置放映类型为“演讲者放映”，换片方式为“如果存在排练时间，则使用它”。

第四步：按 F5 键，从头开始观看幻灯片放映，发现演示文稿按照排练计时的时间自动放映。

2. 知识点讲解

1) 设置放映方式

选择“幻灯片放映”选项卡下“设置”选项组中的“设置幻灯片放映”命令，打开的对话框如图 4-81 所示。该对话框里主要设置放映类型、放映选项、放映范围和换片方式。

(1) 设置放映类型。

根据幻灯片的用途和观众的需求，幻灯片有 3 种放映类型，分别是演讲者放映、观众自行浏览和在展台浏览。

- 演讲者放映：适用于演讲者使用，适合会议或教学等场合。在放映过程中幻灯片全屏显示，由演讲者控制放映全过程。此方式是最为常用的一种放映方式。
- 观众自行浏览：适用于自行小规模的演示。幻灯片不是全屏模式，它允许观众利用窗口命令控制放映过程。

- 在展台浏览：一般适用于会展和展台环境等大型放映。此方式自动放映演示文稿，不需专人控制。用此方式放映前，要事先设置好放映参数。放映时可自动循环放映，鼠标不起作用，按 Esc 键终止放映。

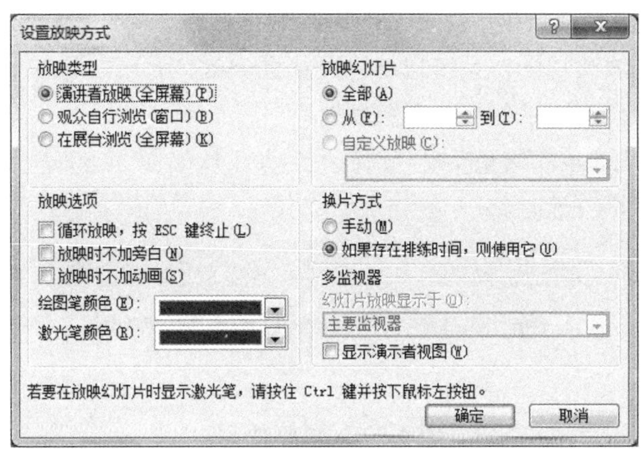

图 4-81　“设置放映方式”对话框

(2) 设置放映选项。

在“设置放映方式”对话框的“放映选项”选项组中，还有一些复选框，可让用户设置幻灯片的放映特征。

- 选中“循环放映，按 ESC 键终止”复选框，则循环放映演示文稿，若要退出放映，可按 Esc 键。
- 选中“放映时不加旁白”复选框，则在放映幻灯片时，将隐藏伴随幻灯片的旁白，但并不删除旁白。
- 选中“放映时不加动画”复选框，则在放映幻灯片时，将隐藏幻灯片上为对象所加的动画效果，但并不删除动画效果。

(3) 设置放映范围。

如果要设置幻灯片的放映范围，可在“设置放映方式”对话框的“放映幻灯片”选项组中指定。

- 选中“全部”单选按钮，则放映整个演示文稿。
- 选中“从”|“到”单选按钮，则可以指定放映幻灯片的起止编号。
- 默认情况下“自定义放映”单选按钮为灰色不可用，如果自定义了放映，则该按钮可用，选择该单选按钮，再在下方文本框中选择自定义好的放映名称即可。

(4) 设置换片方式。

在“换片方式”选项组中可选择幻灯片的切换方式，主要有以下两种。

- 手动换片：选中“手动”单选按钮，则通过键盘按键或单击鼠标来切换幻灯片。
- 自动换片：选中“如果存在排练时间，则使用它”单选按钮，则按照排练计时为各幻灯片指定的时间自动切换。

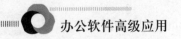

2) 采用排练计时

在 PowerPoint 2010 中，用户可以为幻灯片添加排练计时的功能，使幻灯片自动放映。

如果在幻灯片放映时不想人工切换每张幻灯片，则可以使用排练计时功能，自动记录放映时间。选择“幻灯片放映”选项卡下“设置”选项组中的“排练计时”命令，则当前演示文稿进入放映视图，系统自动打开如图 4-82 所示“录制”对话框，自动记录幻灯片的放映时间。

图 4-82 “录制”对话框

放映到最后一张幻灯片结束后，系统会自动打开如图 4-83 所示消息对话框，单击“是”按钮即可保存排练计时。

图 4-83 消息对话框

3) 隐藏幻灯片

放映幻灯片时，可以将不放映的幻灯片隐藏起来，需要放映时重新将其显示。隐藏幻灯片的方法有以下两种。

- 在“大纲/幻灯片”窗格中选择需要隐藏的一张或多张幻灯片，选择“幻灯片放映”选项卡下“设置”选项组中的“隐藏幻灯片”命令，如图 4-84 所示。则被隐藏的幻灯片缩略图呈灰色显示，并且其左上角的编号将被一个斜线框包围。再次单击该按钮可重新显示隐藏的幻灯片。

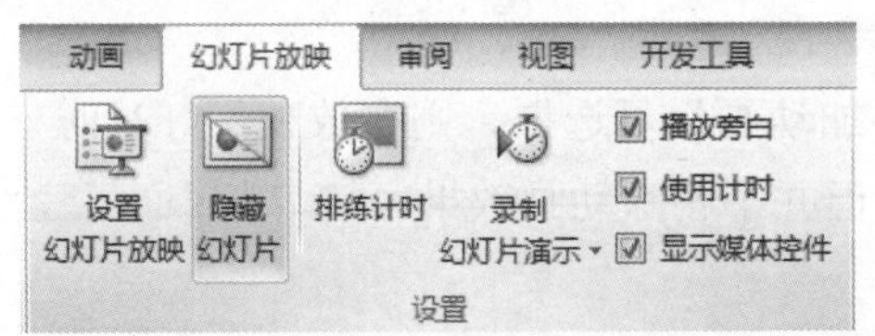

图 4-84 隐藏幻灯片

- 在“大纲/幻灯片”窗格中选择需要隐藏的一张或多张幻灯片，右击打开快捷菜单选择“隐藏幻灯片”命令，再次选择该命令可将重新显示隐藏的幻灯片。

4) 控制幻灯片放映

在完成所有的设置之后，就该放映幻灯片了。选择“幻灯片放映”选项卡下“开始放映幻灯片”选项组中的“从头开始”命令，或按 F5 键，则从第一张幻灯片开始放映。选择“幻灯片放映”选项卡下“开始放映幻灯片”选项组中的“从当前幻灯片开始”命令，或按 Shift+F5 键，则从当前幻灯片开始放映幻灯片。

幻灯片放映时进入幻灯片放映视图，每张幻灯片占满整个屏幕，放映时右击屏幕的任意位置将弹出一个放映控制菜单，如图 4-85 所示。或者在屏幕左下角有一个不易看出的放映工具栏。可以通过放映控制菜单或者放映工具栏对放映过程进行控制。

放映控制菜单包括的命令主要有：

- 下一张：切换到下一张幻灯片。
- 上一张：回到前一张幻灯片。
- 定位至幻灯片：打开子菜单，使用其中的命令可以快速切换到某张幻灯片。
- 屏幕：打开子菜单，使用其中的命令可以对屏幕显示进行一些控制。
- 指针选项：打开子菜单，使用其中的命令可以控制鼠标指针的形状和功能。
- 结束放映：结束演示，也可以按 Esc 键结束演示。

图 4-85　放映控制菜单

4.5.2　输出演示文稿

1. 教学案例：“春节”演示文稿的输出设置

【案例要求】

(1) 将“春节”演示文稿保存为“PowerPoint 放映”类型，文件名为“春节放映”。

(2) 设置演示文稿的幻灯片“宽度”为“24”，“高度”为“18”，幻灯片编号起始值为 0。

(3) 设置打印演示文稿的 2～7 张幻灯片，每页打印 6 张幻灯片。

【实战步骤】

第一步：打开“春节”演示文稿，选择“文件”|“另存为”命令，打开“另存为”对话框，在“保存类型”下拉列表框中选择“PowerPoint 放映(*.ppsx)”类型，文件名为“春节放映”，如图 4-86 所示。

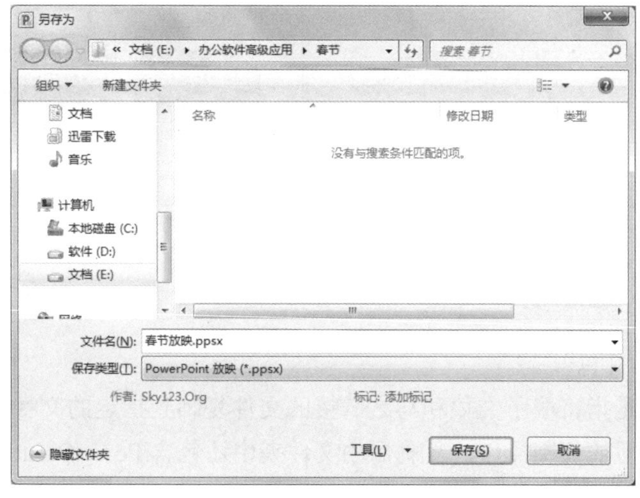

图 4-86　“另存为”对话框

第二步：选择“设计”选项卡下“页面设置”选项组中的“页面设置”命令，打开“页面设置”对话框，在“宽度”和“高度”文本框中分别输入“24”和“18”，“幻灯片编号起始值”设为0，设置如图4-87所示。

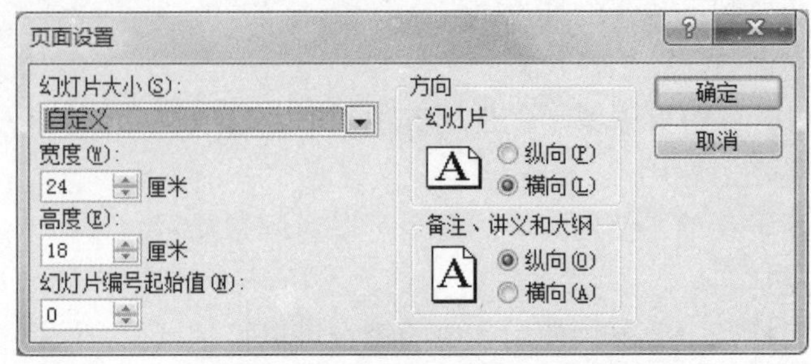

图4-87　“页面设置”对话框

第三步：选择“文件”|“打印”命令，打开打印预览与设置界面，单击“设置”下面的下三角按钮，在打开的下拉列表中选择“自定义范围”命令，在其后的“幻灯片”文本框中输入“2-7”，再在下面的“打印版式”中选择“6 张水平放置的幻灯片”，打印设置及效果如图4-88所示。

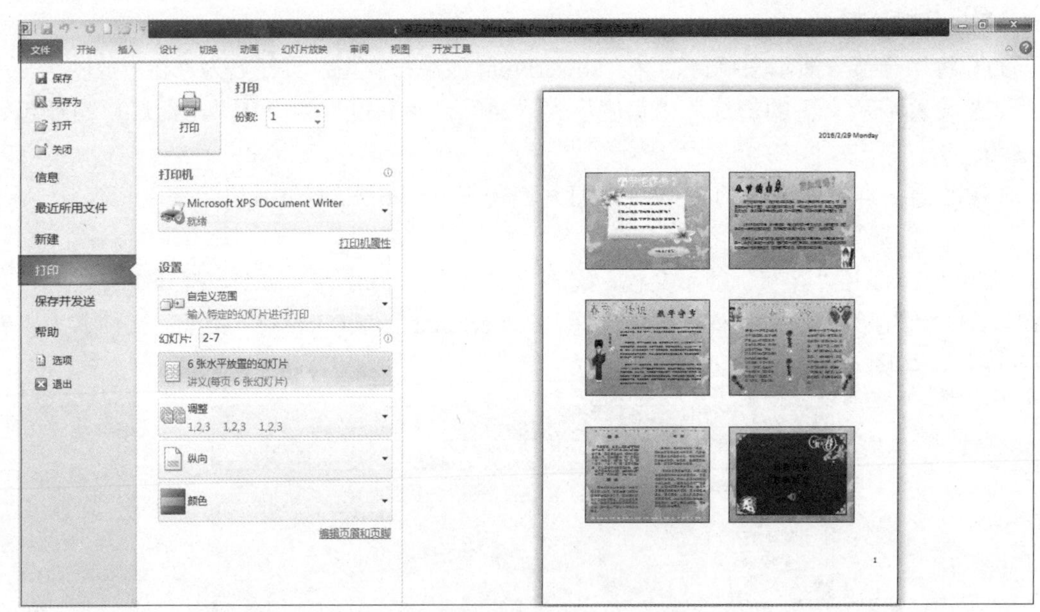

图4-88　打印设置及效果图

2. 知识点讲解

1) 演示文稿的打包

打包演示文稿是指将演示文稿和与之链接的文件复制到指定的文件夹或 CD 光盘中，但它并不等同于一般的复制操作，复制后的文件夹中还包含 PowerPoint Viewer 软件，只有应用了该软件，演示文稿才能在其他未安装 PowerPoint 的计算机中正常放映。打包演示文稿的具体操作如下。

(1) 选择“文件”|“保存并发送”命令，然后选择右侧“文件类型”栏中的“将演示文稿打包成 CD”选项，并单击右侧的“打包成 CD”按钮。

(2) 打开如图 4-89 所示的“打包成 CD”对话框，单击“复制到文件夹”按钮可将演示文稿打包到指定的文件夹中，单击“复制到 CD”按钮则可将演示文稿刻录到 CD 光盘中。

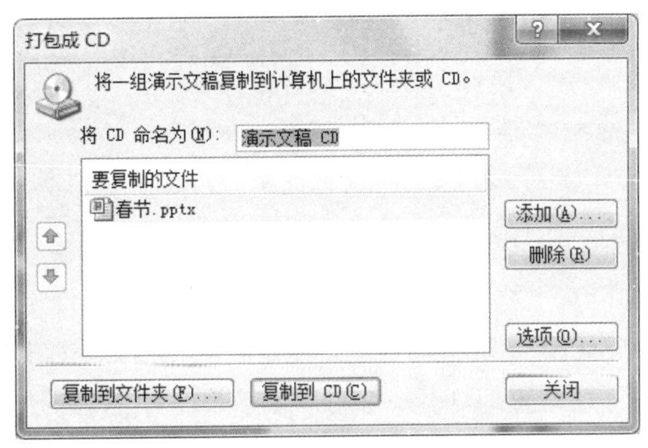

图 4-89　“打包成 CD”对话框

(3) 这里单击“复制到文件夹”按钮，打开“复制到文件夹”对话框，指定文件夹名称和打包位置，单击“确定”按钮即可，如图 4-90 所示。随后系统开始复制文件。

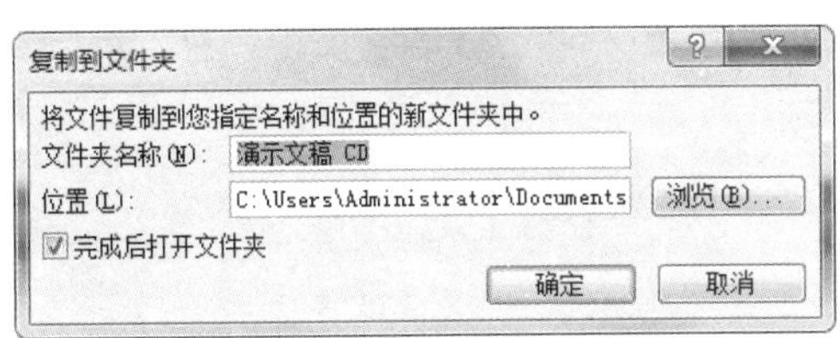

图 4-90　设置打包文件夹名称和位置

2) 输出为自动放映类型

若将演示文稿保存为“PowerPoint 放映”类型，当双击该演示文稿时就会自动放映。保存为放映类型的文件扩展名为.ppxs，可以直接双击来启动幻灯片放映，即使计算机上没有安装 PowerPoint 2010 应用程序，同样可以看到放映效果。

将演示文稿保存为放映类型的操作方法如下。

(1) 打开要保存为幻灯片放映文件类型的演示文稿。选择“文件”|“另存为”命令，打开“另存为”对话框。

(2) 在“保存类型”下拉列表框中将存放类型设置为“PowerPoint 放映”类型。

(3) 选择存放路径和命名文件后单击“保存”按钮。

3) 演示文稿的打印

演示文稿制作完成后也可以以打印方式输出。打印幻灯片是指将幻灯片中的内容打印到纸张上，其过程主要包括页面设置和打印设置。

(1) 页面设置。

在演示文稿中选择“设计”选项卡下“页面设置”选项组中的“页面设置”命令，打开 “页面设置”对话框，如图4-91所示。

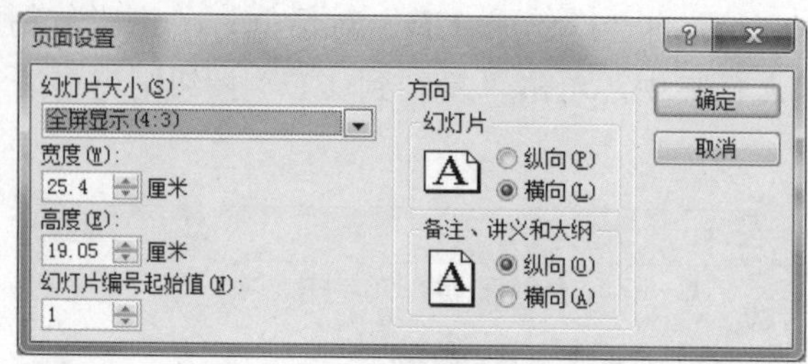

图4-91 “页面设置”对话框

- “幻灯片大小”下拉列表中可以选择幻灯片的尺寸。
- “宽度”和“高度”文本框中可以设置幻灯片的宽度和高度。
- “幻灯片编号起始值”文本框中可以设置演示文稿第一张幻灯片的编号。
- “方向”框中可以设置幻灯片、备注、讲义和大纲的打印方向。

(2) 打印设置。

打印设置主要是对幻灯片的打印效果进行预览，并设置打印份数、打印范围、打印版式、打印颜色等参数。选择“文件”|“打印”命令，显示出幻灯片打印预览与设置界面，其中主要参数的作用如图4-92所示。

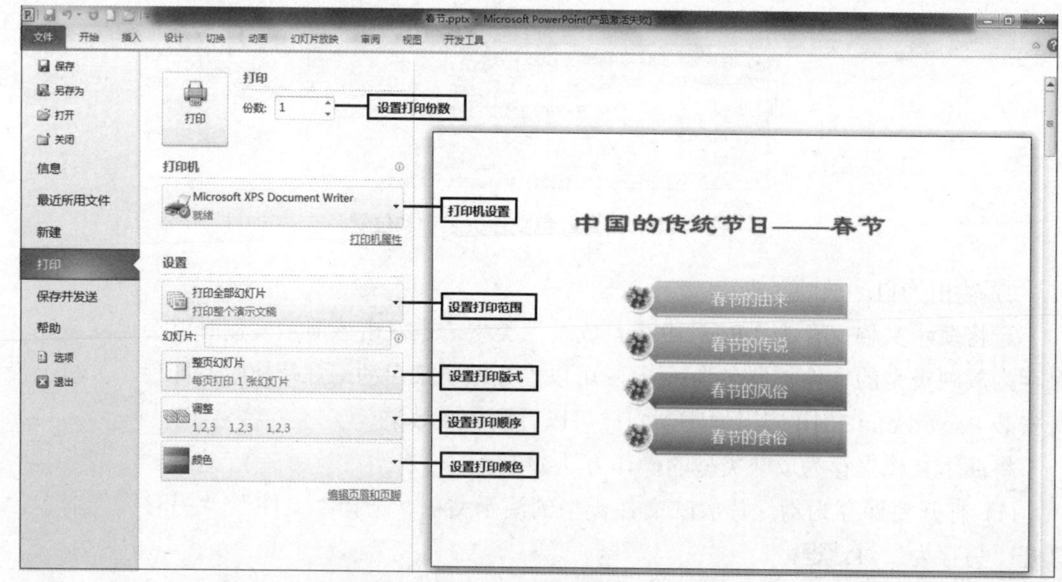

图4-92 幻灯片打印预览与设置界面

- 设置打印份数：设置要打印多少份演示文稿。
- 打印机设置：在其中可选择打印机。
- 设置打印范围：“设置”选项默认为“打印全部幻灯片”，单击其右侧下三角按钮，在打开的下拉列表中根据需要进行选择。

- 设置打印版式：“版式”选项默认为“整页幻灯片”，单击其右侧下三角按钮，在打开的下拉列表中根据需要进行选择。
- 设置打印顺序：当打印份数大于 1 份时，可在该下拉列表中调整打印顺序。
- 设置打印颜色：颜色选项主要有“颜色”“灰度”“纯黑白”3 种。

4.5.3　巩固练习

【练习要求】

(1) 打开“水资源利用与节水.pptx”，将幻灯片大小设置为“35 毫米幻灯片”。

(2) 设置打印演全部幻灯片，打印版式为“四张水平放置的幻灯片”。

(3) 放映过程中，在某张幻灯片上利用绘图笔添加标记。

(4) 为“水资源利用与节水.pptx”设置排练计时，在排练计时过程中要求正确展示超链接。

(5) 将该演示文稿保存为“PowerPoint 放映”类型，观看该放映文稿。

本 章 小 结

本章主要介绍了 PowerPoint 演示文稿的基础操作，幻灯片中的对象编辑，演示文稿的主题、背景、母版等外观设计，PowerPoint 动画设置和幻灯片切换设置、交互设置以及演示文稿的放映与输出等内容。每节的各个知识点都由教学案例和知识点讲解两部分组成，并在每节的后面有巩固练习。学习者首先通过教学案例掌握基本操作，再通过知识点讲解加深理解和认识，最后通过巩固练习深化知识技能，掌握演示文稿的高级应用。

习　　题

1. 单项选择题

(1) 下列说法正确的是(　　)。

A. 幻灯片放映时都是全屏幕

B. 幻灯片放映时可以隐藏某些幻灯片

C. 幻灯片放映时不能切换到其他程序

D. 幻灯片放映时不能隐藏鼠标

(2) 要从第四张幻灯片转跳到第十张，可以使用(　　)。

A. 添加动画　　B. 添加超链接

C. 添加幻灯片切换效果　　D. 排练计时

(3) 要使幻灯片在放映时能够自动播放，需要为其设置(　　)。

A. 预设动画　　B. 动作按钮　　C. 排练计时　　D. 录制旁白

(4) 在 PowePoint 中按功能键 F5 的作用是(　　)。

A. 打开帮助文档　　B. 观看放映

C. 打印预览　　D. 样式检查

(5) 不可以设置动画播放后(　　)。

A. 播放动画后隐藏　　B. 变成其他颜色

C. 播放动画后删除　　D. 下次单击后隐藏

(6) 幻灯片的切换方式是指(　　)。

A. 在编辑新幻灯片时的过渡形式

B. 在编辑幻灯片时切换不同视图

C. 在编辑幻灯片时切换不同的设计模板

D. 在幻灯片放映时两张幻灯片间的过渡形式

(7) 在空白版式幻灯片中不可以直接插入(　　)。

A. 文字　　B. 文本框　　C. 艺术字　　D. Word 表格

(8) 关于幻灯片主题说法错误的是(　　)。

A. 可以应用于所有幻灯片　　B. 可以应用于指定幻灯片

C. 可以对已使用的主题进行更改　　D. 不可以自定义新的主题

(9) 添加动画时不可以设置文本(　　)。

A. 整批发送　　B. 按字/词发送　　C. 按字母发送　　D. 按句发送

(10) 在 PowerPoint 中，安排幻灯片对象的布局可选择(　　)来设置。

A. 应用主题　　B. 幻灯片版式　　C. 背景　　D. 页面设置

2. 判断题

(1) 当保存演示文稿时，不出现“另存为”对话框，则说明该文件已经保存过。(　　)

(2) 如果要修改多张幻灯片的外观，不必逐一修改，可以在幻灯片母版上统一修改。(　　)

(3) 在 PowerPoint 2010 中，可以在绘制的形状中加入文字。(　　)

(4) 文本框能插入文字，不能插入图像。(　　)

(5) “添加动画”按钮可以为所选对象设置一种或多种动画效果。(　　)

(6) 幻灯片母版不可以被重命名。(　　)

(7) 使用 PowerPoint 2003 可以直接打开 PowerPoint 2010 文档。(　　)

(8) 用户可以将 Excel 电子表格放置于幻灯片中，并利用公式功能计算表格数据。(　　)

(9) 幻灯片上只有文字能设置超链接，其他图形、图像等不可以。(　　)

(10) 保存为放映类型的演示文稿，即使计算机上没有安装 PowerPoint 应用程序，也可以看到放映效果。(　　)

3. 填空题

(1) 在 PowerPoint 2010 中新建演示文稿的快捷键为______，插入幻灯片的快捷键为______。

(2) PowerPoint 2010 普通视图主要包括幻灯片与______两个选项卡。

(3) 在幻灯片的放映过程中要中断放映，可以直接按______键。

(4) 使用插入______图形的方法可以插入组织结构图等。

(5) 在选择幻灯片时，按住______键可连续选择多张幻灯片，按住______键可以选择多张不连续的幻灯片。

(6) 选择“插入”选项卡下“插图”选项组中的______命令，可以插入线条、矩形、基本形状、箭头总汇、流程图、星与旗帜、标注等图形类型。

(7) PowerPoint 2010 中，可以使用______快速轻松地将动画从一个对象复制到另一个对象。

(8) ______功能使幻灯片在放映时，可以不顺序播放，而是用户可以选择跳转到某张幻灯片，或者启动另一个应用程序。

(9) 在放映幻灯片时，选择幻灯片后按______键，可以从当前幻灯片开始放映幻灯片。

(10) 幻灯片的放映方式主要包括______、观众自行浏览和在展台浏览。

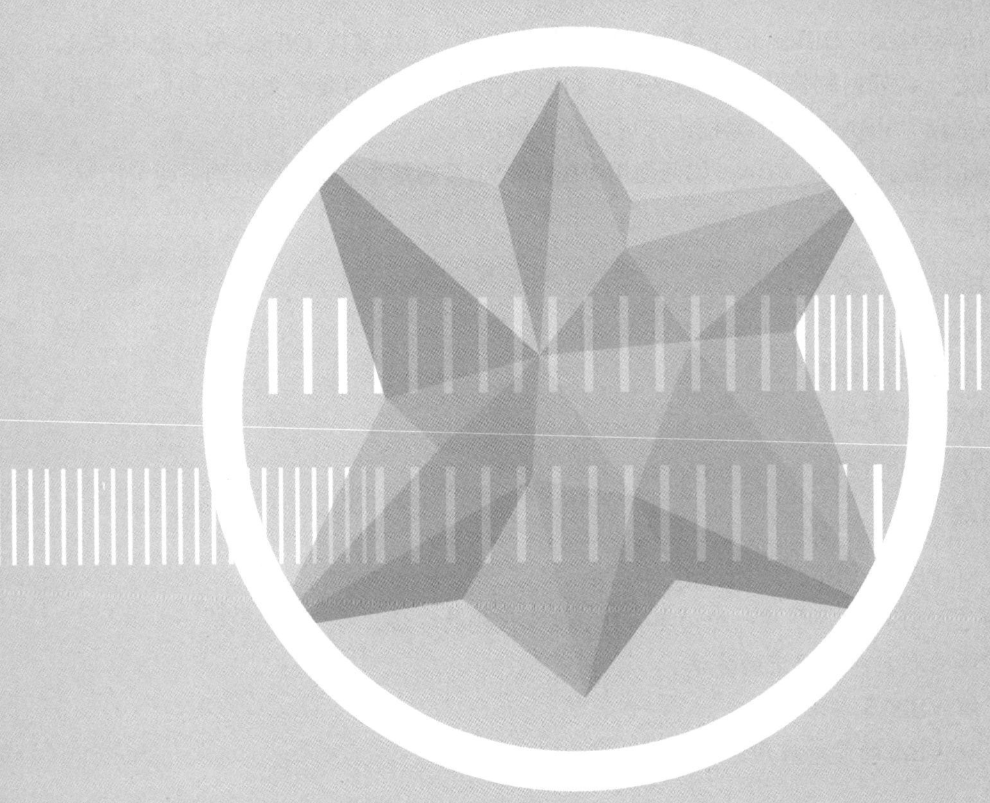

第 5 章

VBA 基础及应用

如今的信息社会，Office 已经成为主流的办公软件，熟练掌握 Office 成为每个求职者的必备技能之一。如何制作更精美的文档？如何设计功能更强的演示文稿？如何快速高效地处理大量数据？VBA 自动化编程语言可以帮你解决。

本章主要介绍了什么是 VBA，如何使用 VBA 和 VBA 的基本语法，最后列举两个实例。

本章要点

- VBA 简介、用途。
- VBE 的使用方法。
- 宏的录制和使用。
- VBA 语言基础。
- VBA 应用案例。

学习目标

- 了解 VBA、VBE、宏的概念。
- 熟悉 VBE，掌握创建一个简单 VBA 过程代码的方法。
- 掌握录制宏和使用宏的方法。
- 了解 VBA 基本语法。
- 掌握 VBA 的简单应用。

5.1 VBA 概述

5.1.1 VBA 简介

Visual Basic for Applications(VBA)是 Visual Basic 的一种宏语言，主要用来扩展 Windows 应用程序(特别是 Microsoft Office 软件)功能的自动化任务的编程语言。也就是说，使用 VBA 来编写程序可让常规应用程序(Word、Excel、Access、PowerPoint)自动完成工作，提高工作人员的效率。例如按编号来跟踪货物实现统计功能的自动化；或者可以利用 VBA 规范用户的操作，控制用户的操作行为。VBA 是 Visual Basic 程序开发语言的子集，实际上是“寄生于”VB 应用程序的版本。Visual Basic 是由微软公司开发的结构化的、模块化的、面向对象的、包含协助开发环境的事件驱动的可视化程序设计语言。它源自于 Basic 编程语言，拥有图形用户界面(GUI)和快速应用程序开发(RAD)系统，可以轻松使用 DAO、RDO、ADO 连接数据库，或者轻松创建 Active X 控件，程序员也可以轻松使用 VB 提供的组件快速建立一个 Windows 应用程序。

虽然 VBA 是 Visual Basic 的一个子集，但 VBA 与 VB 有所不同。VBA 要求有一个宿主应用程序才能运行，而 VB 可以创建独立的应用程序。VBA 可以使用常用的过程和进程自动化，可以创建自定义的解决方案，VBA 根据其嵌入软件的不同增加了对相应软件中对象的控制功能。例如 VBA 增加了控制 Excel 工作簿、工作表和数据透视表中对象的属性、事件和方法等功能。

尽管存在着不同，VBA 和 VB 在结构上仍然十分相似。如果你已经了解了 VB，会发现学习 VBA 非常快。相应地，学完 VBA 也会给学习 VB 打下坚实的基础。同时，VBA 也可以在不同的组件或程序中应用，在 Office 的几大组件、AutoCAD、CorelDRAW 等应用程序中都集成了 VBA。如果学会在 Excel 中使用 VBA 创建解决方案后，也就掌握了 VBA 在其他软件中应用的基础，甚至将有些 VBA 代码重用。

5.1.2　VBA 的用途

由于微软 Office 软件的普及，人们常见的办公软件 Office 软件中的 Word、Excel、Access、PowerPoint 都可以利用 VBA 使这些软件的应用更高效。微软在 1994 年发行的 Excel 5.0 版本中，即具备了 VBA 的宏功能。目前，Office 2010 使用的是 VBA 6.5 版本。掌握了 VBA，可以发挥以下作用：

(1) 规范用户的操作，控制用户的操作行为。

(2) 操作界面人性化，方便用户的操作。

(3) 多个步骤的手工操作通过执行 VBA 代码可以迅速地实现。

(4) 实现一些 VB 无法实现的功能。

(5) 用 VBA 制作 Excel 登录系统。

(6) 利用 VBA 可在 Excel 内轻松开发出功能强大的自动化程序。

5.1.3　VBA 的优点

VBA 的优点主要有以下几点。

1) 可以录制

VBA 采用录制方式可以产生程序代码，代码稍加优化即可得到最佳程序，摆脱实际代码的困扰，降低使用者的难度。

2) 所见即所得

Excel VBA 有窗体及工作簿、工作表等对象，可以直接拖动产生对象，不需要编写创建对象的代码，也可以调整为一边操作工作表数据和图形对象，一边查看代码变化，即录制宏的同时查看工作簿窗口和代码窗口。

3) 调用现成对象

VB 开发程序时需要自己设计窗体和对象，而 Excel 中有现成的工作表对象、窗口对象和图形对象等，开发者仅需对这些对象和数据进行操作即可，这也是 VBA 简单易学的原因之一。

4) 应用广泛

目前 Word、PowerPoint、Excel、Access、Visio、AutoCAD 等软件都支持 VBA，而各个软件之间的代码可以相互移植，然后对代码中的引用对象稍加修改即可。

VBA 优点不少，但实际使用 VBA 的用户并不是特别多。初步掌握宏的使用，是非常快的，但是要想熟练掌握 VBA，则需要投入大量时间学习，至少 2 个月。另外，VBA 中有几百个对象，每个对象都有多个属性和方法，这些专业词汇的掌握对于没有编程经验的用户来说也是影响其学习和使用 VBA 的阻力。

通常，使用 VBA 主要有两类用户。一类是编写代码给自己用的终端用户。利用 VBA 解决一些临时问题，或者处理某个具体的重复性任务，这类用户较多。另一类是专业的 VBA 程序员。这类用户主要是基于宿主软件进行二次开发以满足软件使用者的需求，现在就有很多基于 Excel 开发的各类管理系统。

5.1.4 在 Excel 中启动 VBE

Microsoft 提供了 VBA 的开发环境 VBE(Visual Basic Editor，即 Visual Basic 编辑器)，它可以将 VBA 的各种功能结合在一起，实现电子表格的处理自动化。在 VBE 窗口中用户可以编写、调试和运行应用程序。

下面以 Excel 为例，介绍 VBE 的几种启动方式。

方法 1：使用“开发工具”选项卡。

第一步：启动 Excel 软件，在 Excel 窗口中选择“文件”选项卡中的“选项”命令，或者在功能区空白处单击鼠标右键，在快捷菜单中选择“自定义功能区”，打开“Excel 选项”对话框，如图 5-1 所示。

第二步：在对话框左侧选择“自定义功能区”。在对话框右侧列表框中，选中“开发工具”前的复选框，单击“确定”按钮关闭对话框。

第三步：单击“开发工具”选项卡中的 Visual Basic 按钮即可打开 VBE。

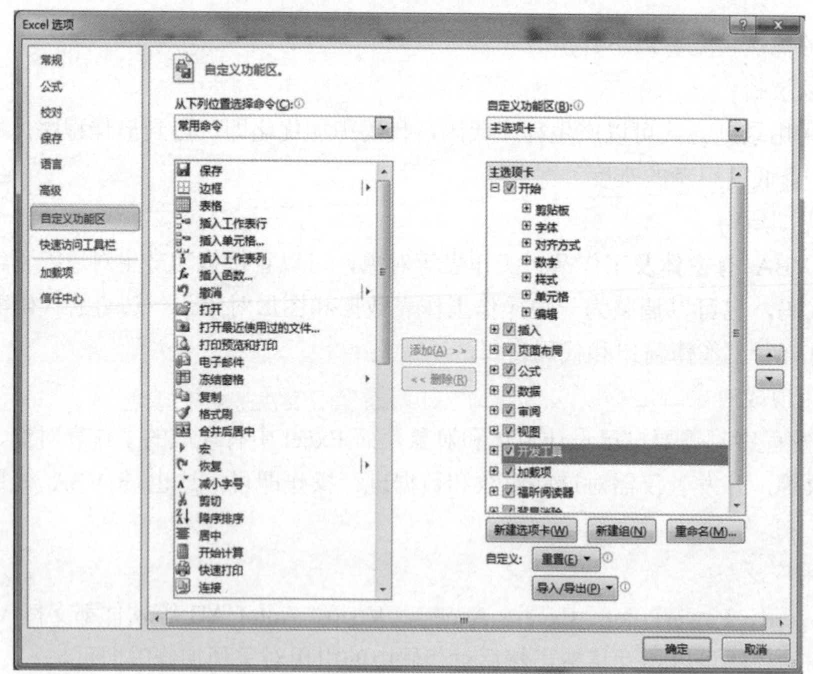

图 5-1 “Excel 选项”对话框

方法 2：使用快速访问工具栏。

第一步：如方法一所述，先打开“Excel 选项”对话框。

第二步：在对话框左侧选择“快速访问工具栏”，中间位置“从下列位置选择命令”下拉列表中选择“开发工具选项卡”，在下面的列表框中选择 Visual Basic 命令，单击“添加”按钮，将其添加到右侧列表框中，如图 5-2 所示，或者直接双击列表框中的 Visual Basic 命令即可。

第三步：添加成功后，在快速访问工具栏中单击 Visual Basic 按钮即可打开 VBE。

方法 3：使用快捷键。

在 Excel 工作界面下，直接使用 Alt+F11 组合键即可打开 VBE。

上述 3 种方法同样适用于在 Office 系列的其他软件中启动 VBE，只是在操作细节或选择上略有不同。

图 5-2　“Excel 选项”对话框之自定义快速访问工具栏

5.1.5　VBE 工作界面介绍

使用开发环境 VBE 可以完成以下任务。

(1) 创建 VBA 过程。

(2) 创建用户窗体。

(3) 查看/修改对象属性。

(4) 调试 VBA 程序。

使用 5.1.4 小节介绍的方法打开 VBE 窗口，VBE 的操作界面默认状态下是由标题栏、工具栏、工程资源管理器窗口、属性窗口、代码窗口等组成的，如图 5-3 所示，其中窗口具有一定的灵活性，在不使用时，可以将其关闭；当需要使用时，在“视图”菜单中选择即可出现。

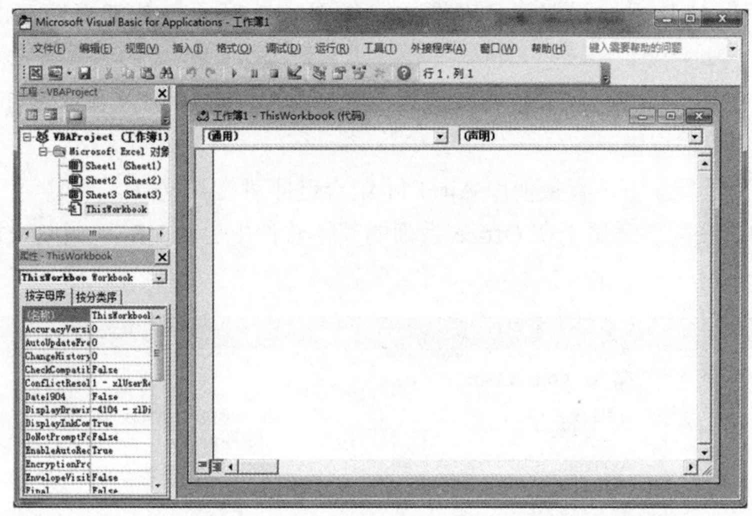

图 5-3　VBE 窗口

1) 标题栏

标题栏位于窗口的顶部。最左侧含有“控制菜单”图标，包括还原、移动、大小、最小化、最大化和关闭菜单命令。其后显示该窗口的名称(Microsoft Visual Basic for Applications)以及当前正在处理的文件名。最右侧是最小化按钮、最大化/还原按钮和关闭按钮。

2) 菜单栏

菜单栏位于标题栏之下，有“文件”“编辑”“视图”“插入”“格式”“调试”“运行”“工具”“外接程序”“窗口”和“帮助”11 个菜单项。鼠标单击某个菜单项或用访问组合键“Alt+字母”访问菜单项，就会弹出由若干个命令组成的下拉菜单，这些下拉菜单包含了 VBE 的各种功能。除了常规菜单栏外，还提供了丰富的快捷菜单，在 VBE 窗口的对象上右击，便可获取常用命令的快捷菜单。

3) 工具栏

工具栏中包含了一系列的常用菜单命令，相同类型的工具按钮集合成一组工具栏，工具栏提供了对命令的快捷访问。VBE 提供了 4 种默认工具栏，即“标准”“编辑”“调试”和“用户窗体”。默认情况下标准工具栏显示在菜单栏的下方，其他工具栏都处于隐藏状态。用户可以在“视图”菜单中的“工具栏”菜单中进行选择，也可以根据用户需要自定义工具栏。

4) 工程资源管理器窗口

工程资源管理器是用来管理 VBA 工程项目。工程资源管理器窗口中以树形目录的形式显示了当前工程中的各类文件清单。每一个打开的文档都可作为一个工程，工程节点展开后包含了该文档中的对象，不同的对象都有对应的代码窗口。

5) 属性窗口

属性窗口主要用来设置对象属性，属性窗口中的内容是随着选择对象的不同而发生变化的，不同的对象有不同的属性。在属性窗口中可以查看或设置某对象的属性，左边为属性名右边为属性值，属性值可以直接输入，也可以单击下拉菜单进行选择。

6) 代码窗口

代码窗口是用来查看和编辑 VBA 代码的，是学习 VBA 的主要编辑场所。工程资源管理器中的每一个对象都有一个相关联的代码窗口，在代码窗口的顶部有两个下拉列表，左边一个为“对象”下拉列表，用来显示选择的对象名称；右边一个为“过程”下拉列表，列出了所选对象的所有事件。

除了以上的窗口外，VBA 还提供了“本地窗口”“监视窗口”“立即窗口”，这几个窗口是为了调试和运行程序而提供的，需要时可以在“视图”菜单中选择。

5.1.6　在 VBE 中创建一个简单 VBA 过程代码

下面演示在一个新建的 Word 文档中，如何创建及运行一个 VBA 过程。

新建一个 VBA 过程的操作步骤如下。

第一步：新建一个 Word 文档。

第二步：使用 Alt+F11 组合键打开 VBE，也可使用其他方法打开。

第三步：在 VBE 左侧“工程资源管理器”中的 Project1 处单击鼠标右键，在弹出的快捷菜单中选“插入”命令中的“模块”命令，弹出模块编辑窗口。

第四步：在模块编辑窗口中编写程序代码，如图 5-4 所示。

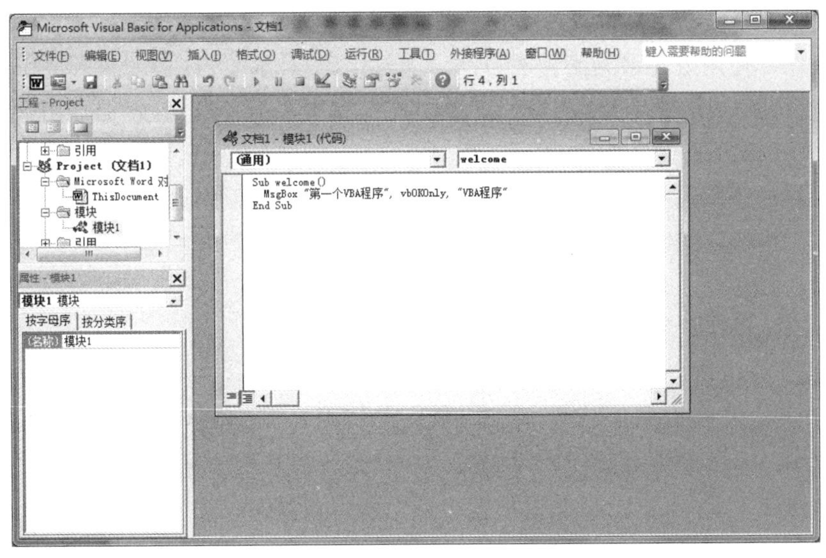

图 5-4　新建一个 VBA 过程

程序分析：第 1 行和第 3 行分别是程序的开始和结束，也表示一个模块的开始和结束，本例中 welcome 就是过程名称；中间部分是程序要完成的功能，本例中 MsgBox 是实现弹出一个对话框的函数，其第一个参数“第一个 VBA 程序”是对话框中要显示的内容，第二个参数 vbOKOnly 是表示在对话框中只显示“确定”按钮，第三个参数“VBA 程序”是对话框要显示的标题。

第五步：运行 welcome 过程，先将光标放在 Welcome 过程中，然后选择“运行”菜单栏中的“运行子过程/用户窗口”，或者单击 VBE“标准”工具栏上的“运行子过程/用户窗口”按钮，或者按 F5 键，即可出现代码的运行结果，如图 5-5 所示。

图 5-5　VBA 程序

第六步：保存 VBA 代码，选择“文件”菜单栏中的“保存”，或者单击 VBE“标准”工具栏上的“保存”按钮，或者按 Ctrl+S 组合键，打开保存对话框，要保存含有 VBA 代码的 Word 文档，保存类型应选择为“启用宏的 Word 文档”，文件扩展名为.docm。

5.2　宏 的 使 用

5.2.1　什么是宏

所谓宏(Macro)，就是一些命令组织在一起，作为一个单独命令完成一个特定任务。Microsoft Word 中对宏定义为：“宏就是能组织到一起作为一独立的命令使用的一系列 Word 命令，它能使日常工作变得更容易”。Word 使用宏语言 Visual Basic 将宏作为一系列指令来编写。

宏是一组 VBA 命令，可以理解为一段程序或一个子程序。如果希望在 Office 中重复执行某项工作，使用宏是最为简便的方法。宏是用于自动执行任务的一项或一组操作，其本质是由一系列 VBA 命令组成的程序，通过宏可以将一系列 Office 命令组合在一起，形成一个程序，已实现任务的自动化。

例如，教师在整理不同班级的成绩时，需要将成绩表标题行加粗、加背景、居中显示等。如果手工操作，每个表都需要操作一遍，当表的数量较多时，工作量就会很大。我们可以使用宏，将这一系列操作录制为宏，在每个表的标题行单元格上执行该宏，就可以快速地完成格式化操作，节省时间而且不会出错。

Excel 提供了两种创建宏的方法。

一种方法是前面提到的使用 VBE 编写宏代码，用 VBA 语言编制出的程序就叫“宏”。使用 VBA 需要有一定的编程基础，并且还会耗费大量的时间，因此，绝大多数的使用者仅使用了 Excel 的一般制表功能，很少使用到 VBA。

另一种方法是利用 Excel 环境中的“宏录制器”，录制用户的操作。这种方法比较简单，而且直观，不需要了解太多的 VBA 语言，降低了用户使用 VBA 的难度，扩大了使用

VBA 的用户群体。

在创建宏以后，可以将宏分配给对象(如按钮、图形、控件和快捷键等)，这样执行宏就像单击按钮或按快捷键一样简单，可以方便地扩展 Excel 的功能，有很多信息管理系统就是基于 Excel 使用 VBA 开发的。

前面已经介绍过了如何使用 VBE 创建一个过程，接下来以一个具体的例子讲解如何录制宏。

5.2.2　录制宏

在录制和编写宏之前应先制定计划，确定宏要执行的具体步骤和命令。在录制前，应该熟练操作步骤，避免在录制过程中出现失误。

启动宏录制器，按预定的计划进行一系列的操作，就可以创建宏。这需要重复这组操作时，执行该宏即可。在 Excel 中有 3 种方法来录制宏。

方法 1：单击 Excel 状态栏左侧的“录制宏”按钮，按钮位于窗口的左下角。

方法 2：执行“视图”选项卡下“宏”中的“录制宏”命令。

方法 3：执行“开发工具”选项卡下“代码”中的“录制宏”命令。在打开的“宏”对话框中录制宏。

实例：录制的一个宏，修改单元格格式，数据类型为“数值”，不保留小数，条件格式：突出显示单元格数值(小于 60 分的浅红色填充)。操作步骤如下。

第一步：打开“操作系统成绩表”文件，如图 5-6 所示。

E3　=C3*0.4+D3*0.6

	A	B	C	D	E
1	操作系统成绩总表				
2	学号	姓名	平时成绩	考试成绩	总成绩
3	20021105628	吴棋静	100	74	84.4
4	20021105636	王浩	95	75	83
5	20021105640	刘小宇	0	22	13.2
6	20021105641	王伟	100	75	85
7	20021105642	王尔坚	0	0	0
8	20021105657	贾凡	60	41	48.6
9	20021105661	杨帆	70	67	68.2
10	20021105665	何俊龙	100	88	92.8
11	20021105669	王雪峰	95	96	95.6
12	20021105670	尹琴	100	77	86.2
13	20021105674	齐云霄	60	61	60.6

图 5-6　操作系统成绩表

第二步：任意选择一个单元格或单元格区域，如选择 F3 单元格，执行“视图”选项卡下“宏”中的“录制宏”命令，打开“录制新宏”对话框。

第三步：在“录制新宏”对话框的“宏名”文本框中输入宏名称，如“总成绩格式化”，在“保存在”下拉菜单中选择保存位置，如图 5-7 所示，单击“确定”按钮，开始宏的录制操作。

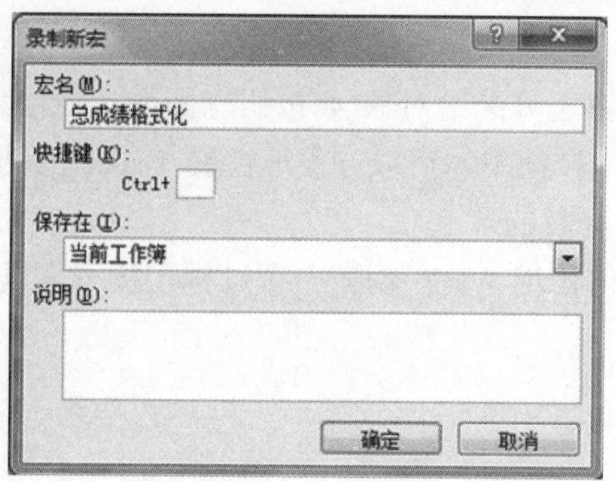

图 5-7 “录制新宏”对话框

第四步：在 F3 单元格上单击右键，选择右键快捷菜单中的“设置单元格格式”，在弹出的“设置单元格格式”对话框中“数字”选项卡“分类”中选择“数值”，将“小数位数”设置为 0，单击“确定”按钮，完成单元格格式的修改。

第五步：单击“开始”选项卡下“样式”中的“条件格式”，执行“突出显示单元格规则”下的“小于”命令，在弹出的“小于”对话框中输入 60，并将“设置为”选择成“浅红色填充”即可，单击“确定”按钮，完成条件格式的设置。

第六步：执行“视图”选项卡下“宏”中的“停止录制”命令，完成宏的录制工作。

第七步：应用“总成绩格式化”宏。选择其他总成绩单元格，如 E4:E22，执行“视图”选项卡下“宏”中的“查看宏”命令，选择宏名为“总成绩格式化”，单击“执行”按钮。执行结果如图 5-8 所示。

	A	B	C	D	E
1	操作系统成绩总表				
2	学号	姓名	平时成绩	考试成绩	总成绩
3	20021105628	吴棋静	100	74	84
4	20021105636	王浩	95	75	83
5	20021105640	刘小宇	0	22	13
6	20021105641	王伟	100	75	85
7	20021105642	王尔坚	0	0	0
8	20021105657	贾凡	60	41	49
9	20021105661	杨帆	70	67	68
10	20021105665	何俊龙	100	88	93
11	20021105669	王雪峰	95	96	96
12	20021105670	尹琴	100	77	86
13	20021105674	齐云霄	60	61	61
14	20021105676	倪蔚然	100	53	72
15	20021105682	刘昱	70	62	65
16	20021105690	黄春雨	95	70	80

宏
宏名(M):
总成绩格式化
执行(R)
单步执行(S)
编辑(E)
创建(C)
删除(D)
选项(O)...
位置(A): 所有打开的工作簿
说明
取消

图 5-8 宏“总成绩格式化”执行结果

如果需要在其他成绩表中格式化总成绩，只需要打开成绩表，选中相应的单元格，再次执行上述第七步即可。如果操作比较多且烦琐，录制时容易出错，也可以将操作分解录制为多个宏。

宏名最多可为 255 个字符，并且必须以字母开始。其中可用的字符包括字母、数字和下划线。宏名中不允许出现空格。通常用下划线代表空格。宏名的命名最好是与操作有关的有意义的名字，便于后续使用。

5.2.3　查看编辑录制的代码

上述例子中到底是什么在控制 Excel 的运行呢?你可能有些疑惑，让我们看看 VBA 的语句吧。

执行“视图”选项卡下“宏”中的“查看宏”命令，显示“宏”对话框，选择宏名为“总成绩格式化”，单击“编辑”按钮。此时，会打开 VBA 的编辑器窗口，如图 5-9 所示。关于 VBE，前面已经做过介绍，接下来我们重点关注代码部分。

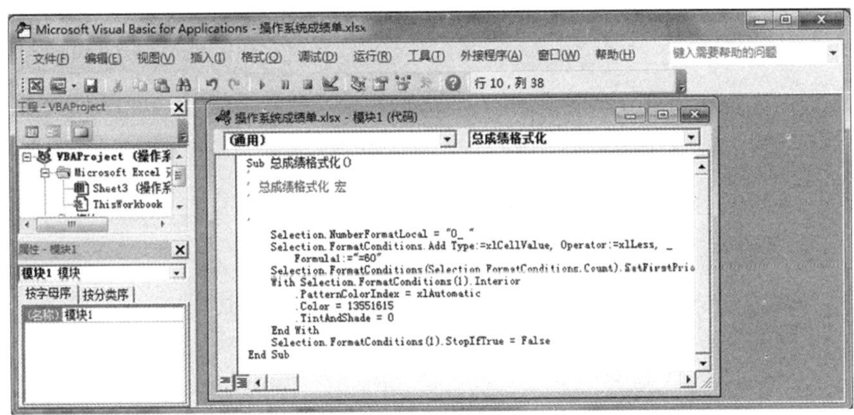

图 5-9　VBE 窗口

通过后续的学习会十分熟悉这种代码，虽然现在它们看上去像一种奇怪的外语。学习 VBA 或编程语言在某种程度上比较像在学习一种外语。

第一行“Sub 总成绩格式化()”，这是宏的名称。

中间的以“'”开头的五行称为“注释”，它在录制宏时自动产生。

Selection.NumberFormatLocal = "0_ "：是设置单元格数据类型为不保留小数的数值。

Selection.FormatConditions.Add Type:=xlCellValue, Operator:=xlLess, _
Formula1:="=60" ：添加条件格式，单元格数值小于 60

以 With 开头到 End With 结束的结构是 With 结构语句，这段语句是宏的主要部分。Selection.FormatConditions(1).Interior ：是选定集合的条件格式的内部。这整段语句设置该集合内部的一些“属性”。

其中：

.PatternColorIndex = xlAutomatic：表示内部图案底纹颜色为自动配色，注意：有一个小圆点，它的作用在于简化语句，小圆点代替出现在 With 后的词，它是 With 结构的一部分。

.Color = 13551615：单元格颜色为浅红色。

.TintAndShade = 0：它用于使指定图形的颜色变浅或加深，属性输入从-1(最深)到 1(最浅)的数，0(零)表示中间色。

End With：结束 With 语句。

最后一行“End Sub”是整个宏的结束语。

这些代码可不可以修改呢？我们录制了一个宏并查看了代码，代码中有两句实际上并不起作用。哪两句？现在，在宏中做一个修改，删除多余行后和下面的代码相同：

```
Sub 总成绩格式化()
'
' 总成绩格式化 宏
'

'
    Selection.NumberFormatLocal = "0_ "
    Selection.FormatConditions.Add Type:=xlCellValue, Operator:=xlLess, _
        Formula1:="=60"

Selection.FormatConditions(Selection.FormatConditions.Count).SetFirstPri
ority
    With Selection.FormatConditions(1).Interior
        .Color = 13551615
    End With
    Selection.FormatConditions(1).StopIfTrue = False
End Sub
```

完成后，在工作表中试验一下，你会发现结果和修改前的状况一样。

在注释语句后加入一行：Range("E5").Select。试着运行该宏，则无论开始选择哪个单元格，宏运行结果都是只对 E5 单元格起作用。

现在可以看到，编辑和录制宏是同样简单的。需要编辑宏是因为以下 3 个方面的原因。

(1) 在录制中出错而不得不修改。

(2) 录制的宏中有多余的语句需要删除，提高宏的运行速度。

(3) 希望增加宏的功能，比如加入判断或循环等无法录制的语句。

5.2.4 录制宏的局限性

希望自动化的许多 Excel 过程大多都可以用录制宏来完成。但是宏记录器存在以下局限性。通过宏记录器无法完成的工作有：

(1) 录制的宏，无法实现判断或循环功能。

(2) 人机交互能力差，即用户无法进行输入，计算机无法给出提示。

(3) 无法显示 Excel 对话框。

(4) 无法显示自定义窗体。

5.2.5 宏安全性

宏是由 VBA 代码组成，功能非常强大。自从 Office 支持宏以来，宏病毒就随之出现。许多病毒利用 VBA 宏对系统和数据文件进行恶意的操作，危害性非常大。有一段时间，Word 宏病毒非常泛滥，大家对谈“宏”色变，宏的安全性越来越受到用户的重视。

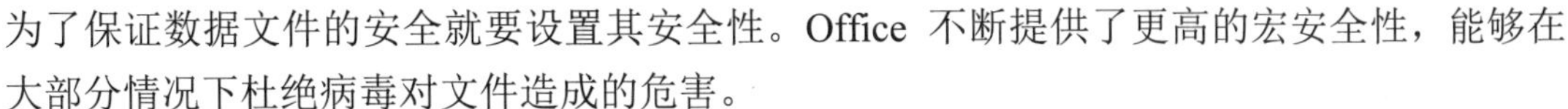

为了保证数据文件的安全就要设置其安全性。Office 不断提供了更高的宏安全性，能够在大部分情况下杜绝病毒对文件造成的危害。

1. 打开包含宏的文件

在打开包含宏命令的文件时，可能会在功能区的下方弹出一条黄色的“安全警告”。用户可以单击“启用内容”或“启用宏”按钮，则文档中的宏可以被运行。如果对于文档的来源不放心，不想运行宏，可以单击右侧的关闭按钮或“禁用宏”按钮。文档中的宏就无法运行，但是可见宏名和可查看宏代码。

2. 设置宏安全性

宏安全性的设置过程如下。

第一步：选择“文件”选项卡中的“选项”命令，打开“Excel 选项”对话框。

第二步：在“Excel 选项”对话框中选择左侧的“信任中心”选项，再单击“信任中心设置”按钮，打开“信任中心”对话框，如图 5-10 所示。

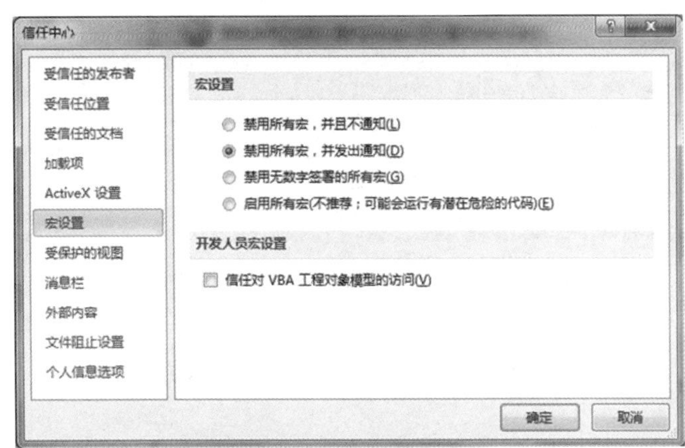

图 5-10　“信任中心”对话框

第三步：在“信任中心”对话框中选择左侧的“宏设置”，右侧“宏设置”下方有 4 个单选按钮，它们含义如下。

(1) 禁用所有宏，并且不通知。

该选项的安全级别最高，文档中所有宏及有关宏的安全警报将全部禁用。若不信任宏，则使用此设置。如果文档具有信任的未签名的宏则可以将这些文档放在受信任的位置上，受信任的位置中的文档可以直接运行，不会由信任中心安全系统进行检查。

(2) 禁用所有宏，并发出通知。

此项为默认设置。如果想禁用宏，但又希望在存在宏时收到安全警报，则使用此选项。这时用户可以根据具体情况选择何时启用这些宏。

(3) 禁用无数字签署的所有宏。

当宏由发行者进行数字签名时，如果是信任发行者，则宏可以直接运行，否则将发出安全警报。

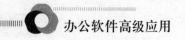

(4) 启用所有宏(不推荐；可能会运行有潜在危险的代码)。

可以暂时使用此设置，以便允许运行所有宏。因为此设置容易使计算机受到恶意代码的攻击，所以不建议长期使用此设置。

如果是开发人员，可以选择“开发人员宏设置”中的“信任对 VBA 工程对象模型的访问”复选框。

3. 保存含有宏的文件

宏主要用来实现日常工作中的某些任务的自动化操作，由于使用 VBA 代码可以控制和运行 Office 软件以及其他应用程序，因此这些强大的功能可以被用来制作计算机病毒。默认情况下，将 Office 软件设置为禁止宏的运行。

在保存含有宏命令的文档时，若按照默认的文件类型来保存，系统将弹出如图 5-11 所示的对话框。单击“是”则宏操作将不能被保存，单击“否”则回到“另存为”对话框。在“文件类型”列表中重新选择能够运行宏的其他文件类型，如包含宏的 Excel 文件应保存为“Excel 启用宏的工作簿”，文件扩展名为.xlsm。

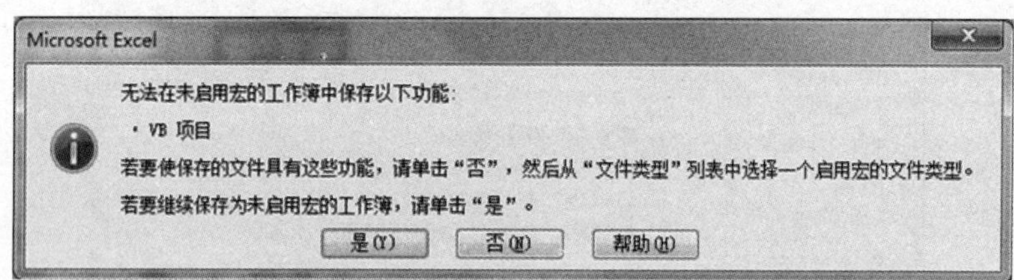

图 5-11　保存含有宏的文件时弹出的对话框

5.3　VBA 语言基础

任何一种程序设计语言都有一整套严格的编程规范。编写程序就是将所实现的功能表示成规范的语句的过程。本节将介绍 VBA 的基本语法单位、基本语句以及控制结构，是编写合法 VBA 程序的基础。

5.3.1　VBA 基本语句

VBA 程序由各种各样的语句构成，其中常用的语句有赋值语句和注释语句，赋值语句用于为程序中的变量保存值，注释语句用于帮助理解程序，不会产生实际的编译代码。本小节先介绍标识符、数据类型的基本概念和在 VBA 中的规范，然后介绍常量、变量的定义与使用，最后介绍赋值语句与注释。

1. 标识符

标识符是一种标识变量、常量、过程、函数、类等语言构成单位的符号，利用它可以实现对变量、常量、过程、函数、类等的引用。

VBA 中标识符的命名规则如下：

(1) 字母打头，由字母、数字和下划线组成，如 A987b_23Abc。

(2) 可以用汉字且长度可达 254 个字符。

(3) 不能与 VB 保留字重名，如 public, private, dim, goto, next, with, integer, single 等。

2. 基本数据类型、常量及变量

在程序中表示和处理数据，不但要知道数据值是什么，还要明确数据的类型是什么，这样才能确定为其分类多大的空间来存放或者对其进行何种运算。数据类型就是对数据规格和计算属性的描述。

在计算机中数据是程序处理的对象，不变的数我们将其称之为常量，以常数的形式或标识符的形式表示，如计算圆面积时，圆周率就是常量，为了提高可读性和便于处理，我们也可以不写成 3.141 592 6，而是把 3.141 592 6 起名字，叫 PI。

为实现自动化，需要通用性处理的数据，我们将其存储到计算存储单元中，为了便于识别，给它起个名字，称之为变量。如使用变量保存程序运行时用户输入的数据、特定运算的结果以及要在窗体上显示的一段数据等。简而言之，变量是用于跟踪几乎所有类型信息的方式。

不管是常量还是变量都是有类型的，我们使用时要为其指定类型，但是在 VBA 中，允许使用未定义的变量，默认是变体变量。

VBA 共有 12 种数据类型，具体见表 5-1，此外用户还可以根据以下类型用 Type 自定义数据类型。

表 5-1　VBA 数据类型

数据类型	类型标识符	字　节	数据范围
字符串型 String	$	字符长度(0～65 400)	固定长度可存储 1～64 000 可变长度最多可存储 2 亿个字符
字节型 Byte	无	1	0～255
布尔型 Boolean	无	2	True,False
整数型 Integer	%	2	−32 768～32 767
长整数型 Long	&	4	−2 147 483 648～2 147 483 647
单精度型 Single	!	4	3.4 × 10^(−38)～3.4 × 10^(+38)
双精度型 Double	#	8	1.7 × 10^(−308)～1.7 × 10^(+308)
日期型 Date	无	8	公元 1/1/1～9999/12/31
货币型 Currency	@	8	
变体型 Variant	无	以上任意类型，可变	
对象型 Object	无	4	

3. 变量的声明及赋值语句

为变量声明类型，给变量命名的语句称为变量的声明。声明包括以下几个部分。

变量作用域、变量名字、as 类型。

变量作用域是指变量的可访问性，即是否可在某个过程(或函数)中使用某个变量。变量的作用域由声明的位置和标识决定。主要包括 3 个层次：过程作用域，私有作用域以及公共作用域。

(1) 过程作用域表示仅在定义它的过程内有效，使用 Dim 或者 Static 语句声明的变量，这里 Static 是静态的意思，就是说这个变量一旦声明了就不可变，比如身份证，一个人对应一个身份证不可以变。

(2) 私有作用域表示仅在模块内有效，即在模块的第一个过程之前使用 Dim 或者 Private 语句声明的变量，可以在这个模块内所有的过程中使用。

(3) 公共作用域在一个模块的第一个过程之前使用 Public 语句声明的变量，作用域为所有模块，这样所有的模块都可以引用(使用)它。

变量名字是给变量起一个名字，以便于标记它。要符合标识符的命名规则，为了提高可读性，通常给变量起一个见名知意的名字。如身高(height)，周长(length)等。

例 5.1 关于变量的定义举例及说明。

Dim 变量 as 类型 '定义为局部变量，如 Dim i as integer

Private 变量 as 类型 '定义为私有变量，如 Private sum as byte

Public 变量 as 类型 '定义为公有变量，如 Public height as single

Global 变量 as 类型 '定义为全局变量，如 Global birth as date

Static 变量 as 类型 '定义为静态变量，如 Static pi as double

关于变量定义的说明：VBA 允许使用未定义的变量，默认是变体变量。

(1) 在模块通用说明部分，加入 Option Explicit 语句可以强迫用户进行变量定义。

(2) 变量定义语句及变量作用域。

(3) 一般变量作用域的原则是，哪部分定义就在那部分起作用，模块中定义则在该模块起作用。

(4) 常量为变量的一种特例，用 Const 定义，且定义时赋值，程序中不能改变值，作用域也如同变量作用域。如下定义：Const Pi=3.1415926 as single。

4. 数组

数组是包含相同数据类型的一组变量的集合，在内存中表现为一个连续的内存块。对数组中的单个变量引用通过数组索引下标进行。数组必须用 Global 或 Dim 语句来定义。定义规则如下：

Dim 数组名([lower to]upper [, [lower to]upper, ….]) as type ;Lower 缺省值为 0。二维数组是按行列排列，如 XYZ(行，列)。

除了以上固定数组外，VBA 还有一种功能强大的动态数组，定义时无大小维数声明；在程序中再利用 Redim 语句来重新改变数组大小，原来数组内容可以通过加 preserve 关键字来保留。如下例：

```
Dim array1() as double
Redim array1(5)
array1(3)=250
Redim preserve array1(5,10)
```

5. 运算符

运算符是进行某种运算功能的符号，除了我们熟悉的算术运算外，VBA 还支持更为丰富的运算，具有较丰富的计算能力。

1) 算术运算符

算术运算符进行数学运算，除加、减、乘、除的算术计算外，还包括整除、取余、求幂等，详见表 5-2。

表 5-2　算术运算符

运 算 符	名　称	示　例	结　果
+	加	5+5	10
－	减	5-5	0
*	乘	5*5	25
/	除	5/5	1
\	整除	5\2	2
^	幂	3^2	9
Mod	取余	5 mod 2	1

2) 逻辑运算符

逻辑运算通常是用于对结果是逻辑值的表达式的运算，例如某个人的年龄是否大于 18 岁，其结果要么是真(True)，要么是假(False)，这就是一个结果是逻辑值的表达式。逻辑运算符中主要包括 Not(非)、And(与)、Or(或)、Xor(异或)、Eqv(相等)、Imp(隐含)。详见表 5-3。

表 5-3　逻辑运算符

逻辑运算符	结　果
Not	表达式为真，返回假；表达式假，返回真
And	只有两者都为真时才返回真，其余都返回假
Or	只要其中一个表达式为真，则为真。同为假则为假
Xor	只要同为真或同为假时为假，否则返回真
Eqv	同为真或同为假时返回真，否则返回假
Imp	如果第一个表达式为真，第二表达式为假，则返回假，否则返回真

例如：age=23 and name=“李四”当两个情况同时为真时，结果为真，有一个不满足则结果为假。

3) 关系运算符

关系运算也称为比较运算，用于比较前后两个表达式的值之间的关系，会得到一个逻辑值结果。如 5>2 结果为 True。关系运算符包括： = (相同)、<>(不等)、>(大于)、<(小于)、>=(不小于)、<=(不大于)、Like(像)、Is(是)。

4) 赋值运算符

赋值运算符用于给变量赋值，一般要求“=”左面是变量名字，右面是与左侧变量类型相同的表达式。

例 5.2 以下程序实现了求三角形周长的问题。共使用了 4 个变量，名字分别是 a、b、c 和周长，类型都是整型，先分别给三条边 a、b、c 赋值，然后进行求和运算，程序在最后将结果输出到立即窗口。

```
Sub 三角形()
    Dim a As Integer, b As Integer, c As Integer, 周长 as Integer
    a = 10
    b = 20
    c = 15
    周长 = a + b + c
    Debug.Print 周长
End Sub
```

6. 注释

注释语句是用来说明程序中某些语句的功能和作用；VBA 中有两种方法标识为注释语句。

(1) 单引号“'”，如：'定义全局变量；可以位于别的语句之尾，也可单独一行。

(2) Rem，如：Rem 定义全局变量；只能单独一行。

例 5.3 计算圆的面积。

```
Sub 圆面积()
    Dim r As Single, area as Single 'r 存储半径， area 存储面积
    r=5
    area = 3.14*r*r        '面积等于圆周率乘半径的平方
    Debug.Print area       '输出圆的面积
End Sub
```

5.3.2 过程与函数

模块化的程序设计是将功能相对独立的语句写到一个过程或函数中，通过过程调用来执行模块对应的功能。这样做的好处在于一方面简化了编程，同时也便于调试和阅读。

1. Sub 过程

通常是功能的描述，不返回任何值。如打印一个人的信息就可以定义成一个过程。

语法形式为：

```
[Public | Private][Static ] Sub <过程名>(参数列表)
```

过程语句：

```
End sub
```

有两种传递参数的方式：按值传递(ByVal)和按地址传递(ByRef)。

如下例：

例 5.4　用过程计算两个数的和。

```
Sub sum (ByVal x as integer, ByRef y as integer)
Debug.Print x+y
End sub
```

执行过程的功能称为过程调用，语法方式有两种：

Call 过程名(参数 1, 参数 2, …)；

Call 过程名 参数 1, 参数 2, …

如例 5-4 的调用方法是：call sum (5,2) 或 call sum 5,2。

2. Function 函数

函数实际是实现一种映射，它通过一定的映射规则，完成运算并返回结果。

语法形式为：

```
[Public | Private][Static ] Function <函数名>(参数列表) as <数据类型>
```

函数语句：

```
End Function
```

参数传递也两种：按值传递(ByVal)和按地址传递(ByRef)。如下例：

例 5.5　计算两个数的和，并返回。

```
Function sum(ByVal x as Integer, ByRef y as Integer) as Integer
   sum=x+y;
End Function
```

当函数有返回值时，其用法相当于一个该类型的变量，可将其作为一个表达式放在赋值语句的右端，或者作为参数使用。如上面的函数就可以出现在如下过程中。

```
Sub call_sum ()
Dim x1 as integer
Dim y1 as integer
x1=12
y1=100
debug.print sum(x1,y1)
End sub
```

3. Property 属性过程和 Event 事件过程

这是 VB 在对象功能上添加的两个过程，与对象特征密切相关，也是 VBA 比较重要组成，技术比较复杂，可以参考相关书籍。

4. 内部函数

在 VBA 程序语言中有许多内置函数，如表 5-4～表 5-8 所示，可以帮助程序代码设计和减少代码的编写工作。

表 5-4　测试函数

函数定义	说　明
IsNumeric(x)	是否为数字，返回 Boolean 结果，True or False
IsDate(x)	是否是日期，返回 Boolean 结果，True or False
IsEmpty(x)	是否为 Empty，返回 Boolean 结果，True or False
IsArray(x)	指出变量是否为一个数组
IsError(expression)	指出表达式是否为一个错误值
IsNull(expression)	指出表达式是否不包含任何有效数据 (Null)
IsObject(identifier)	指出标识符是否表示对象变量

表 5-5　数学函数

种　类	常用数学函数列举
三角函数	Sin(x)、Cos(x)、Tan(x)、Atan(x)
自然对数	Log(x)
求绝对值	Abs(x)
取整	Int(number)、Fix(number)
返回正负	Sgn(number)
平方根	Sqr(number)
随机数	Rnd(x)返回 0～1 之间的单精度数据，x 为随机种子

表 5-6　字符串函数

函　数	说　明
Trim(string)	去掉 string 左右两端空白
Ltrim(string)	去掉 string 左端空白
Rtrim(string)	去掉 string 右端空白
Len(string)	计算 string 长度
Left(string, x)	取 string 左段 x 个字符组成的字符串
Right(string, x)	取 string 右段 x 个字符组成的字符串
Mid(string, start,x)	取 string 从 start 位开始的 x 个字符组成的字符串
Ucase(string)	转换为大写
Lcase(string)	转换为小写
Space(x)	返回 x 个空白的字符串
Asc(string)	返回一个 integer，代表字符串中首字母的字符代码
Chr(charcode)	返回 string，其中包含与指定的字符代码相关的字符

表 5-7　转换函数

函　数	说　明
CBool(expression)	转换为 Boolean 型
CByte(expression)	转换为 Byte 型
CCur(expression)	转换为 Currency 型
CDate(expression)	转换为 Date 型
CDbl(expression)	转换为 Double 型
CDec(expression)	转换为 Decemal 型
CInt(expression)	转换为 Integer 型
CLng(expression)	转换为 Long 型
CSng(expression)	转换为 Single 型
CStr(expression)	转换为 String 型
CVar(expression)	转换为 Variant 型
Val(string)	转换为数据型
Str(number)	转换为 String 型

表 5-8　时间函数

函数定义	返回值说明
Now	返回一个 Variant (Date)，根据计算机系统设置的日期和时间来指定日期和时间
Date	返回包含系统日期的 Variant (Date)
Time	返回一个指明当前系统时间的 Variant (Date)
Timer	返回一个 Single，代表从午夜开始到现在经过的秒数
TimeSerial(hour, minute, second)	返回一个 Variant (Date)，包含具有具体时、分、秒的时间
DateDiff(interval, date1, date2[, firstdayofweek[, firstweekofyear]])	返回 Variant (Long) 的值，表示两个指定日期间的时间间隔数目
Second(time)	返回一个 Variant (Integer)，其值为 0～59 之间的整数，表示 1 分钟之中的某个秒
Minute(time)	返回一个 Variant (Integer)，其值为 0～59 之间的整数，表示 1 小时中的某分钟
Hour(time)	返回一个 Variant (Integer)，其值为 0～23 之间的整数，表示 1 天之中的某一钟点
Day(date)	返回一个 Variant (Integer)，其值为 1～31 之间的整数，表示 1 个月中的某一日
Month(date)	返回一个 Variant (Integer)，其值为 1～12 之间的整数，表示 1 年中的某月
Year(date)	返回 Variant (Integer)，包含表示年份的整数。

续表

函数定义	返回值说明
Weekday(date, [firstdayofweek])	返回一个 Variant (Integer)，包含一个整数，代表某个日期是星期几

5.3.3 VBA 程序控制结构

在一个过程内部，程序语句通常是按照书写顺序来执行的，但在实际应用中，我们希望有些语句能够有选择地执行或者被反复执行。这就需要用到选择流程控制和循环流程控制。

1. 选择流程控制

在程序中选择流程控制使用相关语句实现，主要介绍两种选择判断功能的语句：If 语句和 Select case 语句。

1) If 语句

语句格式：

```
If condition Then [statements][Else statements]
```

如：If A>B And C<D Then A=B+2 Else A=C+2

表示当表达式 A>B And C<D 计算后的值为 True 时，执行 A=B+2，否则执行 A=C+2。也就是说 A=B+2 或 A= C +2 有一个被执行，由表达式 A>B And C<D 的结果来确定。

也可以使用块形式的语法：

```
If condition Then
   [statements]
     [ElseIf condition-n Then
         [elseifstatements] …
         [Else]
            [elsestatements]]
End If
```

例 5.6 选择执行事例。

```
If Number < 10 Then
   Digits = 1
ElseIf Number < 100 Then
   Digits = 2
Else
   Digits = 3
End If
```

2) Select case 语句

当条件过多时，利用 IF 嵌套的方式会非常烦琐，可使用 Select 语句实现，该语句首先需要计算表达式的值，然后与 case 后面的值相匹配，如果发现匹配成功的 case，则执行这个 case 后的语句。

语法形式：

```
Select case 表达式
   Case 值
      语句
   Case 值
      语句
   …
End select
```

例 5.7　select 选择执行事例。

```
Select Case Pid
Case "A101"
Price=200
Case "A102"
Price=300
…
Case Else
Price=900
End Select
```

2. 循环流程控制

在某些情况下，可能需要重复执行一组语句，如对数组元素赋值，此时，可以使用循环语句简化编程。循环结构包括两种不同的实现方式：For 语句和 Do 语句。

1) For 语句

以指定次数来重复执行一组语句。常见的有两种：

- For…Next
- For Each … Next

For…Next 通常用于完成指定次数的循环。语法形式为：

```
For counter = start To end [Step step]      ' step 缺省值为 1
   [Statements]
Next [counter]
```

例 5.8　For…Next 使用事例。

```
For Words = 1 To 10 Step 1                ' 建立 10 次循环
   For Chars = 0 To 9                     ' 建立 10 次循环
      MyString = MyString & Chars         ' 将数字添加到字符串中
   Next Chars                             ' Increment counter
   MyString = MyString & " "              ' 添加一个空格
Next Words
```

For Each…Next 语句的主要功能是对一个数组或集合对象进行，让所有元素重复执行一次语句。

语法形式为：

```
For Each element In group
   Statements
Next [element]
```

例 5.9 For…Each 使用事例。在信息框中输出对应数组元素。

```
Dim MyArray(10) as Integer
For Each i In MyArray
   MsgBox i
Next i
```

2) Do 语句

Do 语句比 For 语句更为灵活，该循环依据条件控制过程的流程，在 VBA 中通常可以看到如下几种循环语句形式：

- Do While…Loop
- Do … Loop While
- Do Until … Loop
- Do … Loop Until

这些语句的语法描述如下：

```
Do While…Loop
Do While Condition
  语句
Loop
```

当条件(Condition)为真时，循环才会继续，条件为假时退出。

```
Do … Loop While
Do
  语句
Loop While condition
```

表示先执行语句，然后再判断条件，当条件为真时继续循环，为假时退出循环。

```
Do Until … Loop
Do Until condition
  语句
Loop
```

表示条件为假时执行循环，直到条件满足退出循环。

```
Do … Loop Until
Do
  语句
Loop Loop Condition
```

表示与 Do untile…Loop 一样，不同之处在于先执行语句再判断循环条件。

例 5.10　循环举例。

```
    Sub mes()
        Dim i As Integer
        Dim sum As Integer
        i=1
        Do Until i>100
sum=sum+i
i=i+1
        Loop
        Debug.Print sum
End Sub
```

5.4　VBA 应用实例

在日常工作中如何使用 VBA 呢？本节将介绍在 Word 中使用 VBA 快速格式化文本的操作和在 PPT 中使用 VBA 实现交互式课件的两个实例。

5.4.1　在 Word 中使用 VBA 快速格式化文本

在日常工作学习中，需要从网络上查找信息并整理，将网页上的信息复制到 Word 文档中时，常常会出现以下问题：

- 文档中不同段落字体格式大小都不相同。
- 部分文字中包含有链接地址。
- 整篇文档中有很多空行。

手工操作比较麻烦，文档内容较多时会很费时费力。这时，我们就可以借助 VBA 编程来快速地解决此类问题，关键是 VBA 代码可以重用，今后遇到类似的问题时，只需要将代码复制到需要处理的文档中的 VBA 代码窗口，根据需要再次执行即可。

例 5.11　编写一段 VBA 代码实现清除文档中文本的格式、去掉链接和清除空行的功能，如图 5-12 所示，左侧原始文档中存在字体不同、字号不同、颜色不同等文本格式的不统一，部分文字保留有链接的格式、文档中还有很多的空行；右侧经过处理后的文档格式统一，没有链接和空行，方便后期的编辑处理。

实战步骤如下。

第一步：打开需要处理的原始文档，建议将文件另存为“文本格式化.docm”,文档类型选为“启用宏的 Word 文档”。

第二步：使用 Alt+F11 组合键打开 VBE，也可使用其他方法打开。在 VBE 左侧“工程资源管理器”中的 Project1 处单击鼠标右键，在弹出的快捷菜单中选择“插入”中的“模块”命令，弹出“模块编辑”窗口。

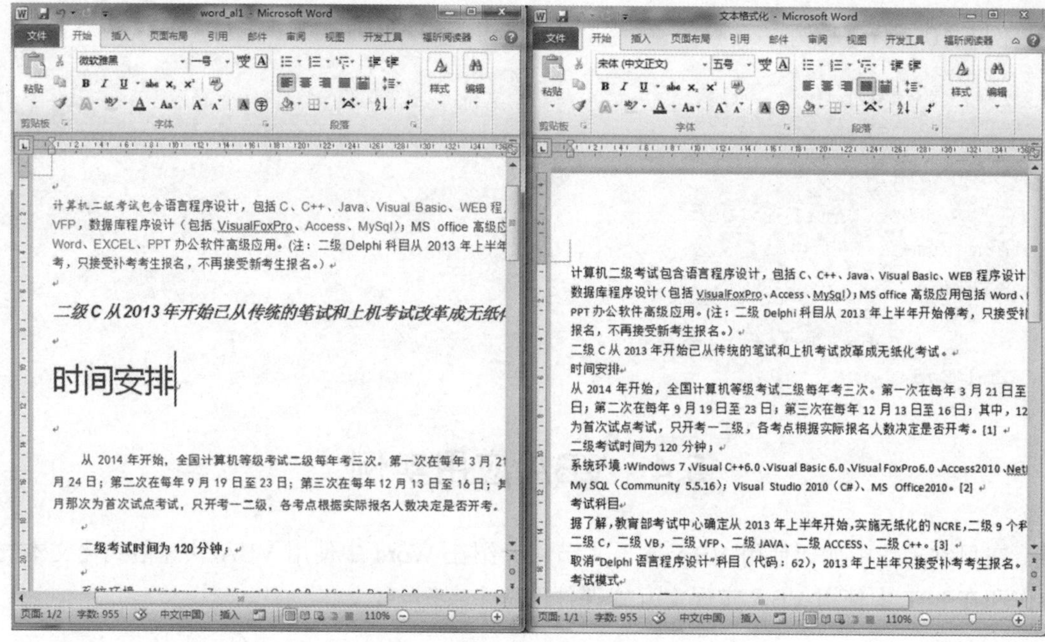

图 5-12　文档处理前后对比(左图为原文档，右图为处理后文档)

第三步：在“模块编辑”窗口中输入如下代码并运行，文档原有格式会被清除。

```
Sub qcgs()
' 清除文档格式
   Selection.WholeStory
   Selection.ClearFormatting
End Sub
```

第四步：在“模块编辑”窗口输入如下代码并运行，文档中的所有链接地址被清除。

```
Sub del_link()
' 清除链接
   Dim wb As Field
   For Each wb In ActiveDocument.Fields
      If wb.Type = wdFieldHyperlink Then
        wb.Unlink
      End If
   Next
Set wb = Nothing
End Sub
```

第五步：在“模块编辑”窗口输入如下代码并运行，空白段落被删除。

```
Public Sub del_null()
' 删除空段落
   Dim i As Long
   For i = ActiveDocument.Paragraphs.Count To 1 Step -1
      If VBA.Len(ActiveDocument.Paragraphs(i).Range.Text) = 1 Then
         ActiveDocument.Paragraphs(i).Range.Delete
      End If
```

```
    Next
    msgbox "空白段落已删除！"
End Sub
```

第六步：保存文档即可，也可以将处理后的文档保存为普通文档。

5.4.2　在 PPT 中使用 VBA 实现交互式课件

使用 PPT 制作课件，交互式功能不太好实现，我们可以利用 VBA 编程来实现交互型课件。通过课件的形式提供选择题、判断题、填空题等练习题，学生做完试题后，PPT 可自动评分并反馈给学习者最终成绩。

例 5.12　制作一个试题型课件。

实战步骤如下。

第一步：打开 Microsoft PowerPoint 2010，新建空白文稿，保存为启用宏的 PowerPoint 演示文稿，文件名为“练习题.pptm”；编辑第一张幻灯片，标题位置输入“交互式练习题”；再添加两张新的幻灯片，版式为“仅标题”；标题内容分别输入“选择题”和“填空题”；可以根据实际情况选择合适的主题加以装饰。

第二步：在第二、三张幻灯片中添加“单选按钮”“命令按钮”“文本框”等控件。选择“开发工具”选项卡，将“控件”中相应的控件拖放到幻灯片相应位置。编辑器属性值，如：在重置“命令按钮”上单击鼠标右键，选择“属性”，再在属性对话框中设置控件的 Caption 属性为“重置”。用同样的方法设置其他控件。制作效果如图 5-13 和图 5-14 所示。

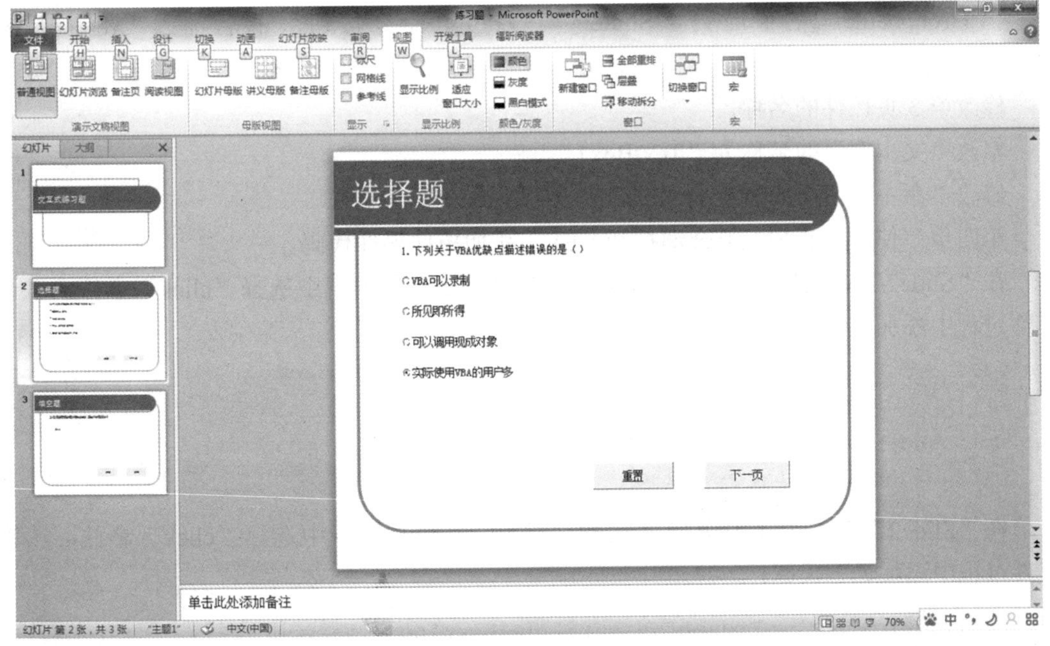

图 5-13　第二张幻灯片效果

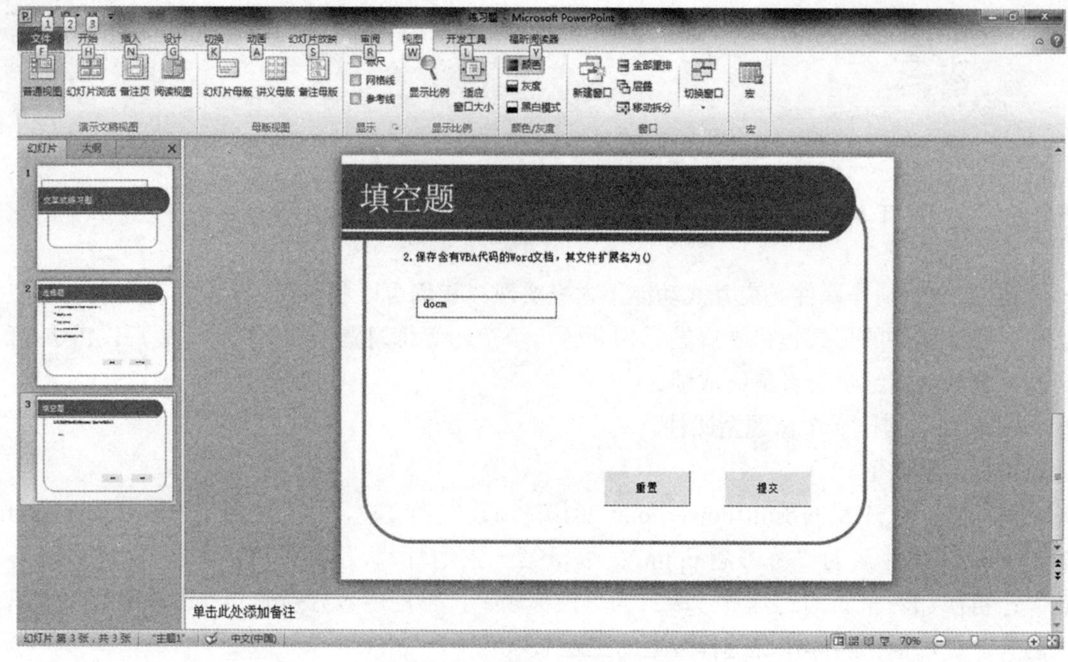

图 5-14　第三张幻灯片效果

第三步：为了调用方便，修改控件的名称。

在第 2 页的第 1 个“单选按钮”上单击鼠标右键，选择“属性”，再在属性对话框中设置控件“名称”值为“OptionButton1”。用同样的方法设置其他控件。

第 2、3、4“单选按钮”名称为“OptionButton2”“OptionButton3”“OptionButton4”。检查“Groupname”的值应为“Slide2”。修改“命令按钮”的名称为“reset2”和“next2”。

修改第 3 页控件的名称。

修改“文本框”的名称为“TextBox1”。

修改“命令按钮”的名称为“reset3”和“submit3”。

第四步：使用 Alt+F11 组合键打开 VBE。添加控件事件代码。

在“Slide2”对象列表中选择“reset2”对象，在事件列表中选择“click”事件，在该事件过程中添加如下代码：

```
OptionButton1.Value = False
OptionButton2.Value = False
OptionButton3.Value = False
OptionButton4.Value = False
```

在“Slide2”对象列表中选择“next2”对象，在事件列表中选择“click”事件，在该事件过程中添加如下代码：

```
Application.ActivePresentation.SlideShowWindow.View.Next
```

在“Slide3”对象列表中选择“reset3”对象，在事件列表中选择“click”事件，在该事件过程中添加如下代码：

```
textbox1.Value = null
```

在“Slide3”对象列表中选择“submit3”对象，在事件列表中选择“click”事件，在该事件过程中添加如下代码：

```
Dim score As Integer
score = 0
If Slide2.OptionButtonD.Value = True Then
   score = score + 1
End If
If Slide3.TextBox1.Value = "docm" Then
   score = score + 1
End If
MsgBox ("共做对" & score & "题，最后得分：" & score * 50)
```

第五步：幻灯片放映，大功告成。

习　　题

1. 填空题

(1) 保存含有 VBA 代码的 Word 文档，其文件扩展名为(　　)。

(2) 代码最后一行(　　)是整个宏的结束语。

(3) VBA 语言中，显示消息信息功能的常用函数是(　　)。

(4) 重置命令按钮需要在属性对话框中设置控件的(　　)属性为“重置”。

(5) 在 VBE 界面中，在(　　)窗口中输入 VBA 代码。

2. 选择题

(1) 下列关于 VBA 优点描述错误的是(　　)。

A. VBA 可以录制　　B. 所见即所得

C. 可以调用现成对象　　D. 实际使用 VBA 的用户多

(2) 下列关于 VBA 的描述错误的是(　　)。

A. Office 软件中只有 Excel 可以使用 VBA

B. 用 VBA 可以制作 Excel 登录系统

C. 多个步骤的手工操作通过执行 VBA 代码可以迅速实现

D. 方便用户的操作，规范用户操作

(3) 下列关于 VBA 的说法中，错误的是(　　)。

A. VBA 和 VB 是一样的，都是微软公司开发的语言，都可以创建独立的应用程序

B. VBA 可以在不同的组件或程序中通用，在 Office 的几大组件、AutoCAD、CorelDRAW 等应用程序中都集成了 VBA

C. VBA 是一种自动化语言，它可以使常用的程序自动化，可以创建自定义的解

决方案

D. VBA 主要能用来扩展 Windows 的应用程序功能，特别是 Microsoft Office 软件

(4) 在 Excel 工作界面下，直接使用(　　)快捷键打开 VBE。

A. Ctrl+F10 组合键　　B. Ctrl+F11 组合键

C. Alt+F10 组合键　　D. Alt+F11 组合键

(5) 要保存含有 VBA 代码的 Word 文档，保存类型应选择为(　　)。

A. Word 文档　　B. 启用宏的 Word 文档

C. Word 模板　　D. XPS 文档

(6) 下列关于宏的说法不正确的是(　　)。

A. 宏是一组 VBA 命令，可以理解为一段程序或一个子程序

B. 通过宏可以将一系列 Office 命令组合在一起，形成一个程序，已实现任务的自动化

C. 在创建宏以后，不可以将宏分配给对象(如按钮、图形、控件和快捷键等)

D. 使用 VBE 编写宏代码，用 VBA 语言编制出的程序就叫“宏”

(7) Excel 提供了(　　)种创建宏的方法。

A. 1　　B. 2　　C. 3　　D. 4

(8) 在使用调试 VBA 代码时，不希望总弹出警告，可暂时使用(　　)设置，以便允许运行所有宏。

A. 禁用所有宏，并且不通知

B. 禁用所有宏，并发出通知

C. 禁用无数字签署的所有宏

D. 启用所有宏(不推荐；可能会运行有潜在危险的代码)

(9) 若不信任宏，使用(　　)设置，文档中所有宏和有关宏的安全警报将全部禁用。

A. 禁用所有宏，并且不通知

B. 禁用所有宏，并发出通知

C. 禁用无数字签署的所有宏

D. 启用所有宏(不推荐；可能会运行有潜在危险的代码)

(10) 包含宏的 Excel 文件应保存为“Excel 启用宏的工作簿”，文件扩展名为(　　)。

A. xls　　B. xlsm　　C. docm　　D. xlsx

(11) VBA 中定义符号常量可以用关键字(　　)。

A. Public　　B. Static　　C. Dim　　D. Const

(12) VBA 程序的多条语句可以写在一行中，其分隔符必须使用符号(　　)。

A. :　　B. ;　　C. ,　　D. ‘

(13) 下列不是分支结构语句的是(　　)。

A. For Next　　B. If…Then…End If

C. If…Then…Else…End lf　　D. Select…Case…Case…End Case

(14) 下列语句中，定义局部变量的语句(　　)。

A. Dim xyz as integer　　B. Private xyz as byte

C. Public xyz as single　　D. Static xyz as double

(15) 5.4.2 节实例中的代码“OptionButton1.Value = False”是指(　　)。

A. 单选按钮被选中　　B. 单选按钮的值非法

C. 单选按钮未被选中　　D. 单选按钮的内容为假

3. 判断题

(1) 录制宏的过程中出现操作失误，必须重新录制。(　　)

(2) 宏名中不允许出现空格，通常用下划线代表空格。(　　)

(3) 录制宏时，每一步操作都会被记录下来，即使是撤销了的操作也会被记录，直至停止录制。(　　)

(4) 第一次打开包含宏命令的文件时，在功能区下方弹出一条黄色的“安全警告”，忽略警告关闭它，宏也可以运行。(　　)

(5) 通过宏记录器录制的宏，无法实现判断或循环功能。(　　)

参 考 文 献

1. 教育部高等学校文科计算机基础教学指导委员会. 大学计算机基础课程教学基本要求(2016 版)[M]. 北京：高等教育出版社，2016.

2. 赵希武，苟燕. 大学计算机基础[M]. 北京：科学出版社，2014.

3. 蔡平. 办公软件高级应用[M]. 北京：高等教育出版社，2014.